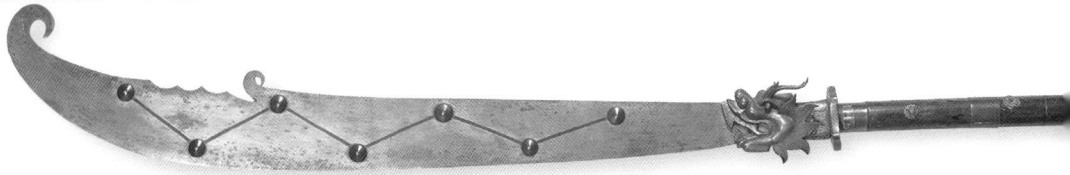

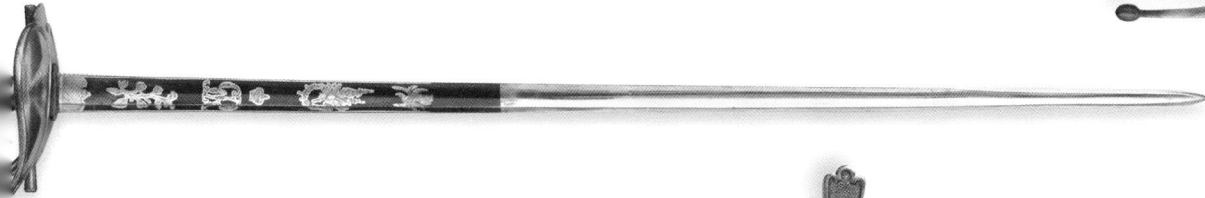

THE ILLUSTRATED ENCYCLOPEDIA OF

SWORDS
AND SABRES

全球刀剑百科全书

〔英〕哈维·J.S.威瑟斯 著

刘巍 译

北京航空航天大学出版社
BEIHANG UNIVERSITY PRESS

图书在版编目（CIP）数据

全球刀剑百科全书/(英)哈维·J.S.威瑟斯著；
刘巍译. -- 北京：北京航空航天大学出版社,2020.10
书名原文：The Illustrated Encyclopedia of
Swords and Sabres

ISBN 978-7-5124-3282-6

Ⅰ.①全… Ⅱ.①哈… ②刘… Ⅲ.①冷兵器—世界
—通俗读物 Ⅳ.①E922.8-49

中国版本图书馆CIP数据核字（2020）第045376号

全球刀剑百科全书

出版统筹：邓永标
责任编辑：曲建文　舒　心
责任印制：刘　斌
出版发行：北京航空航天大学出版社
地　　址：北京市海淀区学院路37号（100191）
电　　话：010-82317023（编辑部）　010-82317024（发行部）　010-82316936（邮购部）
网　　址：http://www.buaapress.com.cn
读者信箱：bhxszx@163.com
印　　刷：天津画中画印刷有限公司
开　　本：787mm×1092mm 1/8
印　　张：36
字　　数：646千字
版　　次：2020年10月第1版
印　　次：2020年10月第1次印刷
定　　价：258.00元

如有印装质量问题，请与本社发行部联系调换
联系电话：010-82317024
版权所有　侵权必究

CONTENTS目录

CONTENTS目录

CONTENTS 目录

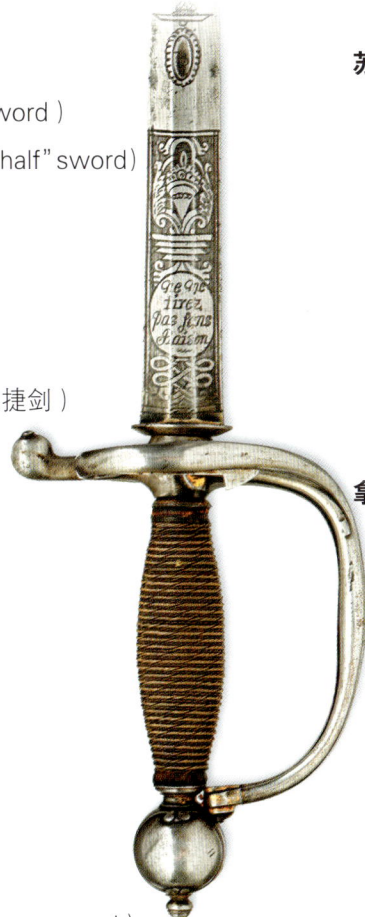

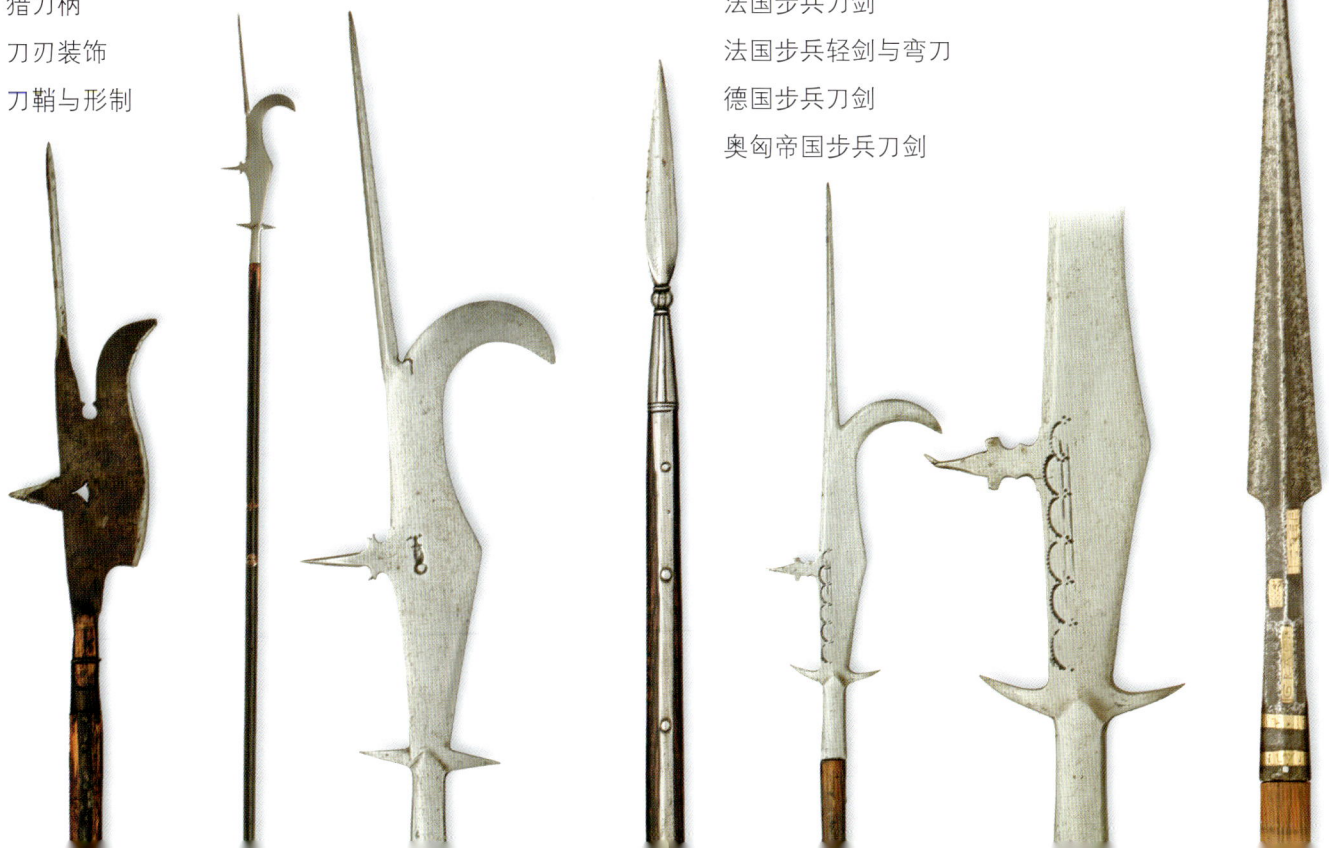

CONTENTS 目 录

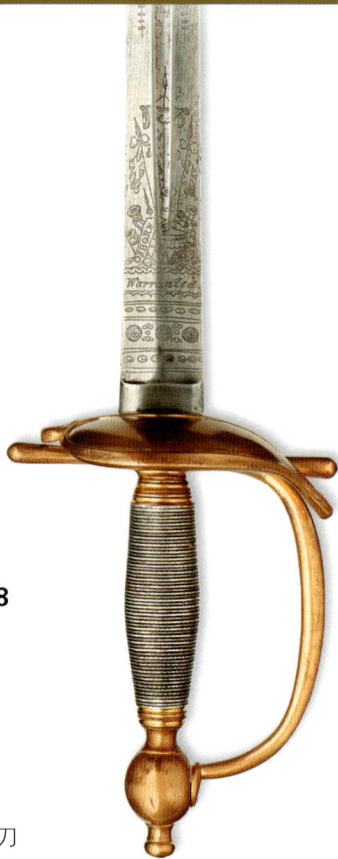

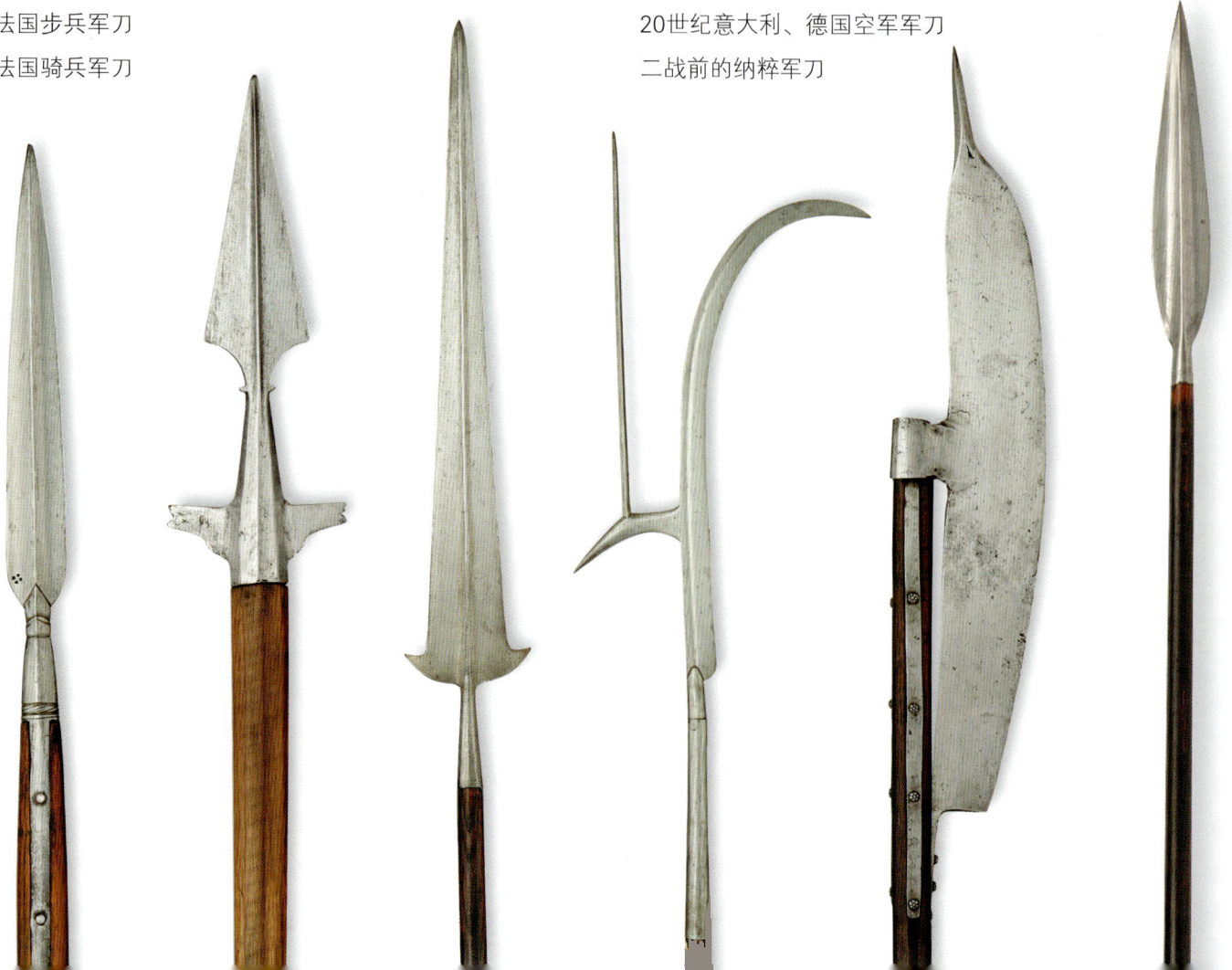

CONTENTS目录

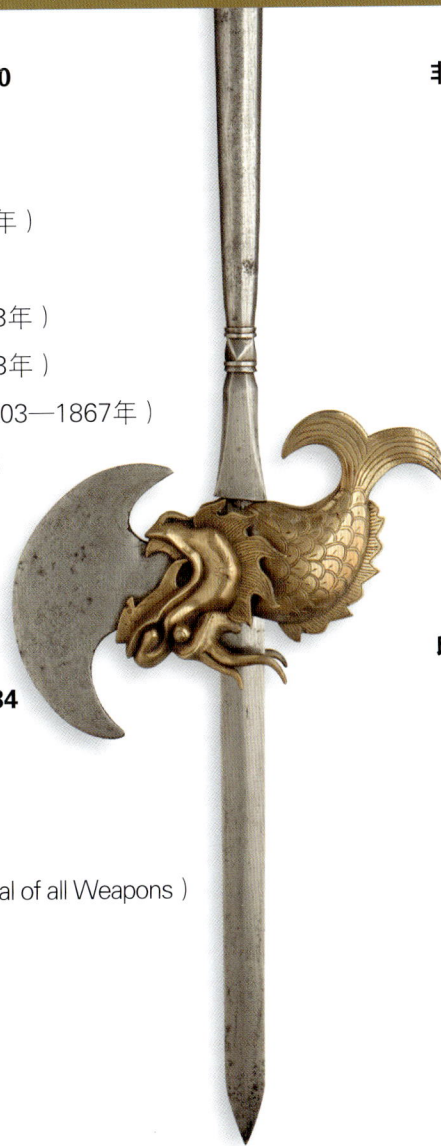

CONTENTS目录

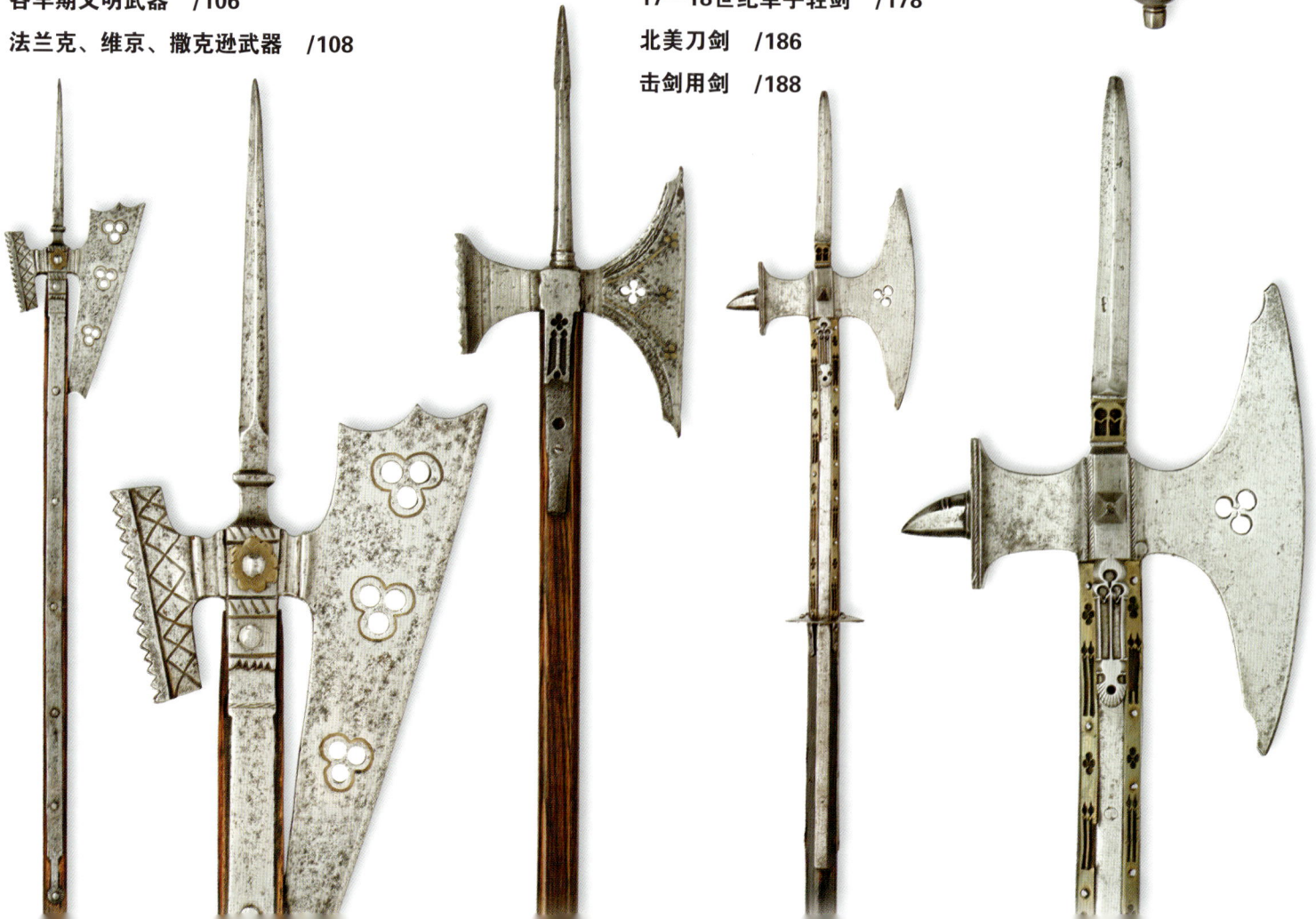

CONTENTS目录

术语表
GLOSSARY

▲ 传统日本武士刀，带有20世纪刀柄和刀鞘

▲ 平民佣兵用剑，约1500年

剑柄较长，
刻有凹槽

锋刃如同长
矛一样磨尖

十字护手（cross
guard）造型华丽

▲ 双手佣兵剑，15—16世纪德意志与瑞士佣兵常
用，进攻步兵小队很有效

引言
INTRODUCTION

从人类祖先使用的原始锋刃武器，到现在社会的锋刃武器，刀剑的历史着实引人入胜。刀剑不仅是搏斗的武器，还是威权的象征、社会等级的标记、仪式的工具。千百年来，刀剑都是士兵武器的首选，地位有着双重保证：一是技术的不断进步；二是能够适应不断变化的战争情况。

早期的剑与弯刀

刀剑与其他锋刃武器的历史开始于石器时代人类所用的各种简单工具，如手握的有尖头的燧石（flint）；最早的石斧，时间可追溯到公元前140万年。然后沿时间之河顺流而下，来到早期文明——苏美尔文明（Sumeria）和美索不达米亚文明（Mesopotamia）。这时候铸造工匠已经开始混合青铜（bronze）与纯铜（copper）合金来制造长矛、斧头、刀剑。

古埃及发生了不计其数的入侵，入侵之后又是民族的同化。这种情况下，人们发明了青铜和铁（iron），用以制作锋利的武器。尽管青铜和铁用于长矛、盾牌十分可靠，但古希腊重装步兵（hoplite）也装备了一种较短的剑，剑身笔直，呈叶子形状，两面都有刃，史称"西佛斯剑"或"古希腊双刃剑"（xiphos）。后来又发展成更

▲ 德国砍刀，约1600年

有名的"格拉迪乌斯罗马短剑"（gladius，拉丁语直译为"剑"）。当时，凯尔特族（Celtic）的铸剑师还生产了各种刀剑，造型独特，坚固耐用。

11—17世纪欧洲刀剑

欧洲早期有一种撒克逊（Saxon）与维京（Viking）人使用的阔剑，剑刃较宽，两面都有刃，这种阔剑发展成11—14世纪欧洲中世纪的"骑士用剑"。欧洲和亚洲的战争，都使用长柄武器（polearms）；欧洲在中世纪和文艺复兴时期（Renaissance），公共场合表演的马术与格斗技巧，一般都使用冲锋骑枪（lance）和刀剑。大约在1400年，刀剑的设计有了变化。原先着重劈砍、切削，后来着重刺破敌人穿的板甲（plate armour）。约1500年，一种细长的西洋剑（rapier）出现了，很快得到上流绅士的青睐，并且作为象征荣誉试练［比如双人决斗（duel）］的终极武器。当时德国与瑞士的平民佣兵（Landsknechte）遍布全欧洲，他们手持"双手巨剑"走进敌军步兵阵线，杀出一条血路，让己方的骑兵突入。

16—17世纪出现了杀伤效果更加强大的枪炮，刀剑也就退居二线了，但仍是近战的首选。

17—20世纪刀剑

17世纪下半叶出现了"单手轻剑"（smallsword），说明当时既需要实用性，又需要美观和风尚。战场上的老兵

《圣罗马诺之战》（英语：Battle of San Romano，意大利语：Battaglia di San Romano），1432年。中世纪战争一般会使用很多长柄武器和长柄战斧（poleaxes），骑兵与步兵均会使用，以打击敌人

温橋弥十郎
坂東簑助

19世纪日本绘画，佩刀武士。佩刀经常有专属的名字，以显示忠诚与信念，人们认为刀中藏有武士精神

则很清楚，实战总是需要一种更坚固的阔剑，例如苏格兰高地人（Scottish Highlander）独具特色的阔剑。这种阔剑的剑身宽阔，双刃，有封闭式的笼手剑柄（basket hilt），近身搏斗时威力很大。

18世纪末19世纪初，在欧洲和其他地区发生了很多战争，有无数次重大战役。当时主要参与国士兵的刀剑，特别是英法两国，还有美国内战中使用的刀剑（美国内战是欧洲以外最惨烈的冲突之一），现在都有人在研究。

1914年，第一次世界大战爆发。这时候刀剑已被淘汰，一战后更是降级成纯粹的礼仪工具。30年代纳粹德国崛起时期军人佩剑完全成了服饰的一部分。

亚非刀剑

12世纪日本武士阶层兴起（the Samurai warrior class），与此同时，武士刀的开发也兴盛起来。武士刀的制作过程很复杂，充满仪式感。中国制造刀剑的历史有3000多年，包括两种：锋刃笔直的"剑"和锋刃弯曲的"刀"。此外，中国步兵还使用多种长柄武器。

印度刀剑几乎完全没有受到西方的影响。大英帝国曾一度对印度实施殖民统治，几乎控制印度全境。但在此期间印度工匠还是继续生产独特的本土刀剑，工艺精湛；最有名的如塔瓦弯刀［talwar，又译塔尔瓦尔剑或坎达长剑（khanda）］。非洲刀剑的风格因地区不同而有显著差异，主要分成两大块：一是受穆斯林影响的北非；二是中南非。

刀剑目录

"剑与弯刀"目录包括刀剑、长矛、斧、骑枪以及其他长柄武器。刀剑从古至今，在各个时期各个地域的造型不计其数。每一种武器都有详细描述，按照发源地、时间顺序、种类而列出；还包括刀剑尺寸的说明。每一条目均附有简介说明——该武器的功能与历史背景。目录的时间范围上至石器时代，下至现代。

剑柄上的龙造型

▶ 英国陆军军官用剑，约1870年；非实战，用于礼服的佩剑，只在礼仪场合穿戴。用于英格兰北部边民兵团（the Border Regiment，又译博得团）

刀剑的历史

A HISTORY OF SWORDS AND SABRES

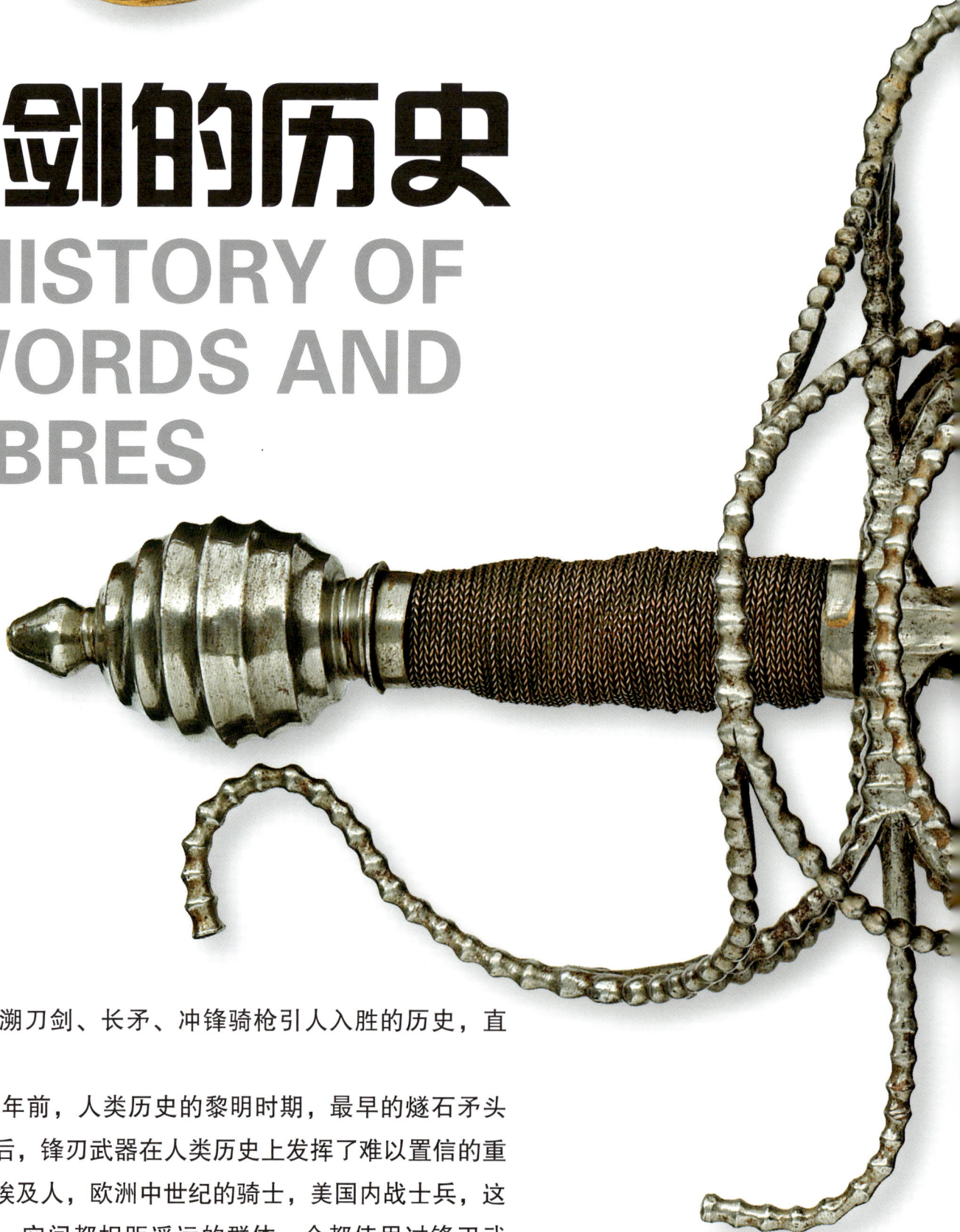

　　本节追溯刀剑、长矛、冲锋骑枪引人入胜的历史，直到20世纪。

　　约60万年前，人类历史的黎明时期，最早的燧石矛头出现了。之后，锋刃武器在人类历史上发挥了难以置信的重大作用。古埃及人，欧洲中世纪的骑士，美国内战士兵，这样一些时间、空间都相距遥远的群体，全都使用过锋刃武器；这些武器也就成为某些历史时期最为突出的象征。

▲ 法国龙骑兵军官军刀，1854年

▲ 德国空军（Luftwaffe）军刀，约1941年

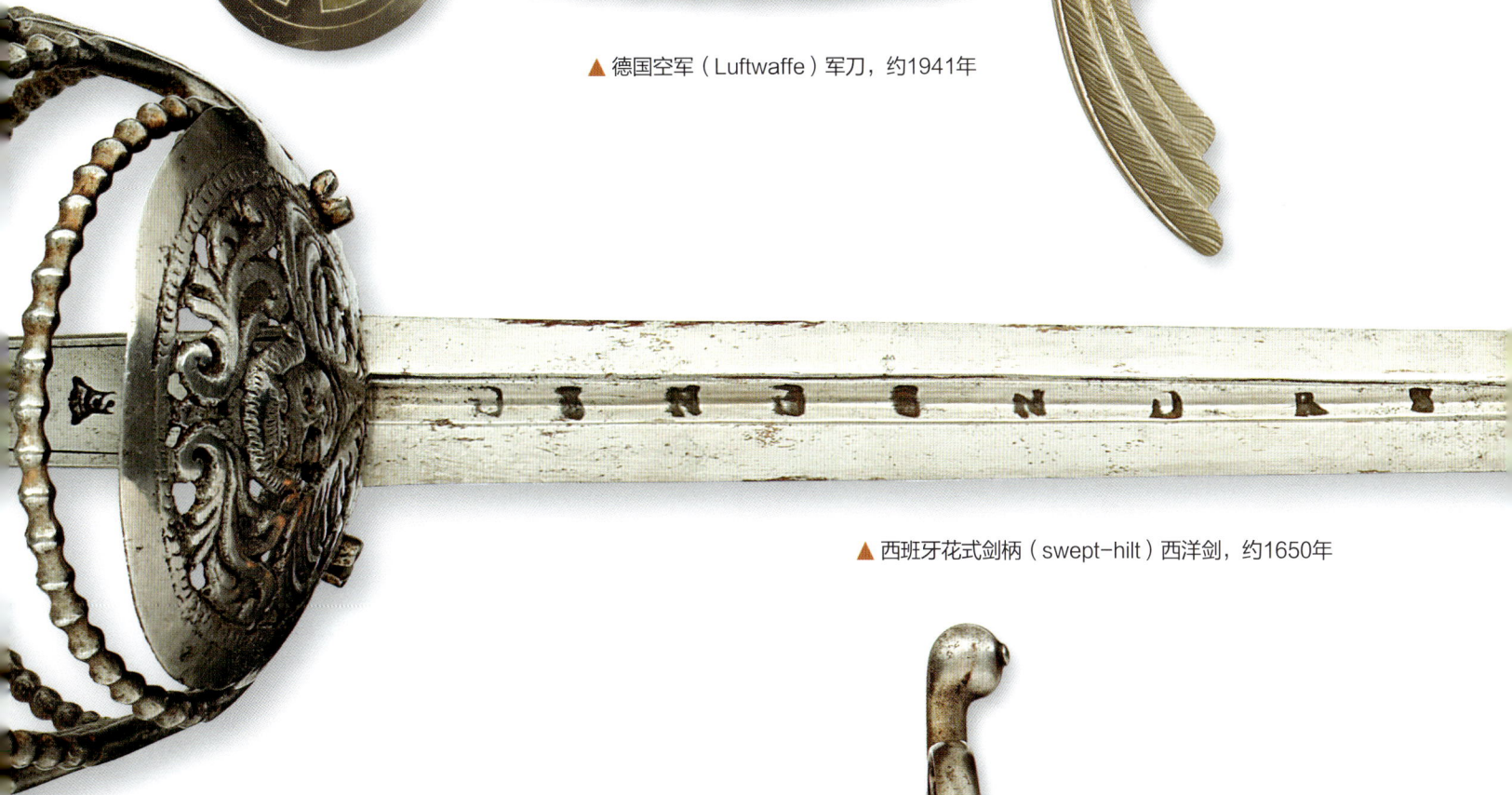

▲ 西班牙花式剑柄（swept-hilt）西洋剑，约1650年

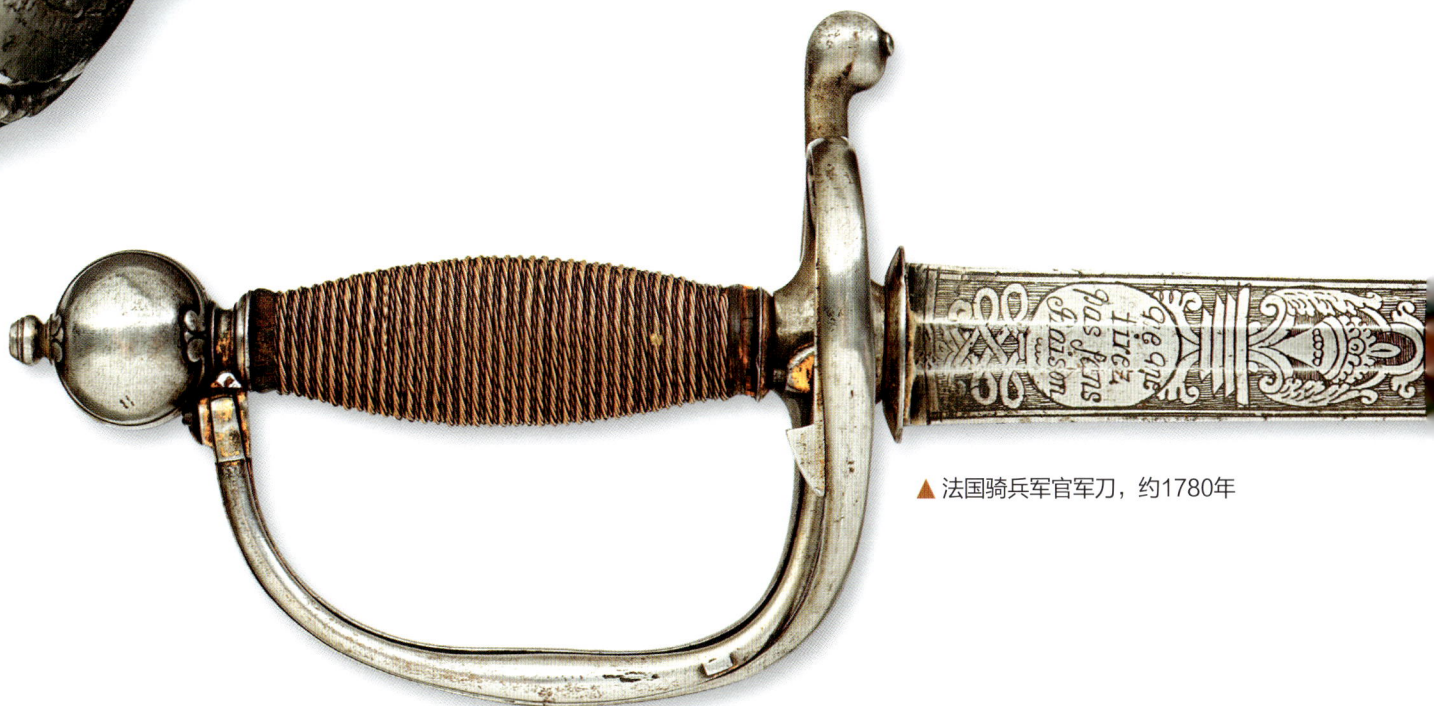

▲ 法国骑兵军官军刀，约1780年

锋刃武器的起源

　　大约250万年前，石器时代的古人类开始用燧石与黑曜石（obsidian）加工成一些简单的狩猎工具。目前我们所知最早的锋刃工具由此诞生。在那一时期，有时会发生持续干旱，食物紧缺；而且为了占有可靠的食物来源，相邻部落始终存在地盘争夺战。于是斧头、长矛等狩猎武器很快就摇身一变，成了作战武器。

工具的早期使用

　　人类广泛使用工具开始于旧石器时代，上至约250万年前，下至公元前8500年。这个阶段最重要的工具是手斧，设计时包括两部分：锋刃与尖头。手斧的功能当然不全是为了作战，最早的功能或是攻击动物或是剥皮剔肉；然而毫无疑问，手斧作为切削、突刺的武器也是很有效的。最早的手斧是将燧石和其他种类的小块石头磨尖，绑在木柄上，再用动物肌腱捆扎起来。到了新石器时代，也就是公元前13000年—公元前8500年，斧头上开出一个缺口，专门用于安装木柄。

　　在石器时代，长矛也是最早用于狩猎的武器之一。

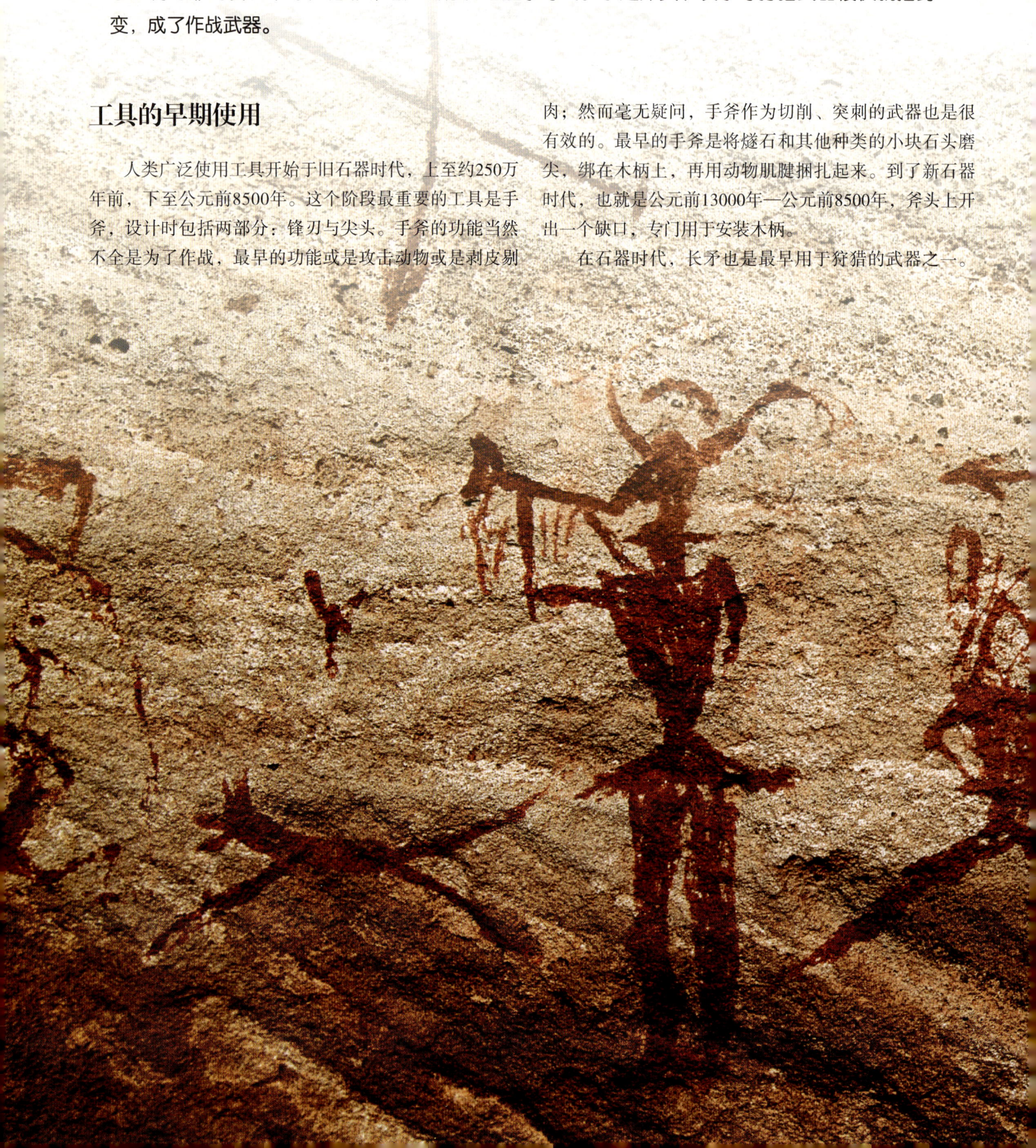

长矛类似手斧，矛头用肌腱或者皮条捆扎在更长的手柄上。

　　手持的燧石和其他石制工具逐渐被磨制的燧石锋刃取代。制造这样的锋刃需要一种名叫"加压剥离"（pressure flaking，又译压制刮削）的技术，即用带有尖头的硬木或者鹿角把燧石以特定的方式折断。19世纪60年代，在今天的法国勃艮第大区（Burgundy）马孔市（Mâcon）的索女崖（La Solutré）出土的这一类加工精细的燧石尖头，呈月桂树叶的形状。优质燧石的矿源非常珍贵，据现代学者推测，有些部落会跋涉160公里专门为了工具和武器的生产而寻找适合的原料。约在公元前35000年，这些先进工具先有尼安德特人（Neanderthal man）使用，后有智人（Homo sapiens）使用。公元前10000年—公元前5000年间，智人和之后的一些亚种，例

克洛维斯矛头（the Clovis Spear point）

　　克洛维斯矛头是北美洲迄今发现的最古老的投掷用燧石矛头，约有13500年历史，为美洲大陆的古人类——古印第安人（the Paleo-Indians）所用。1931年，新墨西哥州克洛维斯镇首次出土一枚矛头，之后又发现了多枚矛头，还有附近被人狩猎的多具冰期（Ice Age）动物遗体，特别是猛犸象。矛头纤细，有凹槽，用加压剥离技术加工而成。因为体积小巧又便携，它成了人类历史上最早的便携式锋刃工具（或武器）。目前认为古风时期（the Archaic period，公元前8000年—公元1000年）的美洲居民就是古印第安人的直系后代。

▲ 美洲出土的一枚古风时期克洛维斯矛头。古风时期指农业普及之前

新石器时代，即普遍使用磨制石器的时代。该图为利比亚一古代洞穴壁画，画的是狩猎场景

如克罗马农人（Cro-Magnon man）开始在欧洲大陆（the Old World）[1]建立长期的农业定居点。

以加压剥离技术制成的投掷矛头与简易燧石匕首，表示民用或防御工具当时已成为日常生活的重要部分。

从狩猎到农耕的转变（公元前7000年—公元前6000年）

公元前10000年，冰期终结后，人类社会开始从半游牧状态的狩猎社会向定居的农耕社会转变。当时美索不达米亚平原（包括今伊拉克、土耳其、叙利亚、约旦）土地肥沃，农业在这里开始。为保卫这些定居地区，人类需要开发更加可靠的锋刃武器。安纳托利亚（Anatolia）地区中部（今土耳其亚洲部分，又称"小亚细亚"）有一村庄，名为"加泰土丘"（Çatal Hüyük），这里出土了最早的农业定居点之一。发掘期间发现多枚

美洲（公元前8000年—公元1000年）

学界认为，大约11000年前，古印第安人第一次占据了美洲多个区域。古印第安人四处游荡，以狩猎采集为生。狩猎的工具有一种木制长矛，装有带凹槽的石质尖头；还有一种梭镖投射器（atlatl），利用杠杆原理发射短矛。此外，也可能用来搜寻可食用的植物。古风时代（公元前8000年—公元1000年）主要特征为自给自足的经济体制，方式为采集坚果、种子、贝类。公元前1000年—公元1000年，印第安人在林中狩猎小型猎物，也从事采集。

石器时代的机枪——梭镖投射器

考古界认为，旧石器时代居民将石质箭头或梭镖装在短木杆上，再装在更重的矛柄孔槽中，制成一种手持的长矛，可以重新装上箭头。这种武器就是梭镖投射器（atlatl），来自阿兹特克（Aztec）语族的纳瓦特尔语（Nahuatl）。

短矛后端装入投射器，投手握住投射器与燧石尖头不动，曲肘，手放在耳边；然后肩部向前，肘伸直，手腕将投射器快速推出，产生足够动能，使梭镖飞快向前射出；这一动作很像"飞蝇钓"的钓手抛掷鱼线。

投射器的配重块，考古学上一般叫"旗石"（banner stone），是一块宽而平的石头，中间钻一个大洞。这一改进可能很有作用，使得投射器摇晃起来声音更小，因而更不易惊动猎物或其他猎手。

梭镖投射器可能在25000年前发源于北非。现代仿制品能够在40米远处杀死动物。投射器显然能够杀死人类，但更可能用作狩猎，击倒大型猎物。距离较远则精度一般会下降，对使用者的技巧要求很高。

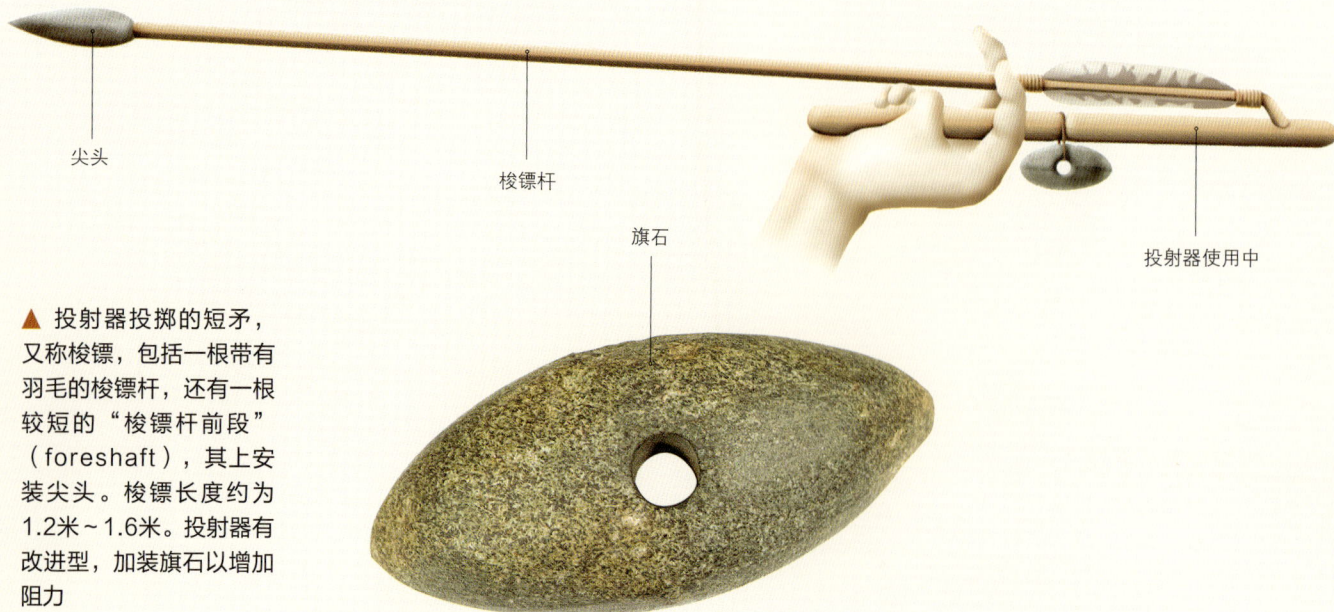

尖头

梭镖杆

旗石

投射器使用中

▲ 投射器投掷的短矛，又称梭镖，包括一根带有羽毛的梭镖杆，还有一根较短的"梭镖杆前段"（foreshaft），其上安装尖头。梭镖长度约为1.2米~1.6米。投射器有改进型，加装旗石以增加阻力

---

[1] 这是欧洲人的说法，直译"旧大陆"，与美洲"新大陆"相对。——译者注

青铜时代的兵器

约公元前3500年—公元前700年，进入青铜时代，出现了一组新技术，能够精制、熔炼、铸造铁矿石。中东地区各个早期文明开始制造青铜、黄铜合金，用来生产长矛、匕首、刀剑、斧头。后来铁匠又开始生产更坚固而精美的铁刃刀剑。这些技术扩散到中国、印度以及东南亚、欧洲，给未来战争带来了重大影响。

早期金属兵器

铜匠把90%铜与10%锡混合，制造出了铜合金，硬度远高于纯铜。铜合金的硬度、持久度完全取决于熔炼时达到的温度，温度越高，则金属越硬。此时还发现了铁矿石，被用来制造锋刃武器。铁矿石储量丰富，与铜合金一样能够用木炭加热至高温。将刀刃浸入水中并持续敲打，就能使刀刃经过适当回火（tempered）处理，形成一种质地一致的表面，比起青铜或黄铜合金更不易破碎或断裂。大多数刀剑都用石质、金属、黏土模具铸成。

约公元前2000年开始的欧洲刀剑

刀剑最早传入欧洲的时间还难以确定。一般认为长刃刀剑约在公元前2000年开始铸造。最初与近东地区、爱琴海地区的冶金行业可能是各自独立发展的。丹麦与北欧曾发现这一时期的燧石刀剑，还有铆接（riveted）的青铜剑，锋刃呈三角形，铸造于青铜时代早期。

青铜时代后期，刀剑是一体铸成的，包括剑柄和柄头（pommel，又名"墩"），即剑柄（hilt）末端的块状物。最常见的形式为触角形剑（antenna sword，又音译"安泰纳"剑），又称涡形剑（voluted sword）。柄头向两侧分岔，向内弯曲，如同昆虫触角或漩涡，因此得名。剑身也有不同形状，有的呈宽阔的叶片形，有的粗

细均匀，上面有凹槽。有人误称为"血槽"[1]，但更可能是为了减轻重量，容易挥舞。

鲤舌剑（the carp's tongue sword）

约公元前1000年，在东欧、西欧流行一种"鲤舌剑"。这种剑在20世纪中期英国肯特郡（Kent）泰晤士河谷（the Thames Valley）有大批出土；最有名的地点在英格兰剑桥郡（Cambridgeshire）艾尔汉姆贮藏地（the Isleham Hoard），出土了超过6500把青铜剑，其中很多是鲤舌状造型，剑身宽阔而逐渐变细，可用于切削；尖端较长，适合突刺。起源可能是今法国西北部。

有孔槽的斧头

青铜时代，中东地区美索不达米亚文明的又一重要军事发明，对后世战争有极大影响。先前古代斧头匠人很难把斧头紧箍在斧柄上，特别是用力挥舞、劈砍的时候。苏美尔人发明了一类铸造的青铜孔槽，先将斧柄嵌入其中再用铆钉固定。

这种技术可能是原始甲胄发明后应运而生的，用来以足够力量凿穿甲胄。之后的斧头锋刃变得更窄，用来穿过青铜板甲。接下来的2000年里，斧头一直是重要的作战武器。

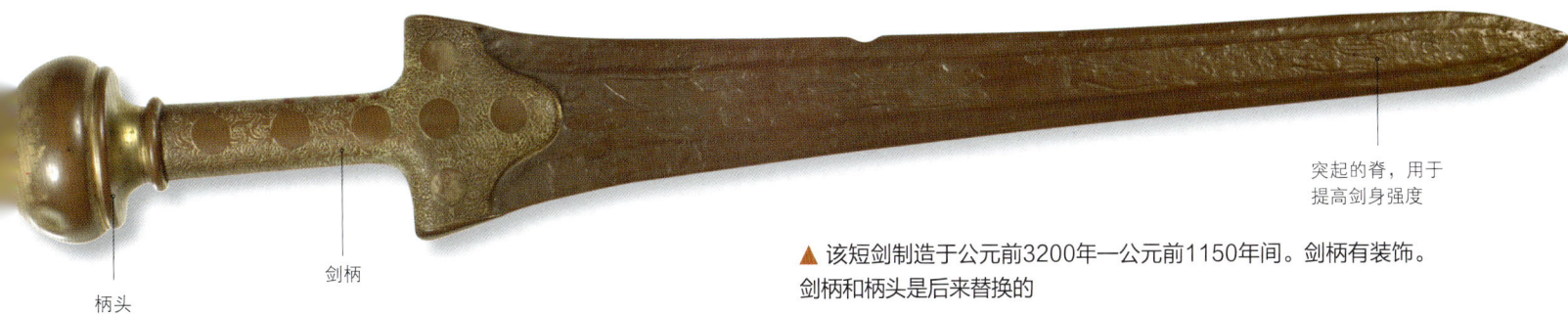

柄头

剑柄

突起的脊，用于提高剑身强度

▲ 该短剑制造于公元前3200年—公元前1150年间。剑柄有装饰。剑柄和柄头是后来替换的

---

[1] 虽然血槽这名字属于误称，但是按照约定从俗的原则，本书正文依然沿用这个术语。——译者注

剑柄与剑刃一体铸造

树叶形剑刃

▲ 青铜时代完整的剑（上方），有剑柄及树叶形剑刃，约公元前1100年；大型青铜矛头（下方），公元前700年

BAMPTON
OXON

◀ 青铜时代，带有孔槽的斧头既是民用工具也是近战武器

美索不达米亚（Mesopotamia）镰刀形剑

约公元前3000年，美索不达米亚平原南部的苏美尔（Sumerian）文化是最早进行有组织战争的古代民族之一。此时虽属人类文明早期，但已开始建立职业化的常备军以保护居民。苏美尔人与其后的亚述人（the Assyrians，约公元前1100年—公元前600年）最常用的武器是矛和弓箭，但士兵也会携带一柄弯曲的镰刀形剑。

这种全金属的剑约在公元前2500年发明，剑柄用于单手握持，剑刃长度约为剑柄的三倍。英国伦敦大英博物馆有一件非常精致的样品，剑刃上有铭文，意为："宇宙

之王阿达德·尼拉瑞之宫殿（Palace of Adad-nirari），亚述王阿里克·登·伊利（Arik-den-ili）之子，亚述王恩利勒·尼拉瑞（Enlil-nirari）之子。"学界认为，这把剑的主人应该是亚述王阿达德尼拉瑞一世（Adad-nirari I），此人约在公元前1307—公元前1275年控制美索不达米亚平原北部。美索地区的艺术经常把这种镰刀形剑描绘成权威的象征，出现在神灵与国王手中。

▼ 镰刀形剑的绘画，公元前1307年—公元前1275年，中亚述（the Middle Assyrian）时期，即阿达德·尼拉瑞一世统治时期

单刃

古埃及兵器

古王国（the Old Kingdom，约公元前2649年—公元前2134年）和中王国（the Middle Kingdom，约公元前2040年—公元前1640年）军队主要是步兵，作战方式是大规模列阵。士兵装备有较轻的盾牌、弓箭、长矛、斧头。后期各王朝争战不断，各种军事技术也不断发生同化与转移，从而使得武器种类十分繁杂，出现了板甲、战车，而最重要的就是刀剑。

刀剑的出现

埃及"中王国"的中央政府因内乱而垮台，之后，约公元前1640年，巴勒斯坦一名为"喜克索斯"（Hyksos）的民族趁乱入侵埃及。喜克索斯人统治埃及200多年，给埃及带来了各种制造武器的全新技术，特别是金属在刀剑与其他锋刃武器上的应用。

古埃及引入刀剑的直接原因是金属的利用。此前的斧头和长矛均为燧石加工，刀剑还没有出现。纯铜已经应用了一段时间，但青铜才是第一种持续用于剑刃的金属，因其硬度远高于纯铜，且加工也更容易。初期古埃及人多用镰刀形剑，继承自苏美尔人；之后，镰刀形剑逐渐让位于只是略弯的剑刃。莫尼普塔法老（Merenptah，拉美西斯二世之子）时期（公元前1213年—公元前1202年），来自爱琴海与小亚细亚的"海上民族"（Sea Peoples）首次入侵埃及，带来了新的造型：剑身粗细一致，两面有刃，带有突刺用的尖头。当时的人创作的战争绘画显示，步兵同时使用两种剑，既用于切削，也用于突刺。

铁的影响

拉美西斯三世法老（Rameses III）在位期间（约公元前1186年—公元前1155年），冶炼铁矿石的技术给埃及带来了直接影响，造出的剑刃更长也更坚固。埃及王室陵墓出土的代表型剑身长度可达75厘米。

矛

古埃及士兵的标配是弓箭，矛主要用于狩猎，军事上地位一直不像弓箭一般重要。古王国（约公元前2649年—公元前2134年）和中王国（约公元前2040年—公元前1640年）时期有一些燧石或铜制带尖矛头，结构简单，装在长木杆上，

▶ 这名古埃及士兵手持一把长剑，双刃，剑身宽阔，很可能是一体成型

▲ 埃及第十八王朝（the 18th Dynasty，约公元前1567年—公元前1320年）雕刻，作者不详。浮雕上有两名士兵，其一携有长矛

"克赫帕什"剑（the khepesh，又译大曲刀、钩镰刀）——法老之剑

克赫帕什剑是一种镰刀形剑，原来是投掷武器，但也可用于常规作战的切削或劈砍。因绘画上常见法老用这种剑与敌方作战或狩猎，推测应为法老惯用的武器。

▲ 图坦卡蒙墓。有多处绘画显示法老参与战斗，但并无证据证明他曾真正上过战场

1922年，考古学家霍华德·卡特（Howard Carter）发现了图坦卡蒙墓（Tutankhamun，约公元前1361年—公元前1352年在位），大大增进了对古埃及生活的了解。墓中出土大量文物，包括一面仪式用盾牌，上面画有图案，显示年轻的法老用克赫帕什剑"刺杀一头狮子"。

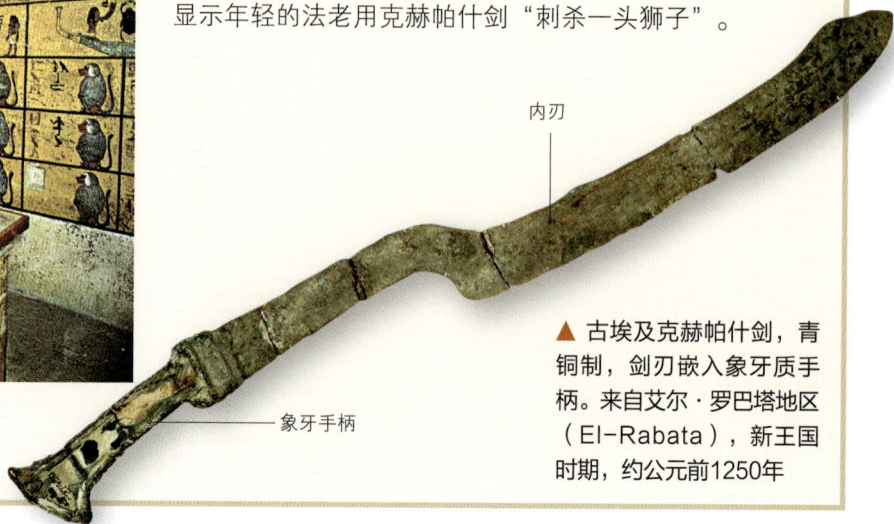

内刃

象牙手柄

▲ 古埃及克赫帕什剑，青铜制，剑刃嵌入象牙质手柄。来自艾尔·罗巴塔地区（El-Rabata），新王国时期，约公元前1250年

▲ 上色浮雕，轻步兵，手持旗帜、战斧、棕榈叶。发现于埃及底比斯城（Thebes）的哈特谢普苏特（Hatshepsut）神庙，约公元前1480年

用"柄舌"（tang）又称"刀舌"（tongue）与木杆相连。柄脚是锋刃的一个隐藏部分。后来新王国（the New Kingdom）时期出现了青铜矛头，质地更坚固，用更牢固的孔槽固定在木杆上。

矛既可投掷也能突刺，尤其在追赶逃跑敌人时可用以从背后刺杀敌人。最早作为战车士兵的辅助武器，士兵的箭射完了，需要近身武器保护的时候就会改用矛。埃及有一地区名为"上加利利"（Upper Galilce），位于今以色列境内。约公元前1448年，阿蒙霍特普二世（Amenhotep II）法老在这里打赢了"示麦—以东"战役（the Battle of Shemesh-Edom）[1]。

这段历史记载于卢克索（Luxor）附近的卡纳克神庙（the Temple of Karnak）中，神庙在公元前1500年左右开始兴建，经历约一千六百年方才建成[2]。记载是这样的：

看啊，陛下全副武装，勇猛杀敌，有如赛斯（Set或Seth，古埃及的邪神）之巅峰时刻。陛下望向一人，众敌便退却而奔逃。陛下持矛将敌人战利品尽收已有……

——卡纳克神庙，阿蒙霍特普二世石碑。引文选自《埃及史》第二部（A History of Egypt, Part Two），作者

W. M. 弗兰德斯·皮特里（W. M. Flanders Petrie）

战斧

埃及士兵主要使用两种战斧：劈砍斧（the cutting axe）和刺杀斧（piercing axe）。早期各王国使用劈砍斧，斧头以沟槽（groove）装在长柄上，再用兽皮或筋腱绑好，用于近战。劈砍斧对不穿铠甲的敌人十分有效，特别是埃及人的非洲敌人，例如努比亚人（the Nubians）。劈砍斧一般不用于列阵厮杀，而是在敌人溃败（通常由弓箭手击退）之后用于追杀。

后来劈砍斧被刺杀斧替代了。刺杀斧专用来刺穿铠甲。当时亚洲各国，特别是苏美尔王国和亚述发展了新技术：铸造的斧刃上有洞，斧柄插入洞中，以铆钉固定。埃及人却不同，依然用旧式方法，即榫舌与榫眼（mortise-and-tenon）将斧刃固定在斧柄上。榫舌是一个类似舌头的部件，榫眼是一个洞，插入榫舌。约公元前1640年，喜克索斯人入侵埃及时使用了多种新技术，如马拉战车、长剑、硬弓，武器落后的埃及人遭到惨败[3]。

---

[1]　"以东"是旧地名音译，并非"东边"之意。——译者注
[2]　据Ancient-Wisdom网站，这座神庙前后总体建设、扩建、重建的时间段更长，为公元前2055年——公元后395年。目前大部分神庙旧址位于卢克索市以下，不能发掘。最早建筑痕迹可追溯到公元前3200年。——译者注
[3]　后来，埃及人学会了敌人的新技术，把喜克索斯人赶出了埃及。——译者注

古希腊兵器

古希腊人（约公元前750年—公元前146年）认为长矛是最可靠的武器，剑只是纯粹的辅助武器，从来没有取代长矛。长矛使得重装步兵能够站在一起，用矛和盾组成方阵（phalanx）彼此保护，以此反复演绎以弱胜强。

古希腊重装步兵

希腊重装步兵英语为hoplites，来自希腊语hoplon，意为铠甲，是希腊各城邦（city states）的军队主力。重装步兵主要来自中产阶级，经济与健康条件都好于贫民，而且承担武装的经费，青铜盔甲、剑、矛、盾全部自费提供。重装步兵与职业军人不同，职业军人唯一的事业就是作战，而重装步兵是自愿保家卫国，只在战时服役；一般战争都在夏天进行。活下来的重装步兵在战后即恢复平民身份。这种制度是古希腊人分担"公民责任"（civic responsibility）理念的典型例证。

长矛

希腊步兵的主要武器是长矛，音译"多鲁"（doru），长约2.7米。士兵一手持矛，一手持阿斯庇斯圆盾（aspis）。矛头为铁制，树叶形，有孔槽。矛杆末端有一青铜钉头（sauroter），希腊语意为"蜥蜴杀手"，可刺入土中增强稳定性。极端场合下，矛头万一折断，士兵还可将长矛翻转，用钉头作最后一搏。

马其顿人在亚历山大大帝（Alexander the Great，约公元前356年—公元前323年）统治时自行研发了一种长矛，世称"萨里沙"长矛（sarissa）。这种长矛资料记载极

斯巴达重装步兵（Spartan hoplites）（约公元前500年），佩带科林斯式（Corinthian，希腊名城，《新约圣经》中译为哥林多）头盔。重装步兵除了矛盾之外，也会携带一把剑

▲ 马赛克拼贴（Mosaic），马其顿国王亚历山大用多鲁长矛猎狮，公元前3世纪

少，推测长度应为多鲁长矛的2倍，约4～5米；必须双手握持，下手持用（underarm，即不举过肩膀）。这种情况下将不能使用矛盾方阵的传统防御法，因此士兵左臂会戴上一种小盾牌，即轻盾（pelte）。萨里沙长矛能将对手挡在较远的距离外，使得马其顿骑兵能够从侧翼包抄敌人，给敌人带来很大杀伤力。

古希腊的剑

非常讽刺的是，古希腊士兵表面上是长矛兵，却设计出古代最好的剑。剑始终是古希腊人的辅助武器。在战场上一旦将矛投出或丢弃，则用剑来决定胜负。

古希腊主要的作战用剑是西佛斯剑，出现于约公元前800年—公元前400年。剑身笔直，双刃，树叶形，长约65厘米，切削和突刺都十分有效。斯巴达剑略短，式样与西佛斯剑相同。这一设计很可能影响了后来的罗马短剑。

希腊骑兵使用一种弯刀，名为希腊短刀（makhaira），希腊语μάχαιρα，意为"作战"。刀刃类似圆月砍刀，尺寸较大而略弯曲，适合快速劈砍。

之后的2500年间，骑兵一直使用这种弯曲刀刃。

▲ （约公元前350年）哈利卡那索斯陵墓（Mausoleum of Halicarnassus）中的浮雕饰带（frieze）[1]，显示神话中希腊人与阿玛宗人（the Amazons）的战争[2]

---

[1] 又称雕带、横饰带，是建筑的一部分，不是纺织品。——译者注
[2] 传说中的部落，活动范围大致在今土耳其、叙利亚一带；阿玛宗是罗念生选用的译名，特指这个部落，用作其他含义时通译"亚马逊"。今南美亚马逊地区即欧洲人以此命名。著名电影《神奇女侠》的主角就是阿玛宗人。——译者注

方阵——古代的装甲铁拳

方阵，英语为phalanx，来自希腊语phalangos，意为"手指"。重步兵方阵由长矛兵组成，排列密集，配有中间凹陷的盾牌端在左肩，保护相邻的士兵，由此形成一道彼此相接、密不透风的防线。方阵纵列一般为8人，前几排士兵作战时将长矛投向敌人。方阵取胜的关键在于士兵能够聚在一起而不打乱阵形。这一点有时很难做到，特别是作为主力的前几排士兵；后排士兵的主要任务是将方阵前推，保持阵形不乱。

关于方阵长矛的使用方法一直有争议，主要围绕长矛的持用方式——上手持用（高举过肩膀）或下手持用（不举过肩膀）。有些权威学者认定是上手持用，因为下手持用会让长矛末端钉头伤到后方士兵。此外，方阵中士兵如用剑则会相当危险，因为用剑则必然打乱阵形，从而消除方阵的团结防御能力。

▲ 石刻，显示希腊重步兵组成方阵，约公元前400年

古凯尔特兵器

　　凯尔特士兵活动时间约在公元前600年—公元50年。作战风格以勇猛坚韧而著称，甚至赢得了罗马对手充满恨意的尊敬。早期凯尔特士兵以步兵为主，后期则以战车和骑兵为主；充分依靠士兵列阵冲锋带来的心理和现实影响。凯尔特士兵的主要武器是剑或矛，防御武器基本只有盾牌或头盔；凯尔特人以此击败了强大的罗马军团，甚至在公元前390年洗劫了罗马城。

凯尔特刀剑的象征意义

　　凯尔特剑对主人而言标志着权势、力量、名誉，也是最终的光荣所在。凯尔特剑的品质上乘，对制作技巧要求很高，因此也十分昂贵，一般只为贵族、酋长等人拥有。主人死后，剑常常随大批陪葬品埋进坟墓，或者举行仪式扔到水中，作为对神灵的赠礼。

反曲刀（falcata）

　　反曲刀的刀身较大，向内弯曲，只有一侧有刃。这种造型很像尼泊尔的重型弯刀——廓尔喀弯刀（kukri）。反曲刀杀伤力很大，刀柄铁制，整把刀呈钩状，柄头有时进行装饰，做成风格化的马头形或鸟头形。反曲刀起源于罗马时代之前，推测可能是古希腊镰刀形剑，又称"科庇斯"双刃曲剑（kopis）的改进型。砍杀很有力度，有类似战斧的劈砍效果，但又有常规刀剑的切削能力。当时的罗马作家经常记载反曲刀能够劈开盾牌与头盔。据说伊比利亚半岛（Hispania，今西班牙）的凯尔特人最擅长使用这种刀。罗马共和国（公元前509年—公元前124年）早期，罗马军队对阵时也经常使用这种刀。

反曲刀制作

　　反曲刀有一种十分特殊的制造步骤：先把各种铸造的钢盘埋入地下，一般要埋三年以上，使其自然氧化；然后挖出，丢弃那些质地不够坚固的或是伪造的金属材料，余下的优质钢材重新铸造，方式为传统的凯尔特"花纹焊接法"（pattern welding）：将几个不同的金属部件分别造出，然后再用"锻焊法"（forge-welded）焊接在一起并进行表面处理，产生一种图案，大大提高强

▲ 浮雕片（Relief plaque），黄铜制成，上有金银镀层，显示一名军人挥舞凯尔特长剑[1]，约公元1世纪

度。罗马军团在遇到这种坚固的反曲刀以后也重新设计了盾牌和铠甲，增强防御力。罗马短剑的发明据说就是罗马人遇到反曲刀实战的直接反应。

凯尔特长剑

　　后来骑兵的应用增加了，战车的应用也增多了。让凯尔特士兵需要用更长的剑才能杀伤对手。这些长剑的剑身平均长度为70厘米，剑柄为木制、骨制或角制，剑身则为铁制或钢制。剑鞘（Scabbards）一般用铁盘铸

[1] 画面上其实有两名军人，但英语原文如此，不做改动。——译者注

成，悬挂在铁环制成的腰带上。

凯尔特人是欧洲最早学会炼铁的民族之一。凯尔特人与罗马人交战的时候已经掌握了一整套成熟的办法，生产重量更加平衡的剑，剑身较长也更加坚固。罗马人称凯尔特人为"高卢人"（the Gauls）。罗马作家波利比乌斯（Polybius，约公元前203年—公元前120年）有一段很奇怪的记载，说公元前225年的泰拉蒙战役（the Battle of Telamon）中，高卢人的铁剑质量很差，第一次攻击就折弯了，必须用脚踩着压在地上才能重新弄直。另一位罗马作家普鲁塔克（Plutarch，约公元46—公元127年）也提到了这一点，但这很可能是罗马人的虚假宣传，因为后世出土了多件凯尔特剑刃实物，测试显示钢和铁的质量都非常好。

矛

凯尔特矛又称投枪（javelin），是凯尔特军人的标准武器。矛杆一般是白蜡木杆子（ash wood pole），长约2米，装有较大的矛头，呈树叶形，装有孔槽。

凯尔特人从1世纪开始与罗马人交战，积累了经验，改造了矛头设计，使得剖面更窄。这是因为罗马人使用了防御型的铠甲，凯尔特人必须有效地刺穿甲片。凯尔特有一个年轻武士集团名叫盖萨塔依人（gaesatae），大量使用矛和投枪。这些人属于拿工资的雇佣兵，因作战勇敢而声名远播；战斗时先把长矛向敌人全部投出，而后从地上或者敌人尸体上取回长矛。

▼ 拉坦诺文化时期三枚凯尔特矛头，均带有树叶形且略弯的刃部，中间凸起，造型精细。其中二枚孔槽中有洞，用以将矛头固定在矛杆上

拉坦诺文化（the La Tène culture，又译拉特尼、拉泰恩文化）的剑

在今瑞士纳沙泰尔湖（Lake Neuchâtel）北岸发现了一处拉坦诺文化定居点，时间约为公元前500年—公元前1年。这个定居点彰显了凯尔特人在剑柄和剑鞘上制造装饰的技艺。装饰繁复，既有抽象造型，也有生物造型；短剑和长剑上都有。很多精美的剑柄上还有人头造型或其他拟人化、动物化造型。

▲ 瑞士拉坦诺古剑与剑鞘，公元前1—公元2世纪

古罗马兵器

古罗马（公元前800年—公元476年）军队勇猛善战，军纪严明，组织有序，拥有多种杀伤力很强、经过实战检验的武器。步兵主要使用矛和剑。罗马军团能够横扫欧洲和近东，靠的是战场部署的纪律，还有坚持不懈的武器训练。

罗马短剑 "格拉迪乌斯"

罗马短剑主要用于突刺，剑刃长约50～60厘米，是罗马士兵的主要作战武器。罗马短剑起源不是很清楚，因为出土极少而且唯一确定的一批罗马短剑并非出土于今天的意大利，而是出土于德国。古罗马人称这种短剑为gladius hispaniensis，意为西班牙短剑。公元前218年—公元前201年第二次布匿战争（the Second Punic War）期间，古罗马人在征服伊比利亚（Hispania，今西班牙）过程中与凯尔特人作战，发现凯尔特人有一种类似的短

▼ 意大利 "马公扎" 地区（Magonza）石柱浮雕，显示罗马军团士兵作战的画面，士兵带有罗马短剑

剑，于是给短剑起了这个名字。推测此前罗马人使用的剑是希腊传来的。

剑柄，拉丁语称为capulus，呈圆柱形，上面用模具印出四个指嵴（finger ridges），让剑士能够舒适而牢固地握住短剑。柄头圆球形（bulbous）也叫球根形，一般不加装饰。剑鞘为木制，覆有皮革，且有黄铜或铁的框架，提高强度。

罗马短剑的佩带法

后世多数刀剑佩带于身体左侧，但罗马短剑佩带于身体右侧，这样即使左手持有沉重的盾牌，右手也可方便拔剑。这种情况已被多处墓碑雕刻、壁画、浮雕饰带形象证实。公元1世纪，罗马在不列颠有一处兵站，名为 "达尔马提亚第三大队"（Cohors III Delmatarum）。兵站有一名后备步兵，名叫阿奈乌斯·达维泽乌斯（Annaius Daverzius），其墓碑上说明：罗马短剑佩带在身体右侧的腰带上，用四个吊环（suspension rings）连接。罗马还有一种军官名叫百夫长（centurion），百夫长有权在左侧佩剑。

罗马短剑用于实战

罗马短剑的突刺力道足够且能刺中要害，特别是腹部，因此几乎总能杀死敌人。

罗马士兵作战会形成有序的军阵，军阵由数百名士兵组成，士兵们肩并肩站立。军阵必须保持稳固，因此所有士兵全部右手持短剑战斗。若新兵为左利手，则在训练时左手必须缚在背后，直到右手与左手同样运用自如才可放开。右手持剑，还意味着拔剑不会影响左右的士兵，不会影响使用罗马长盾（拉丁语单数scutum，复数scuta）。

作战时，罗马阵线首先等待敌军靠近，然后等待前进命令，命令一下，全体士兵向前一步，用罗马长盾撞

▲ 大理石石棺浮雕，显示罗马与日耳曼交战。公元180—公元190年

▼ 短剑与剑鞘，所有者为第二任罗马皇帝，提贝里乌斯（Tiberius，旧译提比略，公元前42—公元37）的下属军官

蚀刻法制成的金质装饰

剑鞘木料碎片

钢刃，严重锈蚀

击敌人面部和身躯，使敌人丧失平衡，从而得到进攻时机；然后迅速撤回长盾，用短剑刺入敌人身躯。罗马士兵在训练时就学会了将短剑水平刺出，这样就可以穿透敌人肋骨，刺入要害器官。

罗马重剑

1世纪中叶，罗马短剑被罗马重剑替代。剑刃大大增长，约60-80厘米，剑尖较短。罗马重剑起源于凯尔特人，可能在尤里乌斯·恺撒（Julius Caesar，公元前100年—公元前44年）与奥古斯都（Augustus，公元前63年—公元14年）在位时期由高卢骑兵（Gallic cavalry）从高卢（今法国）带来；当时有高卢骑兵被罗马雇佣作战。罗马重剑主要用于切削，罗马骑兵与步兵都有使用。

刀剑的制造

约公元前509年—公元44年罗马共和国时期，钢在铸剑的应用上已经很成熟；罗马刀匠会在锻铁炉（又称块炼铁炉）（bloomery furnace）内熔炼铁矿石与碳。锻铁炉后来发展成了鼓风炉（blast furnace）。锻铁炉内的温度还不足以完全熔化铁矿石，因此必须先处理铁矿石表面的熔渣（slag），矿石和熔渣合称"块炼铁"（bloom），将这种混合大块铸造成需要的剑刃形状。这些正在冷却的金属部件焊在一起用来提高剑刃强度。铸造过程中有时会将主人的全名或首字母刻在剑刃上。

罗马重标枪（pilum，复数pila）

重标枪是罗马军人的主要长兵器，也称投枪（javelin），长约2米，由带有孔槽的铁质枪柄（shank）和三角尖头组成。重标枪重量约为3千克~4千克；后期罗马帝国时期（公元前27年—公元476年）的重标枪要轻一些。作战时由向前冲锋的军团投向敌人，能够在15米远处轻易刺穿敌人的盾牌与铠甲。此外还有一种更轻的轻型突刺枪，拉丁语为hasta，用于近战。

重标枪的枪头很窄且带有尖刺，一旦刺入敌人盾牌的木板则会极难拔下，从而让敌人在生死攸关的时刻遭到干扰。敌人可能会被迫丢下盾牌，在罗马步兵逼近时变得极为脆弱；即使费力拔掉标枪，枪杆的软铁也会在冲击时折弯，无法当作武器再次投向罗马人。罗马人胜利之后，会有专人从战场上收集用过的标枪，交给罗马军中的铁匠弄直。古罗马军事家韦格蒂乌斯（Vegetius，约公元450年）论述重标枪的效果道：

> 步兵部队所使用的投掷标枪，有11英寸或1英尺长的，尖尖的三棱矛头。如果标枪扎透盾牌，要把它抽回

◀ 石刻，显示图古罗马皇帝霍斯蒂利安（Hostilianus）在公元251年的一次战役中。皇帝拿着一把罗马短剑，剑身已经折断

▼ 目前已知的唯一具有鹰头手柄的罗马重剑（spatha，又译罗马长剑）实物，出土自西班牙。推断为公元4世纪早期护民官（tribune）[1]使用

---

[1] 护民官是古罗马的一种官职。军事护民官是军官的一种；平民护民官负责平衡贵族与平民之间的利益。——译者注

来已不大可能，标枪是很容易穿透铠甲的。

选自《兵法简述》（*De Re Militari*）（约公元430年）[1]

后来重标枪有了一种改进型，即"阔针长矛"（spiculum）。韦格蒂乌斯记载了阔针长矛的威力：

每人还配有两枝标枪，一枝较长，枪尖是铁制的，呈三棱形，长9英寸，连枪杆在内全长5.5英尺，这种标枪也叫重标枪（pilum），如今则称阔针长矛（spiculum）。军士们都得专门练习投射，因为投射本领高超而有力，能使投出去的兵器穿透步兵所持的盾和骑兵所披的铠甲。

选自《兵法简述》（*De Re Militari*）（约公元430年）

匡托骑兵长枪（the contos）

这是一种较长的木制骑兵长枪，长4米～5米。"匡托"来自希腊语kontos，意为"船桨"；可能是以此形容长枪很长。这种枪需要双手使用，骑手只能用双膝控制坐骑。如此，对骑手的力道和技巧要求就会很高。

▲ 一枚匡托骑兵长枪的枪头，公元2世纪。罗马地方风格

▲ 罗马士兵，持有轻矛（拉丁语lancea）和盾牌。这是罗马文物——安东尼圆柱（the Antonine Column）的浮雕细节。圆柱建立于公元180—196年间，为了庆祝罗马战胜一个日耳曼部落

◀ 公元70年，刻有铭文的罗马纪念石，显示一名骑兵（拉丁语Vonatorix）使用长矛

[1] 两处中译文选自2013年商务印书馆，袁坚译，略加修改。——译者注

撒克逊兵器

约在公元400年，撒克逊人来到英格兰。此时，撒克逊人已有强悍的名声，而且十分崇拜刀剑，认为刀剑象征力量和尚武精神。盎格鲁-撒克逊的一般士兵携带盾牌和"塞克斯"匕首（匕首的古英语是seax），作战武器为长矛和斧头。地位较高的贵族和职业军人则携带长矛（类似罗马重标枪）和刀剑。

撒克逊刀剑

对英格兰多处墓葬的发掘显示，盎格鲁-撒克逊人经常把全套兵器和甲胄与死者一起埋葬。这些随葬兵器通常具有高度艺术性和美感，说明当时人们普遍认为士兵在死后仍需要武器作战。后来，盎格鲁-撒克逊民族接受了基督教，认为士兵需要将武器带入天堂。这些武器说明主人在生前威望很高。

盎格鲁-撒克逊武士拥有剑和矛，说明生前的身份是自由民；奴隶则禁止携带任何武器。奴隶的古英语为oeows。要获得一把可用的刀剑需要大量金钱，说明主人有一定财富和地位。盎格鲁-撒克逊剑的基本型粗细均匀，双刃，剑身较长，平均长度约为90厘米。

撒克逊矛

在盎格鲁-撒克逊墓葬发现的武器中，矛是最常见的武器，也是盎格鲁-撒克逊武士的基本武器。社会各阶层，包括国王、伯爵（古英语eorl，即现代英语earl）、最低级自由民（古英语ceorl）也叫雇农（conscripted peasant）都使用长矛。矛头为铁制，树叶形，矛杆木制，传统使用白蜡木；典型长度为1.5米～2.5米。

盎格鲁-撒克逊士兵一手持矛，一手持盾。这样的安排在列阵作战时非常有效，有一种著名列阵法名叫"盾墙"（shieldwall）；古英语shildburh。1066年，发生了著名的黑斯廷斯战役（the Battle of Hastings），诺曼底公爵"征服者威廉"（William the Conqueror）入侵英格兰，就面对了这种盾墙。诺曼人（the Normans）的骑兵假装撤退，引敌人追赶，然后突然拨转马头冲向失去防御的盎格鲁-撒克逊人。这是追击者犯的致命错误，决定了战争的结果。[1]

公元991年，今英格兰的埃塞克斯郡（Essex）海岸地区，撒克逊人和维京人发生了马尔登战役（Battle of Maldon）。同时代人的文献记载，盎格鲁-撒克逊将领比尔诺思伯爵（Eorl Byrhtnoth）向敌人投掷两种投枪，一长一短。有趣的是，伯爵只有在被维京长矛刺伤而且用尽了投枪之后，才最终改为用剑。

双翼

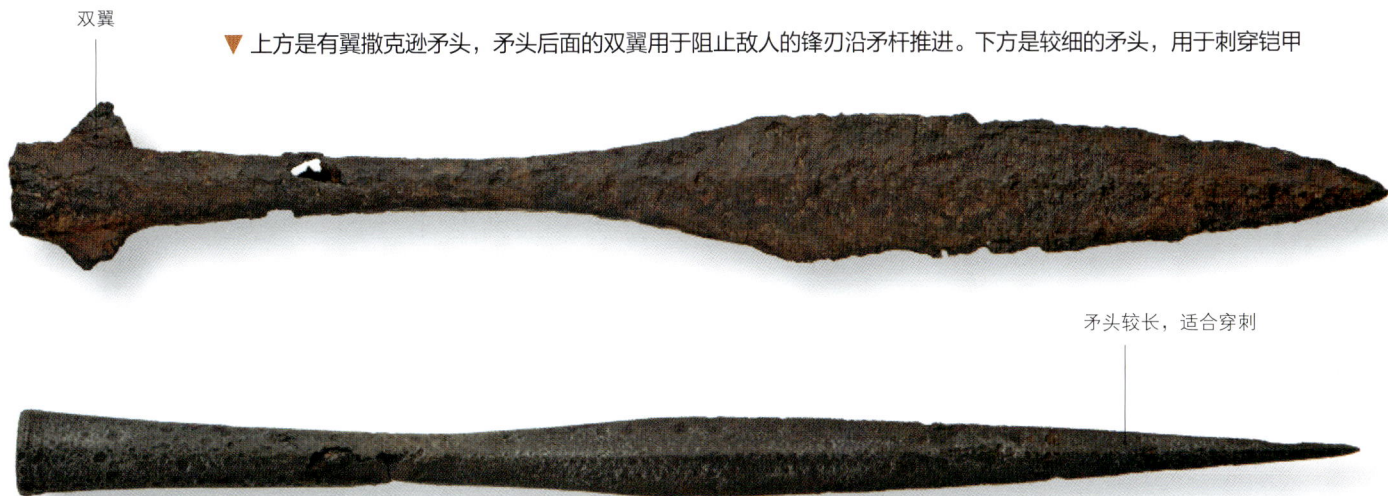

▼ 上方是有翼撒克逊矛头，矛头后面的双翼用于阻止敌人的锋刃沿矛杆推进。下方是较细的矛头，用于刺穿铠甲

矛头较长，适合穿刺

[1] 最后，诺曼底公爵占领英格兰，当上了英格兰国王。——译者注

盎格鲁-撒克逊女兵

盎格鲁-撒克逊时期，因英勇战斗被尊为英雄的人不只有男人。最近的考古发现妇女也可能参与了战事。

2000年，英格兰北约克郡（North Yorkshire）赫斯勒尔斯顿村（Heslerton）发现了两处女性墓葬，时代约为公元450—650年。两位墓主人的随葬品都有长矛和短刀。英格兰东部林肯镇（Lincoln）郊外发现一名撒克逊女战士的遗骨，随葬品有短剑和盾牌，时代约为公元500年。

罗马拜占庭时期有一位学者名叫普罗科匹厄斯（Procopius，约公元500—565年），曾记载哥特战争（the Gothic Wars，公元535—552年）历史，提到安吉利厄里部落（Angilori）有一位公主，真名不详，人称"小岛女郎"（the Island Girl），曾带兵入侵日德兰半岛（Jutland，今丹麦西部），俘获日耳曼国王"瓦尔尼（古民族名）的拉蒂吉斯"（Radigis of the Varni，自译名，

Varni常见英语拼写为Warini）。

英格兰有一位著名国王阿尔弗雷德大帝（Alfred the Great of England，约公元849—公元899年），长女名为埃塞尔弗莱德（Aethelflaed），人称"麦西亚女郎"（the Lady of Mercia），曾多次率军抵抗维京人入侵。埃塞尔弗莱德还指挥修建了多处撒克逊要塞。

撒顿胡（Sutton Hoo）剑

1939年，英格兰萨福克郡（Suffolk）出土一处大型船墓（ship grave，用船造成棺木或随葬的墓地），称为萨顿胡墓葬。墓中发现了大批盎格鲁-撒克逊王室珍宝；其中有一把剑，即著名的萨顿胡剑，样式以先前罗马重剑（骑兵用剑）为基础。柄头以黄金和掐丝珐琅（cloisonné）的石榴石（garnet）制成，还有金质的十字护手。剑刃为铁质，已经严重锈蚀，但原来的花纹焊接法依然可见，为8束细铁条通过敲打聚在一起形成，使得剑身强度极高。不过这把剑不太可能用于实战，更像是专门为陪葬而打造的奢侈品。

▼ 贝叶挂毯（the Bayeux Tapestry，又译巴约挂毯或玛蒂尔德女王挂毯）细部，1082年。显示诺曼人用骑兵冲锋，英吉利步兵则以盾墙防御

撒克逊战斧

　　撒克逊士兵从早期丹麦维京入侵者那里继承了一种双手用的"钩斧"（"bearded" battle-axe），英文意为"胡子斧头"，因斧身呈钩状，像弯曲的胡须而得名。维京人曾用这种斧头攀爬敌舰，效果极佳，撒克逊人也十分惯用这种武器。斧柄长1.2米，斧刃硕大而锋利，长约30厘米，能够轻易砍破铠甲，重创敌人。横扫时还能将骑士和战马一下子砍翻在地。

　　哈罗德国王的贴身护卫名叫北欧战斧骑兵（hu-scarls），使用的就是这种长柄斧，据说能够"连人带马砍为两半"。当然这种双手大斧也有缺点，其一就是举过头顶时会暴露身体，无法防御敌人的刀剑或者长矛戳刺。尽管如此，一大群撒克逊士兵

挥舞着大斧接近敌阵仍是一种有效的心理战；有很多文献记载当时敌军直接逃离战场。

▶ 黑斯廷斯战役中，哈罗德二世国王（约1022—1066年）被诺曼人放箭射倒。后世绘画

北欧维京武器

维京人属于"斯堪的纳维亚人"（Scandinavians）[1]，9—11世纪曾殖民欧洲大陆多个地区。维京人尊奉刀剑为兵器之王，一个家族拥有的刀剑从父亲传到儿子的时候要举行隆重的仪式。如果一把剑曾经在战争或决斗中被著名武士或贵族使用，则人们会认为这把剑地位更高，而且因这种经历而使剑染上了魔力。维京人其他武器包括长矛和战斧，用于对敌前线作战。

维京人各种武器

维京人与敌人交战时首先使用的实战武器是长矛和战斧。刀剑在战斗前期之所以居于次要地位，有各种原因；其一就是剑刃如果和其他剑刃相碰则会产生凹痕（nicks），最终使得精心磨快的剑刃完全变形，失去效力。

所以在长矛或战斧用过之后，维京士兵就会拔剑寻找敌人身体的暴露部位发起攻击。考古学家在维京人的战场中发掘出多具战死士兵的遗骨，发现长矛造成的损伤总是要多于刀剑，可见维京人对刀剑的使用有选择性。

维京长矛

维京士兵最常用的实战武器是长矛。矛头造型简单，铁制，阔叶形或尖刺形；矛杆木制，一般为白蜡木，总长1米~2米。矛头有翼，称为倒钩矛（barbed spears）。长矛是极有效的武器，既可突刺又可投掷；矛头如较大还可用于劈砍。有证据说明士兵曾单手或双手持矛，用于劈砍敌人的锁子甲（chainmail）。熟练的维京长矛兵能够双手同时投掷长矛，还能接住对方投来的长矛再投向对方。近战时改用刀剑。

▲ 维京装饰用石刻，9世纪。瑞典哥特兰岛（Gotland），图为两名士兵斗剑

双刃剑

▲ 带有小圆球柄头（lobed pommel）的维京剑，10世纪。剑身较宽，双刃，威力很大

---

[1] 即北欧斯堪的纳维亚半岛居民，英语以此代指北欧人。——译者注

柄头与剑鞘

　　剑柄末尾的柄头，是维京剑最明显的区别所在。质地方面，多数柄头都由实心铁铸成，其重量用于平衡剑刃重量。另外也有一些青铜柄头，制作精美；以及嵌入银箔的铁柄头。形状方面，早期为锥形（约公元800年），后期则由多个三角部件构成，更为复杂。

　　维京匠人制造这些柄头与十字护手显然发挥了充分的想象力和艺术技巧；银制、青铜制剑柄上都有繁复而交叠的几何图案。

　　剑鞘为两块雕刻的木材构成，侧面粘在一起，有时覆有皮或革。有些刀鞘的口和尖端金属鞘镖（chape）带有银质或青铜箔片（gilt），用来装饰。佩带时用饰带（baldric）挂在腰部或肩部。

▲ 维京剑柄，带有三角帽形（cocked hat）柄头，也叫双叶形柄头。装饰有压制而成（stamped）的抽象涡卷花纹（cartouches）

维京战斧

　　丹麦有一种长柄"钩斧"，如有足够力量挥舞则会具有极大杀伤力。设计的原型是民用的伐木斧头，维京时期整个斯堪的纳维亚半岛均有使用，经改进用于作战。战斧的斧刃呈新月形，也叫凸面形（convex），斧柄较长，长1米～2米。有时斧刃铸造成经过硬化处理的双刃；也有较薄的斧刃以减轻重量，方便使用。

维京剑

　　维京剑长70厘米～80厘米，剑身宽阔，双刃；剑身有套锤锻出的浅凹槽（shallow fullers），又称"血槽"。实际用途并非让血流下，而是减轻剑刃重量，增加柔韧性。维京人对刀剑很有感情，会给刀剑起名字，例如

Gramr（凶狼之剑），Fotbitr（咬腿之剑），Meofainn（从中间装饰之剑）。维京刀剑数量较少，价格昂贵，很可能是富贵之人的专属用品。

维京刀剑的制造

　　维京人掌握高超的技术，能够熔炼含碳铁矿石，制造优质钢材，继而生产优质刀剑，远近闻名。最有名的是"花纹焊接"的复杂技术。

　　我们用现代X光技术检查现存的古剑，从而了解维京铁匠如何制造出带有花纹的剑：先把钢铁的长条焊在一起铸成方形杆件，最后把这些杆件折弯或折叠成小束（small bunches），从而造出剑的坚硬内核；外部的锋刃用最好的钢材制成，焊接在内核之上。最后用酸液抛光打磨，做出繁复的花纹。

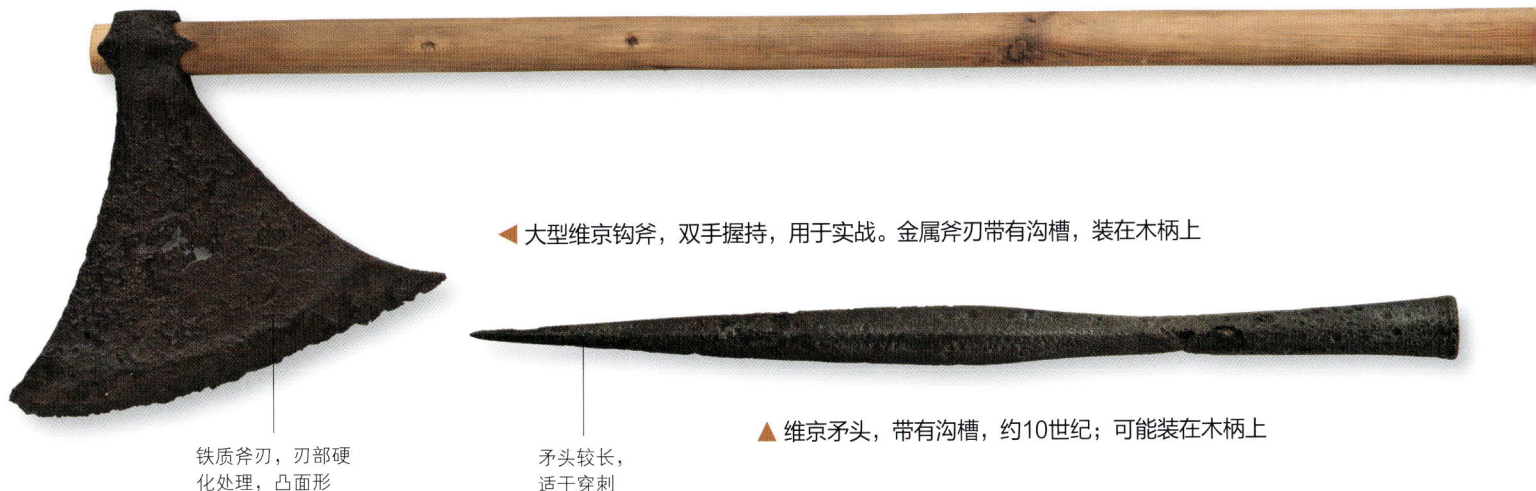

◀ 大型维京钩斧，双手握持，用于实战。金属斧刃带有沟槽，装在木柄上

铁质斧刃，刃部硬化处理，凸面形

矛头较长，适于穿刺

▲ 维京矛头，带有沟槽，约10世纪；可能装在木柄上

为造出有特色的花纹，铁匠不辞劳苦。他们对这种熟练工作十分骄傲，于是很多古剑都刻上了制作者的名字，最有名的有"沃伯"（Ulbehrt）、"伦夫利特"（Lunvelit）、"因格尔里"（Ingelri）。[1]

维京萨迦（传奇）中的剑

维京人讲故事的水平很高。他们有一种信仰，认为讲故事的能力是神的赏赐，来自最强的战神——奥丁（Odin）。维京人有一种"吟唱诗人"（skalds），完全不用文字记录，只凭记忆就能演说史诗，传给他人，为此而十分骄傲。维京人就通过这些故事把宗教信仰和冒险故事的细节一代一代传下去。国王要受到全国百姓拥戴，就经常雇来吟唱诗人宣讲国王的功绩。虽然情节很可能被诗人夸张，但也很可能有一些真实成分。

维京人和盎格鲁-撒克逊人的古代萨迦（saga，即传说）都经常提到某宝剑的神力能够将人一劈两半。攻击的首要目标是敌人的头颈部，使用的力道则确保一击必

▶ 12世纪木刻，取自挪威赛特河谷地区（Setesdal）一教堂中木板，显示挪威神话《西格德》（Sigurd）一场面：矮人雷金（Regin）与助手在铁砧上铸剑。西格德现代英语为齐格弗里德（Siegfried）

维京人用刀剑进行的决斗

维京人有时因封地发生冲突，会通过正式决斗来解决；决斗称为holmganga，直译为"去岛上"；说明大多数决斗发生在小岛上。小岛空间狭窄，撤退的余地也较小，从而保证战斗必须进行。一般铺开一块方形布，确定战斗区域；布周围挖沟，用绳子围起来。双方各有一位副手负责持盾。决斗用的武器是剑。

决斗一开始，双方并不马上冲向对方，而是交替向敌人使出一招。若一方在敌人出手时后退，而且一只脚踏到方形布之外，则按规矩判定他必须逃跑，决斗也就完结。若出手击中对方，而且使得对方倒地并无法继续搏斗，则伤者有权停止决斗，但之后必须向胜者支付一笔金钱。

▶ 两把剑，上面均有压制出的几何装饰图案，在维京柄头中很常见

---

[1] 也可能不是具体工匠而是作坊的名字。——译者注

杀。下面的描述来自一篇后世的冰岛文献，记载了10—11世纪的一些事件，特别渲染了一记劈砍的凶猛威力：

> 托尔比约恩（Thorbjorn）遂直取格雷惕尔，使出一招。格雷惕尔以左手圆盾格开，手起一剑，便将敌手盾牌砍成两半，剑锋劈进头颅，直达脑子。
>
> ——《格雷惕尔萨迦》（*Grettir's Saga*）

◀ 瑞典哥特兰岛（Gotland）石刻局部，画的是奥丁神殿——瓦尔哈拉（Valhalla，又译忠烈祠）。武士死后会进入神殿享受荣耀，等待与冥界的邪恶势力决战

《奥克尼萨迦》

维京萨迦传奇中经常出现"一对一斗剑"来解决争端的情节。关于这类争端用剑杀人的最有名的案例，记载于《奥克尼萨迦》（*the Orkneyinga Saga*，约1200年）中。这篇萨迦是苏格兰奥克尼群岛（the Orkney Islands）独有的叙事诗，叙事从9世纪奥克兰群岛被挪威人占领开始，一直到13世纪早期。

萨迦叙述，大约在860年，统治奥克尼群岛的挪威酋长罗根瓦尔（Rognvald）被仇家金发哈拉尔（Harald Fairhair）的两个儿子在住处烧死了。罗根瓦尔的儿子埃纳（Einar）为了报仇，击杀了哈拉尔的一个儿子哈夫丹·哈勒加（Halfdan Halegga）。第二天有人在小山坡上发现了哈勒加的尸体，背上用剑刻了一只鹰的图案。更可怕的是，尸体的肋骨也从脊柱上拆了下来，两肺张开，摆成了鹰翅膀的形状。埃纳相信这样摆放尸体是对北欧战神奥丁的一种祭祀。

▶ 北欧战神奥丁，持剑，身上有两只渡鸦。奥丁掌管大小战事，统领战胜者

中世纪兵器

　　11—14世纪，欧洲封建主的军队中产生了一批主力战士——在马背上作战的骑士。骑士的装甲越来越厚重，也越来越依靠马匹、长枪、阔剑的威力。骑士的出现使得步兵列阵时应用长柄武器（装在长杆上的武器），以把骑士打下马来杀掉。战斗时多种突刺武器拥挤在一处，十分血腥残忍。

1066年黑斯廷斯战役

　　1066年，黑斯廷斯战役（the Battle of Hastings）爆发，诺曼底公爵威廉（William of Normandy）入侵不列颠，对抗英格兰国王哈罗德二世（King Harold II）。威廉第一次展现了重甲骑士的可怕威力。激战持续了很久，哈罗德与手下的盎格鲁–撒克逊守军遭到诺曼骑兵反复冲击。撒克逊人主要是步兵，没有遇见过这种骑兵运动战。幸好撒克逊人在战前挑选了一处适合防守的有利地形，才没有立即失败。[1]

诺曼阔剑

　　这种阔剑是中世纪诺曼骑士的主要武器，平均长度约75厘米，双刃，相当锋利，很适合快速挥舞向下切削。骑士一手持剑，另一手持三角形盾牌。

▶ 贝叶挂毯（the Bayeux Tapestry，又译巴约挂毯）局部。哈罗德二世的撒克逊队伍，领队是一名旗手（standard bearer）和一名持斧战士，对抗一名持有冲锋骑枪的诺曼骑兵

▼ 这把剑属于维京时代和中世纪的过渡类型。柄头是明显的"巴西栗"（brazil nut）形状，中世纪早期常见；护手宽度明显增加，锥度（taper）[2]控制得更为精确

护手笔直，呈方形

血槽（边缘斜切的沟槽）几乎贯穿整个锥形剑刃

---

[1] 最后撒克逊人全面失败，威廉加冕为英格兰国王；英国开始了诺曼征服时期，也拉开了中世纪序幕。——译者注
[2] 剑刃从基部到尖端逐渐变细的造型。——译者注

诺曼冲锋骑枪

诺曼骑士所用的长柄武器尽管名为冲锋骑枪[1]，但实际上属于较长的常规长矛，木柄装上简单的矛头。作战时在胁下夹紧，用手握住，这样就能同时利用人和马的冲力达到最佳效果。一旦接近敌人，冲锋骑枪还能变为有效的近战武器或投掷武器。

骑士用剑，即佩剑

战场上，如果局势需要士兵进行激烈的苦战，士兵就会携带"骑士用剑"（knightly sword），也叫作"佩剑"（arming sword）。欧洲大多数战役，两军都全副武装，披盔戴甲，一相遇就展开殊死搏斗，把敌阵向后推去；与此同时还要在非常有限的空间之内把尽可能多的敌人打死打残。随着战役的进行，士兵被自己人踩死也是寻常的事。

到12—13世纪，"骑士用剑"或"佩剑"的典型样式已经严格确定下来。一般来说，骑士用剑的剑身较长，剑刃宽阔，既可劈砍又可突刺，有双血槽；剑柄具有十字剑格（crossbar），不加装饰；柄头有轮状、巴西栗状、卵圆形、蘑菇形几种。这种设计从维京入侵（793—约1066年）开始就基本没有变过；接下来3个世纪也没有什么革新。大多数剑刃和剑柄都没有装饰，但某

些存世刀剑上也有镶嵌花纹，大部分都是大型凸模的字母或符号，象征宗教或神秘主义。这一时期的柄头一部分也有纹章图案（heraldic devices），表示某个王室或贵族家。个别柄头用玛瑙、嵌金或无色水晶（rock crystal）制成。

制造方法为花纹焊接，英语中别称"编辫子"（braided），因为将很多金属条铸在一起的方式类似把头发捆扎在一起形成辫子。这和早期维京刀剑的做法是

▶ 13世纪法国士兵，携带一把双刃阔剑，柄头为"巴西栗"形，护手向剑刃倾斜（down-sloping）

刀剑制造

9世纪之前有时找不到可用的优质铁矿石，因此有很多刀剑都是较小的铁块用锻焊组合（forge-welded）连接在一起，这样剑刃的内部强度就下降了。与此相反，刀匠会以优质铁条为原料，用"花纹焊接法"生产优质刀剑。这一步骤要求铁条紧紧扭绞在一起，造出的剑刃经过回火，因此强度和耐久度都大大提高。铁条在高热下扭绞，然后突然冷却，进行锻打，在剑身表面产生明显的铸造纹路。这种旋涡状的纹路复杂多样，剑的主人十分重视，作为价值的象征。

到9世纪，欧洲已经普及了鼓风炉，花纹焊接法的需求减少了。之后数百年，花纹焊接技术逐渐失传，到1300年几乎已经不再应用。但是北欧盛产优质铁矿石和焦炭，北欧人因而继承了花纹焊接法。

---

[1] 原文lance，英语中lance一般专指较长的一次性长矛，撞到敌人即折断；Spear一般指较短的常规长矛，可多次使用。——译者注

▲ 征服者威廉（William the Conqueror）（即诺曼底公爵威廉，因征服英格兰而得名），骑士和士兵簇拥在周围。选自14世纪拉丁语文献配图

◀《亚瑟王传奇》中的两位骑士加拉哈德（Galahad）与高文（Gawain）参加一场比武。选自《寻找圣杯》（La Queste del Saint Graal），约1316年。两位骑士用的是当时典型切削用剑，剑刃较宽

一样的。造出来的剑威力很大，强度很高，不易断裂。作战时一般配有大型盾牌或小圆盾，不过同时代也有很多绘画和文字档案，说明士兵使用骑士用剑时并没有携带盾牌，推测是为了让空出来的手抓住敌人或抓住敌人的武器争夺。不论穿不穿甲胄，骑士都应当带剑，否则就被人视为"没有穿衣服"。

中世纪刀剑用于实战

1389年，塞尔维亚人和奥斯曼帝国之间爆发了科索沃战役（the Battle of Kosovo）。佛罗伦萨在同时期有一份文献专门提到骑士用剑，还说骑士用剑有一种惩罚邪恶的神圣力量：

中世纪礼剑

11世纪开始出现专门用于王室加冕和类似典礼的刀剑。这些刀剑的设计目的不是为了实战，平时存放在教堂、宫殿、国家武库中。这类刀剑装饰华美，尺寸也做得较大，引人注目。法兰克国王（King of the Franks）查理曼大帝（Charlemagne）又称查理大帝（Charles the Great），公元742—814年在位。他有一把剑，现藏于维也纳帝国宝藏库（Schatzkammer），单刃，略弯曲，覆盖有铜制装饰，包括一些龙纹（dragon motifs）。剑柄、剑鞘覆有银箔（silver gilt）。握柄裹着鱼皮，宽窄随长度略有变化，很像近东（Near Eastern）[1]地区同时期的刀剑。另外巴黎卢浮宫（Louvre）也珍藏着一把查理曼大帝的剑，剑柄上的装饰证明这是他的私人佩剑；不过也有记载说，1270年，法王菲利普二世（Philip the Bold）加冕时也在典礼上用过这把剑。

▶ 查理曼大帝即查理大帝（742-814年在位）两把佩剑之一的素描。现藏于巴黎卢浮宫博物馆

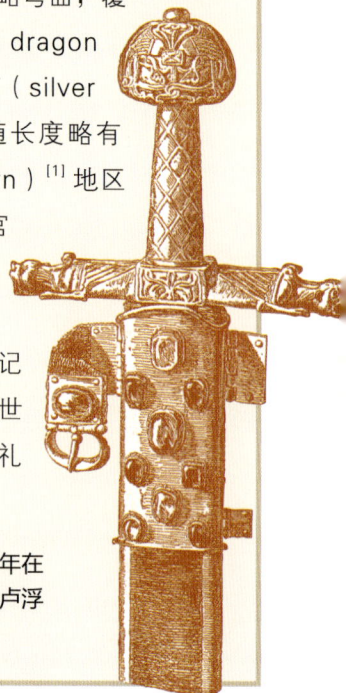

[1] 这是欧洲角度的说法，一般指巴勒斯坦、阿拉伯一带。——译者注

柄头大而圆，侧面扁平

▼ 骑士用剑，约1250—1300年，剑刃较窄，重量轻，适合徒步作战。剑刃有尖头，劈砍和突刺性能都很好

剑刃尺寸精确地收窄，成为尖头

十字形护手

最为幸运的是那十二名忠心的勋爵，他们已经用剑开路，突破了敌人阵线和锁在一起的骆驼组成的圆圈，勇猛地直捣敌人首领阿穆拉特（Amurat）的帐篷……最幸运的是其中一人，用剑猛刺那勇猛公爵的咽喉与腹部，将他击杀了。以光荣的牺牲而奉献生命与鲜血的一切人都是蒙福的……

《佛罗伦萨元老院之复信》（*Response from the Florentine Senate*）（1389年）

中世纪长剑

中世纪早期到中期，双手握持的"佩剑"或"骑士用剑"形制有所发展，产生了最早的长剑，主要区别是剑刃加长。双刃长剑长达80厘米～95厘米，重约1千克～2千克。这种剑，基本用于中世纪后期，约1350—1550年。握柄也加长了，这样两只手用起来就更方便，威力也更大。不过整体剑柄依然是传统的十字形。

长剑是一种新造型，很快被用于实战。长剑依然拥有阔剑的劈砍功能，但横截面变小，剑尖硬度提高，功能更加偏重于突刺，穿透板甲。长剑在文艺复兴时期十分重要，有很多新型的突刺用锋刃武器在战场上比拼，测试功效。当时主要刀剑类型包括"一手半剑"（hand-and-a-half sword）"巨剑"（greatsword）"混用剑"（bastard sword）。

▲ 14世纪法国战场绘画。中世纪战役显然非常混乱

向下（向剑尖）弯曲的锷叉（quillons）

剑刃的尖头，强度很高，适合穿刺

▲ 长剑，剑刃呈完全的锥形，可用来刺穿铠甲

双刃

柄头不太突出

握柄为双手使用，带有中段凸环

十字形护手，笔直而宽阔

▲ 中世纪后期双手长剑，握柄带有中段凸环（waisted grip），向柄头收缩成锥形，握起来更加舒适

中世纪长柄武器

从中世纪一直到18世纪早期，欧洲战场上经常能看到步兵列阵的场面，人人手拿长柄武器。武器的战斗部分位于长杆顶端，专为使敌方骑士丧失作战能力并造成致命伤害。这些武器成本低廉，适合大批量生产，而且在战场上功能多样，因此成为中世纪欧洲步兵近战的主力武器。

"巴迪什"月刃斧（bardiche）

中世纪与文艺复兴时期，欧洲流行一种十分凶悍的长柄武器，在东欧、俄罗斯尤其受欢迎，那就是"巴迪什"月刃斧（又译大砍刀）。刀刃造型各国差异很大，但都有明显的砍刀状刀刃，用两个距离很远的孔槽固定在长杆上。刀刃长约60厘米，但刀柄很短，仅有1.5米左右。这种兵器看上去头重脚轻，难以实战；现实中的用法等同于重型战斧。

戈刀（bill）

戈刀的起源可以追溯到维京时代，但目前学界一般把它作为英吉利人在中世纪与其后一段时间的"国刀"。欧洲其他地区，特别是意大利，也有使用。有很多长柄武器是从农具发展而来的。戈刀也是这样，它的原型是钩镰（billhook，又称修枝砍刀）。刀刃用于劈砍，末端有钩，还有几个尖刺；刀柄末端也有一个尖刺，形状类似矛头。刀钩十分坚固，用于将骑兵从马上

长柄步矛

长柄战斧　　"巴迪什"月刃斧　　戈刀　　　　剑刃戟（又译西洋大刀）　　阔头枪　　欧洲戟

▲ 1525年帕维亚（Pavia）战役。一方是神圣罗马帝国皇帝查理五世（the Holy Roman Emperor Charles V），另一方是法国国王弗朗西斯一世（Francis I of France）。注意右面的长柄步矛和欧洲戟

拉下来。如果用得好，就能勾住敌人松垮的衣服或者铠甲，把敌人拉下马摔在地上。英国戈刀一般较短，强调劈砍功能；意大利戈刀尖头很长，以突刺为主。

剑刃戟（glaive，又译西洋大刀）

剑刃戟，造型类似日本薙（tì）刀（naginata），起源于法国，单刃，用带有孔槽的杆子固定在刀柄上。刀刃长度一般为55厘米，木柄长1.8米~2.1米。中世纪瑞典步兵改装剑刃戟，在刀柄上装了一把双刃的剑刃（不是传统的单刃）。剑刃戟还可以带有多个小钩，称作剑刃长勾刀（glaive-guisarme）。

戟（又名瑞士戟、欧洲戟）

瑞士戟的刃部粗糙，长方形，顶端磨成尖头。目前已知的最早实物出土于瑞士莫加顿（Morgarten）古战场遗址。原文halberd词源是两个德语词：halm（棍子）和barte（斧头）。后来瑞士戟的矛头得到改良，可用来击退正面逼近的骑兵。瑞士戟的长柄也加上了厚厚的金属圈，

可以更好地格挡敌人的刀剑或斧头，也更不易折断。

阔头枪（partizan）

阔头枪比一般的长柄武器更短，长约1.8米~2米，基本形是矛头或冲锋骑枪的枪头，刃的基部加上一个双面斧头。阔头枪的实战效果较差，逐渐退出作战，成为一种礼仪用具，很多装饰华美的枪刃，一直到拿破仑战争（1804—1815年）期间仍在使用。

长柄步矛（pike）

这是中世纪普遍使用的长柄武器，形制是一种极长的突刺用矛，用于步兵作战，在列阵或紧密队形中既能进攻，又能守在原地防御骑兵靠近。矛柄和矛头加起来的总长可达3米~4米，甚至6米，这种长度既是优点也是内在的缺点，步矛手因此能够同敌人保持距离，不至于发生近战，但灵活性太差，也使步矛手面临危险。如果在战斗时丢失步矛，步矛手还会携带刀剑、狼牙棒或匕首作为备用。

中世纪和文艺复兴时期的比武

　　比武、比赛是武装骑士一对一的较量，可以马战，也可以步战；使用的武器主要是冲锋骑枪、剑、斧、狼牙棒。比武在中世纪早期出现，是重要的公众活动。参与的骑士是为了提高自己在武术界的地位。比武还有一种集体形式，如melée（混战），也就是tournament（锦标赛），又称tourney（试炼），让人们观赏到多名骑士的较量。这种有组织的"娱乐活动"距离真正的常规战争只有一步之遥。

锦标赛的起源

　　一般认为，最早一份成文的比武规章是法国人若弗鲁瓦·德·皮列利（Geoffroi de Purelli）在1066年制定的。不幸的是，他制订了这份规章，却在这次比武中被打死，于是这规章对他的作用也就十分有限了。尽管早期有挫折，但是到了13世纪，西欧已经确立了牢固的比武传统，直到17世纪中期仍作为一类体育项目。

中世纪的兵役

　　中世纪的骑士对国王、勋爵或领主负有义务，要定期服兵役。这一时期的战争对于年轻的骑士而言可能新鲜刺激，然而对于大多数参与者而言却是极为痛苦的事。当时的生活条件一般都很差，骑士如果在战场上没有死掉，也没有重伤，依然很可能连病带饿一命呜呼。不过，这样悲惨的境地也有转运的机会。骑士在战场上显示出勇武的话，就可能在军界声名鹊起，从而得到主人乃至国王的丰厚赏赐并提高社会地位。另一方面，在和平时期，通过常规训练，不需参与漫长而危险的战争也能得到相应的名望和财富。这条另类之路就是比武和锦标赛。

◀ 带着比武长枪的骑士，约1500年。胸甲在防守薄弱的左侧还有一层附加的保护甲

一对一比武

　　比武是双方骑马较量，用冲锋骑枪搏斗，目标是将对手打下马来（但要通过用骑枪撞击对方盾牌，而非撞击对手或马匹）。如果一方用冲锋骑枪击中另一方的人或马，就自动被淘汰了。这种比赛称为"撞翻比赛"

▲ 一名骑士被比武长枪打下马来。绘画选自中世纪苏黎世的诗人瓦尔特·冯·克林恩（Walther von Klingen）作品《马内塞古抄本》（the Codex Manesse，又译《马内塞斯手稿》《大海德堡诗歌手抄本》）。约1310—1340年

（tilting）。[1] 如果一方没有将另一方打下马来，但不受干扰地击中另一方的盾牌中心部位，就可以得分，根据分数判定胜负。

混战（试炼）

　　混战（试炼）是公众竞技场内进行的群体武装训练，12—13世纪曾流行一时；单人比武是在这以后兴起的。这种定期活动十分野蛮残忍，很多人会丧命或重伤。骑士们一听到冲锋号令便会骑马或徒步冲向竞技场，用各种武器攻击预先设定好的对手，武器有阔剑、战斧、棍棒、狼牙棒。

　　有些比赛的混战受到较多规矩的限制，例如每一件武器只能攻击对手三次；冲锋骑枪只能突刺三回，剑只能砍三回，战斧、狼牙棒也是如此。如在比赛中将对手杀死就违反了道德法则，尽管有这些限制，但战斗十分激烈，有时也难免死人。

▲ 法国14世纪绘画，《亚瑟王传奇》的著名骑士兰斯洛特（Lancelot）参加一场单人比武，旁边观战的是亚瑟王（King Arthur）和桂妮薇儿（Guinevere）

比武用的冲锋骑枪

　　比武用的冲锋骑枪用实心橡木做成，需要相当的体力和准确度才能将对手打下马背。要想击毁对方的冲锋骑枪，力度当然也要十分猛烈才行。骑士练习时用一种特殊的靶子，名叫刺枪靶（quintain）。这是一种真人大小的道具，用对手的长枪、盔甲做成。现代的模仿比武，使用的长矛也是木制，但选用比较轻的木材，这样更容易折断，减轻给敌手带来的冲击。比武一般使用两种马匹，一种是温血马（Warmblood chargers），耐力较好，冲锋速度快；另一种是大型战马（heavy warhorses），也叫冷血军马（coldblood destriers），体型高大，速度较慢，但冲击力强。马匹受到专门训练，在比武时缓步小跑，这样能确保骑手稳定并且让骑手有效地用冲锋骑枪瞄准。

▶ 一组比武用冲锋骑枪。枪尖各有一冠（coronal），也就是王冠形状的金属帽；上面有三个或更多金属尖刺，用于勾住对手的铠甲

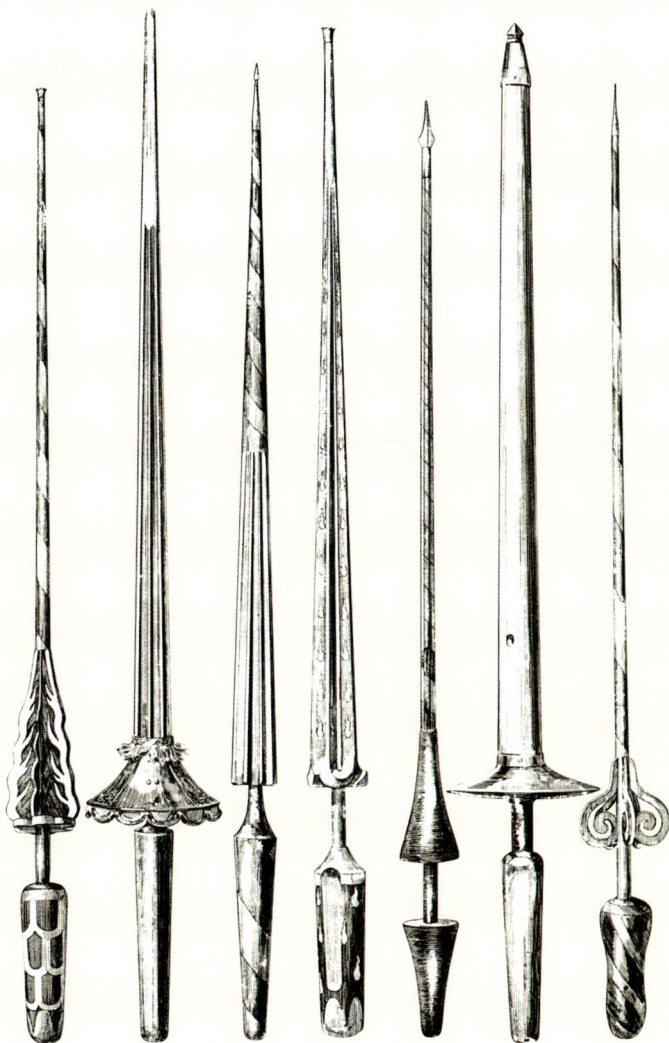

[1] 除了这种相对文明的形式之外，也有其他撞击骑士或马匹也能得分的更加激烈的比赛。——译者注

文艺复兴时期的刀剑

　　16世纪中期，军用技术急速发展，出现了早期的大炮、火铳、复杂的围城武器，从而刀剑、弓箭、长柄步矛的地位受到了挑战。为了应对新式武器，士兵们的盔甲也改进了。刀剑之前是纯粹的切削武器，而现在可以刺破胸甲了。当然这需要各种新式刀剑，例如德国平民佣兵的双手阔剑，还有一般步兵的短刃圆月砍刀。

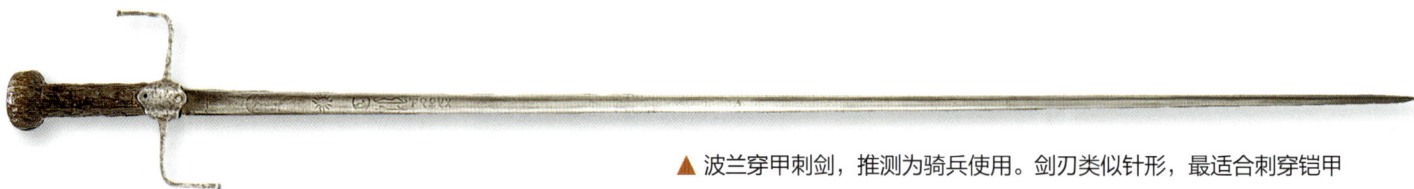

▲ 波兰穿甲刺剑，推测为骑兵使用。剑刃类似针形，最适合刺穿铠甲

穿甲刺剑（estoc，又称tuck sword）

　　在中世纪，剑形多为阔刃，柄为十字形；文艺复兴时期逐渐被菱形的坚硬刺剑代替。这种刺剑，法国称为estoc，英国称为tuck。

　　穿甲刺剑的剑柄很长，双手握持，这样往下突刺敌人铠甲就能发挥最佳效果。这种剑最适合刺穿锁子甲，在铠甲上刺出破洞。剑刃很窄，所以用来劈砍的锋刃不明显，但剑尖强度极高。对手如果在战斗中失去铠甲保护，还有传统的双刃劈砍用剑可以用作最后一搏。让武器在多种场合发挥作用，以及让我方拥有的武器种类齐全，依然是重要而实际的因素。

一手半剑（the "hand-and-a-half" sword）

　　15世纪初开始，"一手半剑"就流行于整个欧洲，现代也叫作"长剑"；时人还有一个称呼叫作"混用剑"，因为这种剑既不算单手使用的一类也不算双手使用的一类。尽管有各种缺点，但还是设计成握柄较长而剑刃较短的形式，这样就能握紧狭窄的握柄，两个手指放在剑身最强部位（forte），给士兵额外的杠杆效应和灵活性。一手半剑长度是115厘米～145厘米。

圆月砍刀（falchion）

　　圆月砍刀的设计起源于古希腊，却在文艺复兴时期大规模复兴起来，特别在意大利、法国、德国。剑刃较短，直线或略弯，护手完全没有或者十分简单。

　　圆月砍刀一般属于辅助武器，由步兵携带。因为刀刃较短，很灵活，就成了猎刀（hunting sword）的前身。

五指剑（cinquedea）

　　五指剑是另外一种较短的剑，出现于文艺复兴时期的意大利。文艺复兴时期崇尚艺术，而且学者们对古典

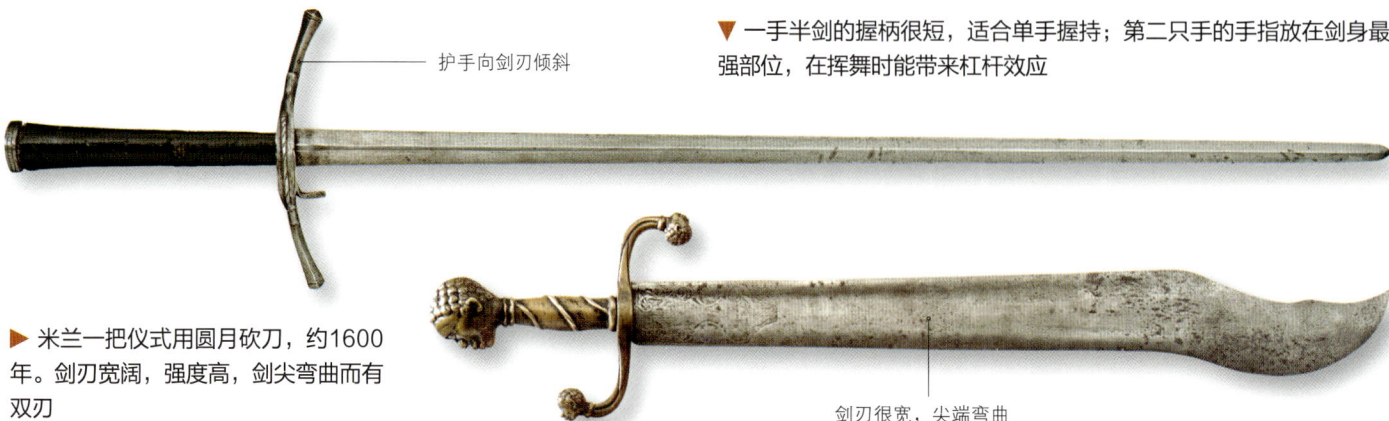

护手向剑刃倾斜

▼ 一手半剑的握柄很短，适合单手握持；第二只手的手指放在剑身最强部位，在挥舞时能带来杠杆效应

▶ 米兰一把仪式用圆月砍刀，约1600年。剑刃宽阔，强度高，剑尖弯曲而有双刃

剑刃很宽，尖端弯曲

▼ 日耳曼双手大剑，约1550年。属于神圣罗马皇帝雇来的平民佣兵

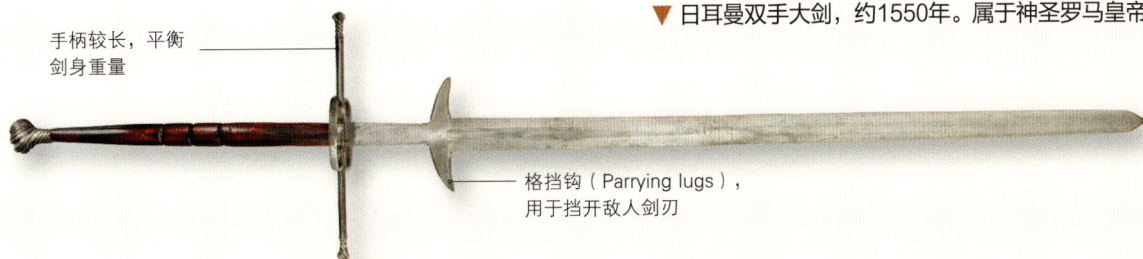

手柄较长，平衡
剑身重量

格挡钩（Parrying lugs），
用于挡开敌人剑刃

各类日耳曼双手大剑（Zweihänder，德语名词"双手"之意）

15—16世纪，流行一类非常巨大的阔剑，名叫日耳曼双手大剑。这种阔剑的使用者，是德国等地的平民佣兵。神圣的罗马帝国皇帝马克西米连一世（the Holy Roman Emperor, Maximilian I）在位期间确立了平民佣兵制度。佣兵主要来自德国与东欧，参与了整个欧洲大陆的多次战争，特别是1494—1559年的"意大利战争"（Italian Wars）。

日耳曼双手大剑最长可达1.8米，重2公斤~3.5公斤。剑柄很大，柄头与护手尺寸都非同寻常。如果紧抓住剑身最强部位，日耳曼双手大剑还能用作一种略短的冲锋骑枪。因为尺寸非常大，所以很适合攻击步兵或长柄枪手的军阵，破坏阵形。

平民佣兵惯用的还有另外一种剑，德式斗剑（Katzbalger），意为"剥猫皮者"或"争斗的猫"，长约75~85厘米。[1] 这名字可能来自这种剑的实际作用，也就是说，士兵在空间有限的地方近战时就好像被逼到绝路的野猫，用这种剑做最后的拼死一搏。平民佣兵一般既携带日耳曼双手大剑，又携带德式斗剑。

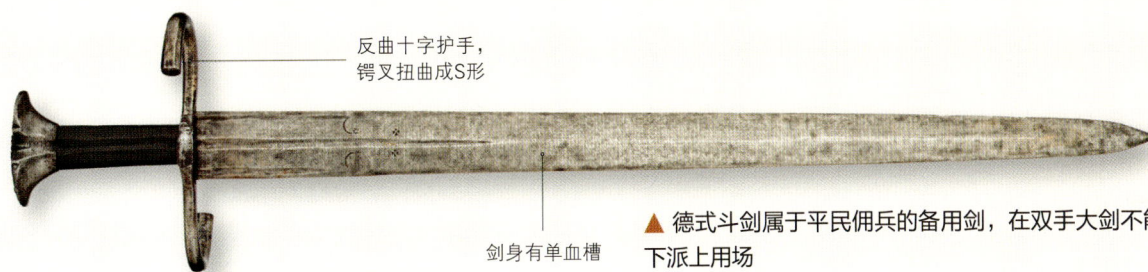

反曲十字护手，
锷叉扭曲成S形

剑身有单血槽

▲ 德式斗剑属于平民佣兵的备用剑，在双手大剑不能使用的情况下派上用场

世界作了重新发现，充满热情。五指剑的形制反映了这一点，主要是穿便装的人佩带，剑刃很宽，相当于五个手指的宽度，因此得名。剑柄一般造型简单，中段凸环十分突出。因为剑刃很宽，有很多铁匠趁机用雕刻与镀金的方法加上了华美的装饰。推测这种剑当时佩带在背部下方，这样就可以横着抽出来。

五指剑的分类有争议，有人归入剑，有人归入匕首，平均长度40厘米~50厘米。尽管这么短，却还有一些种类的五指剑是双手握持的。这可能说明五指剑更适合归入剑的大家庭，而不应归入匕首。

仪式剑

文艺复兴时期，欧洲各王室、各城邦的权力越来越大，财富也越来越多，让刀剑的功用不仅仅限于军事，还变成了特权阶级的等级、地位象征；刀剑最引人注目的亮相莫过于王室加冕典礼。中世纪刀剑多用十字剑柄。文艺复兴时期，十字剑柄在战场上已经过时，取代

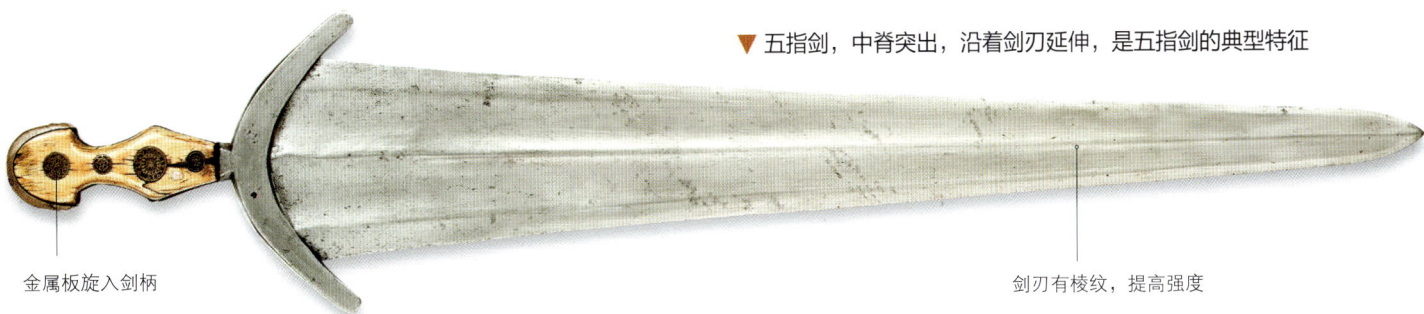

▼ 五指剑，中脊突出，沿着剑刃延伸，是五指剑的典型特征

金属板旋入剑柄

剑刃有棱纹，提高强度

[1] 根据市川定春《武器事典》介绍，"剥猫皮者"的一个名称来源是佣兵经常用毛皮当成剑鞘包裹这种剑。——译者注

它的是更复杂的包裹式剑柄。然而十字剑柄在仪式上还在使用，可能是为了唤起人们对那个"更有骑士精神"年代的回忆；当时一位绅士或者廷臣向国王宣誓效忠，要亲吻一把骑士用剑。这一类"负剑"（bearing sword，意为不能佩带，只能背负）在国王、王后、高级僧侣面前由专人携带。1425年，德皇西吉斯蒙德一世（Emperor Sigismund I of Germany）把一柄剑呈献给萨克森的腓特烈一世（Frederick I of Saxony），这把剑就是十字剑柄，嵌有无色水晶，并有大量镀金和镀银。还有一把15世纪大型"负剑"，推测是为英格兰国王亨利五世（Henry V of England）或者威尔士王子爱德华（Edward, Prince of Wales）定制的，总长达到228厘米。

仪式剑也作为城市行政机构的象征。14世纪以来，英格兰的市长会得到上级（一般是君主）的授权，在仪式上携带一把巨大的"市民之剑"（civic sword）。这一传统持续了数百年，英国有很多古镇依然保留这类"市民之剑"。最早有关"市民之剑"的档案保存在布里斯托尔（Bristol），推测年份是1373年。法国有名的治安官如贝特朗·杜·盖克兰（Bertrand du Guesclin）或安·德·蒙莫朗西（Anne de Montmorency）都佩有这种"负剑"。

说起装饰华美，做工精细，文艺复兴时期教皇所用的仪式剑堪称16世纪刀剑装饰的极致。每年圣诞节教皇都会把一些这样的仪式剑配上有精美刺绣的带子和剑鞘发放给欧洲天主教的贵族。这种剑体型庞大，双手握持，制作非常华丽，镶满了宝石，还有大量金银饰品。

猎刀的演进

中世纪早期开始，狩猎就一直是贵族喜爱的专属娱乐，文艺复兴时期猎手们也乐此不疲。当时的艺术家也经常描绘王室成员狩猎的情景，很多画家、挂毯织工都深深迷恋狩猎的戏剧性：追逐猎物，最后用刀剑或长矛杀死猎物。

圆月砍刀（falchion sword）又称短配剑（short hanger），是步兵熟悉的备用武器，最早出现在14世纪，主要作用是狩猎。后来刀背做成锯齿状，方便肢解猎物；再后来为了配合这种砍刀又开发了一整套专门的工具。砍刀和剥皮工具合称"附属品"（garniture）或"多功能包"（trousse）。砍刀的主人无一例外十分有钱，于是这种砍刀的装饰也就更加豪华了。

还有另外一种纯粹用于狩猎的剑，名叫野猪剑（boar sword）。野猪剑的原型是三棱锥穿甲刺剑，剑刃高度强化，以抵抗扑来的野猪或其他大型动物。野猪剑在14世纪出现，到了大约1500年，造型有了改进，出现树叶形的剑尖。后来又在靠近剑刃末端处加了一个十字剑格，防止动物被刺中以后朝着剑柄的方向冲过来。这样从猎物身上抽出剑就比较困难。

▲ 安·德·蒙莫朗西的剑与涡卷形装饰，1493—1567年。选自画册《安·德·蒙莫朗西生平》（the Hours of Constable Anne de Montmorency）

◀ 猎刀画像，柄头与十字杠装饰有鸟头造型。刀背做成锯齿形，方便肢解猎物

▲ 德国斩首剑，双刃，尖端为钝头，略圆。现存的很多所谓"斩首剑"其实是司法用剑，放在法官面前，表示法官执掌生杀大权

司法用剑，斩首剑

一些大型刀剑还会用作司法系统的象征或辅助工具。很多地方法院都在法庭墙上挂一把大型"负剑"或斩首剑。斩首剑的存在并不是纯粹为了象征司法权威，还有着实际用途：斩首。斩首剑常常装饰华美，刻有为死刑犯祷告的祈祷文，对犯法行为的警告，还有砍头、绞刑、各种刑罚的生动绘画。

15世纪以来，斩首剑在欧洲大陆比在英国更加流行，特别是在德国最为常见；当时英国还普遍用斧子斩首。斩首剑的剑柄一般是常规的十字形，配重柄头很大。斩首剑制作十分精良，剑刃用高级钢材制成，极为锋利，而且要求刽子手定期磨光，这样只需一剑就能砍掉死刑犯的脑袋。剑刃宽阔，侧面平整，剑尖做成圆形。设计的主要目的是劈砍，不是突刺，用不到实战所用的那种锋利的剑尖。

▲ 上面这把剑的细部，可以看到蚀刻的铭文，是德语Ich Muß straffen daß verbrechen — Als wie Recht und Richter sprechen，意为"法律和法官命我惩治罪行，我必遵令而行"

伦敦大英博物馆（the British Museum）馆藏的一把斩首剑，剑刃上刻有一行拉丁文，意为"我高举此剑时，愿罪人得永生/大人惩罚罪过，判决由我执行"。后来斩首剑不再用于斩首，成为纯粹的仪式用剑。

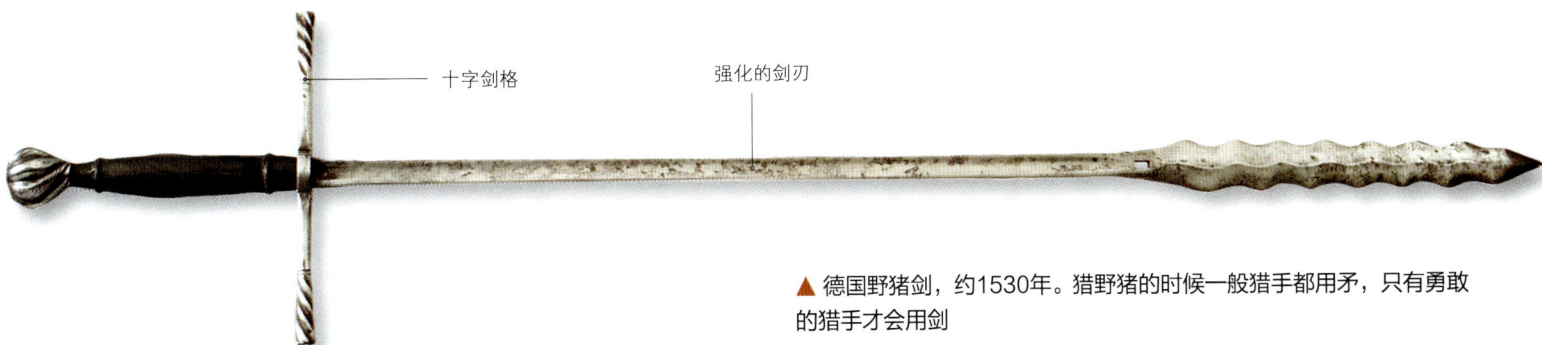

▲ 德国野猪剑，约1530年。猎野猪的时候一般猎手都用矛，只有勇敢的猎手才会用剑

西洋剑（rapier，又译刺剑、迅捷剑）

一般认为，西洋剑最早是在15世纪末由西班牙人发明的，称为"绅士的武器"（espada ropera）。西洋剑的形制，凸显了一种新的用途，让绅士们能够身着便服佩带而不必身穿盔甲佩带。很快，意大利、德国、英国也使用了西洋剑。

16世纪早期，西洋剑发展完备，出现了最有名的形态，在欧洲大行其道。16世纪中期，西洋剑的前身（包括标准型十字剑柄的剑）开始增加一种原始的指节护手（knuckle guard），还有食指指环（forefinger ring）。到1500年，指节护手又增加了一些简单的金属条，形成一种保护式的剑柄。这时候剑刃依然是阔剑型，用来劈砍。直到16世纪中期才出现现在人们熟悉的细长剑刃。这种剑刃一般很窄，不适合激烈的实战，因此人们普遍把它作为一种"文明人"决斗用的剑。此外军队的剑采用了这种新型剑柄，但剑刃保留了更加传统的形式，依然是阔剑型，适合实战。

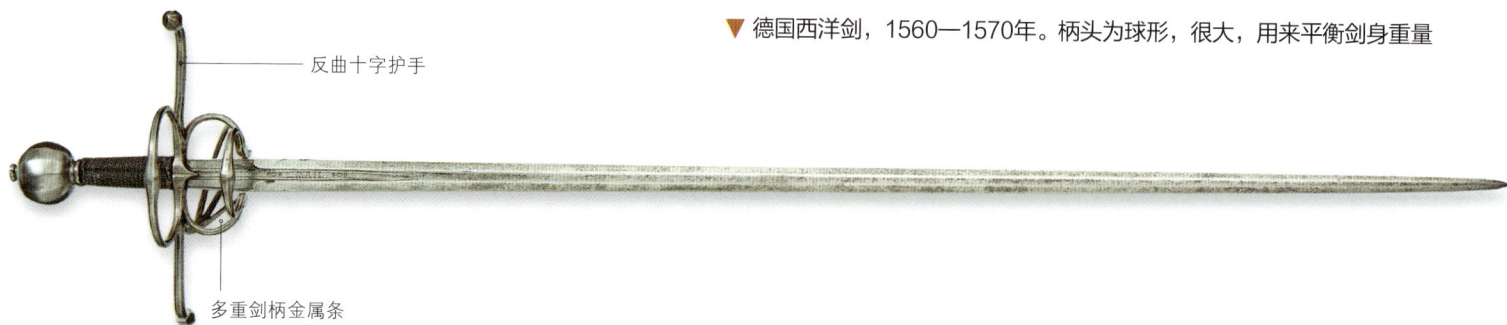

▼ 德国西洋剑，1560—1570年。柄头为球形，很大，用来平衡剑身重量

反曲十字护手

多重剑柄金属条

剑刃

西洋剑的剑刃有很多著名的铸造地点。在西班牙是托莱多（Toledo）、巴伦西亚（Valencia）；在德国是索林根（Solingen）、帕绍（Passau）；在意大利是米兰（Milan）、布雷西亚（Brescia）。很多剑刃不加装饰，但有些剑刃会刻上制造商的名字，例如意大利的皮钦尼诺（Piccinino）、卡伊诺（Caino）、萨基（Sacchi）、菲拉拉（Ferrara）；德国的约翰内斯（Johannes）、温德斯（Wundes）、特舍（Tesche）；西班牙的赫尔南德斯（Hernandez）。这些制造商的一些竞争对手相对不那么有名，也经常会把著名制造商的名字刻在剑刃上，好让质量较低的剑增值。

剑柄

文艺复兴时期的剑士有很多种类的西洋剑可选。这些西洋剑在不同时期，不同地区发展起来，主要差异在于剑柄而不是剑刃。历史学家为了清楚界定各种剑柄，将它们按照发展顺序分为：原始型（primary）、基本型（basic）、四分之一型（quarter）、半包围型（half）、四分之三包围型（three-quarter）、全包围型（full）。有些种类只有一个简单的环状指节护手，后期则出现了多重的环状护手，还有S形锷叉（即与剑刃、剑柄十字相交的部件），一面向剑尖弯曲，一面向剑柄弯曲。这些晚期的华丽西洋剑一般称作"花式剑柄"。剑身较长，需要卵形或八棱形的柄头以平衡重量。

▼ 意大利西洋剑，约1610年。花式剑柄（swept-hilt form）造型，指节护手用凿子加工

▼ 北欧决斗用西洋剑，约1635年。柄头明显加长，刻有凹槽

▼ 西洋剑，约1660年。杯状护手（cup）和剑柄都有多处刺透的地方，形成花纹。锷叉直而细长，两端有尖顶饰（finials）

▼ 西洋剑，约1650年。有精美的杯状护手，用凿子加工。剑刃刻有"撒哈冈"（Sahagum）字样

西洋剑的发展

16世纪上半叶，欧洲堪称西洋剑的天下。16世纪的西洋剑作为终极的时尚装饰与地位象征，被许多贵族佩带。宫廷有西洋剑比赛，众人争当"最华丽的西洋剑主人"；当时的绘画栩栩如生地再现了各种不同的西洋剑。只要付出巨款就能买到这种有"奖杯"作用的华丽物件。

16世纪末，剑刃变短，使得西洋剑更容易单手操控。这时候剑柄设计非常复杂，而且决斗中剑刃撞击的现象也增多，手的保护措施随之增加。17世纪，为了保护手部而增加了更多的侧板（side plates）与壳手（shell guards）。

▶ 两名意大利人击剑，用的是阔剑。后来西洋剑被人视为劈砍和突刺两用的平民武器，用于防身和决斗，不用于战场的激战

西洋剑和击剑运动

15世纪下半叶出现现代击剑运动（fencing），直接原因是西洋剑被人们视为绅士选择的武器。最早的击剑手册在1471年、1474年的西班牙出版。1478年，德国弗雷德里希三世皇帝（Emperor Friedrich III）赐给西马克斯布莱德（Marxbruder）、费德菲克特（Federfechter）两家击剑协会（fencing guilds）经营权，允许两家协会招收成员，教授击剑术。

意大利和中欧出现了一种左手用的匕首，也称左手剑（main gauche）。西洋剑有时搭配左手剑使用，有时搭配小圆盾使用，都用来格挡对方的剑招。整个16世纪，死于决斗的贵族比死于常规战争的贵族还要多。

▶ 手持西洋剑搏斗。画面选自一幅木刻画，约1656年

17—18世纪刀剑

17—18世纪，刀剑设计有了重大变化。文艺复兴时期的长刃西洋剑，还有平民佣兵的双手大剑都被淘汰了。因为战争形态的变化，军队越来越多地采用更加可靠、威力更大的火药武器，刀剑渐渐退居二线。尽管如此，军用刀剑依然被人视为有效的武器。平民绅士携带的刀剑尺寸更小，重量更轻，装饰华丽，风格随当时的潮流而变化。

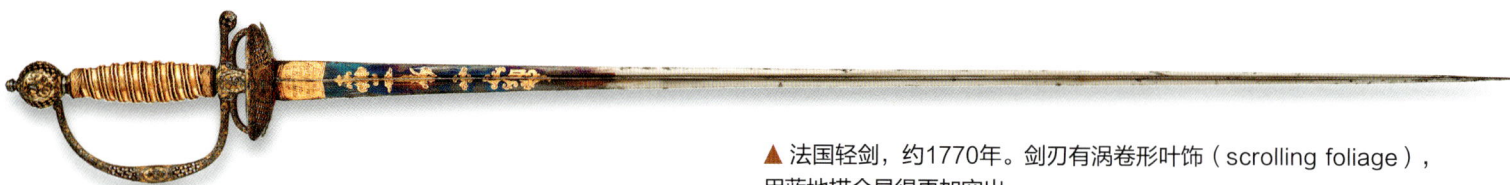

▲ 法国轻剑，约1770年。剑刃有涡卷形叶饰（scrolling foliage），用蓝地描金显得更加突出

轻剑（smallsword）

17世纪晚期，平民生活不太需要携带大尺寸刀剑，绅士们也开始佩带尺寸较小的刀剑，称为"市内剑"（town sword）、"散步剑"（walking sword）、"宫廷剑"（court sword）等。这些刀剑最后发展成了轻剑。在英国这一变化正好发生在英国内战（1642—1651年）之后社会相对稳定的时期，人们越来越相信，为生计奔波的路上不再那么需要全副武装了。

这些早期的过渡型轻剑也可以称为有西洋剑特色的轻剑，在近距离战斗时更加实用（特别是当时很流行的一对一决斗）。而且当时已经不需要在公共场合穿铠甲，所以这种过渡型轻剑佩带起来也更加舒适一些。

传统的西洋剑柄被18世纪的新型剑柄取代。新型剑柄有一种程式化的壳手，十字护手缩小，指节护手变细，柄头更加多样。剑柄还增加了一种额外的护食指圆环（pas-d'âne rings）（pas-d'âne直译为"驴子的脚步"），是一种向内弯曲的锷叉，达到壳手的基部。剑的功能也有所变化，不再只是用于攻防的武器，而变成了社会等级的鲜明象征，而且深受时尚风格变幻的影响。欧洲宫廷人士佩带的轻剑很快被社会上追逐流行的

◀ 《绅士画像》（Portrait of a Gentleman），布面油画，约1640年。绅士佩剑是一种早期的笼手剑（basket hilt），配有单刃（backsword blade）

▼ 法国轻剑剑柄十分华丽，约1760年。柄头、指节护手、壳手有很深的浮雕花纹。剑刃也有多种装饰图案

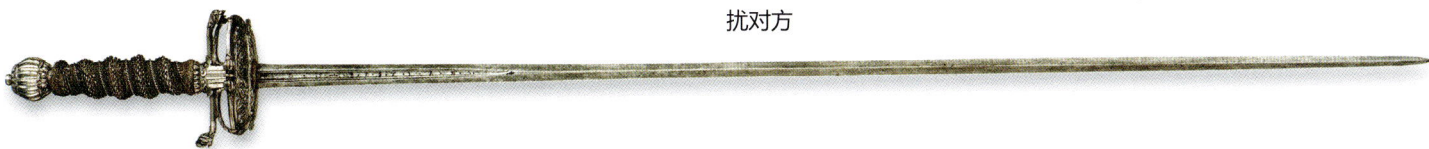

▼ 可能是法国剑，剑刃为西班牙制造。推测为决斗用西洋剑，约1670年。使用时，剑客左手应装备金属手套（gauntlet）和斗篷，用来干扰对方

各个圈子模仿。17世纪末18世纪初，欧洲社会主要的装饰风格为法式，轻剑的设计与装饰也因此深受影响。艺术界的洛可可（Rococo）运动当时正趋向高潮，贝壳状的弯曲、叶饰、古典图像，在剑柄设计中都体现得很明显。科技、冶金方面的进步让轻剑更容易采用各种合金，原料有铁、钢、黄铜、银，有时还用黄金。轻剑的制造只受两种条件限制：一是顾客的钱包；二是工匠的想象力。这样一来，刀剑的质量、装饰、独特的优雅程度就都表现出了很大差异。

轻剑影响军队

18世纪，轻剑也进入军中，被军官普遍采用。一般情况下军官采购的刀剑不止一把，轻剑的强度比较低，而形制小巧优雅，因此更适合正式场合或者"走出去给人看"的场合，特别是在游行、舞会上被人视为身份的象征。另一把剑尺寸较大，剑刃较宽，适合实战，军官会带上它参加战斗。不过有些大剑的剑柄还是沿用了轻剑的设计。

克里希马德式礼剑（colichemarde blade）

文艺复兴后期，西洋剑的剑刃一般是平直的。但是到了17世纪后期，出现了重要的技术突破，有一些德国铸剑师造出了克里希马德式礼剑。这种全新的剑，剑刃为三叶形（trefoil），有三个边，属于"凹磨刃"（hollow ground），剖面呈六边形或菱形。剑身最强部位也刻意做得更宽、更长，提高剑刃强度。这种剑的机动性提高，让重量更加集中在单手，更方便控制，突刺的精度也改善了。

德国铸剑师非常警惕，对这种凹磨刃的生产工艺严格保密。英国政府不止一次想引进德国工匠，但都没有成功。1690年，终于在达勒姆郡（County Durham）肖特利布里奇村（Shotley Bridge）建立了铸剑工厂来对抗德国同行。但是工厂屡次生产凹磨刃都没有成功，转而制造更加传统的平脊（flat-backed）剑刃。

克里希马德式礼剑流行的时间很短，到了18世纪中期，剑刃形状又变了。克里希马德式礼剑之所以被淘汰，原因之一是更适合绅士决斗，而不适合日常民用或者军用。

▶ 17世纪决斗场面。右方对手摆的是典型决斗姿势

骑兵刀剑

　　直到18世纪，骑兵军刀（又称马刀）依然是骑兵最有效的攻防武器。当时步兵的主要武器已经换成了火枪和手枪，但骑兵只是把火器当成次要的防御武器。所以，若能有一柄骑兵军刀，将马匹的速度和骑兵的力量、技巧结合起来发挥有效的杀伤效果就成了关键。骑兵军刀必须沉重而坚固，刀刃较长，突刺和劈砍两用；刀柄较大，能有效保护持刀的手。

　　到17世纪，直刃的骑兵单刃刀已经发展得很成熟了。这些骑兵军刀流行于整个欧洲，变成骑兵阵列的主力武器。18世纪早期，曲刃骑兵军刀开始兴起，来源可能是欧亚交界处或者阿拉伯地区。奥斯曼土耳其人（the Ottoman Turks）多年以来一直携带一种曲刃刀，人称"马木留克刀"（mameluke）。17世纪末，奥斯曼帝国向东扩张进入东欧，西方铸剑师可能借此得以检查这种新的形制，最后做了重新设计，转化成"西式"骑兵军刀。

轻重骑兵的出现

　　17世纪中期，欧洲各国开始建立永久的常备军，将士兵分为步兵团和骑兵团两个兵种，骑兵团又细分为轻骑兵和重骑兵。

　　这些不同兵种配发的刀剑也各有特色。重骑兵军刀刀长而直，适合突刺；轻骑兵军刀刃略短，弯曲，适合切削。不过曲刃刀普及的时间就晚得多了，要到18世纪初。

单刃刀

　　17世纪的英国骑兵跟大多数欧洲骑兵一样偏爱重型单刃骑兵军刀。刀柄的一般形制是包裹形的铁制笼手，有多个护手条；柄头较大，形状类似苹果。这种设计在德国、北欧发源，后来又经过苏格兰笼手刀匠改进，变得更为复杂。笼手的具体形状多种多样，直到18世纪中期还有轻骑兵使用。与此同时军队还采用了一种民间的轻剑，改造成更为坚固的样式，适合军中实战，一般由军官佩带。柄头较大，卵形；剑刃则是阔剑型。

◀英国龙骑兵，约1795年。携带一柄曲刃军刀，护手呈马镫状，为"胡萨尔"东欧轻骑兵惯用的类型

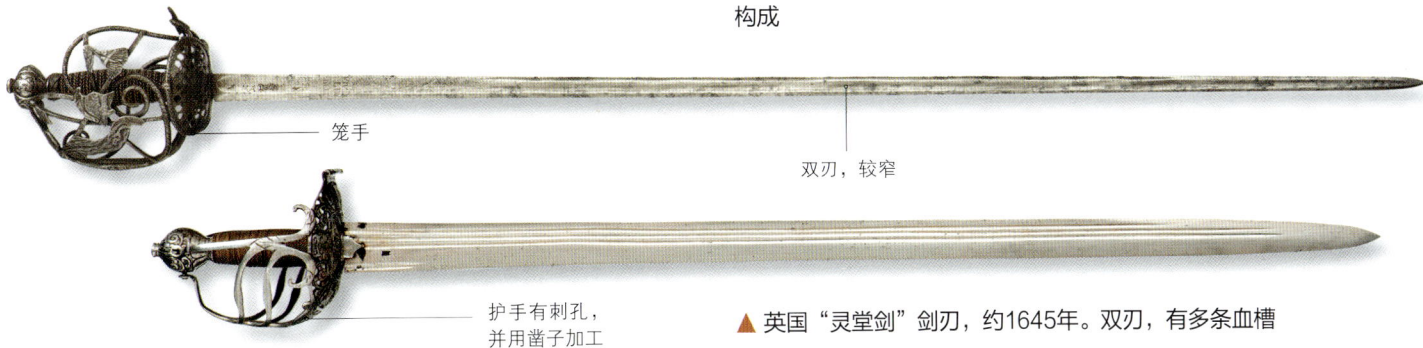

▼ 法国骑兵单刃刀，约1690年之后。刀柄由一组复杂的铁条相互缠绕构成

笼手

双刃，较窄

护手有刺孔，并用凿子加工

▲ 英国"灵堂剑"剑刃，约1645年。双刃，有多条血槽

英国内战的"灵堂剑"（mortuary sword）

1642—1651年，英国内战期间还流行一种特殊的英国剑，名为"灵堂剑"。这个名字是维多利亚时期收藏家起的，但起错了。因为剑柄上的装饰花纹有各种刻出的人脸图案，收藏家推测是为了纪念1649年被斩首的英王查理一世（Charles I）与王后亨利埃塔·玛丽亚（Henrietta Maria）。英国女王陛下在温莎城堡（Windsor）收藏的一批刀剑中确实有一把灵堂剑，剑上的头像类似查理一世夫妇，但是刻有人面的灵堂剑早在1635年就出现了。这种剑的主要装饰花纹也不都是人面图案。其他类型的剑柄装饰，有士兵图案，纹章图案，还有各种雕刻花纹，包括一些幻想的事物，几何图案等等。

灵堂剑的主要特征是护手做成碟形或船形，护腕很宽，还有两个枝形护指（knuckle bows），在柄头上旋紧。剑身最强部位顶端有一种盾形部件名叫吞口（langet），作用可能是为了让剑柄牢固地嵌入剑刃。剑刃形制一般是单刃，剑尖可能是单刃也可能是双刃，确保突刺的效果。

灵堂剑大约1670年被淘汰。之前在英国内战期间，双方骑兵不论保皇派（Royalist）还是议会派（Parliamentarian），都使用过灵堂剑。史学界认为名将奥利弗·克伦威尔（Oliver Cromwell）在1649年德罗赫达

（Drogheda）战役期间曾携带一把灵堂剑。目前英格兰仍有一把剑，据说属于克伦威尔。

斯拉夫阔剑（schiavona，又译双刃斗剑）

东欧地区的斯拉夫雇佣兵，特别是巴尔干（Balkan）、达尔马提亚（Dalmatian）两地的雇佣兵携带一种特色鲜明的阔剑。学界一般认为他们就是斯拉夫阔剑的创始人。16—17世纪，这些佣兵通过代理方式受雇于西班牙政府及威尼斯共和国（the Republic of Venice）。与威尼斯联系最紧密的剑，当属斯拉夫阔剑。17世纪，十人议会（the Council of Ten）又名十人团（Consiglio dei Dieci，意大利语名称），指派总督（Doge）治理威尼斯共和国。十人议会雇了很多达尔马提亚雇佣兵保护并推销威尼斯的货物。至今总督府军械库（the Armoury of the Doge's Palace）仍藏有一大批斯拉夫阔剑。大多数阔剑上都印有CX标志[1]，代表"十人团"。

斯拉夫阔剑的剑柄很有特色，彼此风格不同，但有一个共同特征，都有一种特殊的护手，形状好像多片树叶；柄头做成"猫头"形（katzenkopfknauf），材质可能是黄铜、青铜或者铁。早期样品形制相对简单，有较为简朴的笼手；后期质量较高，护手条是一体成型。

17—18世纪，中欧、北欧骑兵惯用这种阔剑。剑身长而宽，适合切削；骑兵既可劈砍又可突刺。

突刺用剑刃

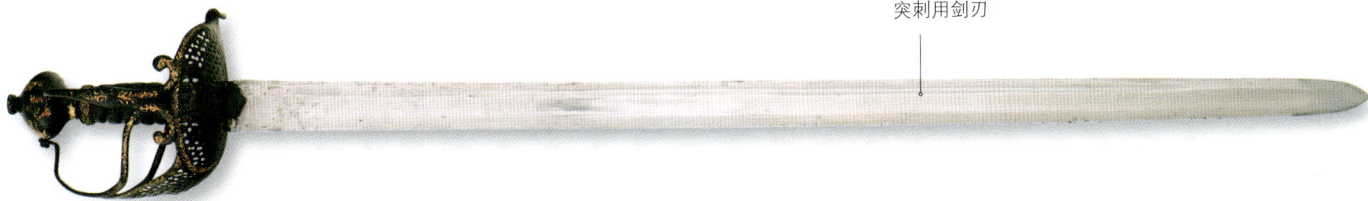

▲ 17世纪中期英国单刃剑，剑柄为灵堂式。据说1649年德罗赫达围城战期间，克伦威尔用过这把剑

[1] C代表Consiglio（议会），X代表罗马数字"十"。——译者注

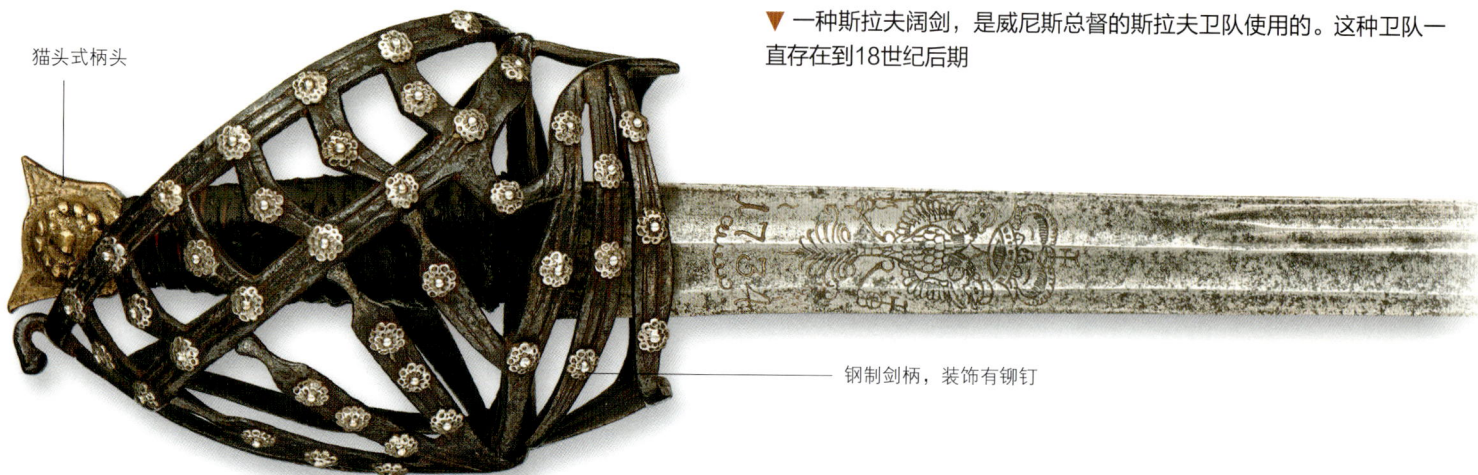

猫头式柄头

▼一种斯拉夫阔剑，是威尼斯总督的斯拉夫卫队使用的。这种卫队一直存在到18世纪后期

钢制剑柄，装饰有铆钉

猎刀

17世纪中期，专门用于欧洲狩猎的猎刀开始流行。之所以流行，是因为火器开始增多，打猎的条件也改变了。过去，猎刀的主要作用是杀死逃跑的猎物；现在，猎刀只用来杀掉被猎犬围困、受伤或疲惫的猎物。[1] 后来猎刀的实用功能减退，装饰作用更为突出。

大约1650年开始，最常见的猎刀形制是一种短而轻的备用刀，刀身宽阔，单刃，一般笔直，有时略弯，长度一般不超过64厘米。有些早期猎刀刀背呈锯齿形，可以用来锯骨头。西欧各国都使用猎刀，但最流行的还是德语国家和法国。猎刀在英语中也称hanger（佩剑，直译悬挂者），因为要垂直悬挂在肩带上。

德式猎刀，一般名称为hirschfangers，直译"猎鹿者"。

猎刀柄

猎刀刀柄一般采用两到三种材料，常用的有银、黄铜、青铜、钢，后来银的使用更加普遍。英国猎刀刀柄

---

[1] 如果猎物逃跑，主要的武器就是火枪。——译者注

▼1649年德罗赫达围城战期间的克伦威尔。德罗赫达是当时保皇派的营地，克伦威尔本可长期围困，让保皇派粮草不足而投降，但克伦威尔下令攻城。最后德罗赫达被攻占，军民死伤无数

▲ 威尼斯总督府的十人议会，18世纪绘画。17—18世纪，十人议会雇了很多佣兵为西班牙、威尼斯共和国作战

就常用银浇铸再加工出各种图案，上面打上制造商的证明印记，让人们清楚制造商和制造地点。

刀刃装饰

猎刀刀柄的材料来自各地，刀刃则一般来自德国西北部的索林根（Solingen），17—19世纪，这个地方实际上垄断了猎刀刀刃的制造。刀刃的装饰一般采用蚀刻或雕刻，有狩猎场景，也有相关的动物图案。图案外层有时会有烫金（gold wash）或镀金的表面处理。到18世纪中期，刀刃一般会用蓝地描金装饰。

刀鞘与形制

猎刀刀鞘本身也是非常精美的艺术品。每一把刀鞘都是专门定制的，形状与刀刃相配。17世纪，刀鞘一般用加工成各种形状的薄木片制成，用胶水黏在一起形成刀刃的骨架；外面再包上一层羊皮纸、小牛皮或摩洛哥山羊皮。剑鞘底托（mount）包括剑鞘入口的金属鞘口（locket）和剑鞘尖端的鞘镖（chape）。腰带或肩带上有一种蛙形带钩（bell frog），鞘口上有一个铆钉可插入带钩的眼中，这样就能把剑佩在腰间或者背在背上。

偶尔会在鞘口里面做一个小袋子，里面装一把小刀或者叉子。这些工具的手柄和剑柄形状吻合，形成一套完整的装备。

17世纪到18世纪上半叶，猎刀变得越来越华丽，用巴洛克（Baroque）风格装饰。巴洛克风格基于古典理念，热情洋溢，装饰繁复，有涡卷形叶饰，圆形轮廓，大量对称漩涡。到了18世纪中期，洛可可风格又取代巴洛克风格，流行起贝壳、岩石、树叶、花朵图案、C形卷轴图案、弯曲的线条。

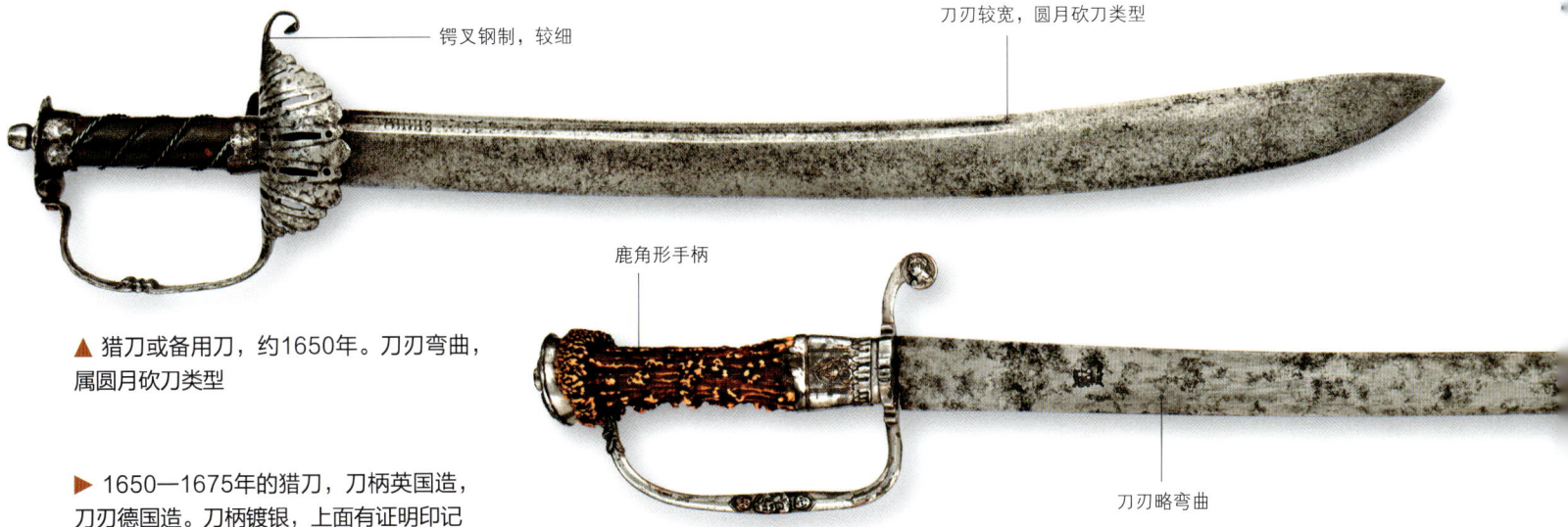

锷叉钢制，较细

刀刃较宽，圆月砍刀类型

▲ 猎刀或备用刀，约1650年。刀刃弯曲，属圆月砍刀类型

鹿角形手柄

▶ 1650—1675年的猎刀，刀柄英国造，刀刃德国造。刀柄镀银，上面有证明印记

刀刃略弯曲

苏格兰高地刀剑

数百年以来，苏格兰高地人的战争都使用苏格兰特色鲜明的武器。最著名的是苏格兰阔剑、塔吉圆盾（targe）、苏格兰短剑（dirk）。苏格兰阔剑的风头盖过了其他武器，主要是因为设计特殊，带有别样的风情，让很多人为之入迷。阔剑的具体形式很多，有16世纪的苏格兰阔刃大剑"克莱莫"（claymore），尺寸很大，双手持用；还有轻巧的笼手剑，曾在1746年卡洛登（Culloden）战役中使用。

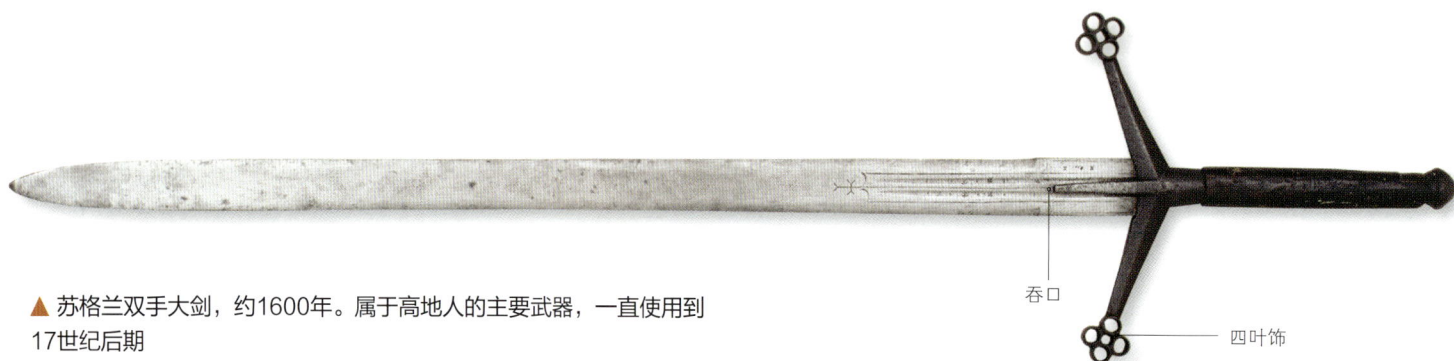

吞口

四叶饰

▲ 苏格兰双手大剑，约1600年。属于高地人的主要武器，一直使用到17世纪后期

16–17世纪高地刀剑

在著名的笼手剑出现以前，苏格兰高地人使用的刀剑至少已经有三大类。第一类盖尔语名叫claidheamh mor，即苏格兰阔刃大剑，双刃。16世纪出现，相当于一手半剑的长度，剑刃长而阔，截面菱形，十字护手向剑刃倾斜，且尖端有以铜焊接的（brazed）铁制四叶饰（quatrefoils），这是一种四瓣的花瓣形状。

16世纪末17世纪初，高地人使用的第二种剑，盖尔语名叫claidheamh da laimh（直译"手的剑"），是一种双手剑，类似同时期德国、瑞士平民佣兵使用的日耳曼双手大剑。这种苏格兰剑目前存世的极少，剑柄是苏格兰制造，剑刃是德国制造。剑柄上有一个卵形的壳手，锷叉较长，扁平，向剑柄倾斜。高地人的第三种剑，人称"低地剑"（lowland sword），剑刃很长，剑柄有一种独特的侧环，柄头是球形的，锷叉与剑刃呈直角，末端有圆球饰（knob）。这些低地剑使用了很长时间，1746年，卡洛登战役之后人们还在战场上发现了很多这种低地剑。

苏格兰笼手剑的起源

苏格兰笼手剑特色明显，它的起源地却并不在苏

▶ 1746年4月16日，卡洛登战役中的苏格兰高地士兵，携带一把笼手剑，还有一面塔吉圆盾

格兰。学界认为笼手剑的起源应该是德国、北欧甚至英格兰。这些地方，形制简单的笼手剑早在16世纪早期就出现了。战场上穿戴盔甲的场合（特别是对金属护手的需求）减少，因此为了保护士兵的手就自然出现了全包围式剑柄。至于这种剑为什么与苏格兰的使用联系起来就不清楚了，不过在16世纪，苏格兰很多佣兵在爱尔兰为英国人作战，推测很可能是佣兵把当地笼手剑带回苏格兰，被苏格兰工匠仿制。当时的英国人管这种剑柄叫"爱尔兰式剑柄"。

最早的正宗苏格兰笼手剑

存世的文献和画像资料太少，难以确定苏格兰高地的笼手剑是什么时候出现的。现存最早的画像画的是一位苏格兰宗族男性携带这种笼手剑，大概绘于1690年。这个男人是一名苏格兰高地酋长，作者是画家约翰·迈克尔·赖特（John Michael Wright）（1617—1694年）。这把剑是一把阔剑，带有一个"鹰钩鼻"（beaknose）形状的部件，又称"带状柄"（ribbon hilt），由一组带状金属条焊在一起组成，在笼手前方形成一个鸟嘴。这种造型是苏格兰独有的，与当时的英格兰笼手剑不同。柄头形状的差异也是区分英格兰、苏格兰笼手剑的重要特征，英格兰柄头是"苹果"造型，而苏格兰柄头是圆锥形。此外，17世纪，两种笼手剑还出现了其他形制差异，英格兰笼手剑的护手条相对较细且比较稀疏；苏格兰的护手条则较宽，是长方形的板状，还有心形的钻孔作为装饰。

高地人的决斗

有一种流行的说法，说高地的宗族成员在决斗的时候，会被强迫斗到死。这种说法是不准确的。宗族之间有很多纷争会以决斗的方式解决，一般用的是阔剑。

▲ 17世纪油画，画中人是芒戈·穆雷（Mungo Murray，1668—1700年），阿索尔侯爵（the Marquis of Athol）第五个儿子。穆雷身穿高地格子呢，这是一种猎装。左臂下携带的剑属于早期的带状柄阔剑

不过并非一定要一方战死才罢休，只要一名剑士受伤就能判定胜负了。苏格兰有一位著名爱国志士——民间英雄罗伯特·罗伊·麦克格雷格（Rob Roy MacGregor）（1671—1734年），在死前不久曾经用剑和塔吉圆盾决斗。他的对手是伊文纳赫尔的阿拉斯代尔·斯图尔特（Alasdair Steward of Invernahyle），他砍伤了罗伊·麦克

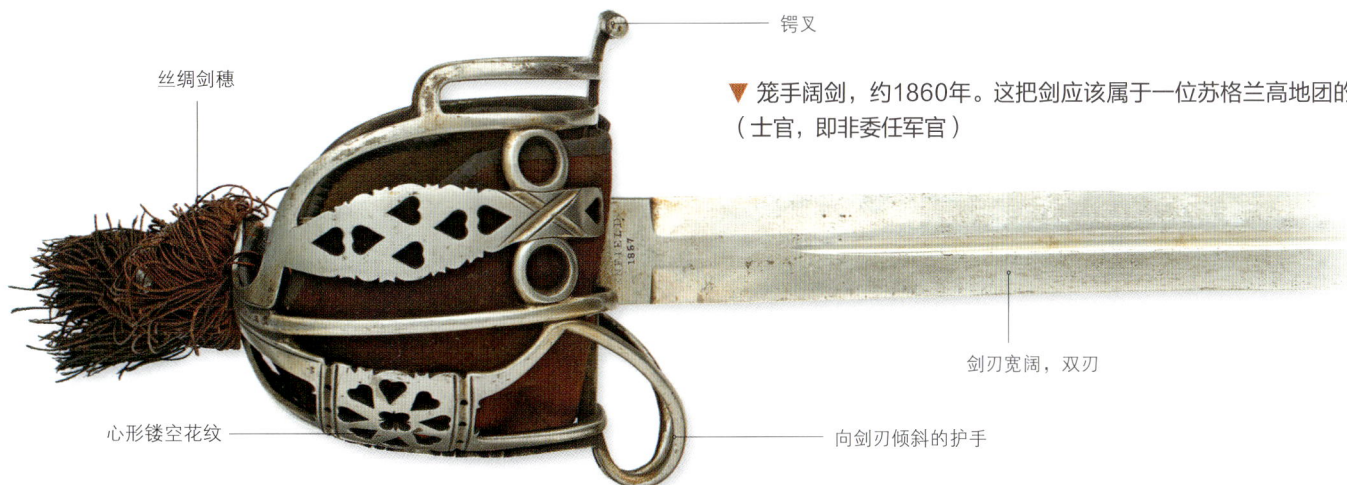

丝绸剑穗

锷叉

▼ 笼手阔剑，约1860年。这把剑应该属于一位苏格兰高地团的军士（士官，即非委任军官）

心形镂空花纹

向剑刃倾斜的护手

剑刃宽阔，双刃

格雷格的手臂，因而获胜。

苏格兰铸剑师

只有铸剑师在剑柄上刻下名字，我们才会知道高地铸剑师本人的名字。大多数苏格兰制造的笼手剑没有署名，就使得辨认更加困难。苏格兰刀匠制造笼手剑一般分成两大派：一派是斯特灵派（Stirling）；另一派是格拉斯哥派（Glasgow）。爱丁堡（Edinburgh）也制造笼手剑，但规模不像斯特灵、格拉斯哥那么大。这些派别的剑代表了18世纪苏格兰笼手剑的最高水平。剑柄的高超工艺和细节处理具有历史意义。有两个家族在这一时期处于铸剑的统治地位：一家是辛普森家族（the Simpsons）；另一家是艾伦家族（the Allans）。

18世纪前25年，斯特灵的艾伦家族有父子二人，大约翰·艾伦（John Allan Sr）与小华特·艾伦（Walter Allan Jnr），是著名的笼手剑铸造师，也叫"锻工"（hammermen）。他们制造的笼手剑具有罕见的艺术价值和自由奔放的风格，很多装饰有黄铜镶嵌的圆环、波浪线、交叉排线、造型繁复。

▼ 欧洲铸剑师，约1600年。此人正在用老虎钳夹住剑柄进行加工。周围展示了一些匕首和西洋剑

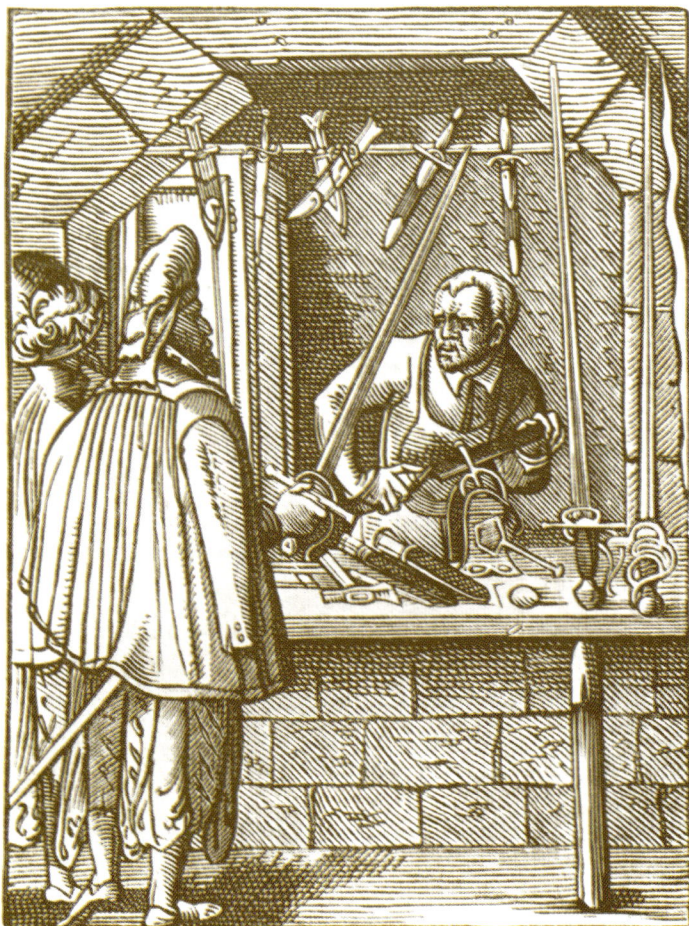

格拉斯哥的辛普森家族，则是一个父亲带着两个儿子，名字都叫约翰，容易弄混。1683年，父亲获得许可，成为格拉斯哥锻工协会（the Incorporation of Hammermen of Glasgow）的自由民（Freeman）。[1]到了1715年，父亲又被授予苏格兰皇家军械师（King's Armourer in Scotland）的头衔。这个铸剑师家族生产了一些质量很高的笼手剑，风格优雅含蓄，细节精湛。

我们如今看到苏格兰笼手剑的造型十分多样，质量也参差不齐，说明很多是"家庭手工业"的产物。大多数剑刃其实是从欧洲进口来的，特别是德国和意大利；剑柄在苏格兰制造并加以装饰。格拉斯哥、斯特灵、爱丁堡、其他一些高地城市的小作坊都会制造笼手剑，一般投入的劳动力只有一到两个人。

卡洛登战役之后的情况与禁刀令

1746年，苏格兰高地人想要让外号"小僭王"(the Young Pretender) 的詹姆斯·斯图亚特（James Stuart）重新坐上英格兰王位，而进行了卡洛登战役，结果失败。战后，苏格兰高地人失去了携带武器的权利，英格兰政府禁止他们携带刀剑。大多数刀剑并没有交给英格兰政府，而是藏起来了。禁令也给苏格兰铸剑师带来了毁灭性的打击，笼手剑产量大幅下降。之后在苏格兰成立了英国陆军各团，需要一种基本的军用阔剑。讽刺的是，这种阔剑大部分是英格兰制造的。约1750—1770年，曾向高地团的步兵列兵发放一种笼手剑。这种剑工艺相对较差，护手是金属薄片，此外，连接板（junction plate）也

▼ 斯特灵的著名工匠约翰·艾伦制造的苏格兰笼手剑。约1720年

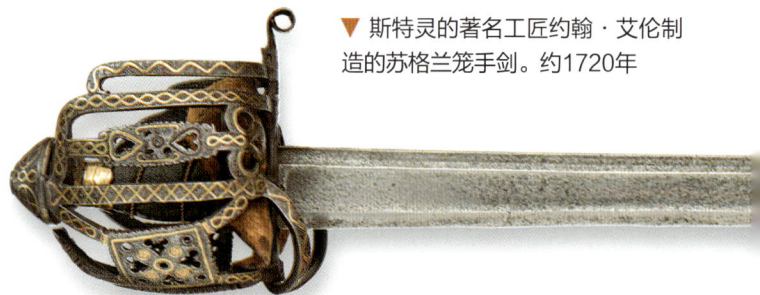

▼ 苏格兰笼手剑，有内衬（liner），保护剑士的手不被护手条磨伤。约1720年

---

[1] 英国中世纪和近代早期一种平民身份。——译者注

高地人集体冲锋

英格兰一方的霍利少将（Major General Hawley，约1679—1759年）在卡洛登战役之前写了这段话，意在让英格兰士兵明白面对苏格兰高地人集体冲锋的感受：

> 他们一般以最优秀的士兵，或曰"真正的高地人"（True Highlanders）打头阵，人数众多；列阵时，一般排成四排……他们来到大型火枪的射程，即60码（约55米）时，前排就会开火，并立即扔下燧发枪（firelock），握着剑与盾蜂拥上来，高声呐喊，努力刺透面前的人体或军阵……冲到敌人跟前之时，队伍纵深已有12～14排之多。

文献显示，大多数情况下，高地人还没冲到敌人跟前，敌人就已经逃跑了。不过在卡洛登战役当中，英格兰军队已经彻底确立了优势，依靠骑兵、步兵方阵（配

▲ 1746年4月16日，卡洛登战役。查尔斯·爱德华·斯图尔特，外号"小僭王"的军队，很快被坎伯兰公爵威廉（William, Duke of Cumberland）彻底击败

有火枪和固定在枪上的刺刀），以及专门进行战略部署的大炮配合作战。

这种新式战法，哪怕敌人有再大的蛮力，也抵挡不住。高地人毫无悬念地被英格兰人成排击倒。

是剪切出来的，形状很粗糙。握柄是木头做的，包着皮革。剑刃在伦敦或者伯明翰制造，印有英国王室的王冠标记GR。制造商的名字要么是伦敦的杰弗里斯（Iefries，现代拼写Jeffries），要么是伯明翰的特鲁里（Drury）。1746年之后，据推测大多数苏格兰制造的笼手剑都是为新成立的高地团军官配备的。1798年制定了一篇样式规则，规定了高地步兵军官笼手阔剑的形制。这种剑的黄铜笼手照搬先前高地剑的造型。1828年这种式样又被另一种笼手代替，至今，英国陆军高地团的军官依然配备这种笼手剑。

洛哈伯钩斧（the Lochaber axe）

这是高地人的主要长柄武器，最早记载于17世纪。因苏格兰西部高地（the Scottish Western Highlands）的洛哈伯地区而得名。洛哈伯钩斧是由农具发展而来，很像镰刀一类收割庄稼的工具。斧背上有突出的钩，能用来把打捆的庄稼勾起来。连斧柄长度约为1.8米～2米。

高地步兵经常携带这种武器，主要用于对付大群骑兵。钩子可以将对方骑兵从马背上钩下来，然后立刻用斧尖的刺或者斧刃杀死。

▶ 用洛哈伯钩斧和长矛作战的场景再现。钩斧是重武器，由步兵使用，在骑兵冲锋时防御，对抗步兵时的作用则类似长柄步矛。钩斧由木柄和斧刃组装而成

拿破仑时期的刀剑

拿破仑战争时期的斗剑相当原始也相当残忍，典型场面是双方骑兵团猛力冲撞，响声震耳；接着就是互相砍杀的混战。现代战争的科技能够快速锁定目标，远程杀敌；而拿破仑时期的军队完全不同，剑士的对手、牺牲品都在他的身边，距离很近。讽刺的是，尽管有这种残忍的杀戮，拿破仑时期的士兵却生活在一个新古典主义、罗曼蒂克复兴的时期，刀剑造型十分优雅，军服也同样华丽。

1796年前的英国骑兵刀剑

1788年，英国制订了轻重骑兵通用的骑兵军刀的标准。在此之前，各团的上校可以自行决定携带什么种类的骑兵军刀。这种规定自然导致了严重的混乱，使得骑兵军刀类型十分庞杂，质量和效果彼此差异很大。有些上校做事不规矩，会采购一些不合格的便宜军刀，借着采购中饱私囊；有些团使用的军刀一碰敌人就折断。因为屡次发生军刀折断的问题，政府不得不设立一个监管部门负责测试刀刃的质量。最后研制出了一组受到官方批准的骑兵军刀形制。

这时候，发给重骑兵团的骑兵军刀属于一种大型笼手阔剑，铁制或钢制；剑刃长而直，血槽很宽。实战很快证明这种设计不好，不论军官还是士兵用的骑兵军刀，平衡性都很差也很笨重。刀剑监管部门还刚刚成立，不能严格测试所有种类刀剑，因此刀剑质量低劣依然是严重问题。轻骑兵所用的刀刃略弯，护手呈马镫形；骑兵使用效果较好，弯曲的刀刃在马背上很适合切削。

接下来一百年，英军内部一直在辩论，战场上哪一种剑刃更加有效；是用于突刺好，还是用于劈砍好，为探索这个问题进行了很多测试。直到1908年，制定了"标准骑兵军刀"（Pattern Cavalry Trooper's Sword）的规范，这个难题才最终解决，英军最终选择了突刺式而不是劈砍式。

1796年，官兵换发了两种新的骑兵军刀。这时候政府已经建立了更为严格的测试机构。一把刀通过了测试，证明可用于实战，就会在刀根（ricasso，刃部临近刀柄的平直部分）打上一个冲压的印记，图案是王冠，还有检查员的编号。

1796年后的骑兵刀剑

作家伯纳德·康沃尔（Bernard Cornwell）在小说中刻画了一个性格丰富，勇往直前的虚构人物理查德·夏普上尉（Captain Richard Sharpe），隶属第95来复枪旅

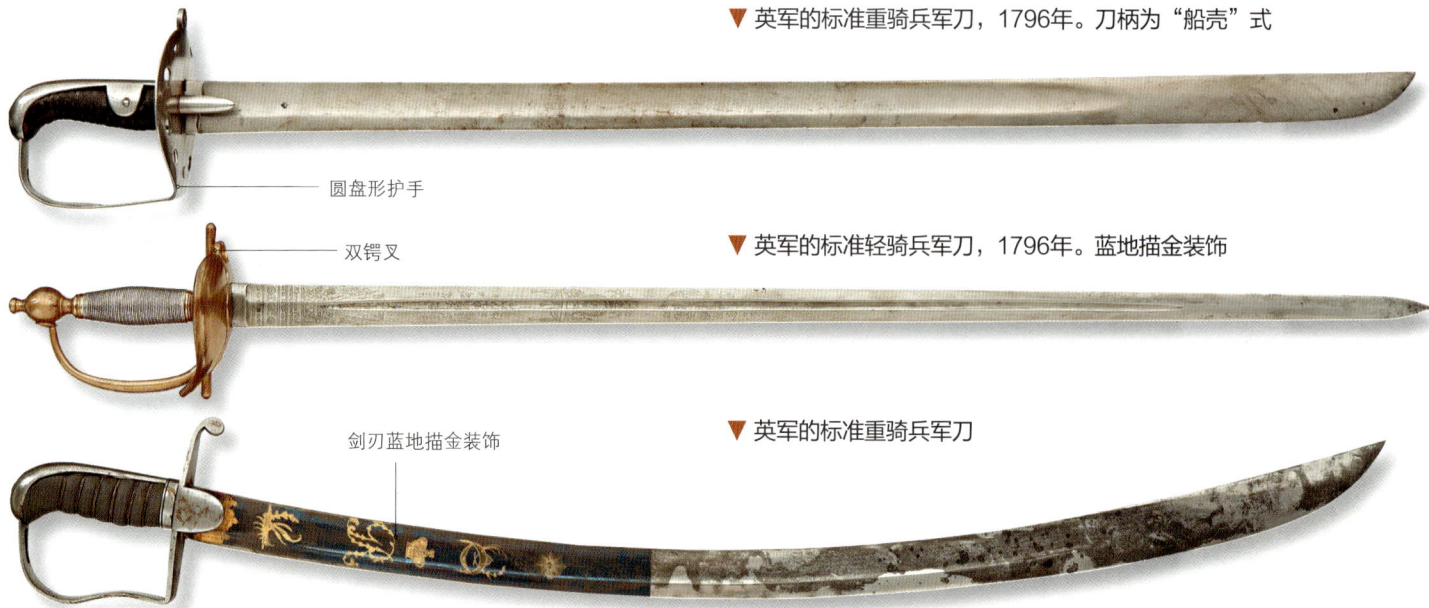

▼ 英军的标准重骑兵军刀，1796年。刀柄为"船壳"式

圆盘形护手

▼ 英军的标准轻骑兵军刀，1796年。蓝地描金装饰

双锷叉

▼ 英军的标准重骑兵军刀

剑刃蓝地描金装饰

（95th Rifles Brigade），身着绿军装。夏普上尉非常喜欢1796式标准重骑兵军刀，于是让大众重新认识了这种历史上的骑兵军刀。骑兵军刀从刀剑到刀柄末端全长达110厘米，对步兵军官来说实在太长了一点，拖着走会很不方便。现实情况是大多数来复枪军官会携带一把马镫护手的弯刀，尺寸要小得多。至于这种长长的标准骑兵军刀，现实中最有名的刀手是查尔斯·艾华特中士（Sergeant Charles Ewart），隶属第二龙骑兵团（the 2nd Dragoons）也即苏格兰灰骑兵团（Scots Greys），这个团曾经在滑铁卢战役（the Battle of Waterloo）中缴获法军鹰旗（the French Eagle）。后来他给别人讲述当时的场面，总是着重叙述大型弯刀怎样在合适的人手中有效：

> 正是在那次冲锋中我夺取了敌人的鹰旗。为了它，我和一个法国人展开了一场激烈的争夺：他先是向我的下盘猛刺一剑，但我躲开了，并向他头上砍去，把他砍倒了。之后一个枪骑兵向我冲来，我让那矛从右边刺过，然后砍中了他的下巴，向上直砍到牙齿。接下来是一个步兵，他向我开了一枪没打中，于是就挺着刺刀冲过来，我再一次幸运地躲了过去，当头把他砍倒，从而彻底结束了这场争夺。[1]

作者：爱德华·卡顿中士（Edward Cotton），隶属苏格兰灰骑兵第二龙骑兵团；选自《滑铁卢的声音》（A Voice from Waterloo）（1862年）

---

[1] 译文来自网络《拿破仑时代的英军骑兵及骑兵军刀使用综述》。https://www.douban.com/group/topic/13633055/ ——译者注

法国骑兵军刀

拿破仑·波拿巴的崛起，恰好与当时社会对古典世界的强烈兴趣和古典复兴发生在同一时期。这种创意思想并没有在法国铸剑师和拿破仑那里失掉。拿破仑也很清楚军队的风貌对鼓舞士气大有帮助。于是这一时期产生了很多新的骑兵军刀形制。其中最有名的设计之一是"法国共和十三年重型胸甲骑兵军刀"（AN XIII Heavy

1804年伯明翰刀剑试炼会

伯明翰有两名刀具商：詹姆斯·乌利（James Woolley）与亨利·奥斯本（Henry Osborn）。他们很为自己的技术而骄傲，同时又有一种朴素的排外思想。两种思想混合到一起，就让这两个人完全相信他们的英国刀刃质量一流，从而同意举办一系列测试比赛，与多种德国索林根进口的刀剑竞争；当时这种进口刀剑正在装备英国陆军。1804年11月7日，在坎宁安少校（Major Cunningham）监督之下进行了一组测试。结果不出所料（而且乌利、奥斯本肯定事先已经知道了），索林根刀刃接连落败，一撞击铁板或是稍微用些力气弯折，马上就断裂了。之后，乌利、奥斯本两人都成为拿破仑战争期间的主要军刀供应商。

▼ 油画《永远的苏格兰》（Scotland for Ever），作者巴特勒女士（Lady Butler）。画面显示了皇家苏格兰灰骑兵在1815年滑铁卢战役的冲锋。灰骑兵装备的正是1796年标准重骑兵军刀

Cuirassier Trooper's Sword）。这种骑兵军刀十分沉重，黄铜剑柄，有四个护手条，刀刃长而直，单刃，长约95厘米；用作突刺武器十分可怕，类似一支短矛，杀伤效果好于英军骑兵团的手斧状切削用骑兵军刀。有一名法国目击者回忆说，这种类似矛头的刀刃十分有效，但同时也承认，英军骑兵军刀只要找准目标，其杀伤力也同样惊人：

我们的骑兵是习惯于使用刀尖刺击的，而敌人却总喜欢用他们那三英寸宽的刀身进行劈砍，因此他们的二十次攻击中十九次都会落空。不过一旦敌人的骑兵军刀找准目标，那就会是一次可怕的攻击，胳膊被干净利落地砍掉并非罕事。

查尔斯·帕奎因上尉（Captain Charles Parquin）：《近卫军胸甲骑兵》（Chasseurs à Cheval of the Imperial Guard），文章选自《军事论文集》（Military Memoirs），1969年版。

法军轻骑兵则使用一种造型优雅的骑兵军刀，有三根护手条，剑柄是黄铜的，剑刃略弯。"胡萨尔"轻骑兵团比较喜欢马镫形护手。精锐部队，例如近卫军龙骑兵（the Imperial Guard Dragoon），使用的是精美的阔刀，有黄铜的笼手，帽形柄头，内嵌卵形铭牌，还有一个银制或黄铜制"燃烧手雷徽章"（flaming grenade badge）。此外，1814年拿破仑退位之后，法王路易十八（Louis XVIII，1814—1824年在位）执政，他的骑兵卫队是皇家近卫军火枪队（the Mousquetaires de la Garde du Roi），使用的骑兵军刀也同样华丽，形制类似近卫军龙骑兵军刀，剑柄内嵌有十字形的鸢尾花和阳光造型的纹章（fleur-de-lys and sun ray）。

法国刀剑生产

政府发给法国骑兵的骑兵军刀，刀脊上一般刻有制造的年月和地点。18世纪开始，法国东部阿尔萨斯省（Alsace）克林根塔尔（Klingenthal）镇成为政府指定的军用骑兵军刀生产地。法国大革命前后，克林根塔尔镇出产了大量刀剑。路易十八在位期间，刀脊上有一个"王室"（Rle）标记。拿破仑在位期间，标记则是"皇

▲《皇家近卫军胸甲骑兵军官图》（Officier de Cuirassiers de la Garde Royale），约1790年。图中可见，刀柄上有带结（sword knot），防止骑兵军刀从手中滑出来

家"（Imple）。1799—1815年的拿破仑战争过后，法国刀柄和刀刃都继续使用，很多拿破仑时代的刀刃装上了新手柄，一直用到19世纪中期。

英国步兵刀剑

1786年之前，英国军官的佩剑佩刀并没有一定之规，可以自己挑选。大多数军官都挑选流行的窄刃轻剑。也有些人喜欢短刃的佩剑，这种佩剑有平脊。

1786式标准步兵军官军刀（the 1786 Pattern Infantry Officer's Sword）

英王乔治三世（George III，1738—1820年）颁发命令

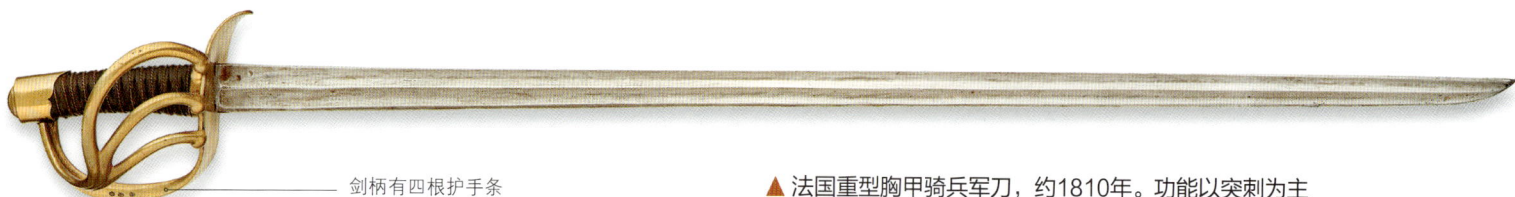

剑柄有四根护手条

▲ 法国重型胸甲骑兵军刀，约1810年。功能以突刺为主

制定了1786式标准步兵军官军刀的标准。命令明确要求这种新的形制必须满足以下条件：

……刀身强度很高，适合突刺与劈砍；刀刃长32英寸（约81.3厘米）；刀肩（shoulder）处宽1英寸（约2.5厘米）。刀柄为钢制，镀金或镀银，材料与军服的纽扣相配。

截面为扁平菱形，血槽很窄

▲ 小型军官用刀，1780年。由拿破仑的朋友和战友赠给拿破仑。两人曾一起上过军校

贝壳形或扇形护手

▲ 法国拿破仑时期重骑兵军官军刀，约1800年。请注意扇形护手（fan-shaped hilt guard）

马木留克（又译马穆鲁克）军刀

1798—1901年埃及战役期间，法军对抗奥斯曼土耳其帝国（Ottoman (Turkish) Empire）的马木留克奴隶军队。法军作战期间受到马木留克军队的很大影响。马木留克士兵身穿鲜艳的长袍，配备手枪、匕首，还有独特的半月形刀（scimitars），这很快引起众多法国军官的注意。军官们很快用上了敌人的半月形刀，改名为马木留克刀（mamelukes），成为自己军配的一部分。

现在还有一幅名画《金字塔战役》（the Battle of the Pyramids，1810年），作者是安托万-让·格罗（Antoine-Jean Gros，1771—1835年），画面中所有的法国军官全部携带马木留克军刀；可以证明当时法国军官非常喜爱马木留克军刀。拿破仑也深深佩服马木留克士兵的勇敢精神，从叙利亚商人那里购买了2000名士兵，成立了一个"马木留克团"，最后成了他的皇家近卫军。拿破仑还专门选了一位马木留克士兵，名叫鲁斯塔姆·拉扎（Roustam Raza），充当贴身护卫。英军也使用了马木留克军刀。这种军刀的影响甚至波及正在迅速发展的美国，美国海军陆战队中尉弗朗西斯·奥巴尼恩（Marine Lieutenant Francis

O'Bannion）因为在1804年攻占德尔纳［Derne，现在利比亚首都的黎波里（Tripoli）］而被授予一柄半月形刀。这是美国陆军在国外有记载的第一场陆地战役。

▲ 1798年7月21日，法国军官在金字塔战役中获胜。这些军官全部佩带马木留克军刀

▶ 美国海军陆战队中尉弗朗西斯·奥巴尼恩在1804年攻占的黎波里（Tripoli），获得了这柄马木留克军刀作为奖品

握柄材质是有螺纹的象牙、黑檀木或暗色牛角，有些刀柄中央有金属的"雪茄烟的标签"（cigar band），标签上一般刻着王室的王冠，王室徽号GR两个字母，代表乔治三世；还可能刻有这个团的团徽。柄头为枕形（cushion-shaped），有弯向刀刃的枝形护指，上面有五个装饰性的小球，也叫珠子，这些珠子有时候在侧护手上出现。后来的版本出现了形状固定的双壳形护手（double-shell guard），还有"亚当式"的瓮状柄头（urn pommel），这是为了致敬新古典主义建筑师罗伯特·亚当（Robert Adam, 1728—1792年）。柄头与锷叉都有莨苕叶形装饰（acanthus leaves）。

1796式标准步兵军官军刀（the 1796 Pattern Infantry Officer's Sword）

1786式军刀护手形状依然不一。1796式标准步兵军官军刀统一了护手形状。这一版也是英军拿破仑时期步兵军官军刀的代表形制。原始参考来自1750年代普鲁士

▼ 1786式标准步兵军官军刀，握柄为象牙制造

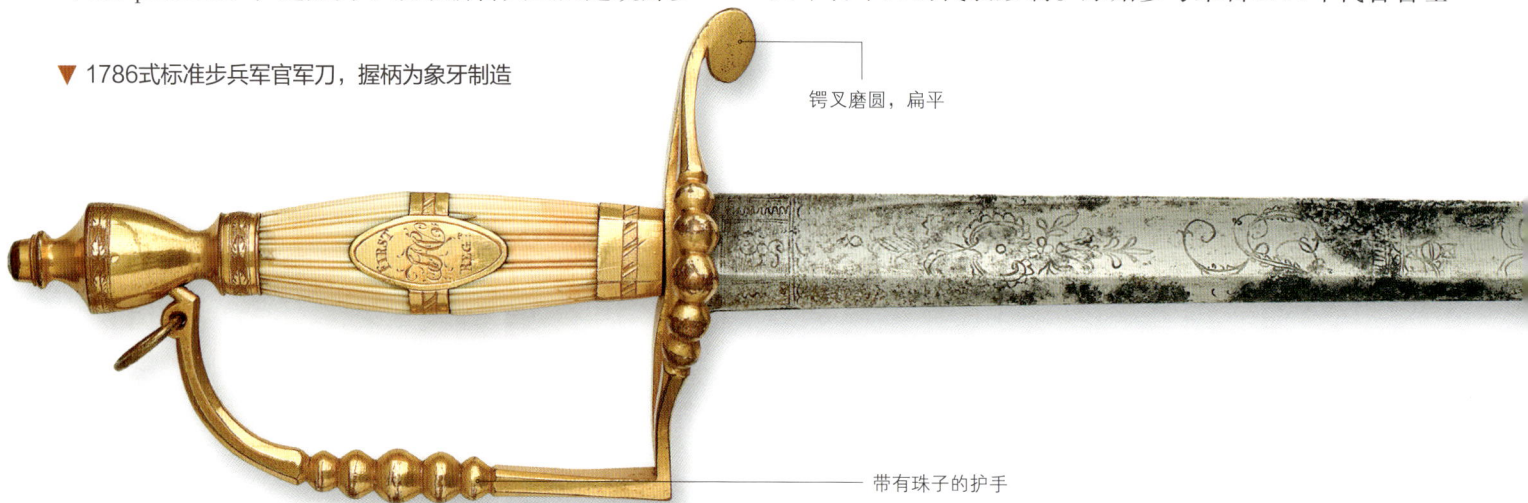

锷叉磨圆，扁平

带有珠子的护手

刀剑致伤

讽刺的是，战场上由刀剑造成的干净利落的伤口，反而比火枪子弹或炮弹造成的伤口有更高的生存概率。这是因为，比起火器发射，钢制刀刃把致命的细菌带进人体的可能性更小。军医还发现用烧灼伤口的方式可更容易地治疗刀伤，病人也就更不容易患上坏疽或遭遇术后感染。尽管刀剑的劈砍会造成可怕的伤口，但还是有很多士兵受了多处刀伤而活了下来。

1815年滑铁卢战役期间，第四兵团（the Fourth Corps）的法军师长皮埃尔-弗朗索瓦·杜莱特将军（General Pierre-François Durette）被刀砍断了一只手，而且面部、头部受了多处会造成生命危险的砍伤，一只眼睛失明。惊人的是，他带着这些可怕的损伤活了下来，一直活到1862年。

◀ 1815年6月18日滑铁卢战役。画中拿破仑高举军刀号召士兵们前进，其中包括画面右侧的近卫军

东欧轻骑兵

　　这一时期英国和法国艺术都刻画了一种常见的形象，这形象也刻在许多刀刃上：一个东欧轻骑兵骑马奔驰，高举骑兵军刀。"胡萨尔"东欧轻骑兵的英语hussar来自匈牙利语，大致的意思是"响马""强盗"。不过后来这个词又用来描述轻装的骑兵。17—18世纪，匈牙利和波兰-立陶宛（Polish-Lithuanian）的东欧轻骑兵在同奥斯曼帝国、巴尔干各国的连年战争中，作为突击部队执行任务。他们既使用直刃的剑，也使用弯刃的刀。还有一点很重要，那就是波兰的东欧轻骑兵还保留了冲锋骑枪；拿破仑战争期间，冲锋骑枪又投入使用，很大程度上就是跟波兰骑兵学的。1810年，拿破仑建立了一个皇家近卫军骑枪团，常用名是"红枪兵"（the Red Lancers）。骑枪团在1812年远征俄国的战役及1815年滑铁卢战役，都立下了赫赫战功。骑枪长约2.74米，木杆，装着带有凹槽的钢制矛头。

▲ 东欧轻骑兵的骑兵军刀启发英国造出了19世纪早期的弯曲式骑兵军刀，装备本国轻骑兵

　　军用轻剑。仔细检查可以发现，剑刃相当脆弱，无法抵抗骑兵的阔剑或弯刀。不过某些时候，华丽外表的意义要超过实用性。护手形状变得最简单，只有一块指节护手加上双壳手。壳手之一加上铰链，可以折叠，避免制服将壳手磨损。[1]手柄缠上银线或者贴上银箔。剑刃有华丽的蓝地描金雕饰。

1803式标准步兵军官佩刀（the 1803 Pattern Infantry Officer's Sword）

　　"胡萨尔"东欧轻骑兵（hussar）身披五彩，勇猛冲锋的壮观景象强烈影响了英国轻骑兵团，让他们也挎上了东欧式的弯曲骑兵军刀，反映了这种新的团体精神。英国步兵团不甘落后，以同时期的轻骑兵军刀为基础，也引入了一种新的佩刀形制。

　　1803式标准步兵军官佩刀，刀刃弯曲，单刃，柄头做成狮子头的形状，有镀金的枝形护指。枝形护指内部有GR王室徽号和王冠标记；标记上面则是两种图案之一，要么是带有挂绳的军号，表示这是来复枪连军官的

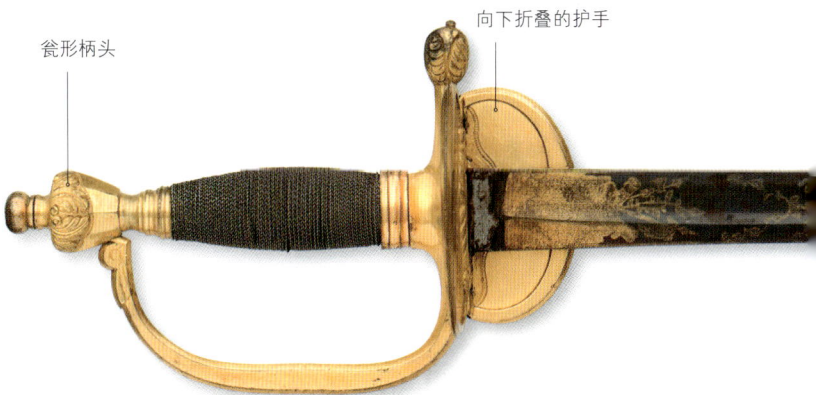

瓮形柄头　向下折叠的护手

▲ 1796式标准步兵军官佩刀

▼ 1803式标准步兵军官佩刀，柄头为狮子头状

狮子头状的柄头　透雕式（Openwork）护手　平脊刀身

[1] 原文如此。虽然观念上容易觉得壳手更容易磨损制服，但从价值和重要性上说，军刀显然比制服重要，而且制服也确实会磨损军刀，所以这么说。——译者注

佩刀；要么是带有火焰的手雷，表示这是近卫步兵团军官的佩刀。刀刃一般有蓝地描金装饰。

法国步兵刀剑

拿破仑的步兵佩刀种类很杂，比欧洲大多数国家都要多样。法军内部都很看重等级差异、各团的差异，于是我们发现步兵的列兵、中士、上尉、将军，各自的佩刀都有所不同。1789—1799年的法国大革命之后几年出现了很多种步兵佩刀，包括地位很高的各团，如国民近卫军（Garde Nationale）、国民近卫军胸甲骑兵（Garde Nationale Chasseur）。这些造型独特的佩刀带有新古典主义的盔形柄头，黄铜制的半笼手，上面有共和国的徽章（如弗里吉亚帽形徽章），刻在手柄的椭圆形装饰板（cartouche）里面。

拿破仑战争期间，法军步兵列兵常用的一种佩刀是"布里凯短军刀"（sabre briquet，直译"煤球刀"），属于备用刀，长度较短，有黄铜刀柄。刃部略弯，单刃，平脊；刀鞘底托带有皮革。19世纪早期到中期，欧洲各国都仿造这种佩刀。拿破仑也清楚，特别的军服和装备用来赏赐自己青睐的兵团，有着重要意义。这种恩惠也涉及佩刀。其中有一类佩刀独具特色，名叫"皇家旧卫兵先锋刀"［the Imperial Sappers（Pioneers）of the Old Guard］。这些人拿到了一套新设计的军服和装备，包括熊皮、伐木的斧头、皮裙，最重要的还有一把漂亮的佩刀，小公鸡形护手；此外还有蓄胡子的特权。

法国步兵轻剑与弯刀

整个18世纪，法国步兵军官的佩刀都是直刃，形制一般是传统的轻剑造型，柄头有完全朴实无华的椭圆形，也有新古典主义的盔形。壳手也是古典主义风格，有些有繁复的凸印装饰，图案有胜利花环，奖牌，

▲ 1814年4月，拿破仑退位前往厄尔巴岛（Elba）之前，告别枫丹白露宫的皇家近卫军。第二年他即将遭遇滑铁卢的失败

蓝地描金装饰

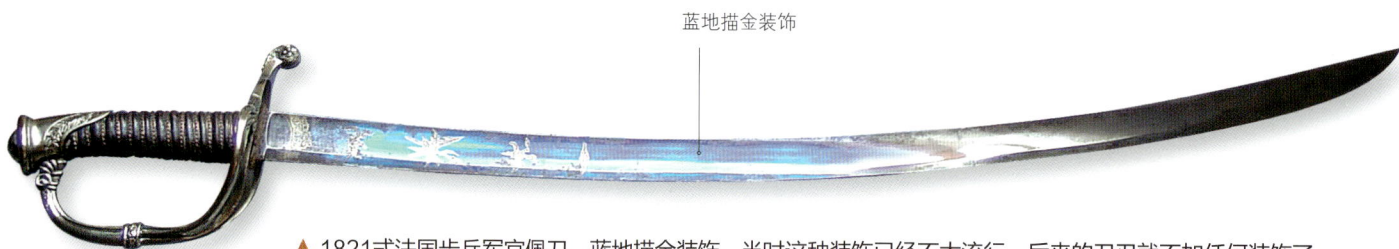

▲ 1821式法国步兵军官佩刀，蓝地描金装饰。当时这种装饰已经不太流行，后来的刀刃就不加任何装饰了

俄国步兵刀剑

从18世纪中期开始，俄国进入与西方持续接触、和解的一段时期。这些新产生的影响，催生了各方面的变化：民政管理、建筑样式、服装，以及最重要的军事组织。沙皇看到普鲁士腓特烈大帝（Frederick the Great of Prussia，1712—1786年）手下军队纪律严明，非常羡慕，也想要在自家军队中实现这种精神。为此沙皇需要改变俄军的总体面貌，期待这样做能提高军官与士兵的军事效率。为达到这一目的，方法之一就是引入西方军服和武器。

到1800年，俄国步兵军官已经开始佩带西欧风格的轻剑。"标准1786年步兵军官佩刀"（Model 1786 Infantry Officer's Sword）的刀身略弯，双刃，心形护手，卵形柄头；刀鞘皮制，有黄铜底托。后续型号（标准1796、标准1798）刀身笔直，单刃，有典型的拿破仑式双壳护手，锷叉突出，向上倾斜。

步兵的下级军官和士兵则配有黄铜剑柄的短剑，护手是壳手。19世纪过程中，俄国步兵也采用了普鲁士、英国步兵的黄铜护手佩剑。

还有古典主义造型的人物。

这种风格在拿破仑战争期间一直沿用，刃部也经常覆有蓝地描金装饰。新古典主义刀柄的风尚以及相应的刃部装饰影响了其他种类的步兵佩刀设计。以此为基础造出了多种刃部弯曲的步兵佩刀，类似轻骑兵佩刀，但刃部更短也更轻。政府对形制没有什么硬性规定，法军军官挑选佩刀的自由度很大。

德国步兵刀剑

18—19世纪，德国诸邦国刀剑的形制与风格一般与欧洲主流一致。拿破仑战争期间德国一直在使用18世纪中后期英法两国步兵列兵的佩刀，长度较短，黄铜剑柄。特别是普鲁士步兵用得最多。

到1800年，德国军官佩刀与英国1796年标准步兵军官佩刀设计很像（1750年代是英国人模仿的普鲁士设计）。剑柄也受到法国这一时期步兵佩刀的很大影响。刀刃有雕刻的装饰花纹，包括诸邦国的纹章、皇室徽号；也多用蓝地描金装饰。诸邦国几乎没有采取措施让形制统一，各国都拼命维护自己的步兵佩刀形制。

奥匈帝国步兵刀剑

19世纪奥匈帝国步兵军官模仿英德两国，也喜欢轻剑。轻剑有镀金黄铜剑柄，船壳形护手（boat shell guard），圆形柄头。剑身笔直，双刃，一般刻有皇室徽号与哈布斯堡（Habsburg）王朝标记双头鹰。奥地利步兵军官还携带很多种非官方刀剑，有宽刃的"胡萨尔"东欧轻骑兵式弯刀，这一类弯刀流行于19世纪整个欧洲的步兵团。

刀身很宽，短柄斧式刀头

▲ 奥地利东欧轻骑兵军刀。刀刃很宽，超出寻常，单刃，短柄斧式刀头（hatchet point）[1]

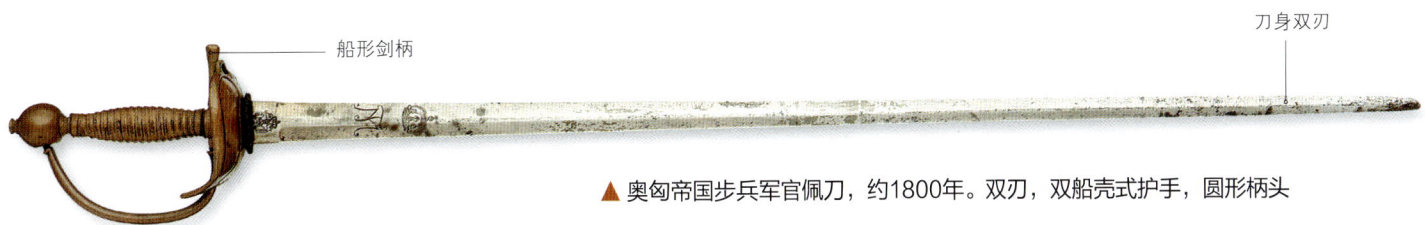

船形剑柄

刀身双刃

▲ 奥匈帝国步兵军官佩刀，约1800年。双刃，双船壳式护手，圆形柄头

[1] 斧刃从基部到肩部逐渐变宽，这里的意思是刀尖部位比最强部位更宽。——译者注

美国刀剑

　　美国独立战争（1775—1783年）开始阶段，英美双方使用的武器种类非常相似。这也是必然的，因为乔治·华盛顿将军（1732—1799年）指挥的大陆军（Continental Army）中很多士兵是先前英国训练的当地民兵，既有英国当局的武器，也有自己私下购买的武器。随着战争的进行，英国对波士顿（1775年）等港口实施禁运的效果开始显现，美军难以从海外购买到武器，于是只好就地生产样式简单的刀剑，特色鲜明的"美国"刀剑也由此诞生。

16—17世纪殖民地刀剑

　　16—17世纪早期定居者主要居住在新建立的殖民地，例如弗吉尼亚（Virginia）、新英格兰（New England）。这些人主要是英国后裔，带来许多锋刃武器，特别是刀剑。当时记载以及后来考古发掘结果都说明，这一时期最常见的种类包括西洋剑、短佩剑、骑兵的长骑兵军刀。除了直接从英国带来的或是从路过的商船购买的刀剑，殖民地本身也制作大量形制简单的刀剑。

　　北美殖民地是英法两国扩张的重要场地，有必要维持常备军，以维护稳定，保护国家财产。18世纪早期，英法两国的士兵在殖民地使用的刀剑跟母国的刀剑是一样的，包括步兵用的黄铜柄短佩剑，还有军官的短佩剑和轻剑。

▼ 1781年,约克城（Yorktown），英国将军康沃利斯（British General Cornwallis）向美军投降。当时的传统是由失败一方的司令官把佩剑交给胜利一方的司令官

美国独立战争

　　美国独立战争最初几年，殖民者对抗英军和英军的盟友。殖民者和敌人使用的武器几乎完全一样。后来武器的供应出现困难，难以从海外买到武器，殖民者就转而在本地制造武器填补空缺。美国本地铁匠制造出很多形制简单的刀刃，装在临时打造的手柄上。

　　这些刀剑一般形状扁平，没有血槽，也没有什么装饰，生产的目的不是让人欣赏，不过在战场上倒是很有杀伤力。新成立的大陆军并没有什么官方规定或者新设计的刀剑样式，美国铸剑师只是单纯仿造或者改造了当时能找到的英法刀剑形制。大陆军的优先任务是尽量迅速地生产刀剑和其他锋刃武器。

18世纪骑兵军刀

　　18世纪70年代，美国骑兵使用的刀剑多种多样，有较长的阔剑，剑身笔直，有笼手；还有轻骑兵军刀。很多刀剑都是从英军手里缴获的。骑兵的武器还包括美国本土造的"D型护手"（D-guard）、凹槽剑柄（slotted-hilt）以及平刃型（flat-bladed）阔剑，剑柄是车削的木头制成。典型的柄头形状有球形、瓮形、帽形、卵圆形、高穹顶型（high domed）、平头、狮子头。剑鞘用皮革、木材制成，有粗糙的铁制底托（iron mounts）。

18世纪步兵刀剑

18世纪70年代，普通美国步兵的武器极为庞杂，很多是从英军那里缴获的，也有一些是自制。步兵军官十分青睐短配刀（猎刀），特别是在北美大陆密林中搏斗的时候；空间狭窄，长剑有时候施展不开。军官也会携带轻剑但一般不作为战斗的主要武器。

独立战争后刀剑类型

独立战争期间，鹰首刀（the Eagle Pommel Sword）变成这一时期典型的"美式"刀剑代表之一，战后也十分流行。19世纪，这些刀剑有很多是英国铸剑师提供给美国军官的，最有名的铸剑师有伯明翰的威廉·凯特兰（William Ketland）与亨利·奥斯本（Henry Osborn）。美国也有一位德裔铸剑师名叫弗雷德里克·W. 威德曼（Frederick W. Widmann），19世纪30—40年代在费城制造鹰首刀，特色鲜明，质量上乘。这一时期印第安风格、新古典主义盔形柄头也很流行。刀剑装饰开始引入各种明显的美国国家主题。

1798年新式骑兵军刀

独立之后，新成立的美国政府开始将发展中的军队正规化。重组工作要求给军队发放新式刀剑。

美国国会（the American Congress）并不愿意完全依赖外国供应刀剑，因此寻找一家国内制造商，请他们生产一种新式骑兵军刀。最后选定了康涅狄格州米德尔顿市（Middleton）的内森·斯塔尔公司（Nathan Starr），一开始生产了2000把"标准1798骑兵军刀"（Model 1798 Cavalry Trooper's Swords）。

这种骑兵军刀有简单的马镫形护手，手柄覆盖皮革与木材，刀身为单刃，略弯曲。刀身一侧有铭文"内·斯塔尔公司"（N Starr & Co），另一侧有"US"（美国）-1799"字样。斯塔尔公司在1814—1818年间又生产了这种骑兵军刀的升级版。到1833年，美国麻省斯普林菲尔德市（Springfield，又译春田市）N. P. 艾姆斯刀剑公司（the N. P. Ames Sword Company）开始制造一种骑兵军刀，刀刃略弯，护手为黄铜制造，有三根护手条，十分坚固。士兵们不喜欢这种军刀。1840年，公司又造出一种法式骑兵军刀，护手也是黄铜，有三根护手条，很沉重，刀刃略弯，刀鞘是钢制的。这种新式军刀被使用者愤愤地称为"断腕器"（wristbreaker）。[1]

1860年，这款军刀再次被淘汰，换成一款重量大大减轻的军刀。南北战争（1861—1865年）期间，这种轻型军刀成了北军的标配。后来，1872年、1906年又有两次改造。军官携带的式样更加华丽，刀柄镀金，有浮雕；刀刃有蚀刻花纹。

1830年之后步兵刀剑

19世纪30年代，美国陆军开始装备制式步兵军刀。1832年，向步兵、炮兵、军火营（Ordnance）的军官发放了一种英式的轻剑，护手为船壳式，用镀金与黄铜做

鹰首刀

独立战争以后，一种常见的武器是美国"鹰首刀"。战争期间，鹰首刀之外，也经常有其他动物造型的柄头，例如马头、狗头、狮子头。美国铸剑师制造的护手和柄头种类多样，材质一般是银、黄铜、铁；手柄则是象牙、牛角、木材、皮革。质量和结构也差异非常大，说明当时原材料很稀缺，生产刀剑很困难。铸剑师一般会模仿英国与欧洲大陆刀剑类型，但有些种类设计相对简约，结构粗糙，这就可以称之为典型的"美式"刀剑了。相反，这一时期也有很多美国制刀剑表现了精湛的工艺。

▲ 美国军官使用的美式鹰首刀。早期刀剑一般产自英国

[1] 主要因为突刺时对手腕冲击很大，容易让手腕受伤。——译者注

刀刃笔直，单刃

▲ 标准1840步兵士官军刀（Model 1840 Infantry Non-Commissioned Officer's Sword）。原型是同时期的法国军刀

刀身双刃

▲ 标准1840民兵军官军刀（Model 1840 Militia Officer's Sword）。有新古典主义盔式柄头

新古典主义盔式柄头

成。柄头卵圆形，刀身笔直。这种轻剑相当不实用。而后又出现了其他制式步兵军刀，如标准1840步兵军官军刀（Model 1840 Foot Officer's Sword），类似"士官（非委任军官）"（the Non-Commissioned Officer）的版本。刀身笔直，单刃，有双血槽。装饰图案有军鼓、大炮、花束、US字样、鹰，还有交叉的军用长柄步矛。

19世纪40年代，美国各州建立了独立的民兵体系，制度要求军官必须自己准备军服和军刀。这样军官就有机会从私人制造商那里挑选很多种类的军刀了。设计的不同主要是柄头和刀刃装饰。有些用了当时法国步兵军刀的新古典主义盔式柄头，还有些是美国鹰首刀的柄头，造型多种多样。

各民兵团也经常给军官（fellow officers）赠送军刀，有些用来展示的军刀十分华美，手柄为黄铜、白银甚至黄金制成，经过雕刻；刀柄和刀鞘底托（scabbard mounts）还有华丽的浮雕装饰。很多军刀整个刀身都布满装饰图案。美国陆军的常备军，各个部门或分支的军刀，形制也各有特色。例如：标准1834缉私船局军刀（the Model 1834 Revenue Cutter Service Sword）、标准1840工程师军刀（the Model 1840 Engineer's Sword）、标准1840军需官军刀（the Model 1840 Commissary Officer's Sword）、标准1840医官军刀（the Model 1832 and Model 1840 Medical Staff Officer's Sword）等等。

▼ 美国标准1860骑兵军刀（US Model 1860 Cavalry Trooper's Sword）。制作商为曼斯菲尔德与兰博公司（Mansfield and Lamb），位于美国罗德岛佛莱斯戴尔村（Forestdale, Rhode Island）

1850年后的步兵刀剑

19世纪中期，以法国为原型的各种设计很流行。为了紧跟潮流，美国陆军为步兵军官设计了一种全新的军刀，也就是标准1850步兵军官军刀（the Model 1850 Foot Officer's Sword），几乎完全复制了法军1845步兵军官军刀（the French Model 1845 Infantry Officer's Sword）。刀身略弯，单刃，有双血槽。装饰图案是一只伸展双翅的北美秃鹰，花朵，各种军事图案，US字样，还有美国政府的格言：E Pluribus Unum（拉丁语"合众为一"）。这类军刀很多是独立战争初期从欧洲进口的，为弥补本地生产的不足。

标准1850文职及野战军官军刀（the Model 1850 Staff and Field Officer's Sword），类似标准1850步兵军官军刀（the Model 1850 Foot Officer），不同在于前者刀柄有一个附加的护手条，各个护手条之间有US字样。这是1850—1872年间战斗部队军官和文职军官最喜爱的军刀之一。

20世纪骑兵军刀

标准1913"巴顿"护手骑兵军刀（the Model 1913 "Patton" hilt Cavalry Trooper's Sword），原型是年轻的美国陆军中尉乔治·S. 巴顿（Lieutenant George S. Patton）（1885—1945）设计的。巴顿后来在"二战"期间成了赫赫有名的美国将军。这种军刀很多方面类似著名的英国1908标准骑兵军刀（1908 Pattern Cavalry Trooper's Sword），不同之处在于前者柄头是鸽子头形，笼手位置稍微低了一点，有双血槽，比较宽。

刀身弯曲，适合切削

▲ 图左为北方将领威廉·特库姆塞·谢尔曼（William Tecumseh Sherman，1820—1891年）。1865年4月24日，谢尔曼在北卡罗来纳州会见南方的约瑟夫·E.约翰斯顿将军（General Joseph E. Johnston），商谈投降事宜

南北战争期间（1861—1865年）南方军刀

南北战争之前，美国陆军的军官和士兵既有北方人也有南方人。总体上他们用的军刀类型是一样的。1861年4月12日，北方合众国与南方联盟国宣战，这种局面才告结束。

战争初期很多南方军官依然使用北军的军刀。不过随着战争继续，北军封锁了南方各个港口，南方进口的军刀开始供应不上了。但还是有些军刀成功进口，南方代理商也一直在欧洲活动，从英德两国采购军刀。但数量还是不够，无法满足扩张的南方军队，也无法弥补战斗中军刀的损失。南军将领想换用南方特色的军刀，和敌人——北军划清界限。这就让南方政府被迫依赖当地制造商填补缺口了。

南方铸剑师一般仿造北军形制，有细微改动，例如：刀柄上标准的US字样改成了CS或CSA，CS是the Confederate States缩写，即"联盟国"；CSA是the Confederate States of America的缩写，即"美利坚联盟国"。刀身的蚀刻花纹也出现了南方特有的图案，如联盟国的五角星，或者11颗星组成的圆环，代表联盟国11州。

不过南方大部分铸剑师还只有最简单的机械，也缺乏必要的原材料，所以不得不生产一些十分粗糙的军刀。南北战争快结束的时候，很多南方军刀工厂让北军占领，南方军刀质量进一步下降。

刀柄铸造很粗糙 —————

▲ 南方军骑兵军官军刀（Confederate Cavalry Officer's Sword），约1864年。北方军的制造标准一直超过南方军

后拿破仑时期的刀剑

　　拿破仑战争时期的骑兵集体冲锋向来是重要的惊吓策略（shock tactic）。但随着19世纪的发展，集体冲锋的效果开始受到质疑，特别是在军事科技突飞猛进的情况下。子弹和刀剑的竞赛如今变成一边倒的态势。美国南北战争期间受伤的士兵只有2%是被锋刃武器致伤的。尽管如此，人们依然把刀剑视为必不可少的武器，为了制造出完美刀剑所花费的努力也成倍增加。

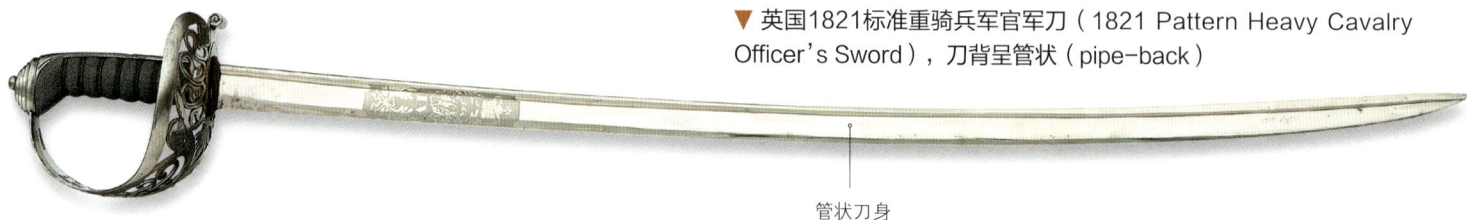

▼ 英国1821标准重骑兵军官军刀（1821 Pattern Heavy Cavalry Officer's Sword），刀背呈管状（pipe-back）

管状刀身

英国轻重骑兵军刀

　　拿破仑战争之后，英军启用了一系列骑兵军刀，既能突刺又能劈砍。其中包括1821标准轻重骑兵与军官军刀（the 1821 Pattern Light and Heavy Cavalry Trooper and Officer's swords）。

　　轻骑兵型号，护手条有三根，钢制，刀身略弯，矛头状刀刃。重骑兵军官军刀也有矛头状刀刃，刀身大部分都有蚀刻花纹，碗形护手（bowl guard）上有刺孔和叶形装饰。重骑兵士兵军刀碗形护手没有装饰，是完整的一块。野战军一开始不喜欢这些军刀，经常抱怨刀刃太薄，战斗中容易折断。此外士兵们还发现用刀尖刺透敌人军装很困难，特别是在克里米亚战争（the Crimean War，1853—1856年）期间。英军对手——俄军步兵穿着厚厚的军大衣，还披了一条卷起来的毯子，军刀极难穿透。

1853全国标准军刀

　　1853年，英国军刀再次发生重大改革。军方追求全国标准一致，于是轻重骑兵的军刀终于统一了。这也就是1853标准骑兵军刀（the 1853 Pattern Cavalry Trooper's

Sword）。三根护手条和刀刃形制与1821式相同，但有一种新型"专利"手柄，设计者是铸剑师查尔斯·里维斯（Charles Reeves），还有合作伙伴亨利·威尔金森（Henry Wilkinson）。这是一种革命性的创新，让柄舌（tang）全部宽度贯穿整个手柄，而不是像先前的锥形柄舌一样相对脆弱。然后再把有方格的皮制手柄用铆钉固定在全长柄舌上面，进一步增加强度和耐久度。

劈砍与突刺之争

　　19世纪中期开始，英国骑兵军刀再次发生一系列变化。自古以来的劈砍与突刺功能之争仍在继续，并成立了很多官方的军事委员会商议这个问题。委员会决策的最终结果是一种妥协，一开始就有人看出来不合适。最后，刀刃既不是笔直又不是明显弯曲，既不适合突刺又不适合劈砍。1864、1882、1885、1890、1899这些年的标准军刀一直不停变换形制，就是为了达到这一要求。

英国步兵军刀

　　拿破仑时期的1796、1803式标准步兵军官军刀（1796 and 1803 Pattern Infantry Officers' swords）服役时间相对比

铆接手柄

矛头状刀刃

▲ 英国1899标准骑兵军刀，刀身略弯，有矛头型刀尖

1898年恩图曼战役（Battle of Omdurman）英军第21冲锋骑枪团（the 21st Lancers）冲锋

第二次苏丹战争（the Second Sudan War）期间，1898年的恩图曼战役是英国骑兵用冲锋骑枪向敌人大规模冲锋的最后战例之一。当时21骑枪团中有一名年轻的军官——温斯顿·丘吉尔（Winston Churchill），后来当上了英国首相。他生动地描绘了1898年9月2日的第一手见闻。21骑枪团即将冲锋时的样子被丘吉尔用典型的现实笔调写了出来：

一片宽阔的方阵，尽是笨拙的人影和小马，身上挂满了水瓶、驮包、打桩器械、罐头咸牛肉，一切颠簸不止，碰在一起叮当作响。和平的优雅不见了，士兵们失去了光彩，骑兵失去了闲适，但这轻步兵团依然准备迎敌……

选自温斯顿·斯宾塞·丘吉尔：《大河之战：苏丹再征服历史纪事》（the River War: An Historical Account of the Reconquest of the Soudan），F. 罗兹上校（Col. F. Rhodes）编辑，伦敦朗文格林公司（Longmans, Green）出版，1899年。

21骑枪团指挥官是R. M. 马丁上校（Colonel R. M. Martin）。马丁率领300名骑枪兵，一开始同阿卜杜拉·阿塔士（Abdullah al-Taashi）率领的几百名苦行僧（Dervishes）交战。阿塔士是所谓"救世主马赫迪"（Mad Mahdi）穆罕默德·艾哈迈德（Muhammad Ahmed）的后继者。1885年，艾哈迈德在喀土穆（Khartoum）杀掉了英国戈登将军（General Gordon）。马丁和阿塔士的军队刚一开始搏斗，没过几秒，附近一处浅沟里面突然冲出2000多名埋伏的长矛兵和刀手，迎击前进的英国骑枪兵。马丁已经命令骑枪团冲锋，如今转身已来不及，于是将士们一起撞入苦行僧的阵营。后来的资料浓墨重彩地描绘了这些冲突的残忍。英军在极为困难的条件下将苦行僧击退，后来上级为21骑枪团官兵颁发了三枚维多利亚十字勋章（Victoria Crosses），奖励这一壮举。这是英国陆军的最高奖赏。战斗阵亡的有5名军官、65名士兵、120匹马。

▲ 1898年9月2日，恩图曼战役中的21骑枪团冲锋。这场战役被视为1885年戈登将军被杀之后英国的报复。21骑枪团的冲锋，史学界称为最后一次英国骑枪兵团的整体冲锋

棱纹牛角手柄　　　锷叉

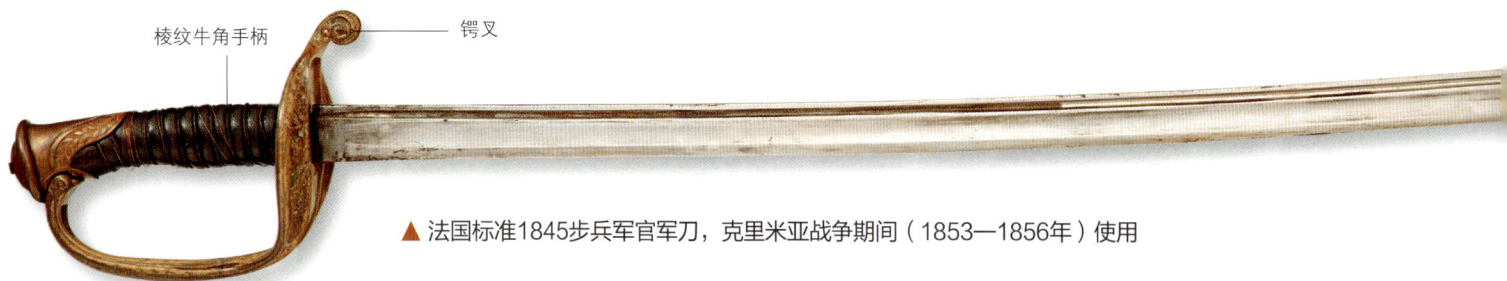

▲ 法国标准1845步兵军官军刀，克里米亚战争期间（1853—1856年）使用

较长，直到1822年才被新的标准军刀取代。

1822式和先前的设计相当不同，有一种管状刀身，刀背呈圆管形，分节，用来提高强度；另外还附有哥特式（Gothic）镀金黄铜半笼手（half-basket hilt）。

所谓哥特式，意思是剑柄剖面形状类似中世纪哥特式教堂的窗户形状。这一设计受到英国19世纪上半叶哥特复兴运动（the Gothic Revival）的显著影响。剑柄内部有一块椭圆形装饰板（cartouche），也叫挡板（inset panel），刻有当时在位君主的王室徽号，例如VR代表拉丁语"维多利亚女王"（Victoria Regina）。

19世纪后期英国步兵军刀

上一代英国步兵军官喜欢蓝地描金的装饰，这一代军官不太喜欢，改为用酸液在没有图案的背景上蚀刻（而不是雕刻）。刀鞘是皮制的，有镀金黄铜底托（用于佩带），由黄铜或纯钢制成。1845式标准军刀进行过改造，除去了弯折护手。原先的管状刀身，在19世纪50年代也被单血槽"威尔金森"（Wilkinson）式刀身替代，刀身有尖头，比较不容易折断。

1892年，剑身剖面变成了"哑铃形"，成为纯粹的突刺兵器。剑柄也彻底重新设计，变成了实心薄钢板（sheet steel）的半笼手，印有维多利亚王冠与王室徽号。1895年、1897年，剑柄先后作了两次小修改，增加了一个向下翻的内边缘（turned-down inner edge），免得磨损军官制服。

来复枪近卫步兵团（the Rifle and Foot Guards regiments）使用钢制半笼手军刀（1827、1854标准版），设计类似1822标准"哥特式"手柄，只是手柄内部增加了团徽。1857年，军方为皇家工兵部队（the Royal Engineers）设计了一种有刺孔的镀金黄铜半笼手军刀，一直用到1892年。这一年所有步兵军官又恢复了统一的1897标准军刀[1]。

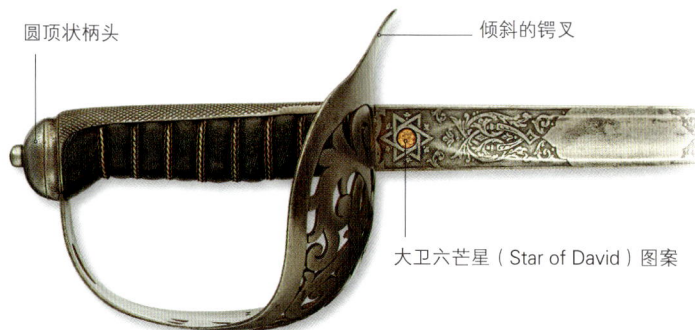

圆顶状柄头　　　　　　　倾斜的锷叉

大卫六芒星（Star of David）图案

▲ 英军1895标准步兵军官军刀

法国军刀设计

1822年，法国骑兵换发了一种新型轻骑兵军刀，黄铜剑柄，护手条为三根，刀身略弯，刀鞘钢制，很沉重。19世纪，这种军刀被很多国家采用。同样流行的还有另一种法国标准1829年牵引炮兵军刀（the French Model 1829 Mounted Artillery Sword），主要特色为单一的D形护手，黄铜枝形护指，柄头形状特殊，略呈圆拱状。这种形制被美国模仿，形成标准1840炮兵军官军刀，南北战争期间北军一直在使用。这种法军的三条或四条护手条的刀柄设计，以及法国设计的刀身也影响了其他欧洲国家，如西班牙、德国、比利时，甚至俄罗斯。

▼ 法国标准1822轻骑兵军官军刀。与士兵军刀不同，剑柄有装饰

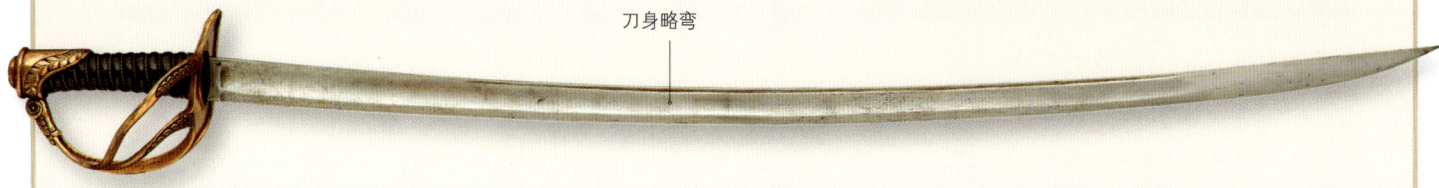

刀身略弯

---

[1] 原文似有时间上的矛盾。根据网上初步查找的结果，译者认为可能1897标准军刀的原型在1892年出现，1897的名字是后来定的。——译者注

▲ 法尔吉耶设计的手柄，在护手周围装饰有精致的流动曲线和植物图案。柄头上有带着缺口的花环，莨苕叶和橡树叶围绕着主人的姓名首字母

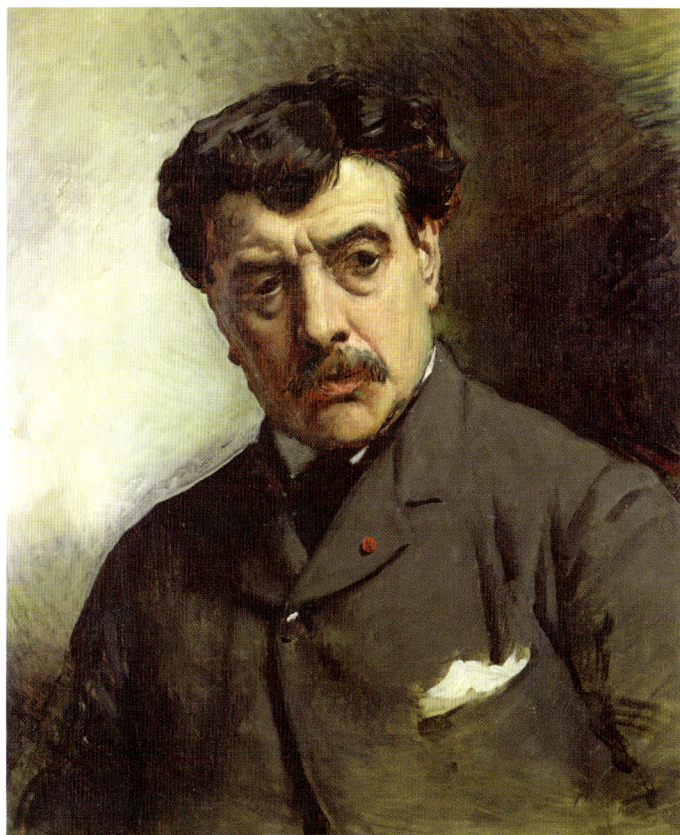

▶ 让·亚历山大·法尔吉耶（Jean Alexandre Falguière，1831—1900年），巴黎法国国家高等美术学院（the École des Beaux-Arts）教授。他用"新艺术派"风格设计了1896标准骑兵军官军刀

法国步兵军刀

法国1821、1845式标准步兵军官军刀与先前的步兵军刀相比发生了很大变化。这一版造型优雅精致，引来很多国家模仿，特别是美国。军刀有华丽的黄铜半笼手，一个枝形护指，刀身略弯，单刃，翎毛状刀尖（quill point）。手柄由棱纹牛角（ribbed horn）制成，带有黄铜绞线（brass twistwire）。较晚的1845式将枝形护指连入有刺孔的壳手，壳手带有花饰（floral decoration）。刀鞘为皮制，有镀金黄铜吞口。1855年改成单血槽和矛头状刀尖，一直使用到1882年。这一年，法军引入镀镍钢（nickel-plated steel）军刀，刀柄有四根护手条，刀刃大大收窄，形状笔直。

法国骑兵军刀

1822标准轻骑兵军刀服役时间很长，一直到1896年才被新的统一骑兵军刀替代，这统一军刀是轻重骑兵通用的。1896标准骑兵军官军刀形制很独特，手柄是全新样式。当时的"新艺术派"（Art Nouveau）装饰风格影响了武器设计，这种军刀是一个典型例子。

这种剑柄装饰，设计者是法国雕刻家、画家让·亚历山大·法尔吉耶教授。

法尔吉耶设计的手柄，基本特色是流畅的曲线，还

有各种植物图案绕在碗形护手周围。"新艺术派"风格从19世纪90年代到20世纪早期风行一时，使用了很多象征主义的元素。我们在弯曲的锷叉上见到了希腊神话中女妖美杜莎（Medusa）的头。他设计的军刀与神话总是联系很多，这把刀表现的是英雄珀尔修斯（Perseus）和美杜莎的故事。美杜莎是一个蛇发女妖，见到她的人就会变成石头，但是珀尔修斯只看着她反射在盾牌里的倒影，成功地杀了她。珀尔修斯用剑砍下美杜莎的头，献给了雅典娜，雅典娜就把头颅放在自己盾牌的中心来恐吓敌人。

1923年，法国陆军换发了统一制式的军官军刀。这种军刀造型优美，有较浅的镀金黄铜碗形护手；还有单一的枝形护指。碗形护手侧面有刺孔，装饰有树叶图案，总体造型依然明显受到"新艺术派"运动影响。

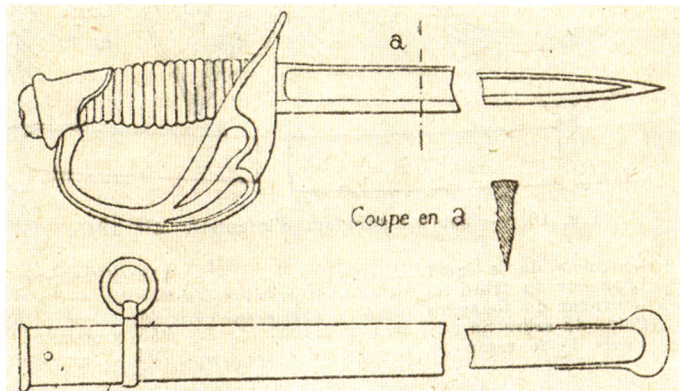

▲ 1896标准骑兵士兵军刀官方示意图。1937年法国国防部发布

海军刀剑与其他锋刃兵器

　　专用的海军军刀可能在16—17世纪出现。之前的海军军官和水手使用的军刀和陆军一样。海军原本是一些私掠船（privateers），受到王室暗中赞助，将其合法化，对抗敌人；后来为了保护国家的军事和财政利益，海军逐渐发展成更有组织的武装力量。船只和船员队伍的管理体制、装备、形态都发生了变化。18世纪出现了"战船"（fighting ships），说明敌对力量之间的登船近距离肉搏变得常见了。这种海上搏斗空间狭小，十分混乱，迫切需要有效的刀剑、战斧、长柄步矛。

英国水手用军刀（cutlass）的出现

　　水手用军刀是英国军械委员会（the Board of Ordnance）为水兵提供的。军械委员会是英国政府机构，15世纪成立，负责为英国陆军和海军设计、测试、生产武器。16世纪后期开始，英国船员开始携带一种短刃兵器，名叫curtleax或coute-lace[1]。现代学界认为这武器比起军刀来更像战斧，但这个名字还是流行了起来。到18世纪，船长已经把船上专用的一种军刀称为cuttlashe。

18—19世纪英国水手用军刀

　　一艘船上，比起海员，水手用军刀的数量相对较少，并非所有海员都拥有这种军刀，其他人使用的是战斧和长柄步矛。这种早期的水手用军刀质量很差，大多数手柄都是由单独一块薄钢片制成，两侧延展成两个圆盘，用来保护手部。

　　英国皇家海军水手用军刀的制造由很多英国铸剑师负责，质量与可靠性差异很大。当时官方的监督与测试工作还刚刚起步。1804年通过了一项水手用军刀制作规范，这规范规定的就是"8字形"（figure-of-eight）也就是双圆盘水手用军刀，可能是拿破仑战争期间英国海员最常用的一种军刀。

　　之后分别在1814年、1845年、1858年、1889年、1900

年，先后更改了几次官方形制。20世纪，海军规划师发现，在铁甲舰时代，登船作战的事情不太可能发生了，之后就没有再发布新的形制。1936年，英国海军正式废除了水手用军刀，只在礼仪场合保留。

17—18世纪英国海军军官用刀

　　直到19世纪初，英国海军军官对锋刃武器的选择还有相当大的自由。17世纪下半叶，海军军官放弃了西洋剑，改用剑身较短的猎刀型佩剑。在布满绳索的狭窄甲板空间中作战，这些短剑比西洋剑要实用多了。很多当时的绘画显示，英国海军军官都携带这种短剑。海军军官还可能携带一种轻剑，设计与平民和陆军军官的类似，但有少数轻剑的剑柄和剑身有海洋主题图案。

　　1786年，英国陆军正式施行了新的步兵军官标准军刀规范，很快海军军官也进行模仿。新规范的刀身笔直，既能突刺又能劈砍；手柄镶有珠子，因此又叫"五珠型"（five-ball），有D形护手、枕形柄头。手柄有棱纹，用象牙或黑檀木制成，中间有一个镀金黄铜部件称为"雪茄标签"，标签中间刻有铁锚的图案，有些样品侧环中心还有一个小锚图案，其他种类还包括带有S形护手条（S-bar）的刀柄，护手条上有锚的图案；以及马镫形刀柄，每个吞口（langet）[2]上都有锚的图案。

　　到18世纪晚期，海军用的狩猎型佩刀逐渐淘汰，

　　平脊刀身

　　王室徽号

▲ 1804年水手用军刀变成皇家海军的标准军刀，拿破仑战争期间一直在使用

---

[1] curtleax的词源，一种解释为意大利语coltellaccio的英文化变体，意为猎刀。https://www.thefreedictionary.com/curtalax ——译者注
[2] 刀身与护手之间的销。——译者注

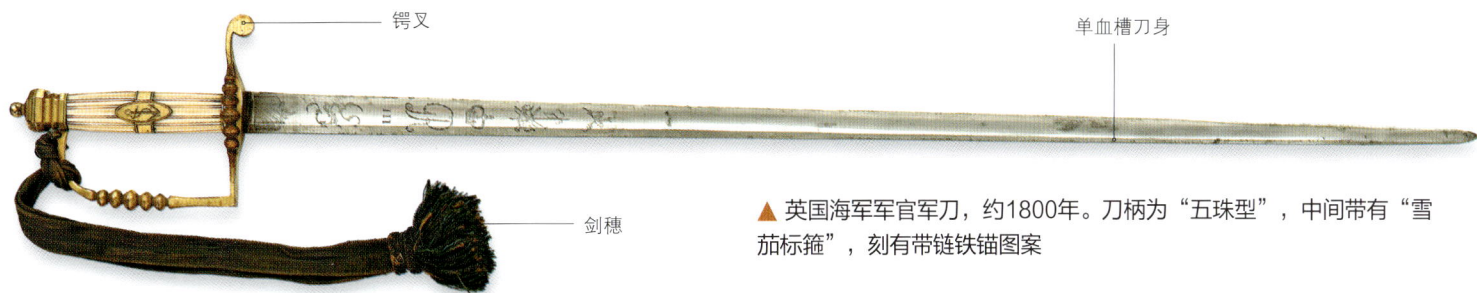

▲ 英国海军军官军刀，约1800年。刀柄为"五珠型"，中间带有"雪茄标箍"，刻有带链铁锚图案

改用更加传统的步兵短刀。这种短刀具有"带沟槽的"（slotted）护手，狮头形或卵圆形柄头，刀身略弯。为了与步兵军刀相区别，很多海军军刀在沟槽护手或柄头上刻有小型带链铁锚（fouled anchor）图案。

19世纪英国海军军官军刀

1805式海军军官军刀（the 1805 Pattern Naval Officer's Sword）的海军特色更加明显。镀金黄铜的狮头形柄头，吞口位于十字护手中心，上面刻有带链铁锚。刀身笔直，单血槽。很多大量使用蓝地描金装饰，包括海军象征——旗帜、奖杯、铁锚、浮标，等等。19世纪早期，英国皇家海军士官生（初级军官）的军刀设计类似高级军官版，但手柄是黑色鱼皮，而不是高级军官的白色鱼皮或象牙手柄。1827年，军官采用了一种半笼手剑柄，实心，镀金黄铜材质。这种形制与1822标准步兵军官军刀完全一致。手柄是白色鱼皮，准尉（warrant officer）版则是黑色；刀身原先是管状，侧面视图类似鹅毛笔；后来在19世纪50年代修改成单血槽"威尔金森"式刀身。直到今天，皇家海军军官仍然携带这种1827式军刀。

其他英国海军军刀设计，如将官（flag officer）[1]采用马木留克式军刀，护手是开放式而非实心，柄头为鸽

子头形（准尉版）；还有另一种苏格兰高地阔刃大剑形刀身，流行于19世纪后期。

18—19世纪法国水手用军刀

18世纪，法国海军的水手用军刀正式标准化，这就是1771型水手用军刀（Model 1771 Seaman's Cutlass）。

刀柄为黄铜，握柄有棱纹，帽形柄头较大。类似同时期步兵掷弹兵军刀的刀柄，但没有单一的指节护手，而有三根护手条。

拿破仑十一年（1801—1802年）型水手用军刀［the Napoleonic Model Year XI（1801—02年）Cutlass］有大型半壳手，以黑铁（blackened iron）制成。手柄是圆滑的八角形，刀身略弯，有宽血槽。1833年出现一种新版，刀身刻了一个锚的图案。1872型是法国最后一版统一的水手用军刀，手柄由厚钢板（plate steel）制成，握柄经过雕刻，护手有钻孔（perforated guard）。

18—19世纪法国海军军官军刀

整个18世纪，法国海军军官军刀都和英国一样，与陆军军官军刀类似。后来换发了一种更加偏向配礼服的

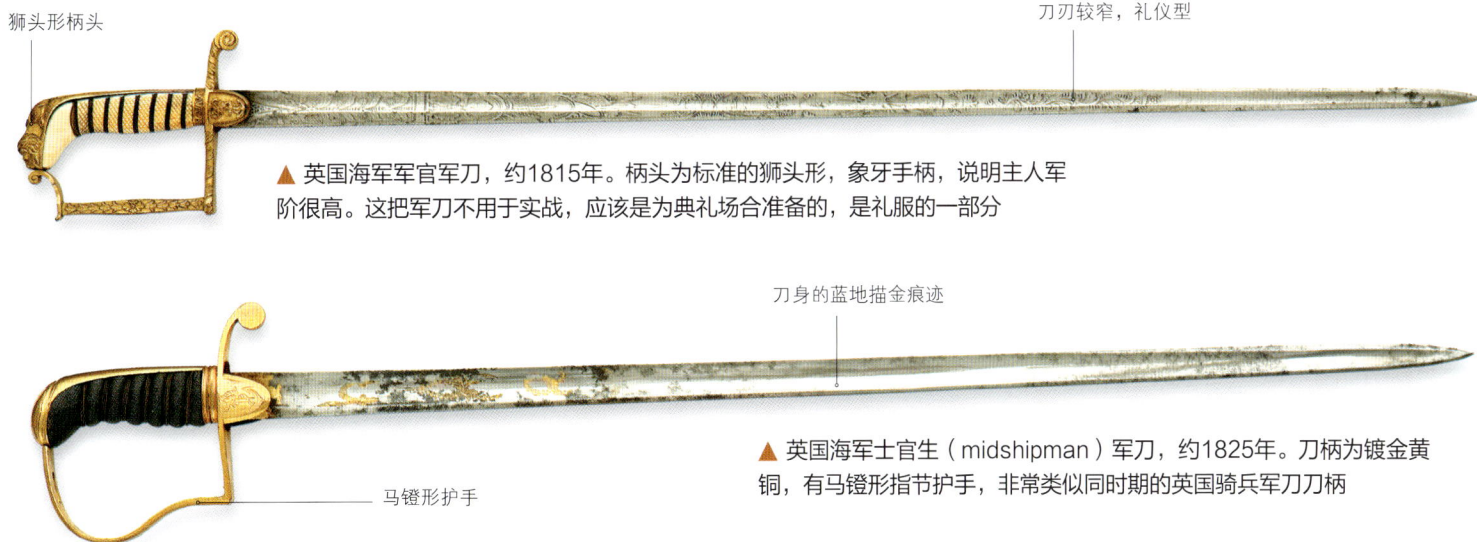

▲ 英国海军军官军刀，约1815年。柄头为标准的狮头形，象牙手柄，说明主人军阶很高。这把军刀不用于实战，应该是为典礼场合准备的，是礼服的一部分

▲ 英国海军士官生（midshipman）军刀，约1825年。刀柄为镀金黄铜，有马镫形指节护手，非常类似同时期的英国骑兵军刀刀柄

[1] 原意为上校以上，能在舰上悬旗表示职位的海军将领。——译者注

赠予用的军刀

拿破仑时期，英国海军军官经常因为作战勇敢而从上级那里获得赠刀；一些团体，如伦敦金融城（the Corporation of London）也定期获得赠刀或纪念用军刀。

从那以来，劳埃德爱国基金（the Lloyds Patriotic Fund）的赠刀因为华丽、工巧、十分美观而出名。1803—1810年间，这些军刀由伦敦劳埃德公司（Lloyds of London）支付费用。获赠军刀的人都是战场上的英雄人物。在与拿破仑的漫长战争期间，这些军刀的发放也是为了表彰、公开鸣谢皇家海军在国内外对英国商业利益的保护。

这些军刀按照制造成本分为四大类。随着制造成本上升、价值上升，华丽程度也上升。价值有30、50、100英镑几种。此外有一种特殊军刀，十分豪华，专门颁发给1805年特拉法加（Trafalgar）海战中的29名舰长（上尉和中尉）。

劳埃德公司的军刀，刀身略弯，较为沉重，大量使用蓝地描金装饰，白色象牙手柄，护手用火法镀金（fire gilt），十分豪华。刀柄后挡板（backpiece）[1] 的装饰模仿狮子皮，锷叉显示古罗马的笞棒（fasces），音译"法西斯"。这是一束桦木杆绑在一把斧头周围，象征"团结产生力量"[2]。指节护手的造型是古希腊英雄赫拉克勒斯的武器大棒（the club of Hercules）被巨蛇缠绕，但进行了风格化。刀鞘更加华丽，包裹皮革或

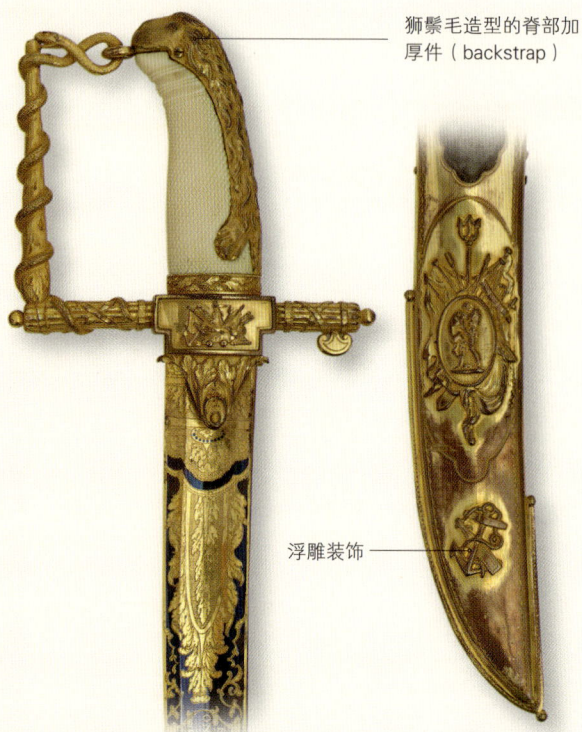

狮鬃毛造型的脊部加厚件（backstrap）

浮雕装饰

▲ 劳埃德爱国基金颁发给英国皇家海军"卢瓦尔"号（HMS La Loire）的詹姆斯·鲍文中尉（Lieutenant James Bowen）。1803年，鲍文率领一艘英国军舰与其他英国军舰一起击沉了一艘法军双桅横帆船

蓝色丝绒（采用哪一种取决于军刀整体价值），并有多处古典主义浮雕（relief）和嵌板（panels）作为装饰。这些军刀的生产，充分显示了乔治亚时期（Georgian）[3] 伦敦最优秀铸剑师的手艺和想象力。

军刀，形制基于法国轻骑兵军官军刀，只有一点不同：菱形（lozenge-shaped）刀镡中有刻出的锚的图案。1805年又有一种新版，完全去掉了刀镡，将锚图案放到十字护手中。

1837年出现了一种全新的军刀设计，镀金黄铜半笼手，装饰华丽，有铁锚，王冠和军事战利品图案。1848年，手柄又略做修改，去掉了王冠图案。

19—20世纪德国水手用军刀

19世纪中期，普鲁士海军使用的水手用军刀几乎与法国1833型水手用军刀完全相同，唯一区别是刀身明显

锷叉弯曲

刀身略弯，单刃

▲ 法国1833型水手用军刀，有大型黑铁碗形护手。从1801—1802年的"十一年型水手用军刀"（the Year XI Model Naval Cutlass）改造而来，拿破仑时期采用

---

[1] 和手心接触的板，常与柄头相连。——译者注
[2] 当代西方在与纳粹划清界限的前提下，依然使用这一象征图案。——译者注
[3] 大约1720—1840年的艺术风格。——译者注

采用了圆月砍刀的造型。当时这种军刀是普鲁士海军的标准型，后来一直到19世纪末都是德国皇家海军（the Imperial German Navy）的标准型。到1911年推出了一种新型军刀，刀刃使用沸腾钢（open steel），手柄有三根护手条，属于骑兵军刀造型；刀身类似同时期德国"屠夫"型刺刀，刀身逐渐变宽，双刃。

19—20世纪德国海军军官用刀

1871年，德国成为统一国家。在此之前不太容易准确描绘德国海军军官用刀的情况，因为当时并没有常备的"德国"海军。直到1848—1852年革命时期，普鲁士皇家舰队（the Prussian Imperial Fleet，德语Reichsflotte）成立，才出现了真正的德国海军。一直没有什么强制措施统一军刀形制，而且在1871年之前，德国海军军官的佩刀都类似同时期英国海军军官的佩刀，都有同样的实心半笼手，同样的狮头形柄头。1871年统一之后，建立了皇家海军（德语：Kaiserliche Marine），海军军官佩刀才具有了

▶ 法国舰队舰长路易-让-玛丽·德·波旁（Louis-Jean-Marie de Bourbon，1725—1793年）肖像，佩带一把轻剑，这种剑很受军官青睐

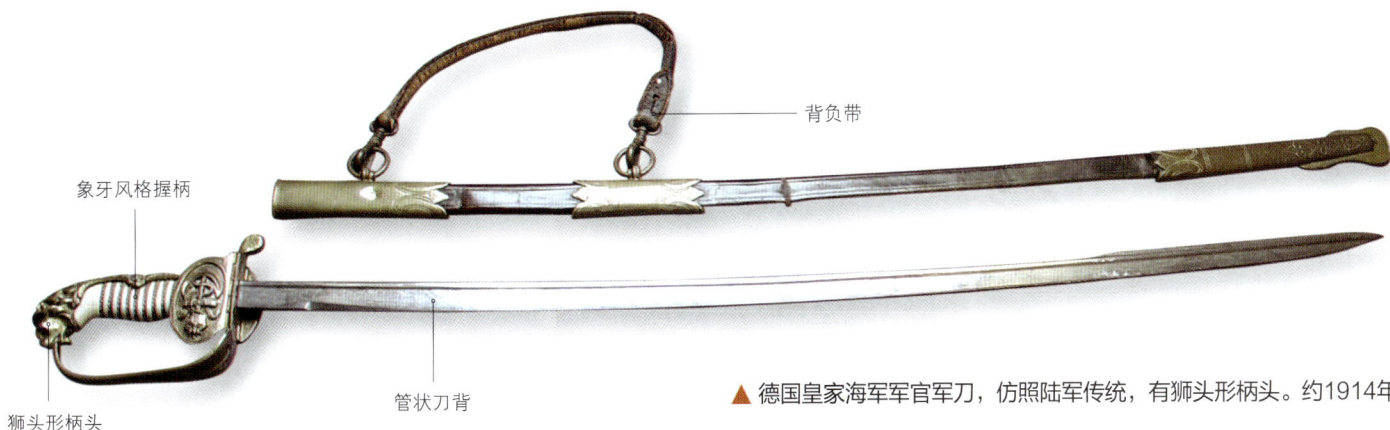

背负带

象牙风格握柄

管状刀背

狮头形柄头

▲ 德国皇家海军军官军刀，仿照陆军传统，有狮头形柄头。约1914年

舰用短矛（the boarding pike）

千百年以来，无论陆军还是海军都使用简单的长矛或投枪。17—18世纪，欧洲各国开始正规化海军，才出现了专门的舰用长柄武器。

这类长柄武器名称很多，如半长矛（half pike）、强矛（strong pike）、短矛（short pike）等，基本上是传统的长柄步矛尺寸大幅缩小的结果。在甲板有限的狭小空间内，舰用短矛有利于突刺和挡住敌人进攻。平时这种短矛放在军舰的架子上。

17世纪早期矛头类似镐头形（pick-style），横截面为三角形或四方形，补强金属条（langet）很长，用来击刺。18世纪矛头侧面更接近流线型，可以防止钩坏甲板上的绳索。美国作家雅各布·内格尔（Jacob Nagle）1800年曾在西班牙海岸之外一只英国单桅帆船上服役，生动地描述了舰用短矛在训练有素的人手中发挥的威力：

硝烟中，我看到了那法国上尉从腰间拔枪，向我们负责指挥的上尉开火。我也同时拔枪，让他消受了枪弹。与此同时，一个结实的法国人从网子上用大型佩剑向我劈砍，但我身后那人看到了，用他手中的舰用短矛挡住了我的头，短矛被砍断，矛身打到我头上，我摔倒了。但那人又拾起短矛，刺进了法国人的身体，法国人便落到两船之间了……

——选自《内格尔日记，1775—1841年》，纽约魏登菲与尼寇森出版社（Weidenfeld & Nicolson），1988年版。

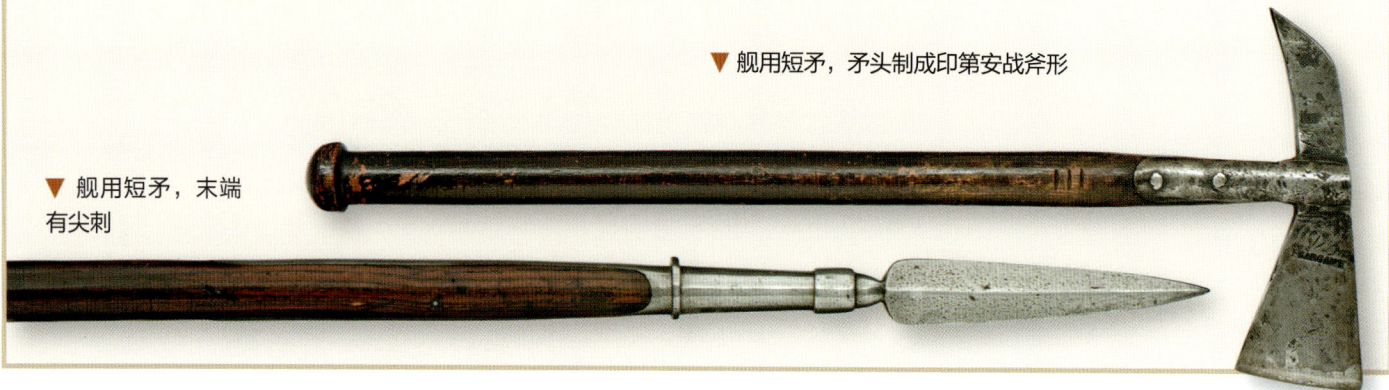

▼ 舰用短矛，矛头制成印第安战斧形

▼ 舰用短矛，末端有尖刺

更多本国特色。剑柄依然是实心镀金黄铜，狮头形柄头也保留了，但剖面更平一些，添加了向下折叠的护手，还有手柄内的椭圆形装饰板，皇冠形状。握柄是骨制或象牙制。1918年，德国在一战中失败，去掉了皇冠图案。1933—1945年纳粹时期，海军军官短剑有鹰和纳粹卍字图案，长军刀没有这样的图案。

19—20世纪的沙皇俄国

同很多欧洲国家一样，俄国到19世纪才开始正式统一海军军刀。19世纪早期，俄国海军军官的佩刀，类似英国标准1796步兵军官军刀。标准1811海军军官军刀奠定了后来俄国海军军官军刀的基础。这种军刀手柄黄铜制，有三根护手条，后挡板明显倾斜（或有曲线），柄头也倾斜，很有特色。这种风格，同时期法德两国也有很多军刀采用。这一版在1855年、1914年两次升级。

海军军刀在1917年革命之前一直没有变化。革命之后，刀身、刀柄等一切沙皇俄国时期的标志都除掉了，军刀设计也更为简朴，但某些海军军官会在柄头上加上苏维埃的镰刀锤子或红星图案。

俄国水手用军刀

直到1810年，俄国水手才拿到正式的标准海军军刀。在此之前水手携带的是法国"布里凯"（briquet）式短军刀。标准1810型配有肩带，发给海军掷弹兵和枪手。刀身是土耳其细身钩刀"亚塔汉"（yataghan，又译耶塔岗）形，黄铜十字护手，木制握柄，柄头膨大。比起水手用军刀来更像佩剑，也没有当时欧洲海军较为流行的碗状护手或盘状护手。俄国1856标准水手用军刀（the Russian 1856 Pattern Boarding Cutlass）在风格上更偏"西方"传统，模仿了英法水手用军刀。黑铁剑柄，握柄有棱纹，刀鞘配有相应的黑铁底托。从此水手用军刀设计一直不变，沿用到1940年，海军军官才换发了新型

▲ 美国海军军官军刀，约1790年。刀身略弯，握柄为骨制

军刀。这种军刀有双刃，刀身略弯，有钢制刀柄，护手突出，握柄木制，有棱纹。40年代对水手用军刀的需求似乎已经很少了，但苏联海军坚持要求水兵在海军学校之外也要佩带。1958年以后，只在礼仪场合佩带。

沙俄海军赠刀

19世纪到20世纪初，沙俄海军的赠刀很流行。赠刀与海军标准形制的不同在于：护手实心，握柄有棱纹，金属制成；标准形制握柄则用皮革与黄铜绞线缠绕。这些赠刀名叫"黄金刀"（Gold Swords），护手条上雕刻有明显的西里尔字母（Cyrillic，即俄文字母），一般是"为了勇气"（For Gallantry）这样的话。军刀又分很多种等级，1869年之前，柄头上有珐琅十字架，代表圣乔治公会（the Order of St George）或圣安妮工会（the Order of St Anne）。军刀配有金块制成的穗子，设计因公会等级而不同。

到20世纪的美国海军军刀

美国独立战争从1775年到1883年。战时和战后，美国海军军官用的军刀，都是传统的英法形制，大多数也是在英法制造，从英法进口（当然是在与这两国处于和平期间）。1841年，发放了一款海军军官军刀，有鹰头造型，设计高度模仿陆军中流行的军刀。1852型海军军官军刀（the Model 1852 Naval Officer's Sword）造型来自欧洲的实心半笼手海军军刀，直到现在仍在军中使用。1797年、1808年又发放了两次英式水手用军刀。

1841、1860型美国海军水手用军刀，设计者都是麻省的斯普林菲尔德市（Springfield）的N. P. 埃姆斯（N. P. Ames）刀剑公司。1841型的基础来自同时期的法国"罗马短剑"型短战刀，1860型则改良自法国共和十年型军刀（1801—1802年），只不过是黄铜剑柄与黄铜剑鞘底托，而不是法国版的黑铁皮。

另外还有一种不寻常的军官军刀，与普通水手用军刀的不同在于刀柄上有字母USN（美国海军）或US（美国）字样。这种军刀服役时间很长，直到1917年才被新型军刀取代，新型的基础是荷兰陆军克雷旺刀（klewang），也就是砍刀型军刀。军刀有两版：早期造型有实心铁制笼手；1941年晚期造型的护手有一些彼此分离的枝形护手条。

▼ 二战前美国军舰上用的1917型水手用军刀。1949年废除

碗状护手

两次世界大战的刀剑

19世纪下半叶的军事技术有了显著进步，新式枪炮出现，杀伤力前所未有。尽管如此，20世纪初的很多指挥官依然相信，骑兵集体冲锋和钢铁的光芒能够轻易打败新式的机枪和速射步枪。很悲哀，他们想错了。

第一次世界大战的军刀

看似矛盾的是，一战中欧洲现役英军士兵完成的第一次杀敌，是皇家爱尔兰龙骑兵近卫军第四团（the 4th Royal Irish Dragoon Guards）查尔斯·霍恩比上尉（Captain Charles Hornby）在1914年8月22日用军刀杀了一名德国枪骑士（German Uhlan），地点是比利时的蒙斯市（Mons）北部卡斯托村（Casteau）附近。当时霍恩比上尉率部冲锋，迎击德军第二胸甲骑士团（the 2nd Kurassier Regiment）的四名骑兵。

一战早期，英德军官仍携带军刀，但很快发现军刀已经跟不上时代了，在壕堑战中也完全不适用。军官还发现，携带军刀，让他们成了对方机枪手和狙击手有价值的活靶子。军队还会采购军刀，但完全是为了礼仪场合。

1917年11月13日，耶路撒冷附近的莫卧儿（Mughar）战役，是英军骑兵最后一次集体冲锋。英国白金汉郡轻骑兵（the Buckinghamshire Hussars）在多赛特和伯克郡义勇骑兵团（the Dorset and Berkshire Yeomanry Regiments）的支持下，攻占了一处重要的土耳其阵地，抓了几百名俘虏。

20世纪英国空军军刀

1920年代，英军出现了一种独特的新型军刀，也就是英国1920式皇家空军军官军刀（the British 1920 Pattern

1908年最后一款英国骑兵军刀

1908标准骑兵军刀（the 1908 Pattern Cavalry Trooper's Sword）很可能是已知的军刀设计中最激进的一款。刀身细长，类似西洋剑，碗状护手较大，封闭式，还有独特的手枪式握柄，设计尽可能不同于传统军刀。这种独特性最终平息了英军内部的"突刺与劈砍之争"。这种形制完全是为了突刺，目的在于骑兵冲锋时给对方造成恐惧。握柄也采用了一种新的复合材料——人造革（dermatine）（1912年军官版本又沿用了之前的鱼皮包裹）。1908式还在后挡板上加了一个拇指坑，让士兵能够用类似冲锋骑枪的握法握住军刀。

英王爱德华七世（King Edward VII，1901—1910年在位）把这种新设计称为"面目可憎"，但1908标准型还是大规模生产，很快成了英国骑兵的标配。1914—1918年的"一战"，被英军视为这种新型军刀的理想试验场，然而战端一起，军刀的丧钟便敲响了。恐怖的壕堑战与无法移动的战场（特别是西线战场），使得骑兵运动战完全没有施展的机会。

▼ 1908标准骑兵军刀。特点是实心钢制碗形护手和手枪式握柄。刀身类似西洋剑，适合突刺，不适合劈砍

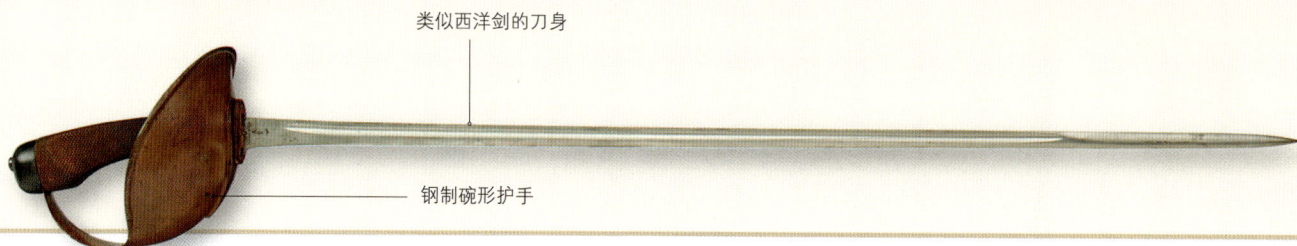

类似西洋剑的刀身

钢制碗形护手

Royal Air Force Officer's Sword）。这是英军最后一种官方标准军刀，设计者是伦敦威尔金森刀剑公司（the Wilkinson Sword Company of London）。刀柄来自1897标准步兵军官军刀。发放这种军刀，是为了表彰1878年成立的皇家工兵气球部队（the Royal Engineers' Balloonist Unit）对1912年成立英国皇家陆军航空队（the Royal Flying Corps，英文缩写RFC）和1914年成立英国皇家海军航空兵（the Royal Naval Air Service，英文缩写RNAS）做出的贡献。1918年两支部队合并成为英国皇家空军（the Royal Air Force，英文缩写RAF）。皇家陆军航空队的官兵原先是从各个陆军、海军单位抽调来的，于是也带着原先部队的礼仪军刀，形制不一，显然有必要统一。1920标准型有镀金黄铜剑柄，半笼手，鹰头形柄头，涡卷花纹的刀柄，镶嵌有戴皇冠的信天翁的展翅图案，握柄的蒙皮是鲨鱼皮。目前的空军现役军官仍然携带这种形制的礼仪军刀。

20世纪意大利、德国空军军刀

德意两国都制造了自己的空军军刀，都受到1920—1930年代装饰艺术（Art Deco）的显著影响。1930年代意大利空军军官军刀有花式镀金黄铜剑柄，鹰头形柄头。德国1934型空军军官军刀（the German Model 1934 Air Force Officer's Sword）的剑柄设计非常现代，锷叉向下倾斜，柄头造型夸张。

二战前的纳粹军刀

一战中，德国与盟国彻底战败，这些国家推广和佩带军刀的风气曾经一度中止。魏玛共和国（1919—1933年）时期，德军规模大大缩小，著名的铸剑小城索林根接到的部队锋刃武器订单也严重减少。索林根官员组成一个代表团去见新总理阿道夫·希特勒，说服了他，让他相信1929年的经济停滞与1930年代早期的大萧条严重损害了索林根的经济，而为纳粹党和军队生产军刀和匕首则会创造新的就业机会。很快，新成立的纳粹国家的很多政府机构和半军事化组织就开始采用军刀。德国陆军（德语：Heer）、德国空军（Luftwaffe）、德国海军（Kriegsmarine）也都开始佩带索林根作坊设计的各种军刀。

俄国骑兵军刀

东欧（特别是俄国）骑兵团普遍使用军刀作战，这一传统在整个一战期间仍然继续，一直保留到1930年代中期。俄国有大片开阔地，很适合骑兵集体行动。俄国的哥萨克骑兵，不论是沙皇时期，还是革命之后的苏维埃时期，与德国人、布尔什维克敌人作战时都偏爱"恰西克"弯刀（shasqua）。这种军刀略弯，单刃。1920—1930年代的苏维埃军方依然向哥萨克骑兵发放军刀，当时哥萨克骑兵已经"并入"苏维埃共和国。这些武器在1941年德国入侵时最后一次使用。档案记载，俄国骑兵面对袭来的德军坦克，进行了多次勇敢而无效的集体冲锋。

▲ 1942年，哥萨克骑兵向德军冲锋

▼ 一战期间的1914年8月—9月，英军从比利时蒙斯市撤退。英军骑兵携带冲锋骑枪

日本刀剑与长柄武器

传统日本武士刀既是凶狠的作战武器，也是精美的艺术品。其他大多数军刀主要用于实战，因此相形之下日本刀就有了明显区别。对于铸剑大师来说，武士刀的制造，既是宗教仪式，又是精神旅程。日本武士身穿奇异的上漆铠甲，有角的"兜"（kabuto）[1] 式头盔，模样很可怕。上战场的时候，总是携带各种刀剑和匕首，最有名的是日本武士刀（katana）[2] 和日本长匕首——胁差（wakizashi）。[3]

神话起源

日本刀剑的历史，开始于传统神道教（Shinto，日本本地宗教）的传统神话。日本的太阳女神——"天照大神"的孙子"琼琼杵尊"来到地上作统治者，相传天照曾在孙子临行的时候赠给他一把剑。神道教与日本刀剑崇拜一直紧密相关。日本人相信刀剑有奇迹般的精神力量，甚至有自己的人格。日本士兵在战斗中落败，就会来到日本战神"八幡"的神社祷告，向八幡询问自己的武士刀为什么失掉了武士精神。

这种武士刀的人格化，导致在用刀和维护刀的时候都有严格的礼仪规定。

中韩两国的影响

日本刀剑的起源阶段将近2000年。最早的两千年间，日本刀剑明显借用了中韩两国的设计。日本墓葬曾出土多把古刀，时代约在公元300年，刀身较长，单刃[4]，很接近中国的"剑"，带有简单的刀锷，即手柄尽头的圆盘状刀格。早期的日本各部落武士以骑兵为主，需要长刃刀剑对付敌人的步兵。大多数日本刀剑其实是从中韩进口的，日本本土的铸剑业后来才发展起来。

平安时代（794—1192年）

中世纪早期，经典武士刀的形制渐渐变得明显了。在发展过程中，刀身形状从笔直变得略弯。平安时代的日本铁匠也开始在刀身的柄舌（把刀身固定在刀柄上的金属板）上增加自己的印记，让后世了解制造的日期，铸剑师是谁，住在哪里。这一时期还出现了明显的刀身花纹，称为"刃纹"（hamon，日文：刃紋）。

平安时代由桓武天皇（公元781—806年）当政。这一时期出现的一些刀剑是有史以来质量最高的，如今被人当作神器。这一时期藤原氏贵族开始兴起，也发展了独特的武士刀形制。

▲ 15世纪绘画，一名日本武士带着刀和长柄武器。他必须遵守荣耀、勇气、忠诚的原则

---

[1] 原文罗马字kabuko，拼写有误。这个词来自古汉语"兜鍪"，也就是头盔。——译者注
[2] 汉字"刀"，中文为具体化，表明区别，译为"武士刀"。——译者注
[3] 网上资料，作者知乎用户YeSir："胁"文言指人的腋窝到最末一对肋骨之间的体表部分，即俗称"腋下"这个部位，不是"肋"；"肋"文言专指肋骨，日语发音roku."差"，通"插"，指插入腰间携带的方式。有的书译作"肋差"。https://zhuanlan.zhihu.com/p/36167677 ——译者注
[4] 原文如此。中国剑的典型特征不是单刃而是双刃。日本古代确实出现过双刃剑，但不确定原文所说就是这种双刃剑，不能确定原文有误。此外，日本对刀和剑不做明显区分，不论单刃双刃均可称为刀或剑。这里保持原文不变。——译者注

历史上另外一些朝代也出现了优秀的铸剑工业：镰仓时代（1192—1333年）、南北朝时代（罗马字正确拼写应为Nanboku Cho，1333—1993年）、室町时代（1338—1573年）、江户时代（1603—1867年）、昭和时代（1926—1989年）。

"武士道"

说到日本武士，以及武士和刀的关系，必须首先解释一个概念："武士道"，意思是"武士之路"。这是一种严格的行为准则，必须带着荣誉感、勇气，还有最重要的忠诚去执行。武士接受的教育还包括拥有"无畏的自由"。除了这种道德哲学以外，武士还要接受严格的战斗技巧的训练，叫作"武术"（bujutsu，日文：武術）。

早期武士用的兵器有弓箭和刀，后期则用刀、长矛、薙刀（相当于日本的戟）。武士经常给武士刀命名，将其作为一种个人信仰的标志；还相信自己的武士精神融入刀中。

镰仓时代（1192—1333年）

武士文化随着镰仓时代的一系列领土之争发展起来，争斗的部族主要有三个：源氏、藤原氏、平氏。这些封建集团总是互相攻打，武士（日语罗马字Samurai，汉字写成"侍"，意思是"服务"）也就从这些经过战火考验的士兵中诞生了。

日本这一段历史被学界看作武士文化的高峰，有很多故事记载他们作战的荣耀、勇敢、坚忍。讽刺的是，武士也是社会的特权阶级。这一时期倘若哪个农民不走运冒犯了武士，武士就有权把他杀掉，这个时期还造出了一些最好的武士刀也就不足为奇了。

室町时代（1338—1573年）

武士历史的一段有趣时期发生在室町时代：武士变

▲ 19世纪绘画，武士握着剑。注意腰带上的肋差（短剑，后备武器）

成了艺术家。武士文化发展到这样的高度，训练必须包括仪式化的茶道和插花。人们认为这些仪式对武士好勇斗狠的人格来说是一种历练与平衡。

武士文化衰落时期（1603—1867年）

江户时代（1603—1867年），武士阶层逐渐开始衰落。这个时期日本有大约250年没有战争，这在日本历史上很不寻常，也说明武士阶层不可能发挥战时的作用

▼ 18世纪武士刀。训练非常复杂，需要高度技巧。武士刀佩带时，刀刃一般朝上

兜金（Kabuto-gane），即柄头

涂漆木柄

接近刀尖处弯得很厉害

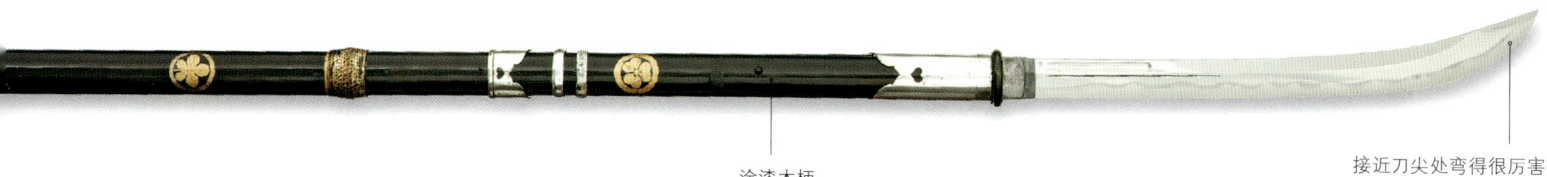

▲ 薙刀是武士常用的长柄武器

了。尽管武士依然有权在公众场合佩刀，却必须从事各种平民职业才能过活。明治维新时期（1868—1912年），最后一位将军（日本的行政长官）辞职，当时的日本政府亲西方，倾向改革，武士阶层十分不满，掀起了叛乱。政府很快废除封建制，1871年完全剥夺了武士的特权。早在1867年，法律就禁止武士在公共场合佩刀，使得刀匠迅速减少。

19世纪武士刀设计变化

19世纪末，武士阶层消亡之后，日本与西方的接触空前增多，常备军的军刀设计发生了重大变化。尽管这一时期还在生产极少的传统武士刀，但从19世纪70年代到20世纪的军刀受到欧洲设计的很大影响，特别是法国。有些日本军官的军刀几乎就是同时期法国军刀的翻版。

昭和时代

昭和时代，日本民族主义抬头，铸剑业也同时复兴。昭和时代最常见的日本刀形制之一是"旧军刀"（kyu-gunto），保留了传统武士刀的长握柄，但有指节护手，还有欧洲风格的柄头。这种形制有很多变体，包括一种正式军官和非委任军官通用的类型。1920年代开始，日本民族主义抬头导致很多军官重新对武士的历史有了兴趣，又改用经典武士刀，这就是"新军刀"

（shin-gunto）。刀身要么机械制造，要么手工制造，还可能是早期家传（祖先）刀身加上新的刀柄。"皇军"各个分支都携带这种军刀。

二战末期，军刀被大量销毁，但仍有很多被盟军带回本国当作纪念品。

1945年，日本战败，本土铸剑业突然销声匿迹。但1970年代铸剑手艺又出现了，对优秀工匠的要求也很紧迫。[1]

日本薙刀

薙刀是一种常见的武士刀，一般流行在镰仓、室町时代（1338—1573年）。薙刀的刀杆为木制，涂漆，有时镶嵌有珍珠母（mother of pearl），长度约2米。刀杆上装有弯曲刀身，很像传统日本刀的刀身。实际上，很多薙刀刀刃就是武士刀刃的废物利用。刀身的日语汉字写作"茎"，用一根销钉（peg，日语：mekugi）固定在刀杆上，汉字写作"目钉"。

枪（yari）

日本枪也就是长矛，类似较短的冲锋骑枪，但不像西方传统那样投掷。武士和一般步兵（ashigaru）都使用枪。步兵的汉字写作"足轻"。枪有很多类型，两种主要类型是"素枪"（su yari，汉字也写作"直枪"），枪头笔直；还有"鎌枪"（kama yari），枪头有十字护手。

涂漆装饰

▲ 日本枪，武士和一般步兵通用

[1] 当时的盟军司令部认为武士刀属于武器，下令大规模销毁；70年代前期又开始作为工艺品重新生产。译者认为，这种情况的象征意义有些类似古罗马笞棒"法西斯"，当代西方在与纳粹思想划清界限的前提下，依然使用这种图案象征司法、正义。——译者注

各类日本锋刃武器

日本武士用的锋刃武器主要有四大类。

太刀（长刀）

这是武士历史上最常用的军刀，刀身长度一般为60厘米~70厘米，佩带时刀刃向下，用两条带子挂在腰带上。后来太刀换成了"大小对刀"（daisho），也就是日本刀和胁差两把刀放在一起。但在典礼和觐见日本皇室的场合依然使用太刀。很多太刀是传家宝，被郑重地存放起来。

日本刀

日本刀刀身长度一般超过60厘米，用于户外作战。单刃，略弯。

这种刀在10世纪出现，配合日本骑兵的流行；挂在腰带上，刀刃向上。

胁差（备用刀，或短剑）

胁差刀身长30厘米~40厘米，比日本刀灵活，因此在室内使用。刀身较短，属于备用武器，适合近距离突刺；还用于将杀死的敌人砍头，把首级带回来。日本武士有一种自杀的仪式叫"切腹"，也叫"腹切"，一般就用这种短剑。[1]

短刀

短刀是一种小刀，形制基本和胁差一样，平均长度15厘米~30厘米。其他日本传统刀剑都有锋刃，但短刀的主要功能是突刺，也用于刺穿铠甲。

附件包括：

鞘

日本刀鞘称为"鞘"，日语发音saya，一般是玉兰木材（magnolia wood）制成，涂漆用来防水。"下绪"（sageo）是一种较长而坚韧的带子，把刀鞘挂在主人腰带上。

刀锷/刀镡

刀锷是握柄尽头的圆形护手（有些是方形）。剑士会把右手食指放在刀锷上以协助平衡，更好地控制刀身。

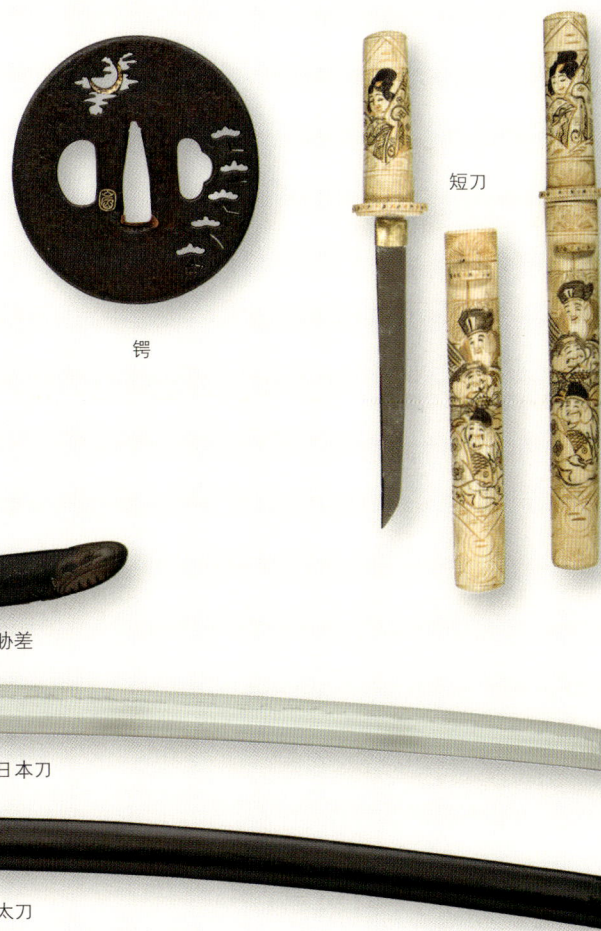

锷

短刀

胁差

日本刀

太刀

[1] 此说不确定。据"胁差"维基百科条目，胁差只是偶尔用于切腹，因为太长而不常用；一般用于切腹的是短刀。https://zh.wikipedia.org/wiki/%E8%84%87%E5%B7%AE。——译者注

中国及中亚地区兵器

中国刀剑的起源也植根于古代神话。据说，早在神话时期就有人为"三皇"，即伏羲氏、神农氏、燧人氏（约公元前3000年—公元前2700年）制作了纯金刀[1]，相传这些刀剑有奇妙的能力，能在暗处发光，能发出响声，能吓退恶灵，还能变化成龙。这些神力的来源，是宝剑主人的个人能力（或曰超能力）。中国古剑和维京古剑一样，有时也会专门起名字。

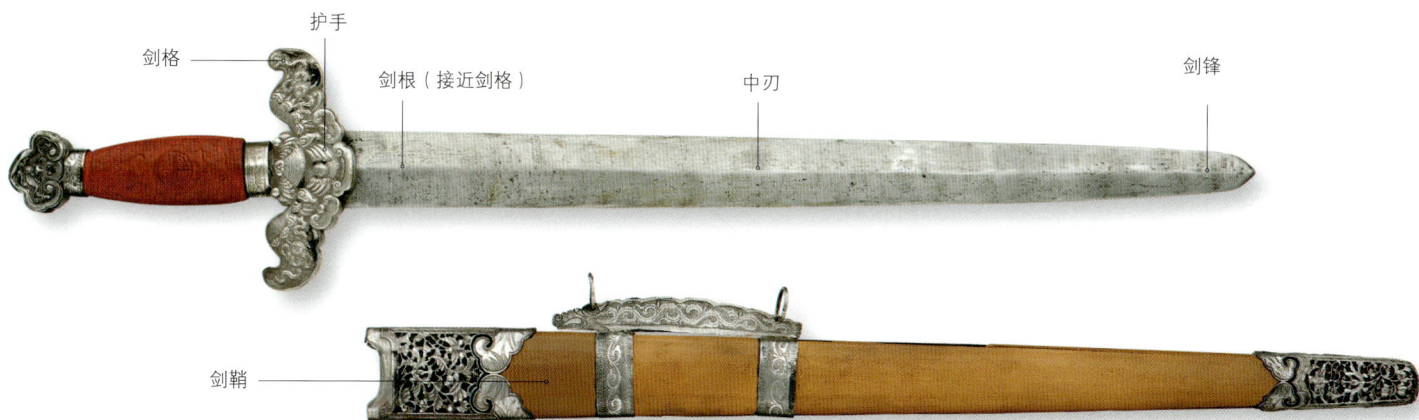

▲ 中国剑有双刃，笔直，历史超过2500年。剑身一般分成三部分，分别用于不同的攻防技巧

剑

中国刀剑的最早类型是"剑"，历史远超过2500年。最早的剑，剑身笔直，双刃，长约35厘米，青铜制成。到了唐代（618—906年），钢和铁代替了青铜；北宋（960—1127年）时期最著名的剑来自中国东北沿海浙江省的龙泉地区。[2]这里有铁矿石，又离水很近，铁匠因此能够生产高质量的剑刃。

剑柄

剑柄包括握柄，材质是绕线、雕刻的木头、牛角，或木质包裹鳐鱼皮，有时染成绿色；握柄两段各有一个宽阔圆环，也叫金属包头。柄头很大，阶梯状，用来保持平衡。鱼皮一般是粗糙风干的鲨鱼或鳐鱼皮，为手掌提供不会打滑的表面。

剑穗是一缕染色的棉线，通过柄头上的一个洞而穿起来。明代（1368—1644年）流行这种装配法，清代（1644—1912年）[3]一般把剑穗洞直接穿在握柄上。

剑柄的配件一般是黄铜、青铜或银质，个别也有金质。剑柄的铸造，要么一体成型，要么把护手和柄头分别铸造，然后再锻在一起。剑柄还会使用带有装饰的金属薄片，薄片上冲压或者雕刻上传统装饰图案，例如龙形、交错花纹等。

剑身

剑身分成三个主要部分，每一部分功能各自不同。最前部分叫"剑锋"，带有尖头，用来突刺和快速劈砍；中间部分叫"中刃"，用于幅度很大的猛烈劈砍，也用来格挡对手的剑刃；最后一部分接近护手，叫"剑根"，专用于防御性的格挡。

---

[1] 此说不确。目前译者能够查证的古籍说法是唐代《太白阴经·战具器械篇第四十一》所说："上古庖牺氏之时，剡木为兵；神农氏之时，以石为兵；……黄帝之时，以玉为兵；蚩尤之时，铄金为兵，割革为甲，始制五兵。"可见古籍认为最先制造金属兵器的是蚩尤。这里的"金"是金属的统称，而不是单纯的金元素。此外，三皇定义历来有多种说法，这里作者选取的是其中一种流传比较广的说法。——译者注
[2] 原文有误，我国一般把浙江视为东南沿海。龙泉在北宋为县，目前是浙江省西南部丽水市下辖的县级市。——译者注
[3] 原文如此，中国史学界一般认为清朝结束在1911年。——译者注

蒙古军刀

13世纪早期，北方少数民族南下，带来了一种骑兵军刀，刀身弯曲，单刃，单手持用。8世纪开始，欧亚大陆中部的突厥民族就使用过这种骑兵军刀。弯曲的刀身影响了中国刀的形状，取代了直刃的剑。明代（1368—1644年）有一种新的刀身更加弯曲，主要用于骑兵。

▶ 19世纪绘画，画的是中国的蒙古人拿着长矛和军刀。明朝军队十分惧怕蒙古人骑马作战的技巧和凶猛的尚武精神[1]

刀——百兵之帅（Marshal of all Weapons）

中国人把刀视为四大作战兵器之一，另外三种是枪、剑、棍。刀称为"百兵之帅"，是一种宽刃兵器，切削或劈砍威力很大。汉字"刀"也用来称呼很多种单刃、宽刃的锋刃武器和工具。

早期历史

刀最早出现于商代（约公元前1700年—公元前1100年）[2]，一开始用青铜制成。到了战国[3]晚期，中国刀匠开始应用钢铁，制造更坚韧耐用的刀身。

唐代（618—906年）[4]，中国南方刀剑开始出口到朝鲜、日本，极大影响了传统日本武士刀的形制，特别是太刀和日本刀。

刀的特征

刀的刃部较宽，略弯，单刃；刀柄倾斜有角度，一般包裹线、皮革、木质或是鲨鱼皮。实战中的刀柄会包裹丝绸，丝绸的颜色有严格的规定。中国文化认为使用某些特定的颜色或结子会给士兵带来好运和勇气。

刀一般都有一条或几条血槽，在刀身上切入较深，可以增加强度和柔韧性。还有圆盘形的杯状护手，保护士兵握刀的手。刀入鞘的时候，杯状护手就变成了盖子，防止雨水渗入或有血滴在手柄上，让刀难以握持。刀身长度一般在65厘米～75厘米。

刀鞘一般木制，涂有厚漆或包裹鱼皮，但有一些是涂漆的皮革，很多刀鞘还有压印、镀金的金属板覆盖。刀鞘附有两个圆环，挂在腰带上。

圆盘状和杯状护手

刀身宽阔略弯

▲ 刀身数百年来变化很大，不过大部分刀身都是略有弧度且单刃。护手一般是圆盘状，握柄用线缠绕

[1] 这一说法不全面。明朝就是在推翻蒙古贵族统治的基础上建立的。明朝对蒙古压制和拉拢并存，曾经多次交战，互有胜负。最后拉拢失败，蒙古依附后金，在李自成灭明后将其打败，占领中原。http://theory.people.com.cn/GB/49157/49163/9304827.html。——译者注
[2] 按照夏商周断代工程研究成果，目前认为商代的起止点是约公元前1600年—约公元前1046年。——译者注
[3] 此处有误，战国一般认为在约公元前5世纪—公元前221年。此外，冶铁的时间也不对。学界长期认为中国的人工炼铁开始于西周时期。2009年在甘肃省临潭县寺注文化墓葬中出土了两块铁条，证实为冶炼所得，时间是公元前14世纪的商代中期。——译者注
[4] 一般认为唐朝结束在907年。——译者注

双手剑

双手剑大约2000年前引进中国，历史悠久。这种大型剑长度可达1.6米。刀也有一种双手版本名叫"大刀"。刀身类似圆月砍刀，尺寸很大，刀柄金属制成，绕线，环首柄头。大刀一直用到20世纪中期，有很多照片显示国民政府军队在抗日战争（1937—1945年）期间使用大刀。中国军队宣称只需一刀就能将日本兵斩首。

环首刀

东汉（公元23—公元220年）出现一种特殊的刀，即单刃的环首刀，柄头为环状。刀身很窄，长约90厘米。柄舌很宽，与环状柄头一体铸造成型。用销钉将柄舌与握柄固定在一起。这种环首刀一直用到19世纪末。1900年的义和团运动期间，拳民曾经包围北京（旧称Peking）的欧洲分遣队，环首刀在拳民中流行一时。

长柄武器和打击武器

蒙古人的王朝——元朝（1279—1368年）被推翻，明朝建立之后，中国步兵开始更加依赖长柄武器和打击武器。从纯粹经济角度而言，这些武器的制作成本要大大降低，需要的训练也很少，而训练一名专业剑士/刀手的时间却长得多。

这些长柄武器依然归为刀，不过是木杆上装有刀刃。这些武器的名字表示与刀这一大类的联系依然很近，如戟，一种有尖的长斧头，其中一类名叫戟刀；还有长刃的武器做成剑刃戟/战斧状，例如偃月刀、眉尖刀、关刀[1]。与欧洲同时期的制式武器一样，中国也认为步兵军阵使用长柄武器更为有效。

双剑

1644年，满洲人攻陷北京之后，明朝末代皇帝崇祯（Chung-Chen）自杀。[2] 满洲人来自中国东部沿海地区。[3] 清朝的新皇帝顺治帝（Qing Shunzhi）并未大幅改变刀剑形制，明代风格的刀与剑依然沿用，直到清朝灭亡。[4]

然而，清朝却出现了一种独特的双剑，也叫"蝴蝶剑/蝴蝶刀"，两把剑设计成可以背靠背放进同一个剑鞘、剑柄也各有一半的形状，可以合在一起。双剑长度较短，双刃。剑士能够很快抽出来，双手各持一把。剑柄和剑身设计类似传统剑。

▲ 明朝开国皇帝朱元璋（威妥玛拼音：Chu Yuan-Chang）。这一时期，军队开始偏爱刀类武器，从而大量使用长柄刀

▼ 中国戟有多根防御条，刀刃呈新月形。早在商代就开始应用，直到清末

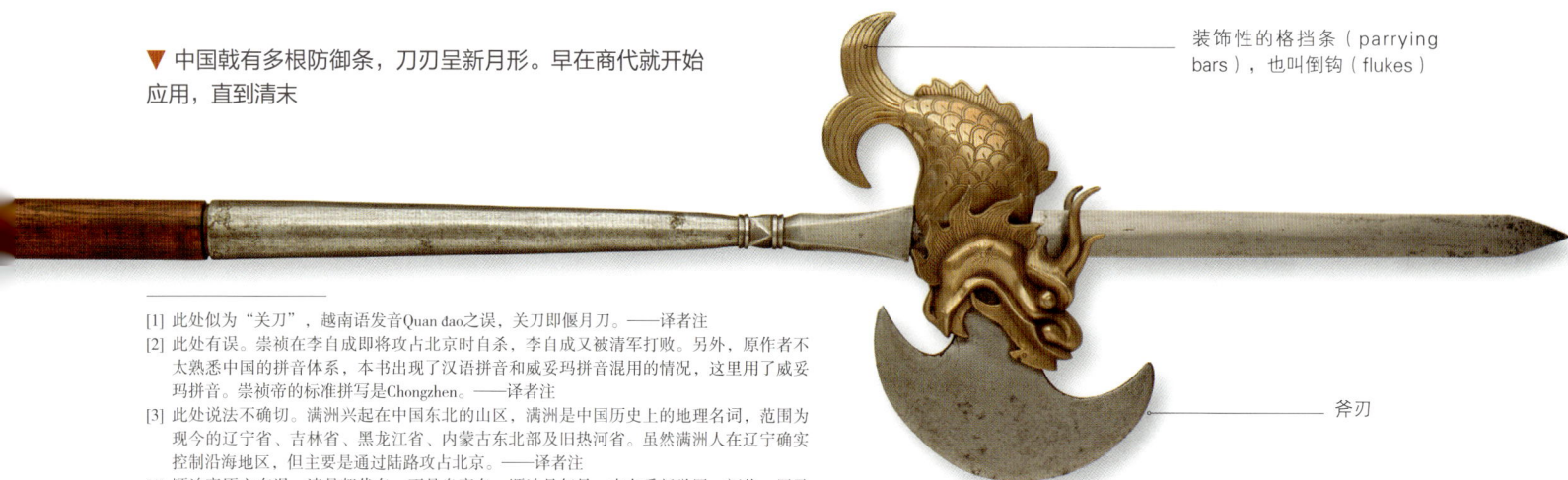

装饰性的格挡条（parrying bars），也叫倒钩（flukes）

斧刃

[1] 此处似为"关刀"，越南语发音Quan dao之误，关刀即偃月刀。——译者注
[2] 此处有误。崇祯在李自成即将攻占北京时自杀，李自成又被清军打败。另外，原作者不太熟悉中国的拼音体系，本书出现了汉语拼音和威妥玛拼音混用的情况，这里用了威妥玛拼音。崇祯帝的标准拼写是Chongzhen。——译者注
[3] 此处说法不确切。满洲兴起在中国东北的山区，满洲是中国历史上的地理名词，范围为现今的辽宁省、吉林省、黑龙江省、内蒙古东部及原热河省。虽然满洲人在辽宁确实控制沿海地区，但主要是通过陆路攻占北京。——译者注
[4] 顺治帝原文有误。清是朝代名，不是皇帝名；顺治是年号，本名爱新觉罗·福临，罗马字拼写为Aisin Gioro Fulin。——译者注

▲ 1933年3月，中国"大刀队"在满洲里西部的旧热河省与进攻的日军作战时挥起大刀[1]

半剑柄

半剑柄

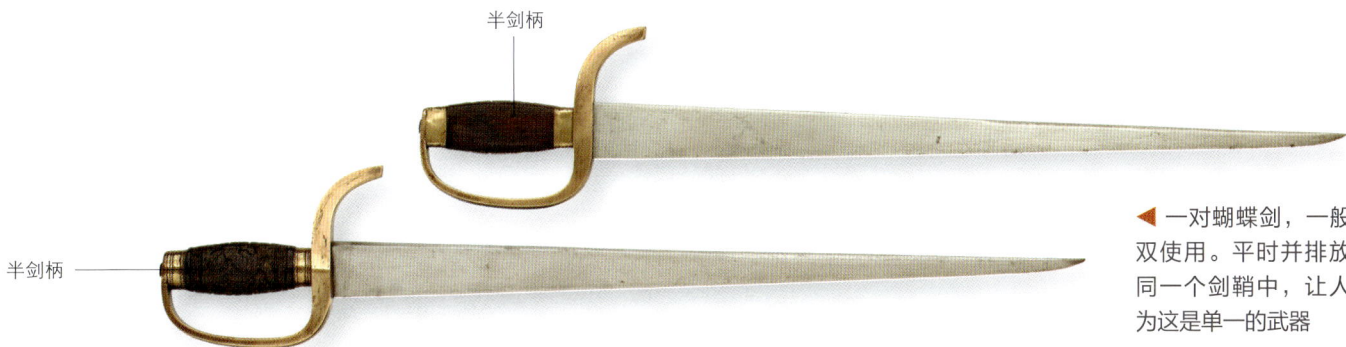

◀ 一对蝴蝶剑，一般成双使用。平时并排放在同一个剑鞘中，让人以为这是单一的武器

西藏长剑

　　西藏长剑本名ke tri，英语发音为kay dreh，也叫patang。单刃，剑尖斜坡形，剑身平均长度可达65厘米。通常剑刃朝上，斜佩在身体前方，剑柄位于一个特定位置，右手可以放在上面。剑和鞘固定在羊毛纤维制成的长腰带上，这是西藏传统服装的一部分。剑鞘上很少有腰带系扣。装饰很华丽，剑柄和剑鞘大量使用雕刻的绿松石和内嵌的珊瑚石，此外还经常出现银丝线等雕刻银饰品。

▼ 19世纪西藏长剑。形制类似中国内地的剑，剑柄装饰有绿松石和珊瑚石，剑鞘银质，有浮雕图案

用来穿带子的环

珠宝饰品

[1] 1914年1月设置热河特别区，1928年9月改制为省。1955年7月30日撤销。辖区分布在今内蒙古自治区、河北省、辽宁省。——译者注

非洲刀剑

　　某些非洲文化中，刀剑不仅是作战武器，也是仪式的重要元素。君主握着刀剑，就代表神圣的王位和掌管子民的权力。北非地区刀剑受阿拉伯影响，和东非、中非地区大为不同。东非、中非的约鲁巴人（Yoruba），贝宁人（Benin）、阿桑蒂人（Asante）建立的各个帝国有着强烈信仰，认为当地的神灵鼓励人们制造华丽刀剑，用来作为象征的工具而不是武器。

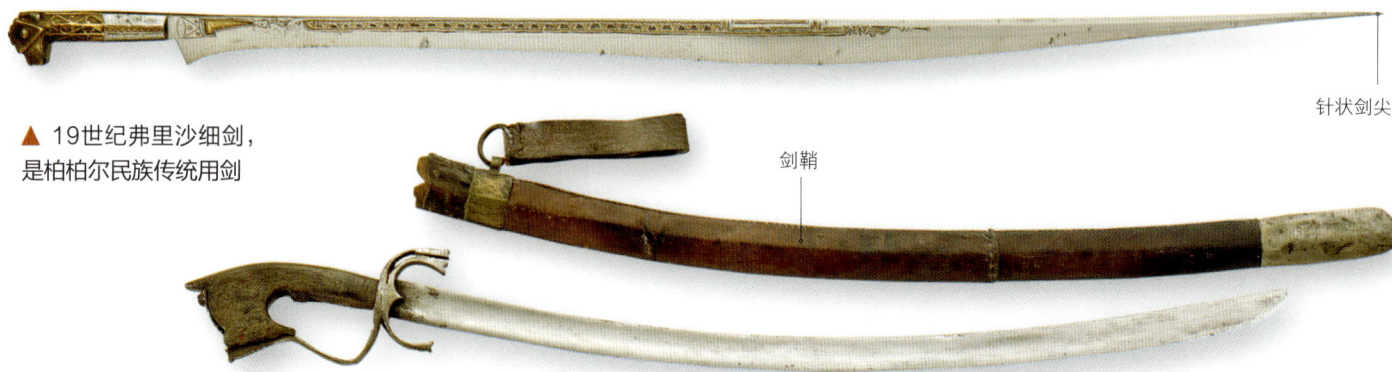

针状剑尖

▲ 19世纪弗里沙细剑，
是柏柏尔民族传统用剑

剑鞘

▲ 摩洛哥人的尼姆查剑（配有剑鞘），剑身常用欧洲旧物

北非刀剑

　　阿拉伯人对北非原住民产生了深远影响。公元600年后，阿拉伯人多次入侵北非，带来了伊斯兰教与各种新式武器。刀剑既有曲刃也有直刃，有些直接来自先前的中世纪形制，另外一些有着新式刀柄、刀身，带有各个地区、民族、文化的鲜明特色。

"弗里沙"细剑（flyssa）

　　弗里沙细剑是柏柏尔诸民族（the Berber peoples）的传统用剑，这些民族居住在阿尔及利亚东北部以及摩洛哥一些地区。这种剑剑身单刃，中间部分略宽，长度可达95厘米。有很深的雕刻与镶嵌的黄铜装饰，柄头做成动物头的样子。剑尖极长，针状，尖头能有效刺穿锁子甲。直到19世纪中期，北非士兵依然穿戴锁子甲。弗里沙细剑的握柄没有常规护手，一般由铁制成。

"尼姆查"剑（nimcha）

　　从15世纪开始，非洲西北部特别是摩洛哥出现了一种独特的单手剑柄，有指向下方的锷叉，还有木制或镶嵌金属的握柄，做成方形或"钩状"的柄头。十字护手锷叉部位下面伸出一条纤细的指节护手，接近柄头底部，但不真正连接柄头底部。

　　尼姆查剑的剑身一般是利用之前的欧洲阔剑剑身。很多尼姆查剑，剑身来自德国索林根、意大利的威尼斯、热那亚，最早可能到17世纪。剑身没有在本地制造，而是用了欧洲剑身，这一点说明北非地理位置很特殊，千百年来一直和西方贸易，也和西方冲突。

塔科巴长剑（the takouba）

　　16世纪，撒哈拉中西部的图阿雷格部族（Tuareg）开始用这种长剑，直到今天。长剑长度可达一米，剑身宽阔，双刃，有三条或以上手工打磨的血槽，剑尖圆形，剑柄是简单的十字形。

　　长剑与剑鞘一般用带有长穗的肩带挂在右肩。直到今天，仍有一个特殊的铸剑团体为图阿雷格部族制造塔科巴长剑。这个团体叫"印内登"（the Ineden），相传来自苏丹。"印内登"有一种独特的语言，名叫"泰内特语"（Ténet）。这些人被视为拥有魔力，不准与外族人通婚。

西苏丹、中非刀剑

　　西苏丹[1]和中非地区，也叫萨赫勒地区（the Sahel），中世纪时期曾经出现多个强大帝国，这些帝国的兴起都是依靠强大的骑兵。这些骑兵既能掠夺，又能贸易，从中非地区获取了大量奴隶、黄金、象牙，以此和本地各民族、欧洲商人贸易，换来各种武器，特别是刀剑、长矛、冲锋骑枪。

剑身没有血槽

剑鞘尽头膨大

十字军之剑

　　非洲刀剑中有一种最有特色的剑，为南苏丹和尼日利亚北部的豪萨诸民族（the Hausa peoples）使用。这种剑的剑身笔直、双刃，十字架形护手，圆盘形柄头。多年以来，关于这些十字剑柄的剑有很多种说法，大多数来自一种被误导的理念，认为这种明显的欧洲中世纪风格，是12—13世纪的十字军带来的。[2]

▲ 撒哈拉中西部图阿雷格游牧民族所用的非洲塔科巴短剑和剑鞘

东非刀剑

　　埃塞俄比亚钩剑（shotel），起源自阿比西尼亚，

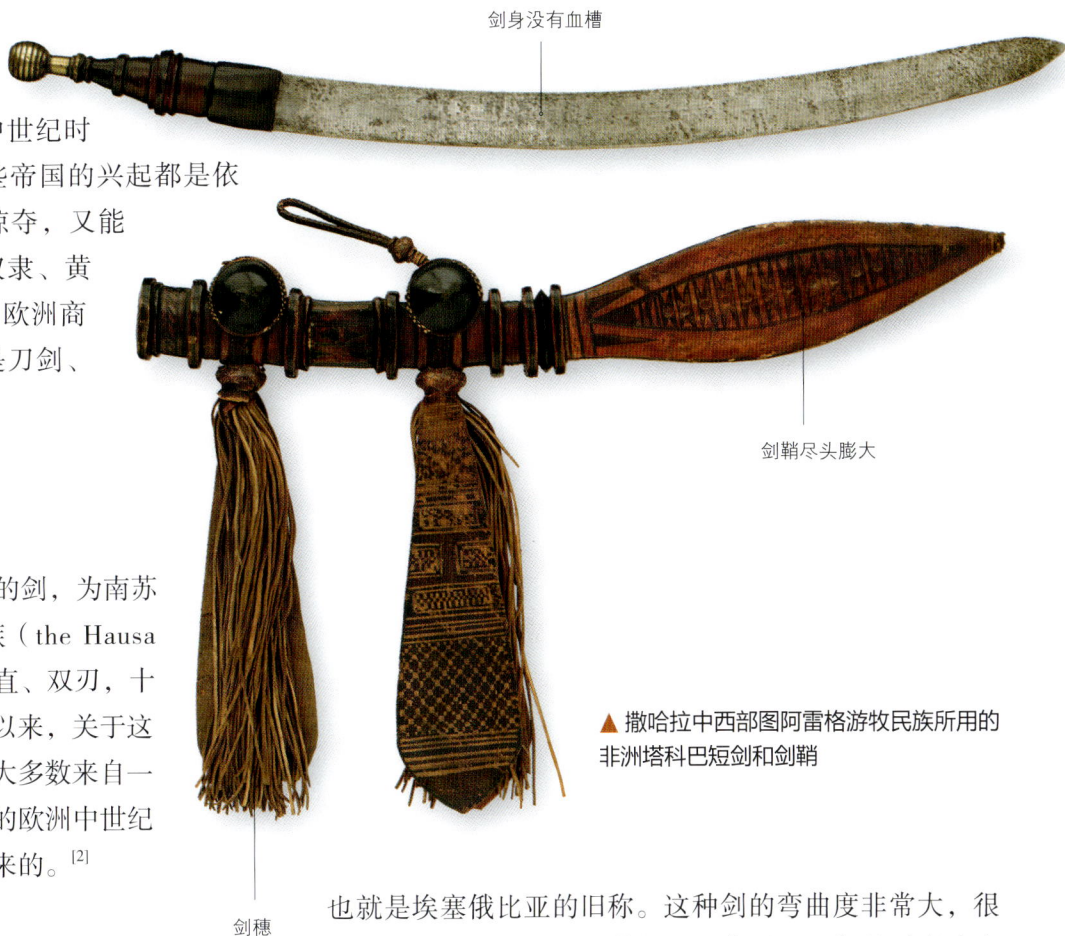

剑穗

也就是埃塞俄比亚的旧称。这种剑的弯曲度非常大，很像一把大镰刀。剑身的横截面是菱形，一般是平脊或中央有剑脊。剑身长度约80厘米，木制剑柄样式简单，光滑，没有装饰，钩剑也没有护手。

"卡斯卡拉"长剑（kaskara sword）

　　这种剑有明显的苏丹特色，剑身双刃，尖端呈铲状，也叫汤匙状；剑身长约95厘米。有些样品有宽阔的中部血槽，其他则有多条血槽。有趣的是，很多剑身有大量假冒的欧洲铁匠标志。17—18世纪，确实有人把进口的欧洲剑身装在卡斯卡拉长剑上，但是现存大多数样品是19世纪制造的，本地铸剑师加上这些标记，目的是提高在别人眼中的价值与质量。

　　十字护手一般是铸铁制成的，也有少数是黄铜材质。

　　此外，还有一个又细又长的吞口（护手的延伸部分）。柄头扁平，圆盘状，握柄圆柱形，一般用皮革包裹。达尔富尔的素丹阿里·第纳尔（Sultan Ali Dinar of Darfur）有一把19世纪卡斯卡拉长剑，剑柄纯金，剑身上雕刻着古兰经祈祷文。

▼ 苏丹卡斯卡拉长剑，约1898年。剑身为意大利制造。主人是达尔富尔的素丹阿里·第纳尔（Sultan Ali Dinar of Darfur）。有装饰华丽的剑身和金质剑柄

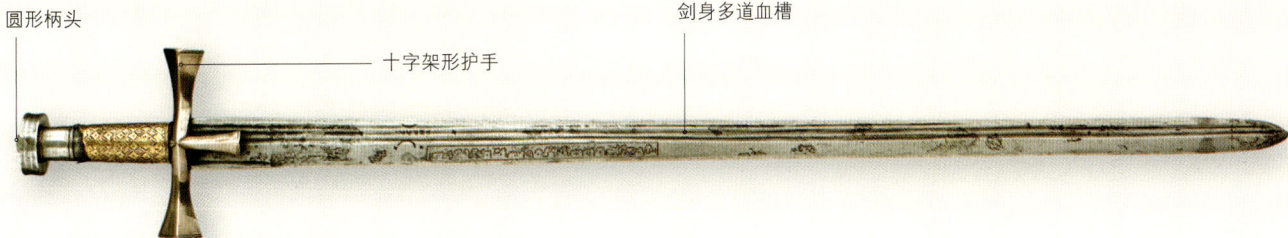

圆形柄头

十字架形护手

剑身多道血槽

[1] 非洲历史上的地区，位于西非的北部，大致从大西洋到乍得湖的一个狭长地带。——译者注
[2] 原文并未说明作者认为这种形制的真正来源是哪里，译者也暂未查到来源。这里保持原意不变。——译者注

非洲铁匠

传统非洲社会中，铁匠被认为是神秘的魔法师，掌握超自然的能力，因此单独形成一个阶层。

铁匠的神话传说和地位起源可以追溯到撒哈拉以南的铁匠学会用铁的时期。这种知识可能来自古埃及，然后一路向南传播。到了公元前3—4世纪，坦桑尼亚西北、尼日利亚北部、苏丹都已经学会用铁。

非洲没有经历过青铜时代，从木石工具到铁的飞跃就被人们视为一种革命，甚至神迹。

哪个村子来了铁匠，立刻会让全村沸腾。铁匠会架起熔炉，使用石制或铁制的铁砧，铁钳、用兽皮缝制的风箱，还有黏土管子鼓风扇火。铁匠生产各种各样的武器，主要是匕首、刀剑、矛头。当地社会十分缺乏可靠而耐用的武器来征服敌对部族，因此铁匠地位很高。和平时期，铁匠也会给村民生产农具。

▶ 18—19世纪铁刃剑，木柄，是非洲本地铁匠制造的代表性武器

这种剑应当是放在皮革剑鞘里携带，剑鞘包裹得很紧。钩剑不太适合切削对手，主要是用极度弯曲的剑刃勾住对手的盾牌后方，然后猛刺要害，如肾脏、心脏、肺等。

西非刀剑

历史上，约鲁巴人原本居住在尼日利亚中部，到公元900年，开始慢慢向西南迁徙。原因一是北方的豪萨人向南扩张，入侵了约鲁巴人的领地；二是长期干旱造成严重破坏。最后，约鲁巴人在如今的尼日利亚西南部、贝宁、多哥一带定居下来。约鲁巴人以铸剑业闻名，早在公元800年之前就开始开采、熔炼铁矿石。

约鲁巴剑和埃多剑（Edo）[1]

1100—1700年间，伊费城（Ife）的约鲁巴王国与贝宁的埃多王国（Edo kingdom）联合而兴盛起来，这种"文化杂交"的成就之一是雅达礼剑（ada sword）。

这是一种完全铁制的长剑，可单手或双手持用；剑身呈树叶形，根基狭窄，然后大幅变宽，适用于劈砍。埃多人口头传诵的说法是，雅达礼剑主要用于典礼，曾经献给贝宁早期的统治者。他们的称呼是"奥基索"（Ogiso），意思是"宇宙之王"。15—16世纪，约鲁巴的历任国王，当地语言叫"奥巴"（Oba）[2]，负责统治贝宁。这段时间，普通士兵开始携带一种短剑，名叫"欧匹亚"（opia）。

▼ 钩剑是埃塞俄比亚的传统曲剑。1936年，意大利侵占阿比西尼亚（今埃塞俄比亚）。这把钩剑赠给了意大利总理贝尼托·墨索里尼

[1] "埃多"的拉丁字母Edo和"江户"的拉丁字母Edo一样，代表的事物不同，请不要混淆。——译者注
[2] 与中国人熟悉的，韩语表示兄长的"欧巴"（오빠）没有关系。原文Obas的s不是音节的一部分，而表示英语复数，原名只有"奥巴"，因此没有写成"奥巴斯"。——译者注

欧匹亚短剑是雅达礼剑的小型化，有双刃。贝宁的部落酋长也会佩带一种特殊的剑，名叫"艾本"（eben），是权力的象征。剑身宽阔，握柄带有圆环，装饰华丽，有透孔（openwork）及黄铜镶嵌。邻国如与贝宁作战，俘虏了一名贝宁铁匠，铁匠不会立刻被杀（一般士兵就会立刻被杀），因为铁匠的技术被人们看作无价之宝，俘虏他的人会很快派他为本国制造工具和武器。

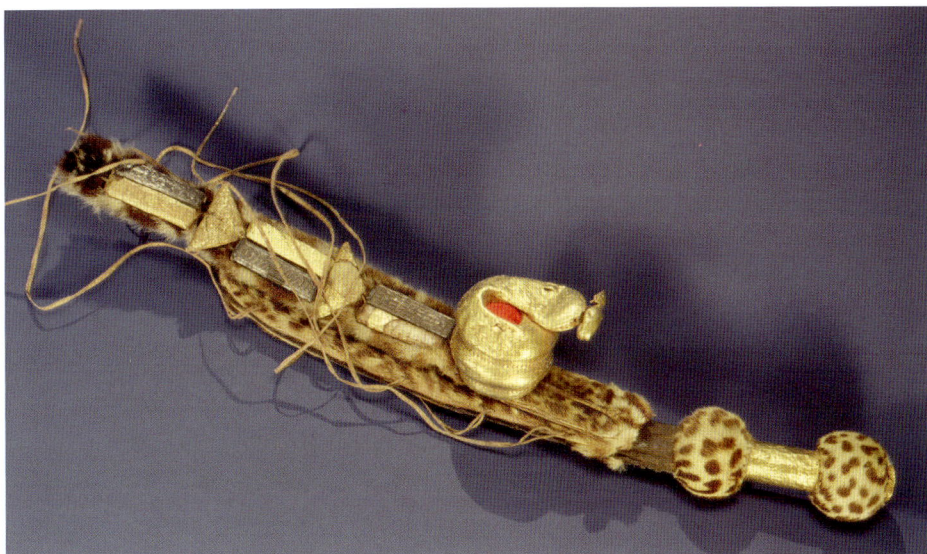

▲ 阿散蒂的蓬蓬索礼剑，来自加纳，用于宣誓。握柄用金子和豹皮制成

阿散蒂（Asante，又译阿善提）刀剑

阿散蒂王国是一个由阿坎人（Akan）[1]和附近各部落组成的联邦，位于今天的加纳。18世纪中期，王国的影响开始取代贝宁帝国。阿散蒂国王的称号是"阿散蒂悉尼"（Ansantehene），被授予一把象征帝国的弯刀，名叫"阿非纳"（afena），代表至高无上的王权。刀身铁制，刀尖较宽，向柄舌方向逐渐变细；刀柄木制包金，手柄呈圆柱形，刀柄两头各有一个球形。刀柄和刀鞘都有很多精美的金质铸造物，称为"阿波索蒂"（abosodee），有重要的象征意义，代表阿散蒂王国文化中的一些复杂故事。装饰造型包括奇形怪状的人头、绳结、贝壳，作战的士兵，还有幻想中的怪兽。

"阿非纳"弯刀还有多种变体，其中一种叫作"阿索穆弗非纳"（asomfofena），由国王"阿散蒂悉尼"的钦差携带，钦差主要的工作是把国王的意志公布到全国。阿散蒂人一看到这把刀，就会知道需要被毕恭毕敬对待钦差，而且通过这把刀传递的国王旨意，可能赐福也可能降灾。

还有一组代表阿散蒂国家意志的刀，统称"凯特阿诺非纳"（keteanofena）刀。其中，"阿克拉非纳"（akrafena）代表社会在宗教和精神方面的福祉，正式场合佩在身体右侧；"博索姆非纳"（bosomfena）代表政治与世俗权威，正式场合佩在身体左侧。"蓬蓬索"（mponponsuo）是代表权力的宝刀中最大的一种，用来向国王宣誓效忠。"博索姆鲁"（bosommuru）用来向阿散蒂国家宣誓效忠。

"阿非纳蒂尼"（afenatene）是最特殊的一种礼剑，有三个逐渐变宽的剑身，向外岔开。剑身有镂空装饰（cut-out of fretwork decoration），图案是动物形象。握柄较长，铁制，有时做成蛇身体的形状，铁链的链环形状，或是一系列彼此相连的复杂绳结形状。国王坐在库马西古城（Kumase，通用拼写Kumasi，今加纳一城市）宫殿宝座上的时候，这把剑就放在他身后。

▲ 约17世纪的贝宁青铜牌匾，上面有贝宁国王"奥巴"和侍从的形象

[1] 居住在加纳、科特迪瓦等西非地区的民族。——译者注

印度刀剑

印度刀剑与西方刀剑全然不同，样式繁多，设计也十分有特色。印度次大陆幅员辽阔，各地风俗不同，融合在一起，刀剑各种华丽装饰也丰富多样，让人眼花缭乱。北印度莫卧儿王公的塔瓦弯刀（talwar）受到阿拉伯世界的影响，南印度菲朗机刀（firangi）的意思是"外国刀"，刀身是欧式的。印度铸剑师千百年来一直在生产各种武器，让敌人震惊，也让敌人恐惧。

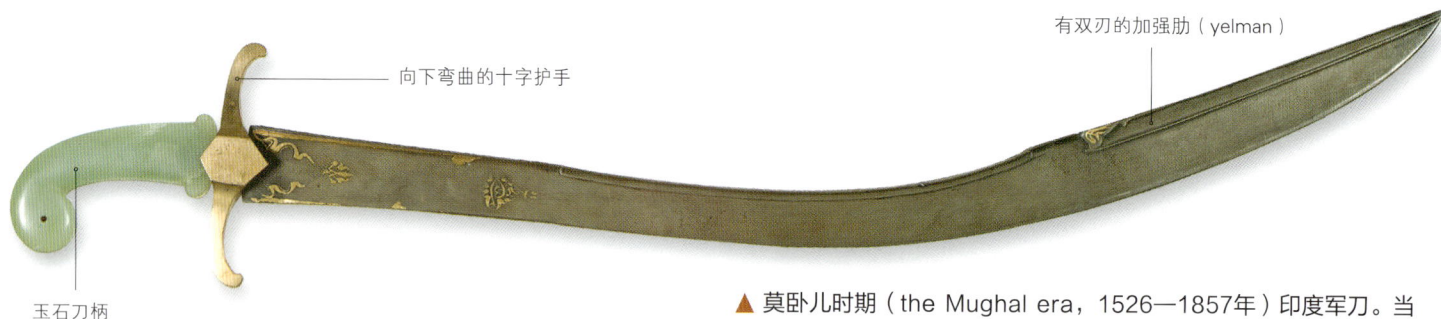

有双刃的加强肋（yelman）

向下弯曲的十字护手

玉石刀柄

▲ 莫卧儿时期（the Mughal era，1526—1857年）印度军刀。当时，印度次大陆大部分被蒙古征服者巴布尔（Babur）建立的王朝统治。刀柄为玉石制成，镶有红宝石

印度历代王朝

公元前180年左右开始，中亚人多次入侵古印度。印度-帕提亚人（the Indo-Parthians）来自今阿富汗；贵霜人（the Kushans）来自今塔吉克斯坦、阿富汗、巴基斯坦；斯基泰人（the Scythians）来自中亚；甚至还有亚历山大大帝（Alexander the Great）率领的希腊人。他们要么建立了王国，要么施加了强大的文化影响，特别是对北印度。

孔雀王朝（公元前184年—约320年）驱逐了这些外国侵略者。这个泛宗教的帝国，范围从最北端的喜马拉雅山到最南端的印度各省，今卡纳塔克邦和喀拉拉邦。孔雀王朝灭亡之后，到4世纪早期，印度发生了一系列内战，造成严重破坏。尽管320—约550年的笈多王朝实现了一段时间的统一，但接下来几百年，王朝战争还在继续。

但从军事上说，印度次大陆似乎落后于西方；特别要注意的是，印度铁制兵器直到约公元前500年才出现。刀剑当时根本不受重视，步兵主要用弓箭作战。印度最重要的军事专著《军典》（the Siva-Dhanur-Veda，约公元前500年）的主要内容是描述弓箭手和弓箭的重要性，忽视了其他锋刃武器。

出现这种异常情况的原因，首先是印度宗教文化对战事的积极影响。文化观念让人们一般避免短兵相接，也避免大规模的屠杀。然而尽管有宗教信仰的约束，接下来数百年中，依然产生了一些杀伤力很大的锋刃武器。

11—12世纪，印度连续有土耳其人、阿拉伯人、阿富汗人入侵，造成巨大破坏。1206年，马木留克王朝

◀ 1857年8月15日，印度兵变（the Indian Mutiny）中的印军在库尔科瓦（Khurkowhah）用塔瓦弯刀与英军作战

（第一个穆斯林王朝）建立。接下来三百年，印度北部受到穆斯林统治，南部则没有被穆斯林入侵影响，被印度"毗奢耶那伽罗"王朝（1336—1646年）统治，保持独立。1526年，中亚皇帝，成吉思汗后代巴布尔·帖木儿建立了影响巨大的莫卧儿王朝（1526—1857年），成功统治了印度、阿富汗大部分地区，直到19世纪英国入侵而解体；接着就发生了1857—1858年反抗英国的印度兵变。[1]

英属印度（the British Raj）

18世纪末到19世纪初，东印度公司控制印度大部分地区，为英属印度的建立铺平了道路。这些政治上的变化，对印度铸剑师的影响比较有限，他们依然继续生产各种刀剑。不仅包括印度和穆斯林传统下的主流刀剑，如专门为英国统治下幸存的各个土邦制造的塔瓦弯刀（talwar）、坎达长剑（khanda），还包括很多地区专属、部落专属的变体。

▲ 19世纪印度王室成员经常携带精美昂贵的刀剑

塔瓦弯刀

塔瓦弯刀是最常见的印度军刀之一。塔瓦的原名talwar中的war也能写成vaar，意思是"重击"。起源可以追溯到中亚入侵者萨卡-巨山人（the Saka-Jushans），也就是土耳其人的祖先。13世纪，他们在印度西北部建立多个王国，带来了一种类似半月形刀的弯刀。印度本地士兵很快学会了使用这类弯刀，而他们就成了拉杰普特（印度一个武士阶层，约700—1947年）的祖先。拉杰普

特士兵来自拉贾斯坦邦，位于印度北部，与今巴基斯坦接壤。

塔瓦弯刀全部由金属制成，有圆盘状柄头，弯曲的枝形护指，呈反S形，属于十字护手的延伸，但并不与柄头真正相连。刀柄的锷叉一般是圆球状，枝形护指的中部向刀身延展，形成带有尖头的吞口（丨字护手的中间部位）。[2]

剑鞘一般是木制，覆盖有皮革或浅色丝绸；无装饰

▼ 这把印度塔瓦弯刀是18世纪末—19世纪初生产的，全钢制。刀身弯曲，长度一般可达76厘米，圆盘状柄头，切削和突刺两用

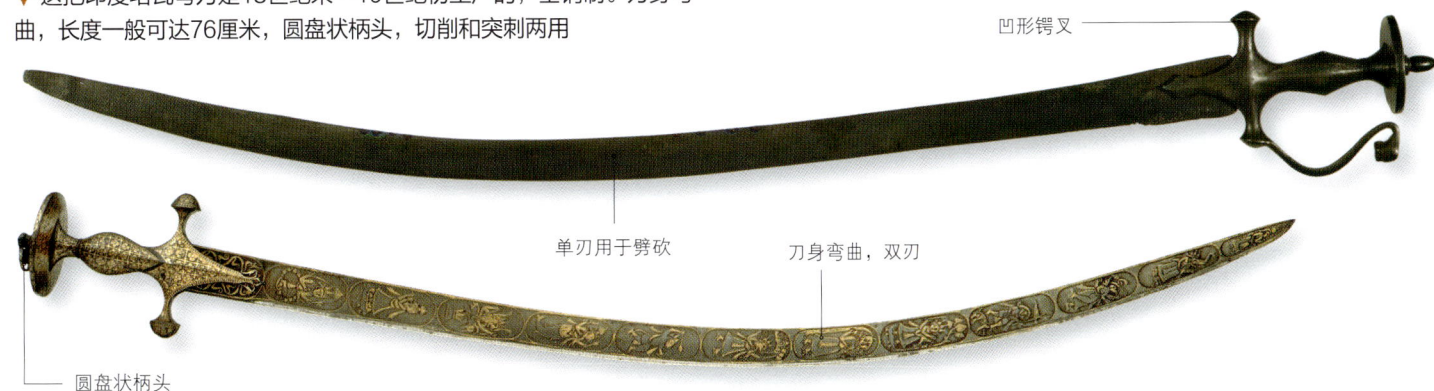

凹形锷叉

单刃用于劈砍

刀身弯曲，双刃

圆盘状柄头

▲ 塔瓦弯刀，带有波斯弯刀的刀身

[1] 兵变失败，英国加强了对印度的统治，直到印度1947年实现独立。——译者注
[2] 从画面上看，向刀身延展的部位不是枝形护指，而是十字护手，应该是作者笔误。——译者注

的刀柄很常见（特别是普通步兵用的弯刀），但也有很多塔瓦弯刀的剑柄很华丽，包括凿子加工的花纹或繁复的镀金花纹。这种镀金技术当地语言叫作kofgari，意为"用金箔装饰"，也就是波纹镶嵌（damascening），是把钢与黄金复杂地镶嵌起来的技术。土邦主和贵族的剑柄有珐琅质和镶嵌的高级珠宝。剑身也有精细的雕刻或波纹镶嵌。

▲ 印度礼剑，1847年，赠给1844—1848年的印度总督亨利·哈丁（Henry Hardinge）。可能产于印度拉合尔邦

波斯塔瓦刀身

中世纪，波斯（今伊朗）生产的刀身在印度十分昂贵。波斯铸剑师在刀身花纹焊接方面被认为是一流大师。花纹焊接过程需要持续锻打、扭曲、弯折，造出的刀身不仅十分坚固耐用，而且表面带有美丽的花纹。

▼ 18世纪印度的波斯弯刀，来自斋浦尔市（Jaipur）。锷叉尽头和柄头都造成兽头的样子，表面上有蓝色珐琅层

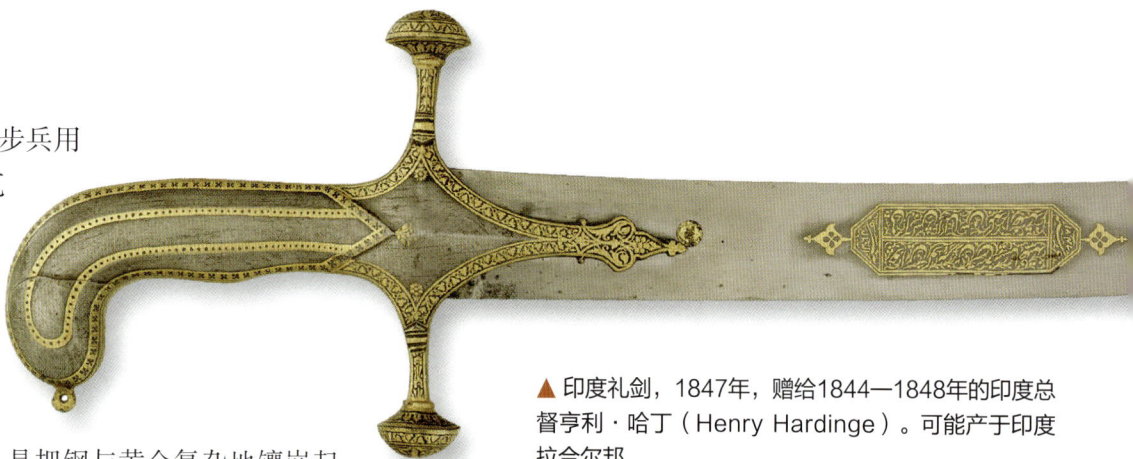

"四十步"纹路

有一种纹路比其他纹路都要高级，名叫"先知的梯子"（the Ladder of the Prophet），本地语言叫kirk nardaban，直译"四十步"。这是一种要求很高的技巧、在刀身造出很多装饰性的V形条纹（chevrons）。另一种塔瓦刀身的纹路，名叫bidr或者qum纹路，意思是"沙砾"。

印度生产的塔瓦刀身

到16世纪，波斯与大马士革（今叙利亚首都）的刀身供应实际上停止了，印度铁匠只好不再单纯依赖进口刀身而自己制作刀身。他们也使用本地的特殊花纹钢（花纹钢又称波纹钢），名叫"乌兹"（wootz）；在一些南部印度语言中意为"钢"。很重要的是，"乌兹"刀身取代了弯折锻打钢条的方式，旧办法需要的时间太长了。这是因为本地铁矿一般会在钢材中造成晶体结构，本地铁匠只要单纯打磨，就可以将这些结构凸显出来。

塔瓦弯刀刀身标记

高质量刀身总会让铸剑师打上标记，是一块椭圆形装饰板或是方形板，位置在刀柄下面（刀身最强部位）。有一块镀金的方形板，当地语言叫bedouh，也装在剑身这个部位。方形板分为四块，每一块显示一个阿拉伯数字：2、4、6、8，当地观念认为这些数字会给剑的主人带来好运。

此外，还加上了镶嵌在黄金中的椭圆形装饰板，刻有《古兰经》的祈祷文。另外一种印度刀剑常见的装饰，名叫bidri，这是一种染成黑色的锡铅合金（blackstained pewter）[1]与白银组合，产生戏剧性的对比效果。Bidri这个名字源于印度地名比德尔，位于海得拉巴市西北部；现在是印度南部安得拉邦的首府。

用于实战的塔瓦弯刀

塔瓦弯刀很弯，适于劈砍骨头或铠甲，因为不像直刃剑那样容易嵌在目标当中。拉杰普特骑兵擅长对地方上的步兵军阵发起猛攻，因此而享有了恐怖的名声。近战时，有些塔瓦弯刀，刀柄末端有较短的尖刺，可以用来刺伤对手没有保护的面部。

塔瓦弯刀的文化意义

塔瓦弯刀是拉杰普特传统和风俗中的一个极为重要的象征，也变成了当地文化不可分割的一部分。弯刀曾用于向部落酋长授予荣誉和头衔，代表威望和光荣。如果有人要结婚，新郎因病不能参加婚礼，他的塔瓦弯刀就可以让人送去代表新郎，从而让婚礼没有他也能进行。

拉杰普特士兵也凭着塔瓦弯刀对某个部族宣誓效忠。誓词的当地语言是dhal talwar ki aan，意为"凭我的弯刀和盾的荣誉"。

阿富汗塔瓦弯刀［也称"普尔瓦"（pulwar）］

因为塔瓦弯刀在莫卧儿帝国内部越来越流行，弯刀的影响就向北扩展，阿富汗士兵也采用并修改了这种设计，造出了自己的阿富汗塔瓦弯刀，当地语言称为pulwar。尽管阿富汗人采用了"敌人"的刀剑，但阿富汗和拉杰普特各地区一直处于战争状态，当时的拉杰普特文献也经常描述："……阿富汗军刀在与拉杰普特的塔瓦弯刀碰撞时断裂。"

▲ 17世纪中期印度小画像，来自比贾布尔镇（Bijapur）[2]。一名武士携带塔瓦弯刀和拳剑（pata），也就是带有金属手套的剑

坎达长剑

学界认为坎达长剑的起源可以追溯到笈多王朝（公元320—550年），因为同时期的雕刻作品上出现了坎达长剑这一类型的剑。中世纪，壁画上的拉杰普特国王也

没有磨锋利的刀刃

镶嵌的黄金装饰

▲ 到16世纪，来自波斯和大马士革的优质刀身基本已经断供了。于是印度铸剑师就开始生产本土带有花纹的刀身。这把波斯刀应该是用大马士革钢制造的

[1] 又译白蜡，但这种白蜡并非前文提到的白蜡木，而是锡与铅、黄铜金属的合金。为了避免混淆，正文翻译成锡铅合金。——译者注
[2] 今名维贾耶普拉市（Vijayapura city）。——译者注

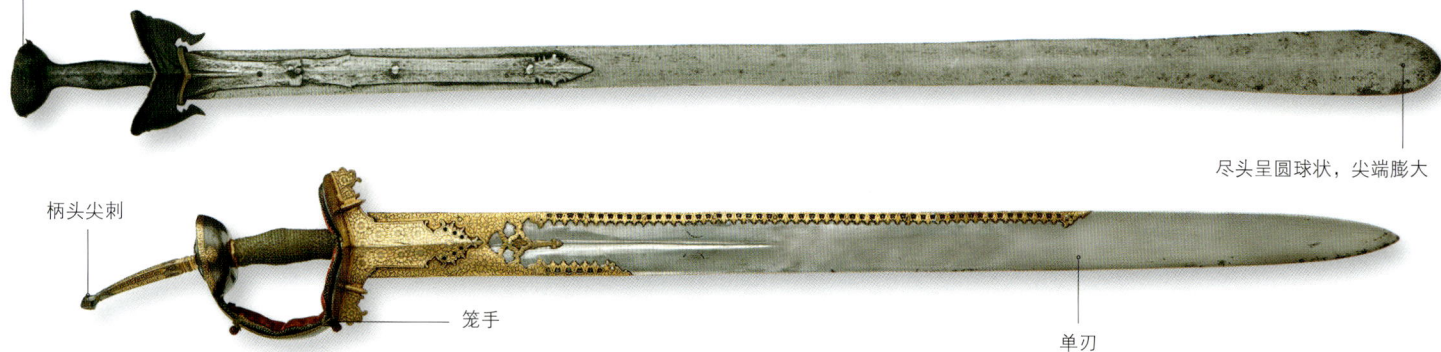

锥形柄头

柄头尖刺

笼手

▼ 坎达长剑，约1800年。剑身呈铲状，轻而有弹性，来自印度西南部的马拉巴尔海岸地区(Malabar)。剑身一部分有增强条

尽头呈圆球状，尖端膨大

单刃

曾经挥舞这种长剑。学界认为"坎达"的原文khanda来自梵语词"剑"。

坎达长剑的剑身特色鲜明，宽阔而笔直，用波纹钢（花纹焊接法）制成，剑尖变宽，最末端有一个尖头。剑身较轻而有弹性，这是坎达长剑的特色；两侧的剑锋旁边，又各有一条刚度很高的棱纹强化条，其中一侧很长，几乎与剑身一样长；另一侧短得多，用来露出剑刃。这种强化条使得剑身的重量很轻，相比厚重的剑刃，拥有更好的机动性。

坎达长剑的剑柄和柄头类似菲朗机刀，但增加了较宽的圆盘状十字护手和枝形护指。剑柄也比印度其他开放式剑柄更接近笼手。柄头较长，有尖刺，略弯，人们一般认为有两种用途：一是让剑士可以双手持剑；二是

▲ 18世纪晚期坎达长剑，有典型印度笼手。柄头有尖刺，突出，如果需要双手握持，就握住这个部位

在出鞘的时候可以当作手杖，入鞘的时候可以让手放在上面休息。

最后一搏的武器

对印度军人阶级——拉杰普特（Rajput）骑兵来说，坎达长剑是无路可退、拼死一搏时动用的致命武器。骑士如果被人从马上打下来又被围困，就会立刻拔出长剑，在头顶上挥舞，发挥强大的劈砍与切削功能。剑身太长，不适合突刺。

带有手套的剑——拳剑（pata）

拳剑是印度最奇怪的锋刃武器之一，剑身长而直，剑柄有半个金属手套，起防御作用。总长可达110厘米。为了有效使用，剑士要抓住金属手套里一根隐藏的横杆。中南印度马拉塔帝国（the Maharatta Empire）的士兵常用这种拳剑。握柄扩展成包裹前臂的形状，也能让剑士进行有力的横向劈砍。有些士兵双手各拿一把

拳剑，进攻时将两把剑舞得像风车一样，对付成排的步兵甚至装甲骑兵。

马拉塔帝国创立者是希伐吉·伯斯勒（Shivaji Bhosle，1627—1680年），曾经大力推广这种拳剑。据说伯斯勒手下的名将之一塔那吉·马鲁萨勒（Tanaji Malusare）在1670年的辛哈加德（Sinhagad）战役中，曾经双手各拿一把拳剑。这场战役堪称一次经典，马拉塔军围困了山顶要塞中的莫卧儿军，地点在今印度西部马哈拉施特拉邦的浦那市附近。[1]

▼ 印度拳剑，18世纪。普遍认为它攻击步兵很有效，也用于攻击装甲骑兵

金属手套

刀身笔直双刃

[1] 这场战役中，塔那吉·马鲁萨勒阵亡，但马拉塔军取得胜利。——译者注

▼ 尼泊尔钩刀（kora）是尼泊尔国刀，刀身钢制，弯曲，刀尖向外展开（flared tip）

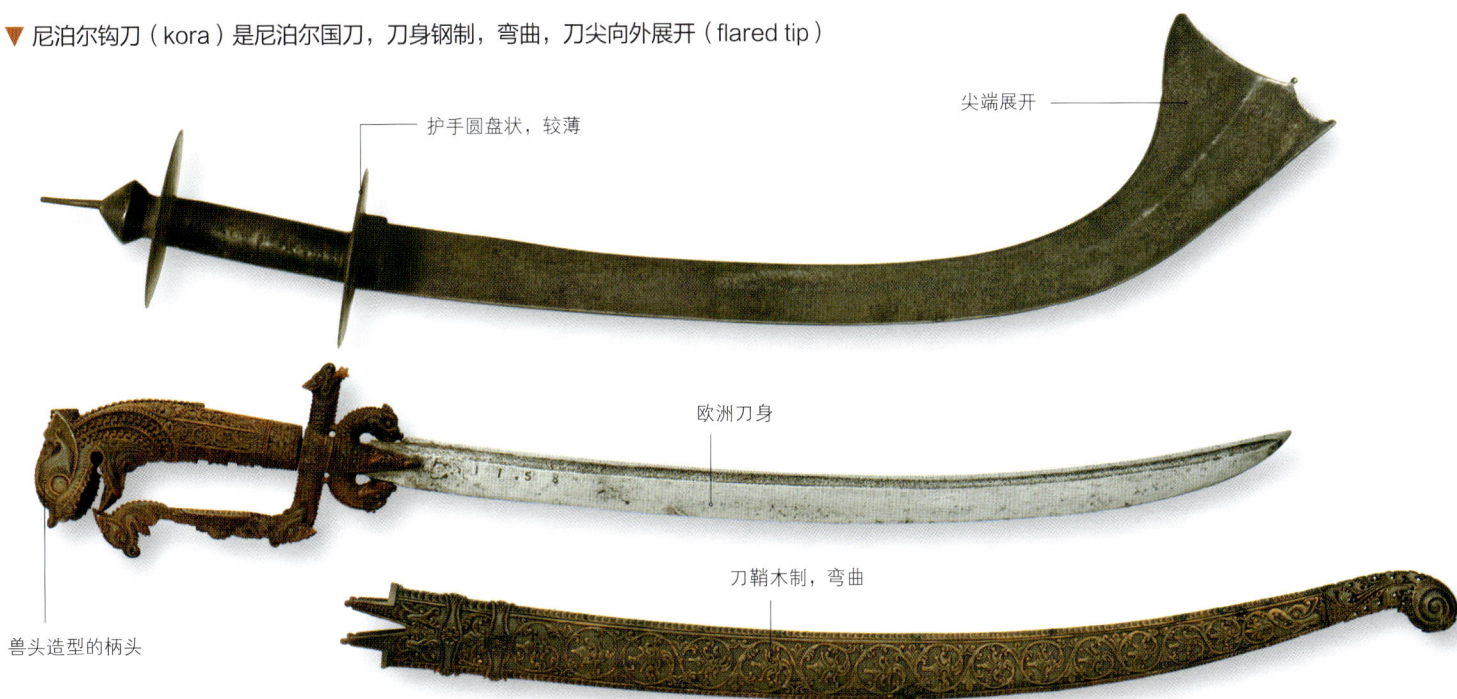

尖端展开

护手圆盘状，较薄

欧洲刀身

刀鞘木制，弯曲

兽头造型的柄头

▲ 斯里兰卡兽头刀，刀身和刀鞘为欧洲制造，约1758年

用坎达长剑来劈开莫卧儿入侵者的皮革与锁子甲十分有效，而且冲力很大，特别是双手握持的时候，能够轻易砍破这些目标。步兵用这种长剑可以对付骑兵。

菲朗机刀

马拉塔帝国（Maharatta Empire，1674—1818年）位于印度中南部，信仰印度教。帝国的代表性军刀就是这种菲朗机刀。刀身笔直，较窄，一般是由进口的欧洲刀身改装成的。Firangi直译是"外国人"。有时候用"波纹镶嵌法"（kofgari）[1]装上金银饰品。如果刀身是本地生产，就叫"苏克拉"（sukhela）；在印度南部德干高原地区（the Deccan）叫作"多普"（dhup）。

与坎达长剑类似，菲朗机刀也在刀刃部位进行了加强，刀柄有圆盘状柄头，柄头末端有一根长长的尖刺，用于两只手作战。刀柄经常装饰有镶嵌的黄金饰品，即"波纹镶嵌法"。刀柄为笼手形，尺寸较大，有衬垫，覆盖有丝绸或彩色丝绒的刺绣图案。17—18世纪，德干高原西部（the Western Deccan）的马拉塔人（the Marattas）严重依赖欧洲进口货物，特别是刀身。马拉塔人常用德国、意大利制造的刀身，认为英国刀身质量很差。

波斯弯刀"舍施尔"（shamshir）

"舍施尔"直译是"像狮子尾巴一样弯曲"，这是

一种有特色的弯刀，16世纪引入印度。来源是波斯（今伊朗），刀身很精美，用花纹焊接法制成，有波纹。全球制造的刀身中，波斯弯刀质量名列前茅。

尼泊尔钩刀"柯拉"（kora）

尼泊尔的锋刃武器明显受到中世纪印度拉杰普特武士的影响，他们把印度武器形制带到了尼泊尔。尼泊尔和印度北部的廓尔喀族，除了著名的廓尔喀弯刀（kukri knife，一种弯曲度很大的武器，也是工具）之外，尼泊尔钩刀也是他们的传统武器。尼泊尔钩刀全部由金属制成，刀身宽阔而沉重，有巨大的伸展形刀尖。握柄呈管状，较薄的圆盘状柄头，十字护手。尼泊尔钩刀的装饰有用凿子加工的形状，还有刀柄上的贵重金属。

斯里兰卡兽头刀"喀斯坦"（kastane）

斯里兰卡的代表性军刀。这种刀很有特色，刀身较短，平脊或没有血槽。刀柄一般装饰华丽，锷叉有多重，尽头装饰着怪兽。所有部位包括刀身都有大量金银饰品，刀柄大部分有波纹状花纹。17—18世纪的兽头刀柄常常装上欧洲刀身，说明斯里兰卡和西方的商业联系很密切，特别是葡萄牙，因为葡萄牙在斯里兰卡建立了多个成功的贸易基地。

---

[1] 古印度在纯银或金属钢上镶嵌黄金的技术。——译者注

刀剑大全

A DIRECTORY OF SWORDS AND SABRES

刀剑与匕首的形制千变万化，因历史时期与发源地而有极大不同。以下这份目录内容丰富，包含全球从古至今一些最重要的武器的细节，以及制造、使用的信息。目录按照时间顺序和地理区域划分，每件武器都有描述、年代、国别、长度资料。

▲ 瑞典骑兵军刀，约1700年

▲ 英国步兵军官军刀，标准1895型，四分之三笼手

▼ 德国骑兵军官礼仪军刀，约1700年

FRIED

▼ 苏格兰笼手阔剑，约1720年。剑柄有精致的黄铜镶嵌装饰

刀剑设计

千百年来，刀剑发展出很多不同的形制和风格，但是主要部件的名字，各地一般有着共识。例如，剑柄的柄头起到配重作用，剑身的血槽则是为了增加强度和柔韧性。铸剑师给这两个部件起了专门的名称，让我们能够明白这种人类最常使用的武器。

刀剑各种类型

轻骑兵军官军刀

这把骑兵军刀，刀身弯曲，适合骑士骑在马上劈砍。

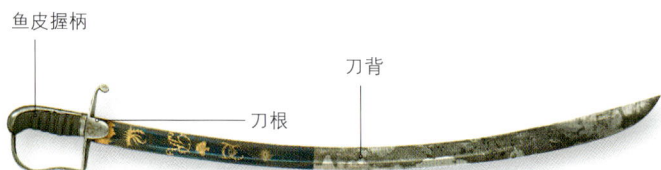

鱼皮握柄

刀背

刀根

西洋剑

西洋剑的主要特色是剑身较长，形状很像缝衣针；剑柄较复杂，有多根护手条，完全用于突刺，在一对一决斗时很有效。

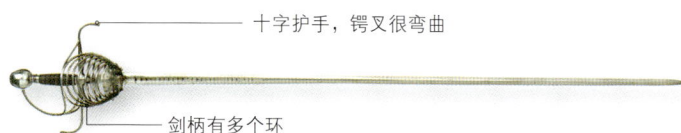

十字护手，锷叉很弯曲

剑柄有多个环

笼手阔剑

剑柄很大，有笼手包裹，有效保护剑士的手；剑身宽阔，双刃，适合劈砍，近距离杀伤力很大。

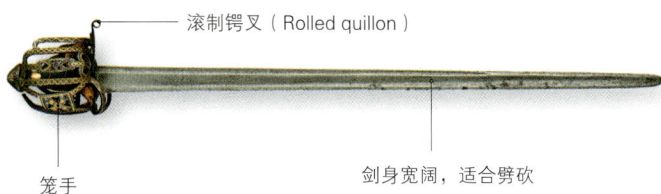

滚制锷叉（Rolled quillon）

笼手

剑身宽阔，适合劈砍

轻剑

轻剑从过去的西洋剑发展而来，剑刃一般为三叶形，也就是三棱锥体；这种形状的剑刃强度很高。

握柄

护食指圆环

刀剑各部分名称

柄头

十字护手

刀根

柄舌

血槽

剑柄/剑鞘入口

刀身/剑身类型

　　古往今来，全球各地的刀身类型极为繁多，证明刀剑的功用也多种多样。任何军队或民族都有不同类型的剑身，发挥各种专门作用。例如，骑兵军刀需要有足够的长度，让骑兵可以俯身攻击敌方步兵；刀身因为主要用于突刺或劈砍而专门做成直刃或曲刃。

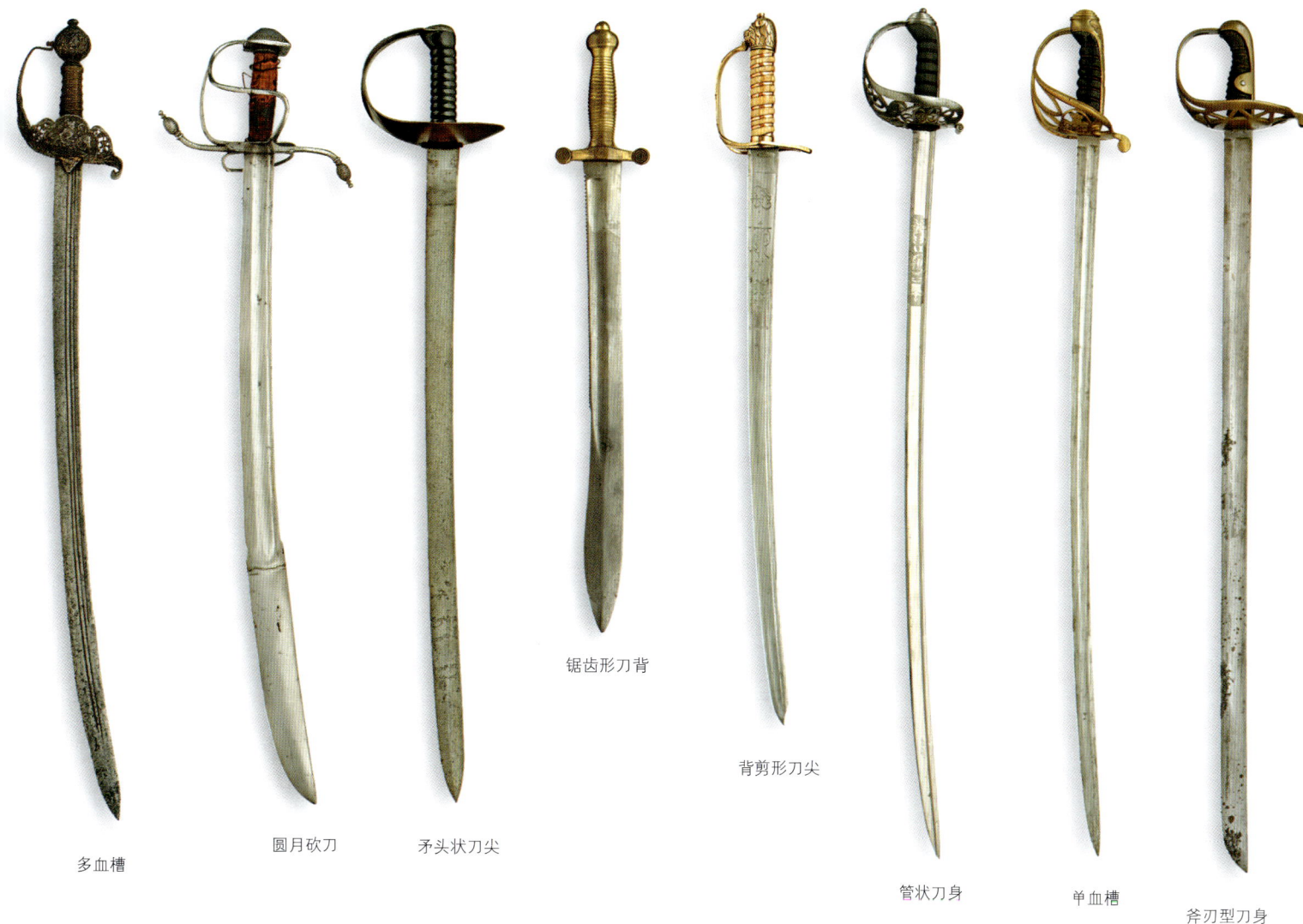

锯齿形刀背

背剪形刀尖

多血槽

圆月砍刀

矛头状刀尖

管状刀身

单血槽

斧刃型刀身

　　刀剑是一种带有锋刃的手持兵器，由刃部和把手组成。刃部一般是金属制成，至少有一边是锋刃，还有一个尖头用于突刺。把手名叫刀柄或剑柄，制作材料多种多样，但最常见的是木制包裹皮革、鱼皮或金属线。把手上还有护手，用来防止剑士的手滑到刃部。

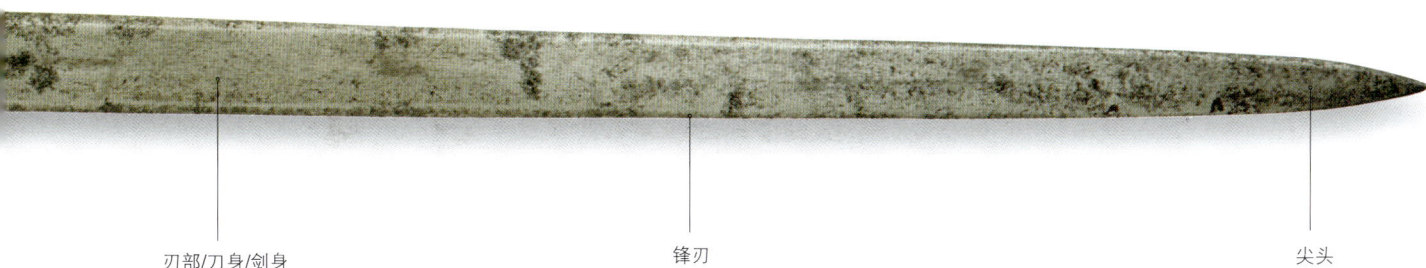

刃部/刀身/剑身

锋刃

尖头

石器时代武器

石器时代，燧石斧头和尖石头都是常见的实用工具，一开始设计的目的不是作战，而是狩猎、分解动物尸体，制造其他基本的民用工具。一个部落只有在受到外人威胁的时候，这些工具才会变成防御的武器。

欧洲阿舍利文化（Acheulean）燧石手斧，约公元前140万年

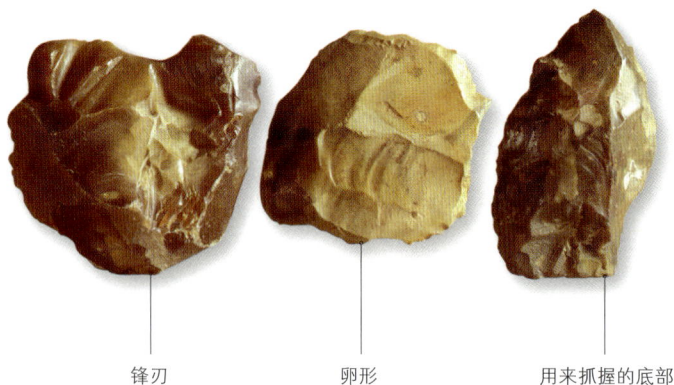

100多万年以前，早期人类——直立人（Homo erectus）从非洲迁徙到欧亚大陆，创造了这些特色鲜明的卵形、梨形燧石手斧。19世纪后期在法国北部的圣阿舍尔（St Acheul）发现了一些最早的样品。[1]

锋刃

卵形

用来抓握的底部

| 年代：约公元前140万年 |
| 来源：欧亚大陆 |
| 长度：不详 |

梭鲁特文化（Solutrean）月桂树叶形燧石矛头，约公元前28000年[2]

剖面细长

对称的敲击制造法（knapping）

梭鲁特文化因最早发现于法国中部的市镇梭鲁特（Solutré）而得名。这种文化生产了特色鲜明的燧石矛头，用切削加工而得，左右对称，工艺很是精美。大多数样品约有17000年的历史，用"加压剥离"法制成。这种燧石矛头的主要特征是细长的树叶形，用来投掷。

| 年代：约公元前28000年 |
| 来源：法国 |
| 长度：不详 |

梭镖投射器，约公元前23000年

梭镖投射器是一种有效的狩猎工具，使用人类手臂的杠杆原理，将燧石飞镖或矛头快速投向移动目标。燧石矛头安装在中空的箭杆上，用上臂和手腕的力量，在瞬间把矛头甩出去，还可以在投射器上加装一块旗石当配重，增加阻力。矛头最远可以甩到100米。

旗石

| 年代：约公元前23000年 |
| 来源：欧洲/美洲 |
| 长度：不详 |

[1] 阿舍尔和阿舍利是同源词，汉语因为音译的缘故，最后一个音节不同。——译者注
[2] 小标题原文如此，与介绍中"17000年前"矛盾，也不确定公元前28000年的说法出自哪里。维基百科Solutrean hypothesis条目称，梭鲁特文化推测为21000—17000年前开始，因此介绍中的说法可能比较准确。译文保持不变。——译者注

克洛维斯矛头，约公元前11500年

对称的尖头 ————

有特定形状的沟槽，用来装在木杆上

年代：	约公元前11500年
来源：	北美
长度：	19.6厘米

1931年在美国新墨西哥州克洛维斯镇首次发现。这些燧石矛头约有13500年历史，为美洲大陆的古人类——古印第安人（the Paleo-Indians）所用。用加压剥离技术制成，很细，刻有凹槽，适合穿透动物或人类的皮肉。

全沟槽石斧，公元前8000年—公元前1000年

年代：	约公元前8000年—公元前1000年
来源：	北美
长度：	13.9厘米

沟槽用来安装木柄 ————

早期石斧有用凿子刻出的沟槽，方便用绑绳（twine）装在木柄上。除了石斧，古风时期诸民族（前7000年—前1000年）[1]还发明了梭镖投射器，这是一种手持发射飞镖的武器；以及网坠（net sinker），有缺口的鹅卵石，用来将渔网沉入水底。

亚德金燧石箭头，约公元前8000年—公元前1000年

美国考古学家在北卡罗来纳州斯坦利县亚德金河出土了这些燧石箭头。这枚样品有锯齿状边缘，经过精细的敲击制造（用尖锐物体撞击而让边缘碎裂），做成了一把锯子。

年代：	约公元前8000年—公元前1000年
来源：	北美
长度：	5厘米

锯齿状边缘

敲击制造（knapped）的沟槽

奥克维尔箭头，约公元前1000年—公元1000年

这些投掷用的矛头，在美国东南部阿拉巴马州被发现。东部林地印第安人在森林里采集、狩猎小动物。他们开始运用弓箭之后，就需要更小的投掷用矛头了。

年代：	约公元前1000年—公元1000年
来源：	北美
长度：	4.4~5厘米

收窄的尖端

锋刃

[1] 原书第9页介绍古风时期开始于公元前8000年，与此处不符。译文保持不变。——译者注

青铜时代武器

青铜时代，很多刀剑有两个典型特征：一是树叶形剑身；二是用铆钉固定的剑柄。以凯尔特剑为代表，欧洲发现了很多造型自由流畅，有拟人元素的刀剑。这样的刀剑在亚洲也有发现，特别是在波斯（今伊朗）。波斯生产了很多华丽刀剑，特色鲜明。

土耳其青铜剑，公元前3350年—公元前3000年

剑身和剑柄一体铸造

中央剑脊压平

这把剑是欧洲年代最早的种类之一，出土自土耳其，一体成型，剑身和剑柄铸在一起。剑柄呈半球状，经过锻打、磨制、抛光，并镶嵌有圆形和金字塔形的银饰。中央剑脊略微压平，提高剑身强度。

年代：	约公元前3350年—公元前3000年
来源：	土耳其
长度：	39.5厘米

欧洲青铜剑，约公元前1500年

假铆钉

中央剑脊延伸到尖端

这种青铜剑流行于整个西欧，有一组假铆钉装入剑柄的十字护手，表示为一体成型铸造。这一时期很多剑的剑柄和剑身也是分开的，用大型铆钉固定在一起。

年代：	约公元前1500年
来源：	西欧
长度：	60.5厘米

德国青铜剑，约公元前1100年

剑身宽阔呈树叶形

扁平状的柄头

铸剑业在引入炼铁技术之前，一直以青铜为主要原料。这把剑是典型的青铜剑形制，剑身树叶形，双刃；柄头扁平，圆盘状，这也是主流特征。剑尖周围有雕刻图案。

年代：	约公元前1100年
来源：	德国
长度：	85厘米

波斯青铜剑，约公元前1000年

长方形柄舌

剑身两面凸出（Lenticular blade）

这把青铜剑，剑身两面向外凸出，呈凸透镜的形状。柄舌长方形，刻有几何图案。柄头是明显的耳朵形状，或有多个触角一样的尖头。十字护手根部做成方形，剑身剑柄一体成型。

年代：	约公元前1000年
来源：	波斯
长度：	85厘米

波斯青铜剑，约公元前1000年

剑身有敲平的中脊

耳朵形状的柄头

青铜握柄

这把波斯青铜剑的青铜握柄覆盖有装饰性的小粒（nubs），除了提供基本的握持功能，还可以让剑士握得更加牢靠。剑身中间有敲平的中脊（midrib），柄头被做成耳朵形状，中空，十字护手有几何造型的痕迹。

年代：	约公元前1000年
来源：	波斯
长度：	94.5厘米

意大利大型青铜矛头，公元前500年

突出的中脊

孔槽

这根矛头带有孔槽，中央有突出的中脊，为了提高强度，让士兵作出有效的突刺动作。矛头尺寸较大，也许能够有效攻击装甲兵或骑兵。

年代：	公元前500年
来源：	意大利
长度：	47.5厘米

中国青铜剑，公元前500年

剑身横截面呈菱形

圆柱形握柄

中国最早的剑来自西北地区[1]，这是一把典型的青铜剑。剑身宽阔，横截面呈菱形，十字护手有镶嵌的装饰，柄头为圆盘状。

年代：	公元前500年
来源：	中国西北
长度：	56厘米

[1]《中国军事百科全书——古代兵器》记载，中国发现的最早的剑是北方少数民族的铜制短剑。——译者注

各早期文明武器

古埃及和古希腊军队列阵作战，并不把刀剑作为首要武器。他们认为长矛（包括投枪）、弓箭、战斧更加重要，而且经受过实战考验。虽然携带刀剑，但只是作为最后一搏的备用武器。相反，古罗马、古凯尔特士兵就很重视刀剑，也清楚刀剑在战斗中效果极佳。

埃及镰刀形剑"海佩施"，约公元前1400年—公元前1200年

年代：	约公元前1400年—公元前1200年
来源：	埃及
长度：	65厘米

镰刀形剑身

手柄

埃及镰刀形剑是一种弯曲的剑[1]，形状独特。公元前17世纪，由来自巴勒斯坦的喜克索入侵者，又称"海的民族"（Sea peoples）带到埃及。这是一种步兵武器，因为弯曲度很大，所以主要用于劈砍。埃及法老也爱用镰刀形剑。

埃及镰刀形剑，公元前1250年

内刃

象牙手柄

年代：	公元前1250年
来源：	埃及
长度：	不详

这把镰刀形剑的剑柄原先镶嵌着象牙。剑身呈镰刀形，外侧与内侧都开了刃。外刃可造成深而长的划伤，内刃则用来劈砍敌人。

古希腊长矛

古希腊重装步兵只在战时服役，战后恢复平民身份。他们一般携带多鲁长矛和阿斯庇斯圆盾。有一种战术是上手持矛（高举过肩膀），同时左前臂用阿斯庇斯圆盾挡在身前，集体向前进发，在敌人面前形成一堵看似坚不可摧的墙壁。

▲ 古希腊重装步兵，约公元前500年

[1] 原文khepesh，音译海佩施、寇派斯；但因为剑刃一般在外而不在内，有人认为应该把剑刃在外的剑翻译成"弧形剑"。——译者注

凯尔特剑，约公元前400年—公元前350年

尖端金属包头

剑身的柄舌

有装饰的剑鞘

这是一把拉坦诺文化时期的凯尔特剑，在出土后经过清洁。剑身铁制，柄舌（剑身接近剑柄的部分）较短而呈锥形。剑身已经和剑鞘融合在一起。剑鞘有三个脊，增加强度，还有一个带有装饰的尖端金属包头。

年代：	约公元前400年—公元前350年
来源：	凯尔特
长度：	69厘米

凯尔特剑，公元前300年—公元前100年

十字护手

有脊的剑鞘

这把剑的手柄完全缺失，或许说明手柄主要由木头制成，经过漫长的时间而腐化了。剑身已经融合进了剑鞘，但还看得出来剑身比较宽阔，有一个典型铁制十字护手，向下弯曲。剑鞘有一些窄小的环，增加强度。

年代：	公元前300年—公元前100年
来源：	凯尔特
长度：	89厘米

罗马短剑"格拉迪乌斯"，公元14—37年

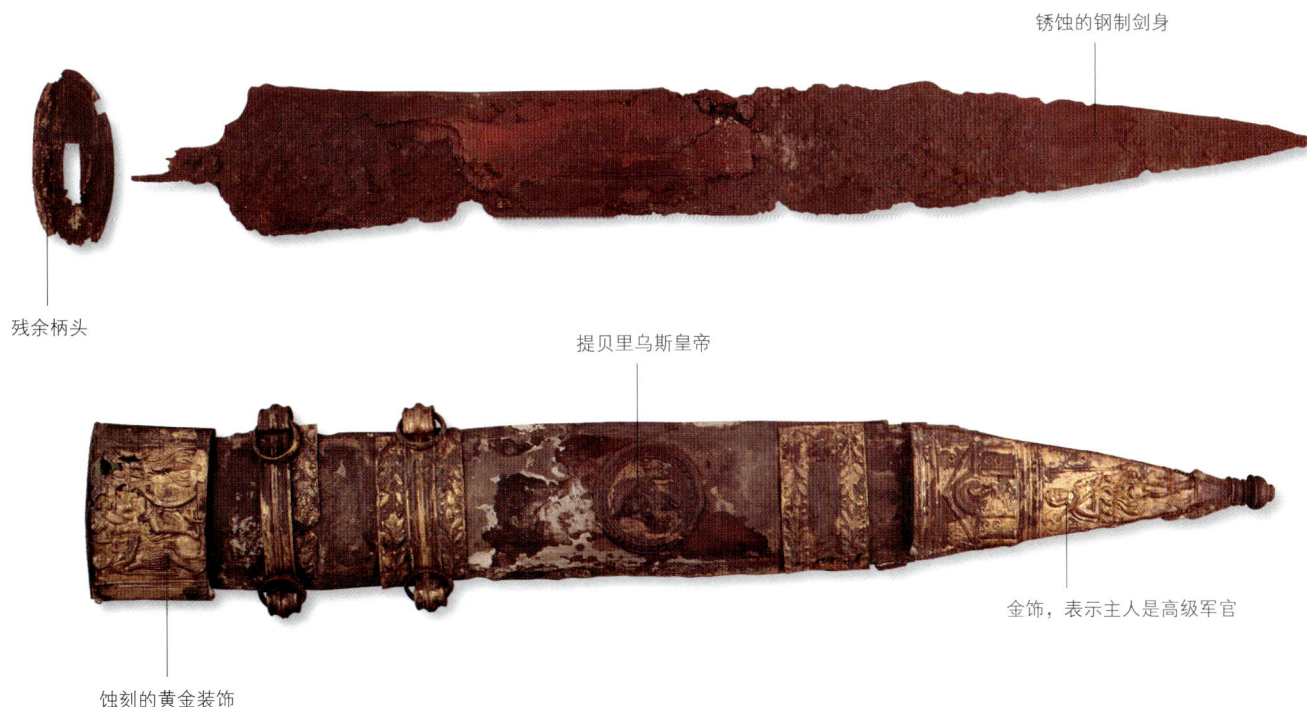

锈蚀的钢制剑身

残余柄头

提贝里乌斯皇帝

金饰，表示主人是高级军官

蚀刻的黄金装饰

这把罗马短剑在提贝里乌斯皇帝在位时期（公元14—37年）归属于一名高级军官。剑鞘底托有精细的金银装饰，包括提贝里乌斯的像。在实战中会用这把剑突刺。罗马士兵受过反复训练，学习在近战时列阵应用短剑。

年代：	公元14—37年
来源：	罗马
长度：	57.5厘米

法兰克、维京、撒克逊武器

　　维京人和撒克逊人都十分崇敬刀剑，他们将战死视作极大的光荣。士兵死去以后，他的佩剑还会一代代传下去。士兵也会携带长矛和钩斧。在合适的人手中，这些武器在作战与征服的过程中发挥了巨大威力。

法兰飞斧（Francisca throwing axe），约600年

手柄较短，
适于投掷

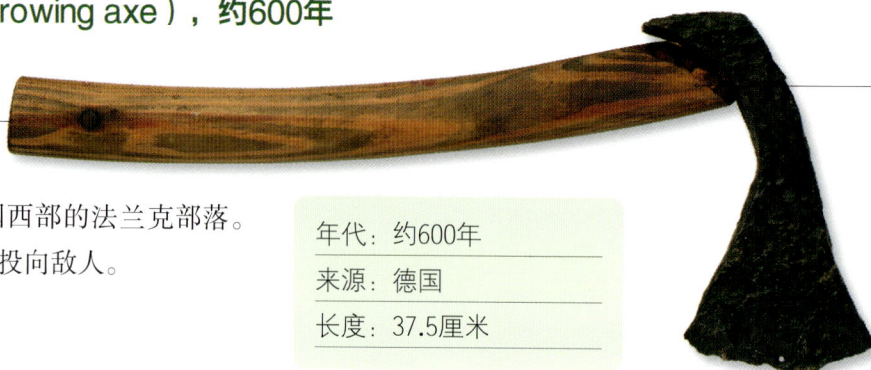

有角度的斧刃，
用孔槽固定

　　这种斧头最早来自德国西部的法兰克部落。手柄较短，适合近距离用力投向敌人。

年代：	约600年
来源：	德国
长度：	37.5厘米

维京钩斧，约900年

铁制斧头，斧刃呈凸面

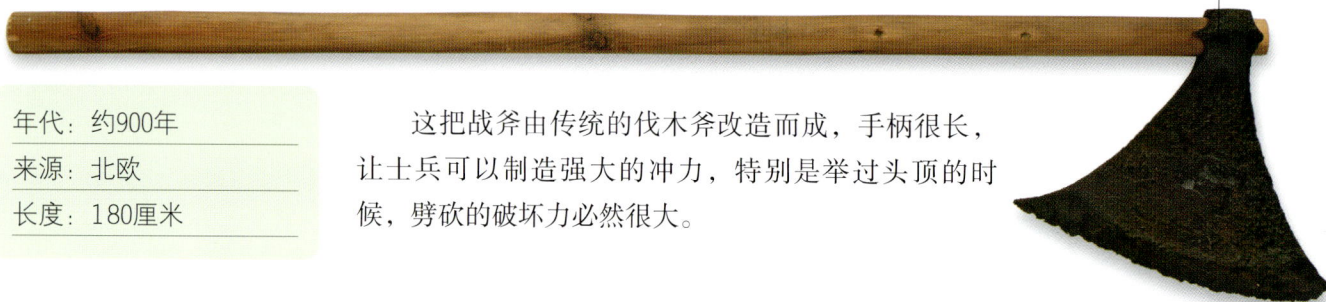

年代：	约900年
来源：	北欧
长度：	180厘米

　　这把战斧由传统的伐木斧改造而成，手柄很长，让士兵可以制造强大的冲力，特别是举过头顶的时候，劈砍的破坏力必然很大。

盎格鲁-撒克逊格斗短刀（Anglo-Saxon scaramax），约900年

侧面类似小刀

　　盎格鲁-撒克逊语言中，scaramax或seax的意思是"小刀、匕首"。这种刀身设计与典型刀剑相差很远，而更像一柄加长的小刀，可用于切削或劈砍，似乎主要作为民用工具，但较大的那些也可用于作战。

年代：	约900年
来源：	英国
长度：	74厘米

带有孔槽的维京矛头，约900年

矛头较长，适合长穿刺

　　这根矛头从侧面看十分细长，让士兵能够刺透大部分盔甲或者防护服，深深刺入敌人体内。

年代：	约900年
来源：	北欧
长度：	70.5厘米

有翼维京矛头，约900年

用来突刺的树叶形矛头

这种矛头称为有翼或"有突起的"（lugged）矛头，可用于作战或打猎。树叶形的刀部在孔槽底部有两个翼，可用于格挡敌人的刀剑劈砍或阻止敌人的刀刃沿着矛杆下滑，伤到自己的手。

年代：	约900年
来源：	北欧
长度：	44.8厘米

维京剑，约900年

笔直的十字护手

双刃

宽血槽

这是一把双刃剑，上面有深深的单血槽。血槽是在剑身平面上刻出的沟槽，形状可以是圆的，也可以是边缘斜切的。虽然名叫"血槽"，但并不是真正为了让敌人的血沿着剑身流下来，而是铸剑师精心设计的，为了减轻整体重量，提高灵活性。因为剑身较重，所以柄头也必须较重，以平衡重量。

年代：	约900年
来源：	北欧
长度：	95.5厘米

维京剑，约900年

花纹焊接剑身

这把剑的剑身是花纹焊接制成，较宽，双刃。强度和耐久度都很好。柄头在剑柄末端形成一个装饰，圆形，是晚期维京剑的典型风格。

年代：	约900年
来源：	北欧
长度：	89厘米

晚期维京剑，约900—1150年

晚期维京锥形剑身

剑身宽而长，柄头大而圆，铁制，平衡效果很好。晚期维京剑身向末端逐渐收窄成锥形，而早期维京剑的剑身宽度恒定不变，尖端是圆形，二者形成了对比。

年代：	约900—1150年
来源：	北欧
长度：	90.1厘米

中世纪刀剑

剑身较宽、双刃的骑士用剑，发展成了有效的作战武器，也是社会地位的重要象征，可以轻易劈开锁子甲。中世纪末期，刀剑具备了经过强化的尖头，用来刺穿甲片。

北欧维京晚期/中世纪早期剑，约1050年

血槽几乎贯穿整个剑身

笔直的方形十字护手

这把剑的柄头呈明显的"巴西栗"形，中世纪早期常见。10世纪早期维京剑的十字护手较窄，而这把剑有所不同，护手宽度明显增加。剑身的锥形收窄也更加精细，属于典型过渡形制。

年代：	约1050年
来源：	北欧
长度：	82厘米

英格兰的维京晚期/中世纪早期剑，约1100—1150年

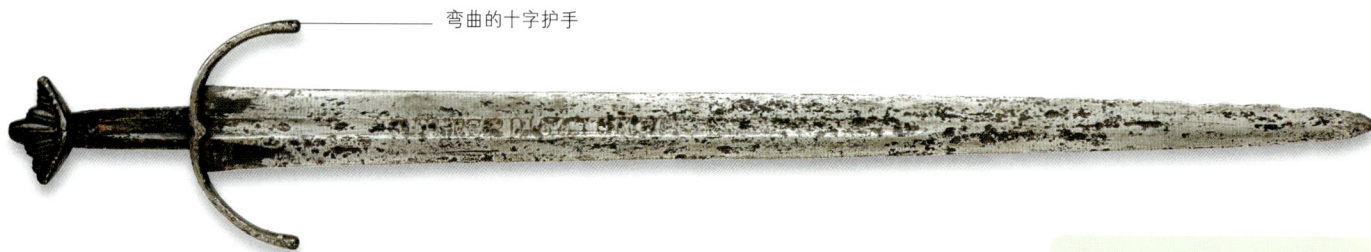

弯曲的十字护手

这把剑在英格兰南部的一条河中出土，但保存状况良好，形制为典型的维京晚期风格，柄头分岔；但十字护手向下倾斜角度很大，让很多学界人士错误地归类到中世纪晚期。

年代：	约1100—1150年
来源：	英格兰
长度：	92厘米

欧洲骑士用剑，约1150年

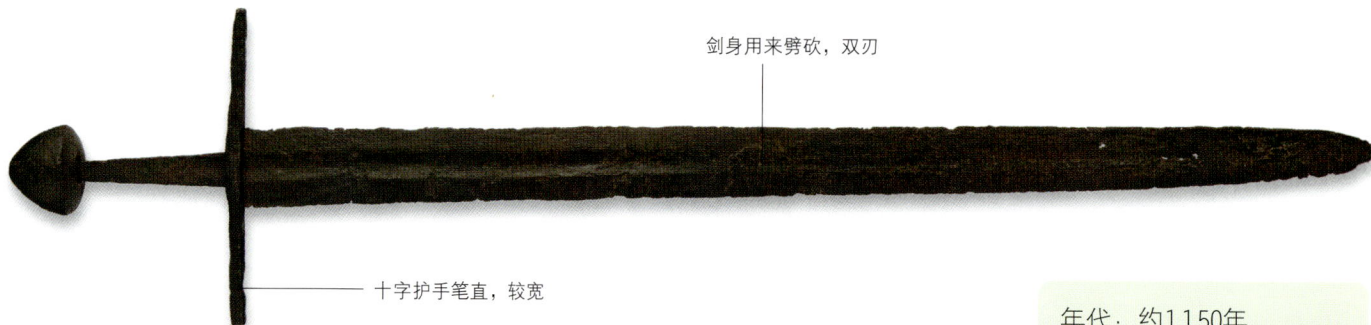

剑身用来劈砍，双刃

十字护手笔直，较宽

这把剑是典型阔剑，应当是十字军战争（Crusader War）的骑兵用剑。柄头设计从早期三角形过渡到更加偏球形，也叫"车轮/轮盘"形。

年代：	约1150年
来源：	欧洲
长度：	96.5厘米

德国骑士用剑，约1250—1300年

柄头较大，圆形，侧面敲平

剑身渐变成尖头

十字架形的十字护手

这把剑有尖头，劈砍和突刺性能都很好。剑身较窄，从而减轻了重量，让骑士用起来更加灵活敏捷，特别是徒步作战的时候。

年代：	约1250—1300年
来源：	德国
长度：	112厘米

欧洲骑士用剑，约1250—1300年

剑身最强部位较宽，明显收窄成锥形，一直到尖端

向下倾斜的锷叉

剑身形制较为常见，但剑柄设计很特殊，与同时期别的样品都不同。大多数中世纪刀剑都有轮状柄头，但这把剑却有一个分成两岔的柄头（two-pronged pommel），锷叉也有突然的弯曲。中世纪的骑士绘画中很少出现这种剑柄设计，目前只发现两例：一例是英格兰国王爱德华一世（King Edward I of England，1239—1307年），第二例是西西里国王，安茹的查尔斯（Charles of Anjou, King of Sicily，1227—1285年）。

年代：	约1250—1300年
来源：	欧洲
长度：	91.4厘米

十字军

十字军战争期间（1095—1291年），十字军和伊斯兰军队作战的时候，双方刀剑种类无论在风格还是加工方法上都多种多样。欧洲骑士的剑，剑身较宽，有单血槽，双刃，柄头圆形，十字护手笔直。英格兰国王查理一世（King Richard I of England，1157—1199年）曾对抗萨拉丁（Saladin）即萨拉丁·尤素福·阿尤布（Salah al-Din Yusuf ibn Ayyub，1137—1193年），当时很多伊斯兰士兵携带半月形刀，刀身弯曲，单刃，刀身宽度远远大于欧洲剑。半月形刀的刀身用大马士革钢制成，十分优良。

▲ 十字军和伊斯兰军队的一场战役。十字军用双刃剑，伊斯兰军队用半月形弯刀

英格兰骑士用剑，约1300—1400年

十字护手较短，略呈伸展形

双刃，适于劈砍

这把剑的圆形柄头很大，超出一般水平；既能用来平衡剑身重量，又能在突刺的时候增加冲力。12世纪的剑尖从侧面看是圆形的，这把剑有所修改，成了尖头。十字护手很短，是这一阶段骑士用剑的独特之处。随着中世纪的发展，十字护手伸得越来越长。

年代：	约1300—1400年
来源：	英格兰
长度：	81.5厘米

欧洲骑士用剑，约1300—1325年

年代：	约1300—1325年
来源：	欧洲
长度：	96.5厘米

这把骑士用剑，剑身双刃，有较宽的单血槽。握柄木制，似乎是现代人重新加上的。推测原先的握柄中间部位是木制，外面包裹皮革。几百年来，这种剑留存下来的很少。

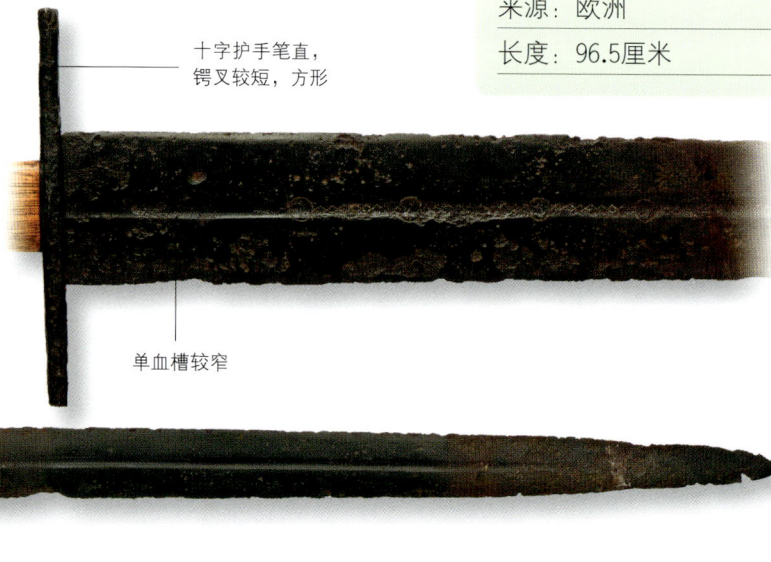

十字护手笔直，锷叉较短，方形

单血槽较窄

欧洲骑士用剑，约1300—1350年

剑身较长，双刃

十字护手很宽

年代：	约1300—1350年
来源：	欧洲
长度：	121.5厘米

这把剑的十字护手很宽，不太寻常；剑身较长，有双刃。要想有效使用，手和手臂都必须有足够力量。剑士可能会双手持用。

英格兰骑士用剑，约1325年

出土时的剑身情况

锥形锷叉

这把剑在英格兰东部的尼恩河（the River Nene）被发现，锈蚀严重。柄头圆形，外面包了一层铜合金；装饰图案是一面举起的盾牌，上面刻有纹章，但图案尚未识别出来。剑身各部位的比例属于"便携剑"（riding sword，剑身较轻而灵活的剑），在朝堂或狩猎时佩带，不用于作战。

年代：	约1325年
来源：	英格兰
长度：	80厘米

欧洲骑士用剑，约1350年

车轮式柄头

十字护手呈六边形，没有装饰

柄头为"车轮式"，十字护手呈六边形，没有装饰。形制在中世纪非常普通，遍布整个欧洲。剑身沉重，双刃，对轻甲士兵（特别是欧洲士兵在中东遇到的那些）很有杀伤力。

年代：	约1350年
来源：	欧洲
长度：	105.4厘米

欧洲骑士用剑，约1350—1380年

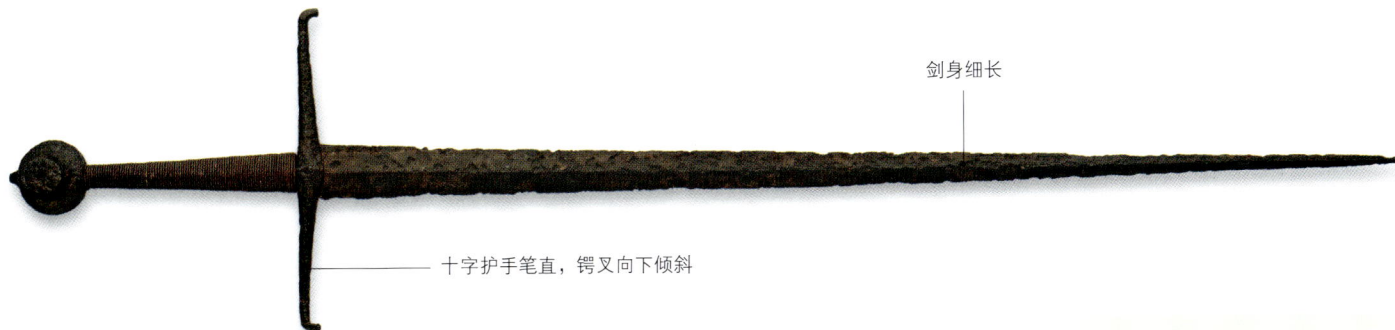

剑身细长

十字护手笔直，锷叉向下倾斜

剑身呈缝衣针状，专门用于刺透板甲。高举剑身猛力刺下，即可穿透铠甲的薄弱之处，特别是腋下（这里的铠甲部件无法保持一体，必须有活动接头，穿戴铠甲的人才可以自由活动）。剑身细长，强度很高，也能用于穿过包裹式头盔的缝隙。

年代：	约1350—1380年
来源：	欧洲
长度：	112.4厘米

欧洲便携剑，约1380年

小球状柄头

锋刃因锈蚀有凹痕

十字护手向下弯曲

十字护手向下倾斜，是一种新特征；在中世纪法国、德国十分流行。柄头是小球状，末端有一个柄舌的小突起。剑身比同时期一般骑士用剑更短。一般归类成"便携剑"（riding sword），大多数出现在民用场合（如狩猎）或朝堂上。

年代：	约1380年
来源：	欧洲
长度：	96厘米

欧洲骑士用剑，约1380年

锷叉向下弯曲

剑身带有尖头，适合穿刺

几乎整个剑身都作了锥形收窄处理，表示这把剑由纯粹的劈砍武器过渡到了劈砍、突刺两用。14世纪下半叶，板甲技术有了革新，需要新型刀剑刺破敌方的全包围式铠甲。这种长剑在文艺复兴时期变得很重要。

年代：	约1380年
来源：	欧洲
长度：	126厘米

德国骑士用剑，约1380年

护手呈十字架形

剑身适合突刺，穿透铠甲

剑身细长，完全用于刺破敌方板甲；实战中可能很少有机会用到锋刃。这把剑锈蚀严重，可能是埋藏后出土的。这一时期的剑，剑身如此脆弱却能保存下来，算是很幸运了。

年代：	约1380年
来源：	德国
长度：	128.5厘米

英格兰骑士用剑，约1400年

圆形柄头

血槽较深，更容易挥舞剑身

锥形十字护手

十字护手呈锥形，很长，柄头是典型的圆形。血槽短而深，减轻了剑身的固定重量，让剑士能够轻松挥舞。握柄也很短，意味着握持更加有力，增强准确度。这把剑很适合突刺，特别适合对付穿铠甲的敌人。

年代：	约1400年
来源：	英格兰
长度：	83.2厘米

德国骑士用剑，约1450年

小球状柄头

十字架形护手，
边缘带有凸缘

剑身有尖头

护手呈十字架形，边缘带有凸缘（Flanged），同时期德国非常流行这种形制。柄头是浑圆的球形，柄舌尖端凸出在柄头之外，整体轻盈而灵活。

年代：	约1450年
来源：	德国
长度：	107.9厘米

欧洲骑士用剑，约1450年

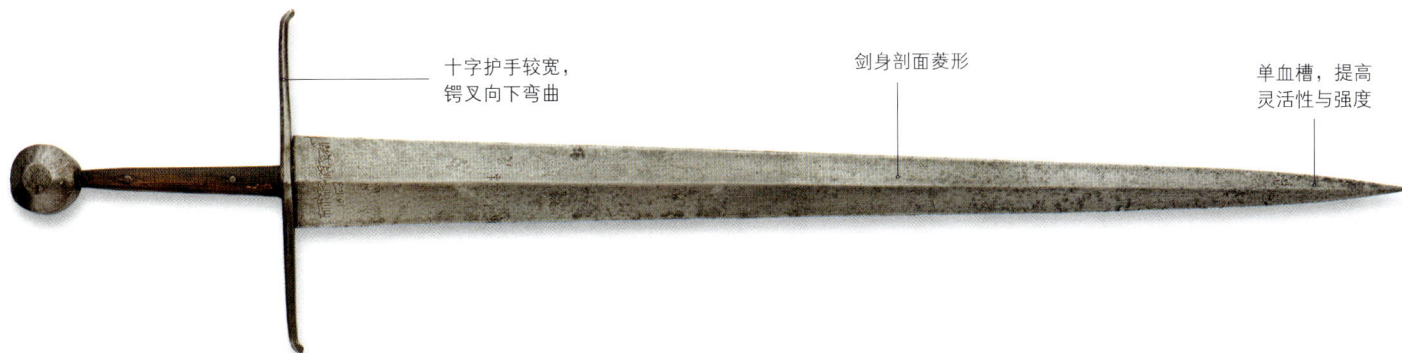

十字护手较宽，
锷叉向下弯曲

剑身剖面菱形

单血槽，提高
灵活性与强度

剑身剖面为菱形，末端十分尖锐，反映了中世纪战争形态的变化。15世纪中期的剑身比15世纪初期缩短，显示出战场上对突刺武器的需求。（消歧义）骑士和普通骑兵先前一定是骑马作战，而现在开始马步并用，很多之前骑马的骑士也开始步行作战。这把剑很适合近身搏斗。

年代：	约1450年
来源：	欧洲
长度：	117.4厘米

中世纪后期与文艺复兴刀剑

　　到15世纪末，战争形态又发生了很大变化，出现了复合式板甲。传统的双刃劈砍用阔剑不那么有效了。于是，铸剑师转而生产强度很高的剑尖，用来刺透铠甲。这时，大型的一手半剑和双手阔剑也出现了，主要用于对付敌人的长矛军阵。

英格兰十字柄剑，约1450年

圆球状锷叉（又称尖顶饰）

　　法国波尔多市附近的卡斯蒂隆（Castillon）古战场，出土了一批类似的剑，共有80柄。1453年，英军和法军曾在这里交战。[1] 柄头形制很特别，称作"瓶塞"型（scent-stopper）[2]；十字护手有圆球状的尖顶饰，这一点也不同于当时流行的无装饰方形十字护手。

年代：	约1450年
来源：	英格兰
长度：	厘米

英格兰双手剑，约1450年

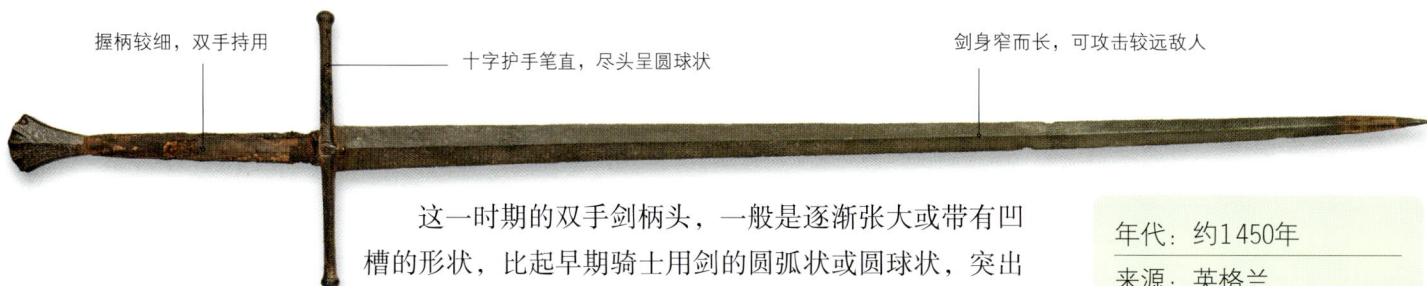

握柄较细，双手持用

十字护手笔直，尽头呈圆球状

剑身窄而长，可攻击较远敌人

　　这一时期的双手剑柄头，一般是逐渐张大或带有凹槽的形状，比起早期骑士用剑的圆弧状或圆球状，突出的程度较小。握柄较细，双手持用很舒适。剑身较窄，有突出的尖头用于突刺。

年代：	约1450年
来源：	英格兰
长度：	148.3厘米

欧洲双手剑，约1450年

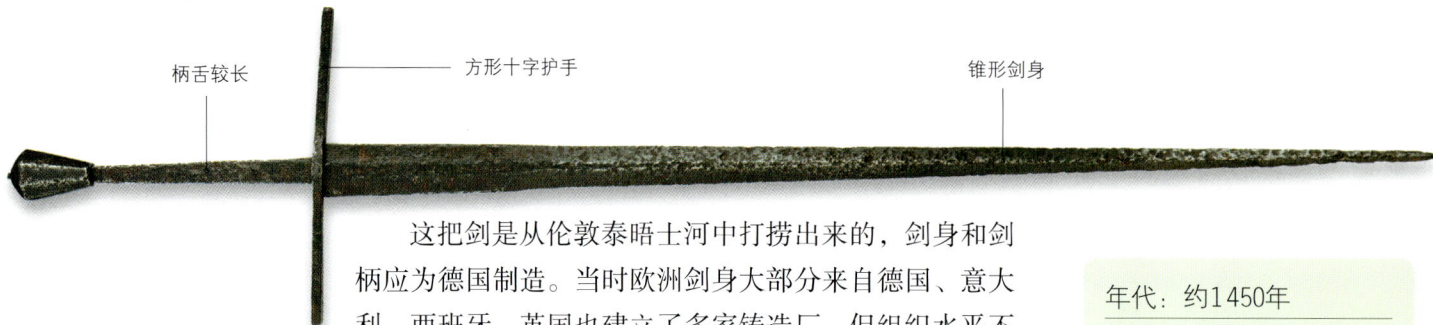

柄舌较长

方形十字护手

锥形剑身

　　这把剑是从伦敦泰晤士河中打捞出来的，剑身和剑柄应为德国制造。当时欧洲剑身大部分来自德国、意大利、西班牙。英国也建立了多家铸造厂，但组织水平不如德国等国家。在德国等地，铸剑师早在中世纪初期就已经成立了专门的行会。

年代：	约1450年
来源：	欧洲
长度：	119厘米

---

[1] 卡斯蒂隆又译卡斯蒂永，是一个市镇的名字。卡斯蒂隆战役是英法百年战争（1337年—1453年）的最后一场战役，法军获胜，彻底把英军赶出法国领土。——译者注
[2] 直译"香气阻止者"，因为瓶塞的功能之一是不让酒香散发。——译者注

德国阔剑，约1450年

铁制镀金柄头

"扭绞型"十字护手

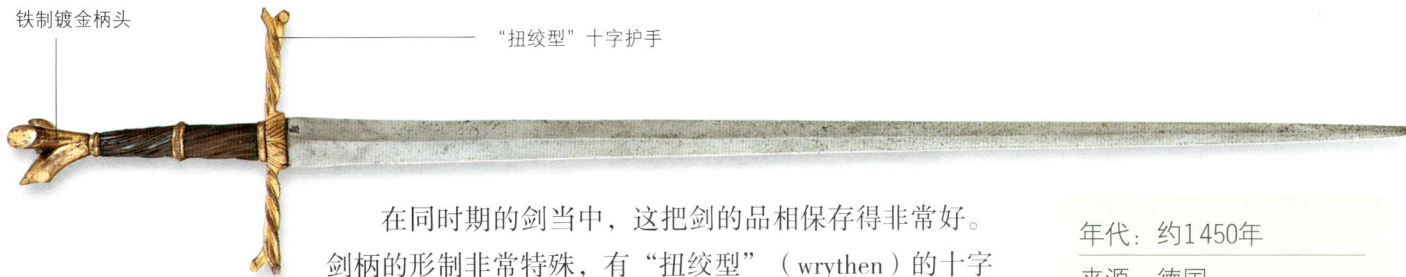

在同时期的剑当中，这把剑的品相保存得非常好。剑柄的形制非常特殊，有"扭绞型"（wrythen）的十字护手，铁制镀金，柄头分为三岔。这种独特造型流行于15世纪，特别是在德国。

年代：	约1450年
来源：	德国
长度：	109.9厘米

德国双手剑，约1500年

十字护手笔直，较宽

剑身双刃

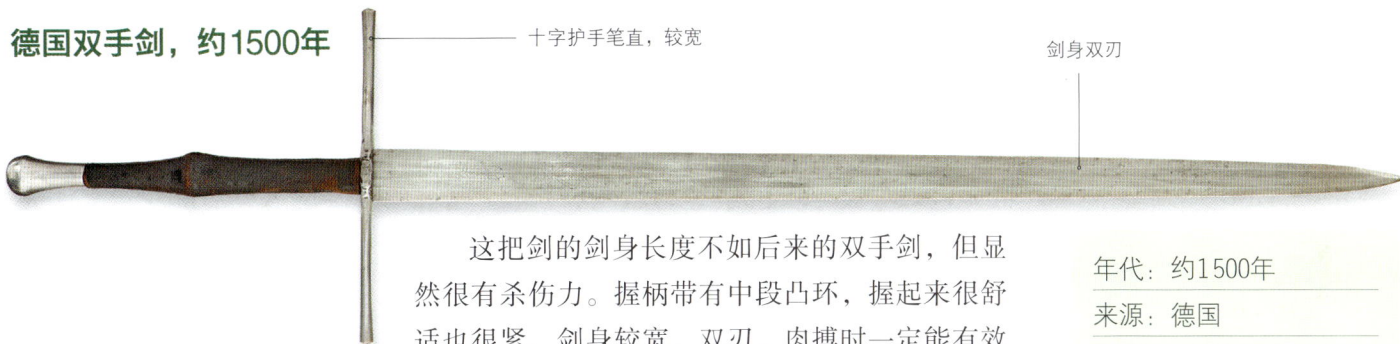

这把剑的剑身长度不如后来的双手剑，但显然很有杀伤力。握柄带有中段凸环，握起来很舒适也很紧，剑身较宽，双刃，肉搏时一定能有效杀伤敌人。

年代：	约1500年
来源：	德国
长度：	137.1厘米

德式斗剑，约1500年

柄头为平头型，往外张开

十字护手呈反曲状，锷叉扭曲

剑身有单血槽

这种剑名为德式斗剑（Katzbalger），意为"剥猫皮者"；别名也叫"争斗者"。德国平民佣兵把这种剑当作备用武器，一旦佣兵无法使用首要武器（较大的双手剑），就会拔出德式斗剑，作最后一搏。

年代：	约1500年
来源：	德国
长度：	71.1厘米

瑞士礼仪阔剑，约1500年

十字护手呈反曲状，有装饰

中央血槽刻有宗教文字

LVOG·VND·STTH·DITH·ERBEN·FIR·VOR·AIM·DER·DIR·STHADEN·DON·WIL·VN·DRE·W·IST·VET·FAST·EIL

剑身和剑柄均有华丽装饰，而且显然没有损伤，说明这很可能是礼仪用剑，不用于实战。整个文艺复兴时期都流行在剑身上雕刻宗教图案和祈祷文。

年代：	约1500年
来源：	瑞士
长度：	71.1厘米

德国平民佣兵双手剑，约1500年

握柄较长，有凹槽

剑身有尖头

十字护手张大

年代：约1500年
来源：德国
长度：103.5厘米

　　铸剑师没有采用传统的圆弧状柄头，而是把整块有凹槽的沉重木制剑柄当作配重。这时出现了一种显眼的设计，就是用钢切削而成的铭牌（德语écusson，英语escutcheon）剑格（block），位于十字护手中央。这种设计预示14世纪刀剑会产生新的流行特征。

意大利五指剑，约1500年

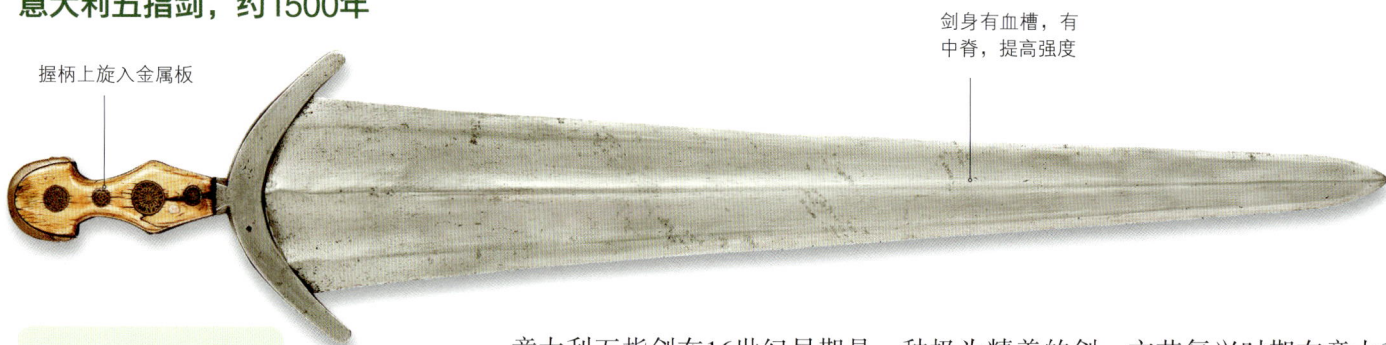

握柄上旋入金属板

剑身有血槽，有中脊，提高强度

年代：约1500年
来源：意大利
长度：71.1厘米

　　意大利五指剑在16世纪早期是一种极为精美的剑，文艺复兴时期在意大利十分流行，但外国对此没有多少兴趣。名字来自剑身上的五道深血槽，也叫"指头"。很多五指剑的剑身雕刻了华丽图案，还有镀金装饰。文艺复兴时期工匠遇到这样不寻常的宽阔剑身，自然要努力抓住机会加上各种装饰。

德国一手半剑，约1520年

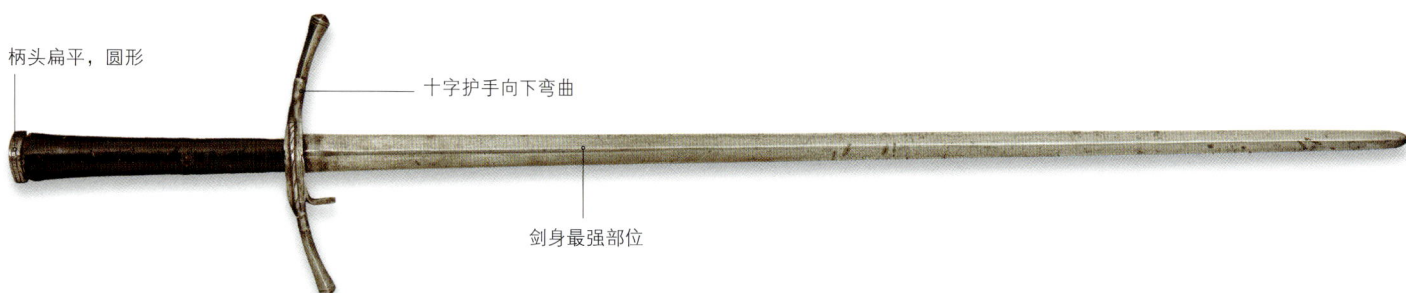

柄头扁平，圆形

十字护手向下弯曲

剑身最强部位

年代：约1520年
来源：德国
长度：123.2厘米

　　"一手半剑"又叫"混用剑"（bastard sword），因为既不是完全单手持用，也不是完全双手持用。握柄略短，让剑士一只手拿着，第二只手的手指握在剑身最强部位，在挥舞时更好地展现杠杆效应和精确定位。柄头扁平，圆弧形，握柄木制包裹皮革，逐渐张大。

德国平民佣兵阔剑，约1550年

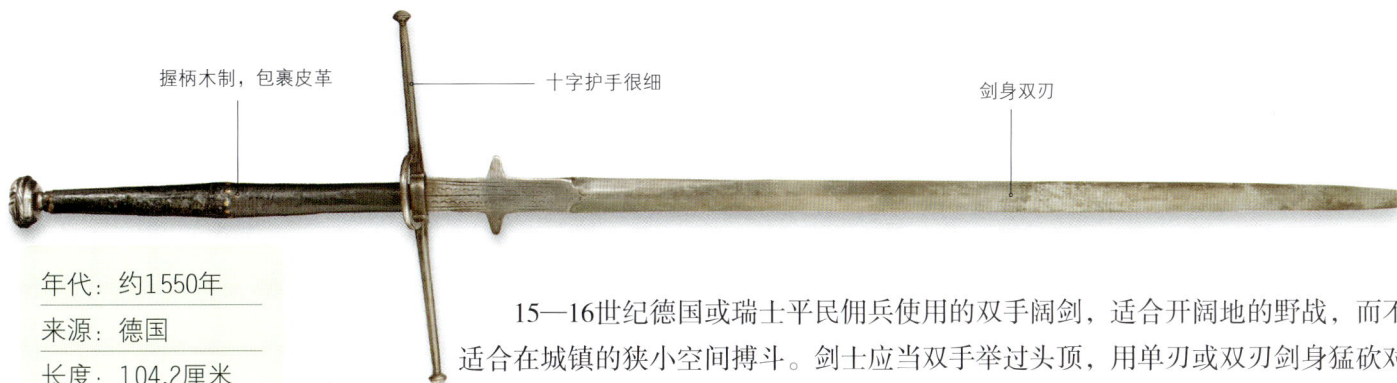

握柄木制，包裹皮革　　　　十字护手很细　　　　　　　　　　　　剑身双刃

年代：	约1550年
来源：	德国
长度：	104.2厘米

15—16世纪德国或瑞士平民佣兵使用的双手阔剑，适合开阔地的野战，而不适合在城镇的狭小空间搏斗。剑士应当双手举过头顶，用单刃或双刃剑身猛砍对方的长矛兵或步兵军阵，杀出一条血路，让骑兵突入。

德国双手平民佣兵剑，约1550年

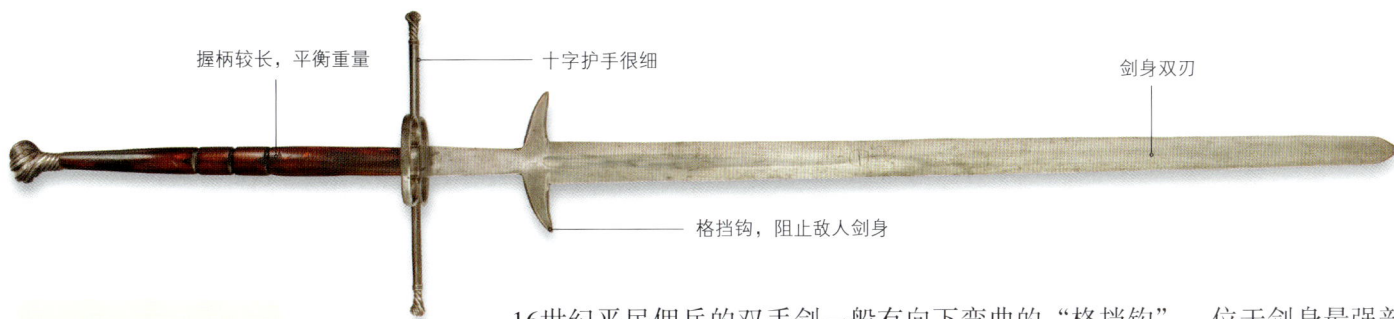

握柄较长，平衡重量　　　　十字护手很细　　　　　　　　　　　　剑身双刃

格挡钩，阻止敌人剑身

年代：	约1550年
来源：	德国
长度：	175.8厘米

16世纪平民佣兵的双手剑一般有向下弯曲的"格挡钩"，位于剑身最强部位附近。可用格挡钩来阻止敌人的剑身或长柄武器。此外，剑柄的十字护手中部还出现了一种原始的"锷壁"（counterguard）[1]，剑士将手指伸到握柄底部的时候，反面护手可以保护手指。

德国不伦瑞克公爵邦国卫队（State Guard of the Duke of Brunswick）用剑，1573年

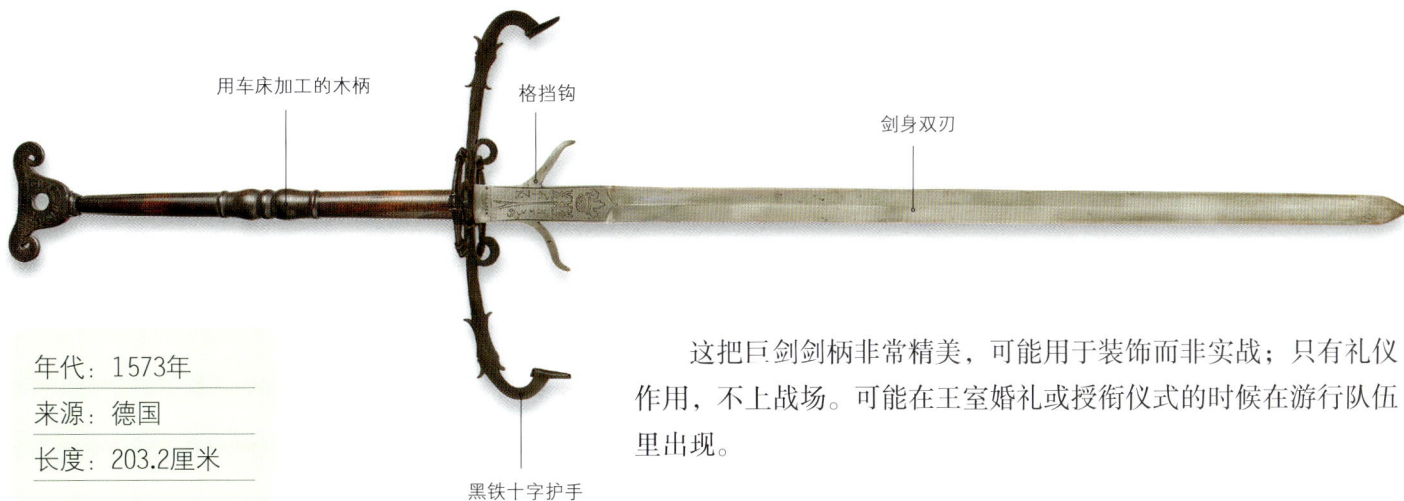

用车床加工的木柄　　　格挡钩　　　　　　　　　　剑身双刃

年代：	1573年
来源：	德国
长度：	203.2厘米

这把巨剑剑柄非常精美，可能用于装饰而非实战；只有礼仪作用，不上战场。可能在王室婚礼或授衔仪式的时候在游行队伍里出现。

黑铁十字护手

---

[1] 也叫内护手，护手的一部分，由一组圆环或长条组成，约1500年左右出现，保护手部和身体内侧。——译者注

西洋剑

西洋剑的侧面优雅漂亮，文艺复兴时期的绅士经常佩带。不仅是有杀伤力的武器，是决斗的首选，而且还显示主人的社会地位和财富。西洋剑发源自15世纪的西班牙和意大利，英文名rapier则来自西班牙语espada ropera，意为"礼服之剑"，表示可以穿着平民衣服佩带，不一定要穿军服。

意大利过渡时期西洋剑，约1520年

剑身笔直，双刃，单血槽，较短

这把剑属于过渡型，还不是成熟的西洋剑。剑身类似16世纪之前的阔剑剑身，柄头大而圆，但有风格化的凹槽作为装饰，反映文艺复兴时期的品位。这种特征依然是早期骑士用剑的余波。只有看到线条流畅的花式剑柄，才能意识到它属于传统（但仍比较简朴）的西洋剑。

年代：	约1520年
来源：	意大利
长度：	111.5厘米

德国西洋剑，约1550年

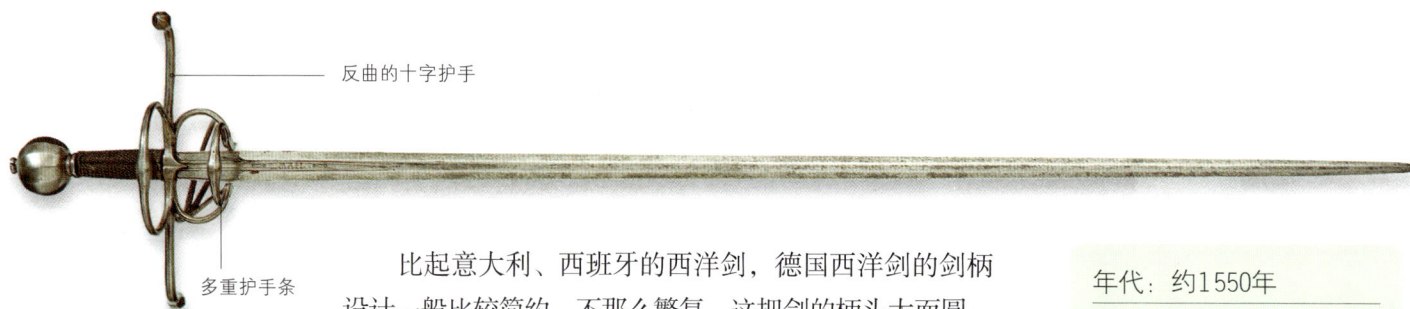

反曲的十字护手

多重护手条

比起意大利、西班牙的西洋剑，德国西洋剑的剑柄设计一般比较简约，不那么繁复。这把剑的柄头大而圆，没有装饰，用来平衡双刃长剑身的重量。护手条尽管非常华丽，却不是可有可无，能有效地保护剑士的手。

年代：	约1550年
来源：	德国
长度：	96.3厘米

意大利西洋剑，约1590年

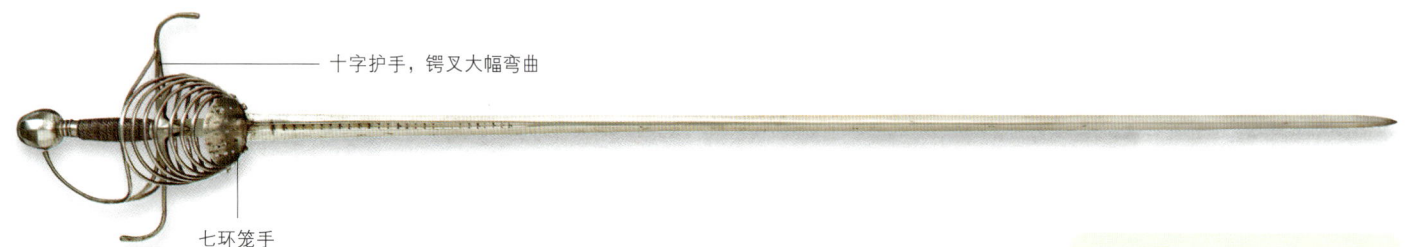

十字护手，锷叉大幅弯曲

七环笼手

目前，多重护手环的西洋剑很常见，但留存下来的样品最多只有三四个护手环，这种七环的十分稀少。大多数是扇贝状边缘（scalloped）或有棱纹的碗状护手或钢板，位于剑柄底端。

年代：	约1590年
来源：	意大利
长度：	136.9厘米

西洋剑与格挡匕首

15—16世纪非常盛行决斗，这种传统一直持续到19世纪。决斗双方一般用两种武器，右手的西洋剑和左手的格挡匕首。

匕首的握法是四指握住手柄，大拇指紧靠在锷叉附近的刀身后面。这样使用匕首，决斗者就能在关键时刻挡开对手的西洋剑，与此同时用自己的西洋剑突刺对手的身体。

▲ 两名绅士决斗，约1600年。两人都在用左手的格挡匕首

意大利花式剑柄西洋剑，约1610年

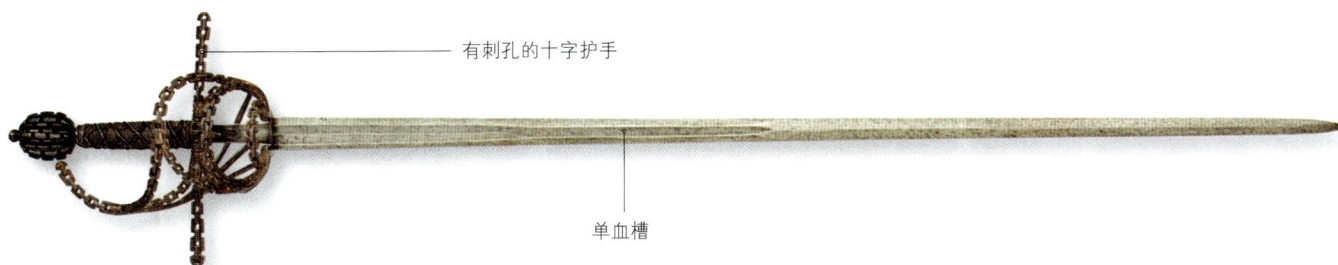

有刺孔的十字护手

单血槽

年代：	约1600年
来源：	意大利
长度：	119.4厘米

这属于西洋剑发展的最先进形式，也是发展的高峰期。剑柄质量优秀，属于"花式剑柄"，有大量刺孔和凿子加工痕迹。所谓"花式"，是从指节护手开始向下延伸，绕过剑格，三根护手条分开，延长，又在剑根上面的壳手部位重新连接。[1]

意大利花式剑柄西洋剑，约1610年

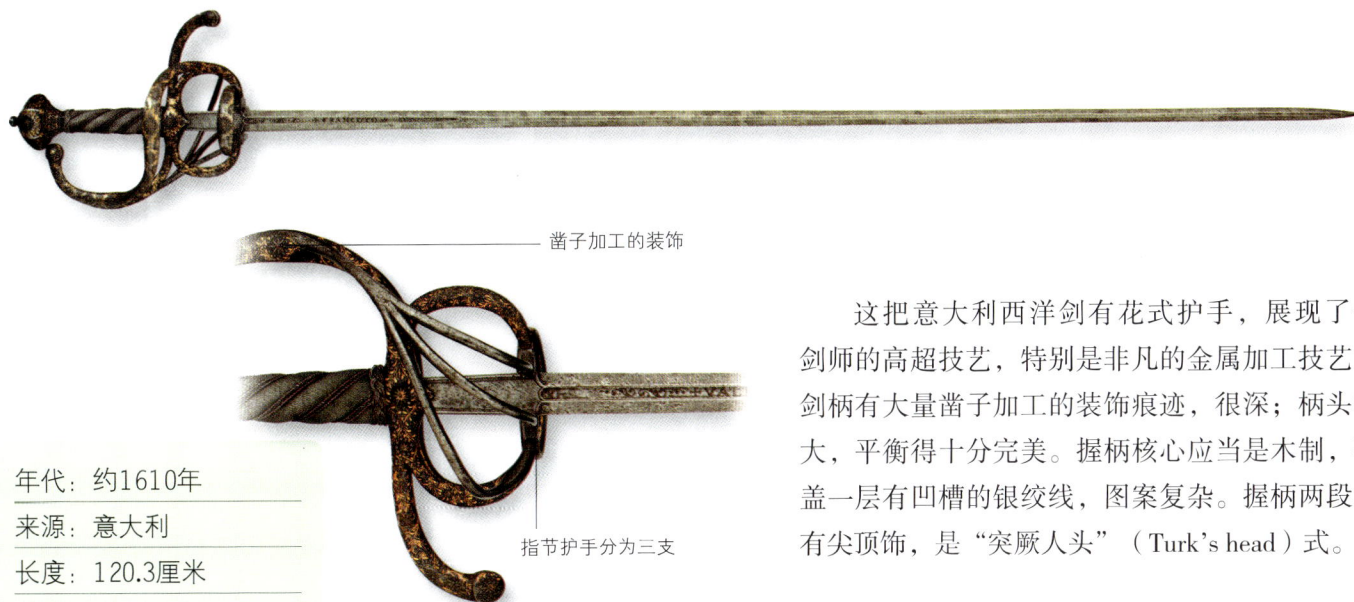

凿子加工的装饰

年代：	约1610年
来源：	意大利
长度：	120.3厘米

指节护手分为三支

这把意大利西洋剑有花式护手，展现了铸剑师的高超技艺，特别是非凡的金属加工技艺。剑柄有大量凿子加工的装饰痕迹，很深；柄头较大，平衡得十分完美。握柄核心应当是木制，覆盖一层有凹槽的银绞线，图案复杂。握柄两段都有尖顶饰，是"突厥人头"（Turk's head）式。

---

[1] "花式"英语sweep，直译为"席卷"，因为护手条席卷在手的周围。——译者注

德国花式剑柄西洋剑，约1610年

锷叉弯曲

剑身细长，适合突刺

环状指节护手

这把西洋剑的剑柄，锷叉扁平，向内弯曲。剑柄为开放式，护手条之间空隙很大，可能对持剑的手没有什么保护作用。设计理念是希望依靠剑身长度将对手挡在一定距离之外，从而保证安全，减少对手造成伤害，减少致命突刺的威胁。

年代：	约1610年
来源：	德国
长度：	121.4厘米

德国花式剑柄西洋剑，约1620年

剑身铭文

剑身呈针尖状

三环剑柄

有三环的花式剑柄西洋剑，形制朴素但有杀伤力，很可能是德国造。剑身有多个军械师的标记，还有一处宗教铭文。铸剑师和军械师会用很多方式给自己的刀剑做标记，欧洲铸剑师常用十字架形图案，也会把名字冲压在血槽上。这把剑的剑身有铭文Francesco（弗朗西斯科）。

年代：	约1620年
来源：	德国
长度：	130.3厘米

英格兰利特尔科特西洋剑，约1630年

扇贝形壳手

扁平的菱形剑身

这把剑来自英格兰南部威尔特郡利特尔科特庄园（Littlecote House）。这个庄园是伊丽莎白时期的，主人是约翰·波凡姆爵士（Sir John Popham，1531—1607年），曾任英国议会下议院发言人和英格兰高等法院院长。扇贝形壳手可提供较好的防护，此外上方还有另外两排开放式护手条，彼此相连。柄头呈卵圆形，较大，可以为较长的剑身提供平衡。

年代：	约1630年
来源：	英格兰
长度：	133.8厘米

佛兰德（Flemish）"帕本海姆"式（Pappenheimer）西洋剑，约1630年

菱形剑身

壳手

这种西洋剑一般称作"帕本海姆"式，名字的来源是戈特弗里德·海因里希·冯·帕本海姆伯爵（Count Gottfried Heinrich, Graf von Pappenheim），在三十年战争（Thirty Years' War）期间是德国骑兵的名将。伯爵的胸甲骑兵就携带这种西洋剑，特色是壳手较大，有刺孔。[1]

年代：	约1630年
来源：	佛兰德
长度：	127厘米

英格兰决斗用西洋剑，约1640年

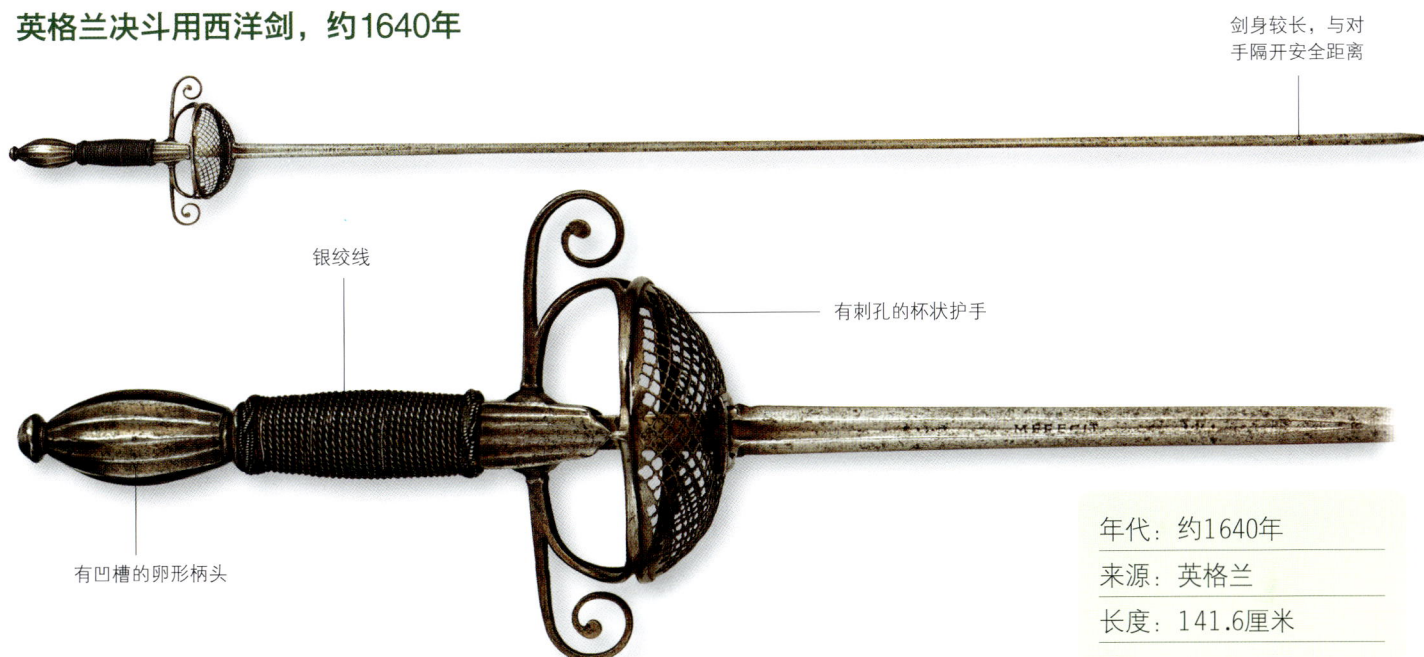

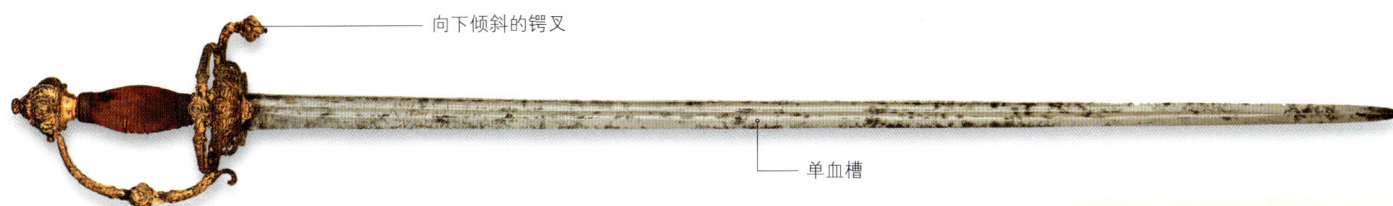

剑身较长，与对手隔开安全距离

银绞线

有刺孔的杯状护手

有凹槽的卵形柄头

年代：	约1640年
来源：	英格兰
长度：	141.6厘米

这类西洋剑一般被称作"决斗用剑"，典型特征是"碟形护手"与极长的菱形剑身。护手形状像一个浅浅的碟子，位于剑柄底端，有精细的刺孔，图案呈交叉排线状（cross-hatched）。锷叉卷曲，还有护食指圆环（从十字护手伸出的两条弯曲护手环，挨着碟形护手）。[2]后来的轻剑沿用并改进了这种造型。

英格兰西洋剑，约1640年

向下倾斜的锷叉

单血槽

这把剑的历史可追溯到英国内战（1642—1651年）期间，是英国西洋剑的高品质代表。这一时期的英国铸剑师，很多都因生产剑柄的钢制装饰而出名；这种装饰用凿子加工，花纹繁复。

年代：	约1640年
来源：	英格兰
长度：	97厘米

[1] 三十年战争是17世纪上半叶的一场欧洲国际战争，主要发生在德意志境内。双方分别是德意志信仰新教和天主教的诸侯，各自有很多外国势力支持。战争结束后建立了威斯特伐利亚体系，出现了很多独立国家。——译者注
[2] rest on从图里看来并不是接触，勉强翻译成挨着。——译者注

英格兰西洋剑，约1650年

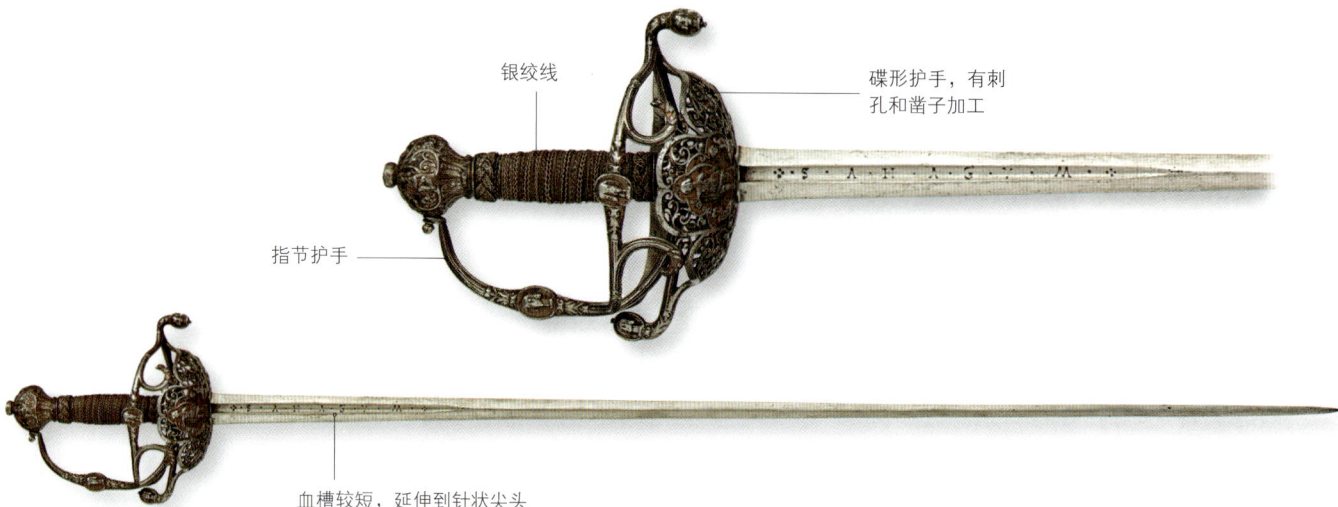

银绞线

碟形护手，有刺孔和凿子加工

指节护手

血槽较短，延伸到针状尖头

英国内战期间做工优良的西洋剑，柄头较大、钢制、卵形，经过凿子加工。这一类西洋剑受到同时期名叫"灵堂剑"的阔剑影响，护手条上用凿子刻下了人面形状。

年代：	约1650年
来源：	英格兰
长度：	108.2厘米

西班牙杯手西洋剑，约1650年

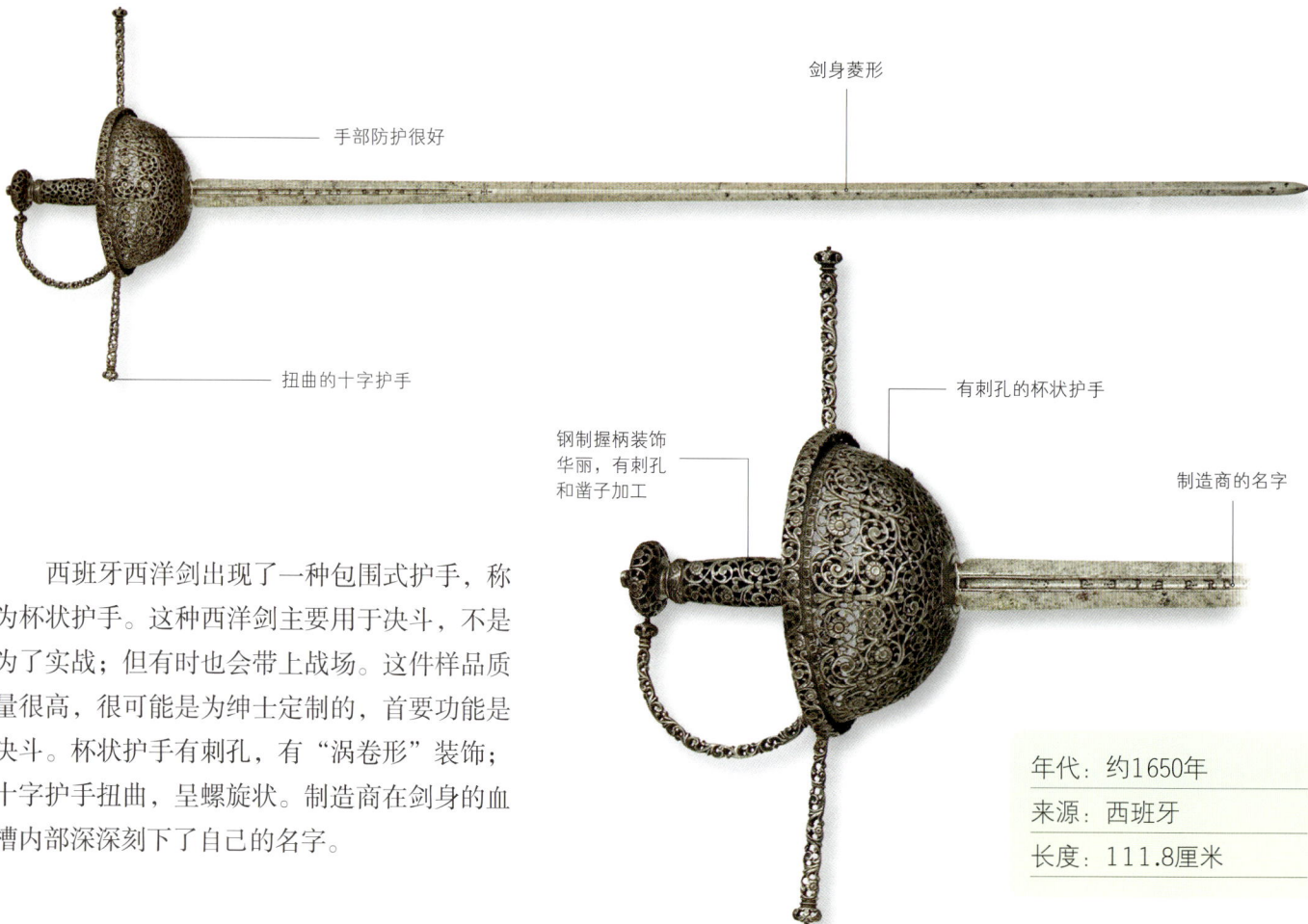

手部防护很好

剑身菱形

扭曲的十字护手

有刺孔的杯状护手

钢制握柄装饰华丽，有刺孔和凿子加工

制造商的名字

西班牙西洋剑出现了一种包围式护手，称为杯状护手。这种西洋剑主要用于决斗，不是为了实战；但有时也会带上战场。这件样品质量很高，很可能是为绅士定制的，首要功能是决斗。杯状护手有刺孔，有"涡卷形"装饰；十字护手扭曲，呈螺旋状。制造商在剑身的血槽内部深深刻下了自己的名字。

年代：	约1650年
来源：	西班牙
长度：	111.8厘米

西班牙花式剑柄西洋剑，约1650年

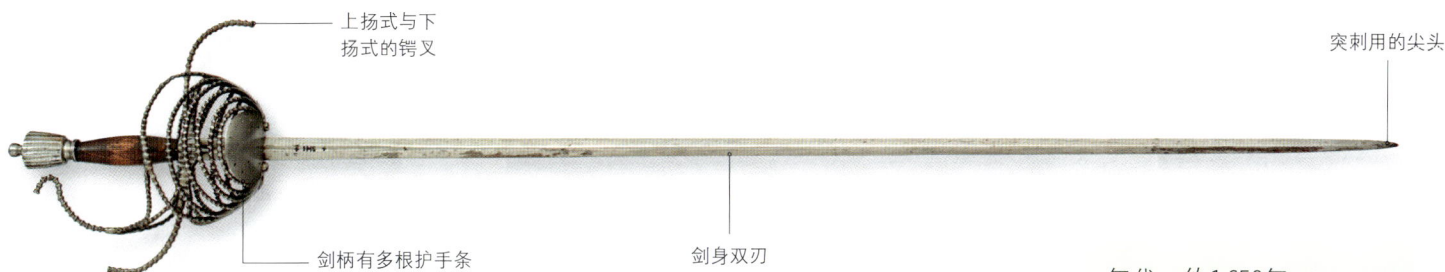

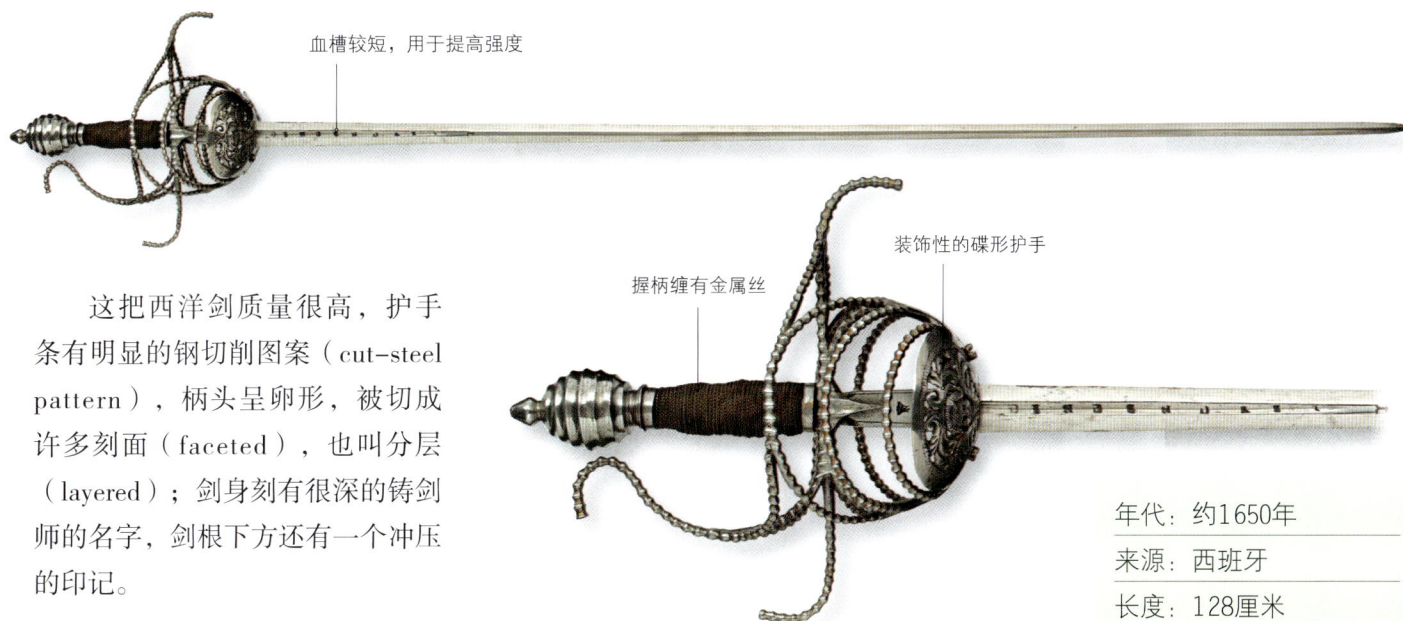

上扬式与下扬式的锷叉 · 突刺用的尖头 · 剑柄有多根护手条 · 剑身双刃

17世纪的西班牙西洋剑代表了铸剑艺术的高峰，无一例外有着艳丽、奢华、优雅流畅的装饰。这件样品有很多护手条，造型生动，既实用又美观。

年代：	约1650年
来源：	西班牙
长度：	116.6厘米

西班牙花式剑柄西洋剑，约1650年

血槽较短，用于提高强度 · 握柄缠有金属丝 · 装饰性的碟形护手

这把西洋剑质量很高，护手条有明显的钢切削图案（cut-steel pattern），柄头呈卵形，被切成许多刻面（faceted），也叫分层（layered）；剑身刻有很深的铸剑师的名字，剑根下方还有一个冲压的印记。

年代：	约1650年
来源：	西班牙
长度：	128厘米

西洋剑的实际应用

西方有一类"剑侠片"（swashbuckling movies），剑士们经常用西洋剑互相猛刺和拼命格挡，上演出各种惊心动魄的场面。然而，英国伊丽莎白和詹姆士一世时期（Jacobean）的剑士，并不会这么使用西洋剑。在实战中，剑士会采用站姿，向对手施展一系列预先计划好的猛烈突刺，对手则会闪避；这一过程反复继续，直到其中一名剑士找到对手的空隙。

▲ 两名剑士选择使用斗篷来格挡对方的西洋剑。两人都希望对方能被斗篷困住，被斗篷拉往一侧，这样就出现了空隙，就可以突刺了

戟

戟是一种锋刃武器，设计作用是大幅延展士兵的攻击范围；它既有斧头的劈砍功能，又有矛头的突刺和穿甲功能。戟的作用，在中世纪和文艺复兴时期的列阵作战中达到了顶点。士兵能够用戟将对方骑兵打下马来，也能直接杀掉对方骑兵。

欧洲戟，约1550年

这把戟装饰华丽，可能用于礼仪场合。这类华丽的戟大多数都是发给君主的贴身侍卫用的，设计专门用于欣赏。

钩子突出 ——

德国戟，约1550年

这把戟形制简约，很有分量，说明是用于实战的。劈砍的斧刃较宽，有一系列大小不等的格挡钩。矛头较长，专用于长距离穿刺。

钩子用于拉骑兵下马，格挡锋刃 ——

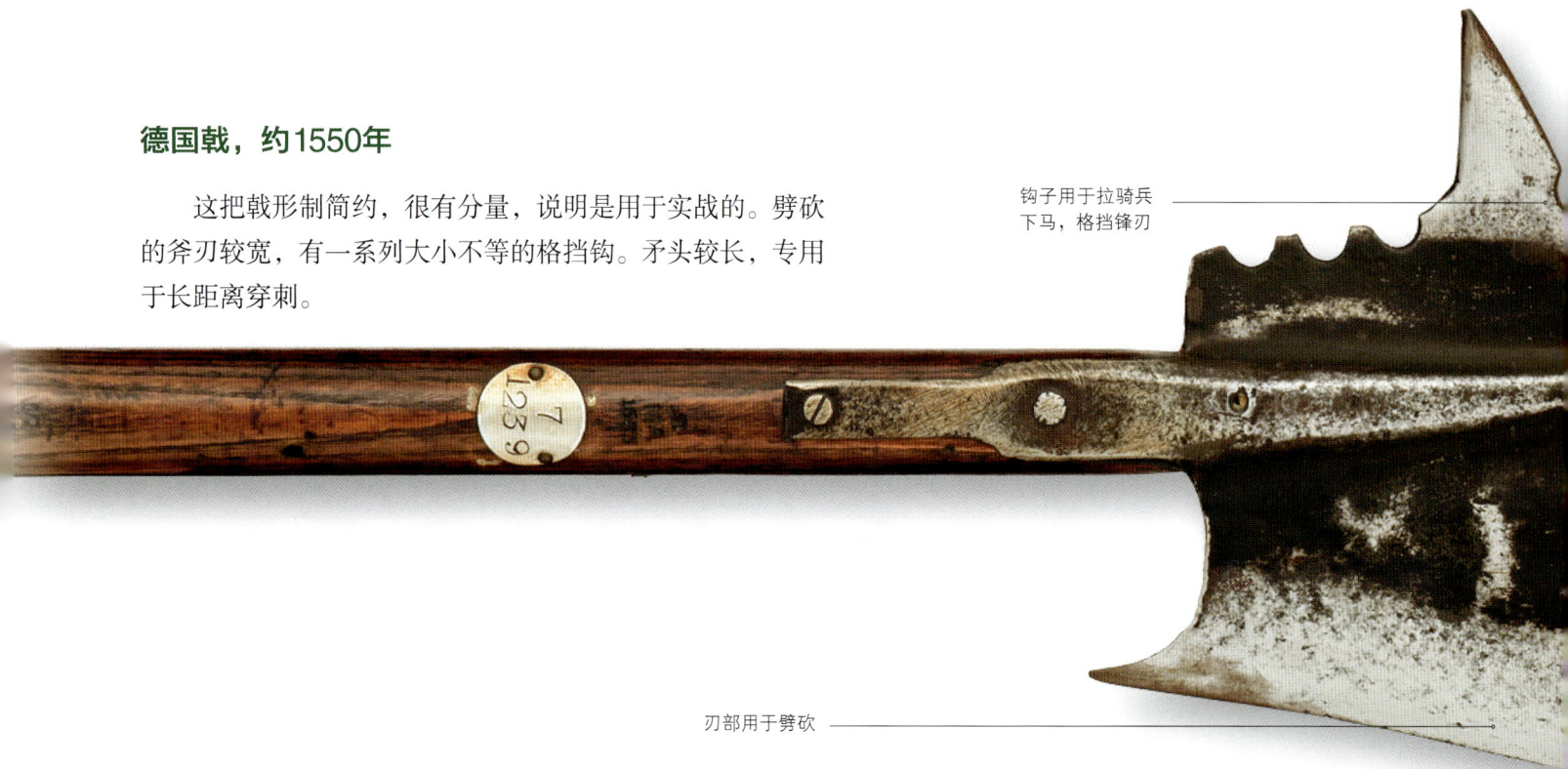

刃部用于劈砍 ——

瑞士/德国戟，约1480年

这是戟的早期形制，用于劈砍的刃部较大，长方形；矛头较短，有凹槽。钩子用于格挡敌人的锋刃或打落骑兵，造型还十分原始。要想有效使用，需要长期训练，掌握很高技巧。

格挡钩，也叫擒拿钩
（grappling hook）

有凹槽的矛头

年代：约1480年

来源：瑞士/德国

长度：226.7厘米

刃部有装饰

刃部用于劈砍，
凹面形

年代：约1550年

来源：不详

长度：227.5厘米

矛头较长用于穿刺

年代：约1550年

来源：德国

长度：55.4厘米（头部）

意大利戟，约1570年

　　装饰华丽，只具备一点作战功能。斧刃由带着刺孔的回文细工组成，非常容易损坏。最实用的部件是长长的尖头，几乎像一把剑。但主要应用在礼仪场合。

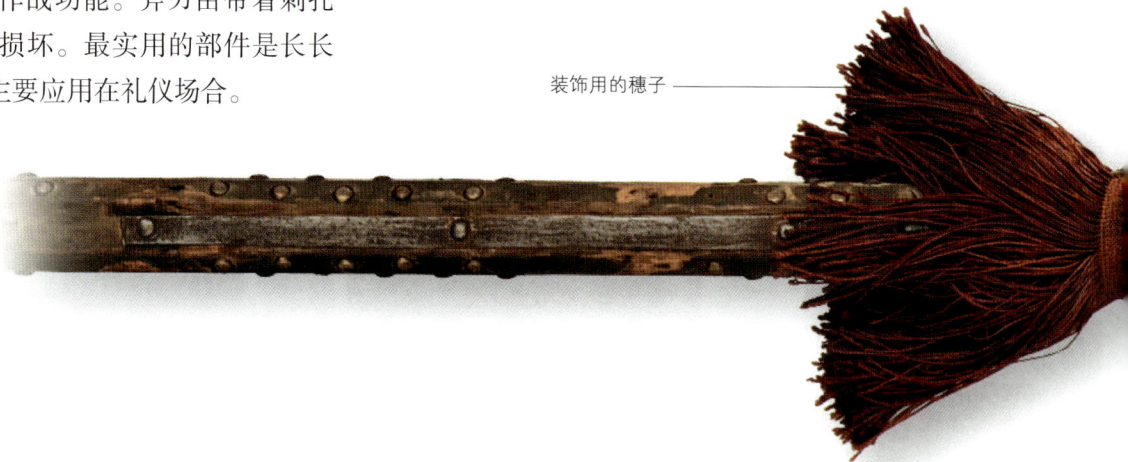

装饰用的穗子

硬木柄

有杀伤力的倒钩

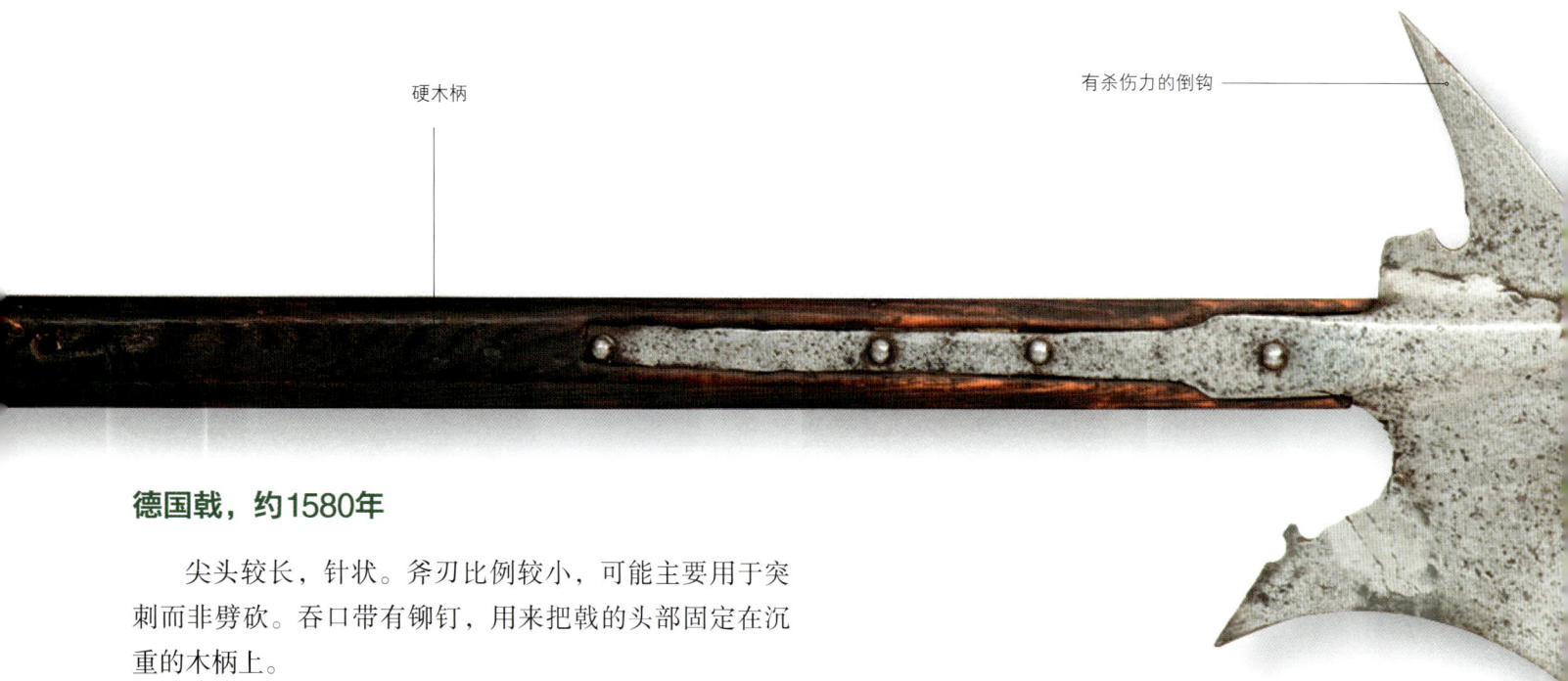

德国戟，约1580年

　　尖头较长，针状。斧刃比例较小，可能主要用于突刺而非劈砍。吞口带有铆钉，用来把戟的头部固定在沉重的木柄上。

凹面斧头

英格兰戟/阔头枪，约1700年

　　到18世纪末，戟在军事上变得多余，特别是有了近战火器与火炮，戟就更加可有可无了。这件样品是典型的过渡形态，作为长柄武器，杀伤力仍很强大，特别是在应用开刃斧头和双刃矛头的情况下。

针状尖头，较长

装饰用钩子

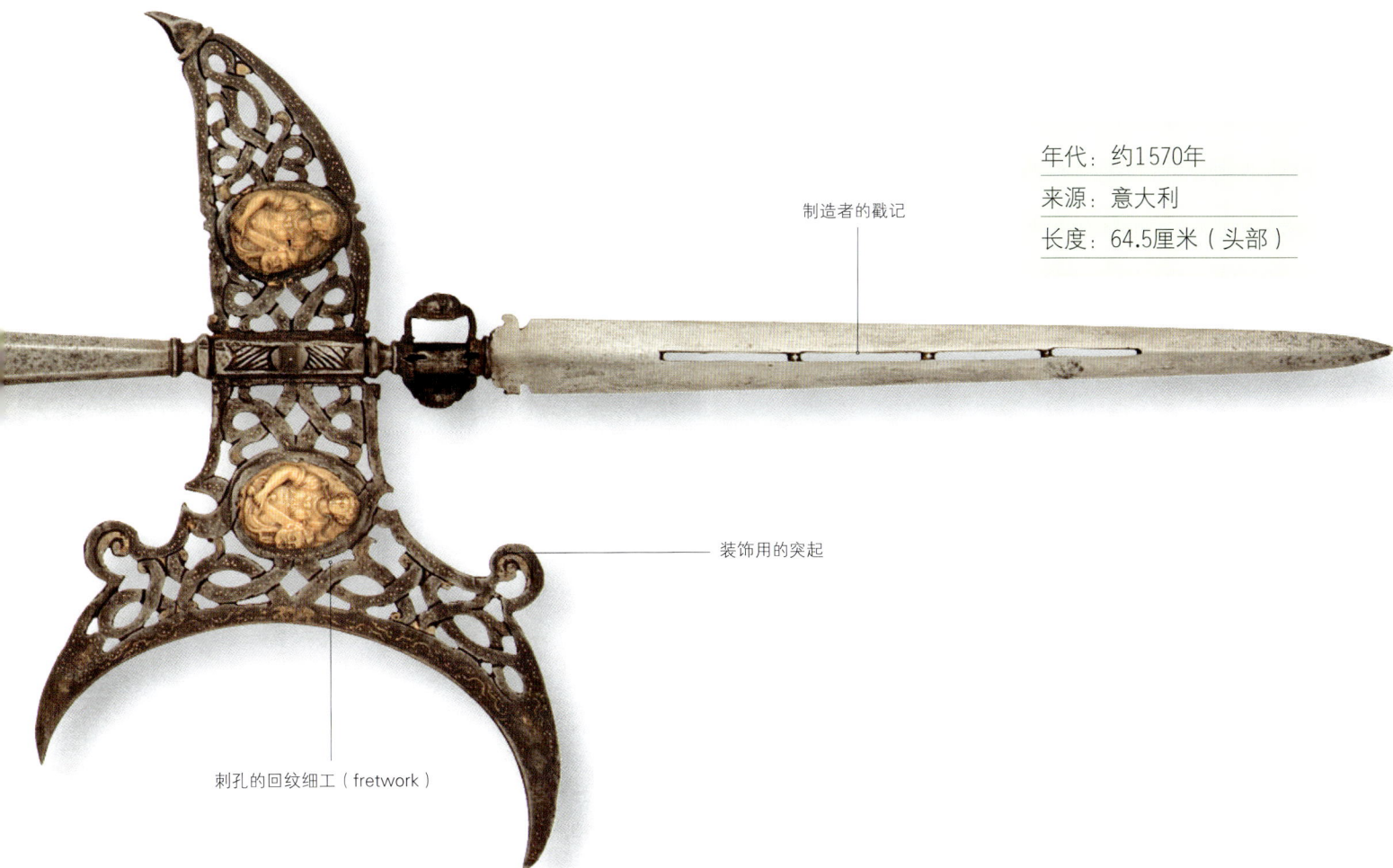

制造者的戳记

年代：约1570年

来源：意大利

长度：64.5厘米（头部）

装饰用的突起

刺孔的回纹细工（fretwork）

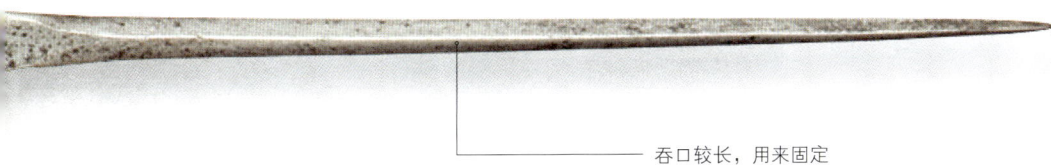

年代：约1580年

来源：德国

长度：204.5厘米

吞口较长，用来固定

矛头状头部

年代：约1700年

来源：英格兰

长度：239.7厘米

阔头枪和剑刃戟

中世纪后期（大约13—14世纪）以来，阔头枪和剑刃戟在欧洲战场上一度很重要。不过到了18世纪就没有人再用了。阔头枪已经成了一种象征性的武器，代表军阶高低，由军官和士官携带。

意大利剑刃戟，约1550年

凹面的劈砍锋刃

这把剑刃戟以劈砍为主，有较长的凹面锋刃和较小的格挡钩。另外，锋刃底部，孔槽上方还有一对格挡钩。很多早期剑刃戟，是用刀剑或小刀的刃部装在长木柄上组合而成。

年代：	约1550年
来源：	意大利
长度：	75.5厘米（头部）

法国剑刃戟，1564年

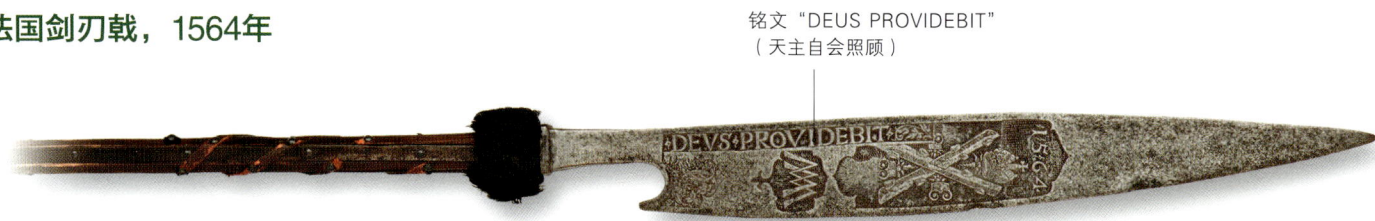

铭文 "DEUS PROVIDEBIT"
（天主自会照顾）

这件样品的质量很高，使用者是法国勃艮第公爵（the Duke of Burgundy）手下的士兵。刃部有蚀刻很深的图案，是公爵的纹章以及两个交织的字母M，其中一个代表神圣罗马帝国皇帝马克西米连二世（Maximilian II，1564—1576年在位）[1]，另一个代表皇后：西班牙的玛丽亚（Maria of Spain，1528—1603年）。

年代：	1564年
来源：	法国
长度：	71厘米（头部）

英国皇家禁卫军（Yeomen of the Guard）

英国皇家禁卫军是英国陆军最早建立的军事组织，1485年在博斯沃思（Bosworth）战役之后，由亨利七世（Henry VII）建立。今天的皇家禁卫军仍然穿着都铎王朝（1485—1603年）时期的军服，长袍上的图案有都铎王冠、兰开斯特玫瑰、三叶草、蓟花，还有铭文 "DIEU ET MON DROIT"（法文：我权天授）。禁卫军原先的武器是一般步兵用的长柄枪，但后来换成了有装饰（蓝地描金）的阔头枪。今天举行仪式的时候依然携带阔头枪。[2]

◀ 1894年，英国皇家禁卫军搜查英国国会地下室。他们的制服和阔头枪直到今天依然保持原样[3]

[1] 1527年生。——译者注
[2] 博斯沃思是英国莱斯特附近的一片原野。英王爱德华三世（Edward III）后代的两个家族——兰开斯特家族（Lancaster）和约克（York）家族为了争夺继承权，从1455年到1485年进行了一系列战争，统称"玫瑰战争"。1485年6月22日，代表兰开斯特家族的亨利·都铎（Henry Tudor）在博斯沃思击败了约克家族的理查三世（Richard III），即位成为亨利七世。——译者注
[3] 1605年有一群天主教极端分子想在国会地下室安放火药，暗杀英国国王詹姆士一世。密谋最后失败，之后禁卫军搜查地下室就成了一项例行公事，后来越来越带有礼仪性质。——译者注

勃艮第公爵卫队（the Burgundian Ducal Guard）使用的法国阔头枪，1618年

刃部用于劈砍

深深刻下的公爵纹章，用于装饰

刃部的金属包头（ferrule）

装饰用钩子

繁复的图案

年代：	1618年
来源：	法国
长度：	64.2厘米（头部）

这把阔头枪装饰华丽，应当是勃艮第公爵卫队使用的。造价十分高昂，只发放给极少数精英士兵。

法国阔头枪，约1680年

刃部中心贯穿一条加强肋（Strengthening rib）

硬木握柄

巴洛克风格的神话人物形象

年代：	约1680年
来源：	法国
长度：	192.1厘米

17—18世纪，刀剑和长柄武器都增加了镀金的使用，这件优良的阔头枪，显然体现出这一点。制作出来是为了礼仪场合与卫兵守卫，图案包括法国王冠、纹章，还有洛可可风格的古典主义人像。刃部的太阳标志可能象征法王路易十四（1638—1715年），人称"太阳王"（the Sun King，法语原文 le Roi Soleil）。

长柄枪、戈刀、半长柄枪

16—17世纪的战争，经常可以见到双方手持长柄枪与戈刀的士兵组成阵形，用戈刀、长柄枪、半长柄枪互相推挤。英国内战（1642—1651年）的长柄枪，平均长度为4.9米，显然有利于把对手阻挡在安全距离之外；但木杆长而重，也会非常累赘，难以灵活作战。

意大利长柄枪（也可称为冲锋骑枪），约1550年

吞口较长，有铆钉

树叶形刃部

同样类型的军用长矛，可以回溯至千年之前；16世纪依然经常用作进攻武器。唯一明显的变化是矛杆的长度，千百年来变得越来越长，好应对地方步兵的列阵，而且能把前方敌人阻挡在安全距离以外。

| 年代：约1550年 |
| 来源：意大利 |
| 长度：182厘米 |

意大利长柄枪，约1550年

张大或有凹槽的尖头

17世纪出现以火绳枪为代表的火药武器，不过，面对有组织的骑兵冲锋，依然只有一种有效的防御手段，那就是一排训练有素的长矛兵。讽刺的是，训练长矛兵比训练火枪兵要花费更多时间。这是因为长矛兵需要很强的体力，还有复杂的使用技巧。

| 年代：约1550年 |
| 来源：意大利 |
| 长度：65.7厘米（头部） |

英格兰戈刀，约1550年

矛头

倒钩（或倒刺）

开口用来卡住敌方武器

16世纪的英国戈刀一般造型简约，但结构坚固。这把戈刀上有一些突起，分别有不同的作用。弯曲的斧头适合劈砍，长长的矛头适合穿刺，突出的格挡钩适合挡开敌人攻击，还能把骑兵拉下马来，砍断马腿。

| 年代：约1550年 |
| 来源：英格兰 |
| 长度：195.5厘米 |

意大利戈刀，约1550年

刃部有矛头

刃部弯曲，用
于劈砍马腿

制造者印记

年代：	约1550年
来源：	意大利
长度：	67.3厘米（头部）

矛头下面的弯钩应该先用来劈砍敌人的马腿，然后把骑兵拉下马来，最后用针尖状的矛头杀死失去防护的骑兵。

意大利戈刀，约1560年

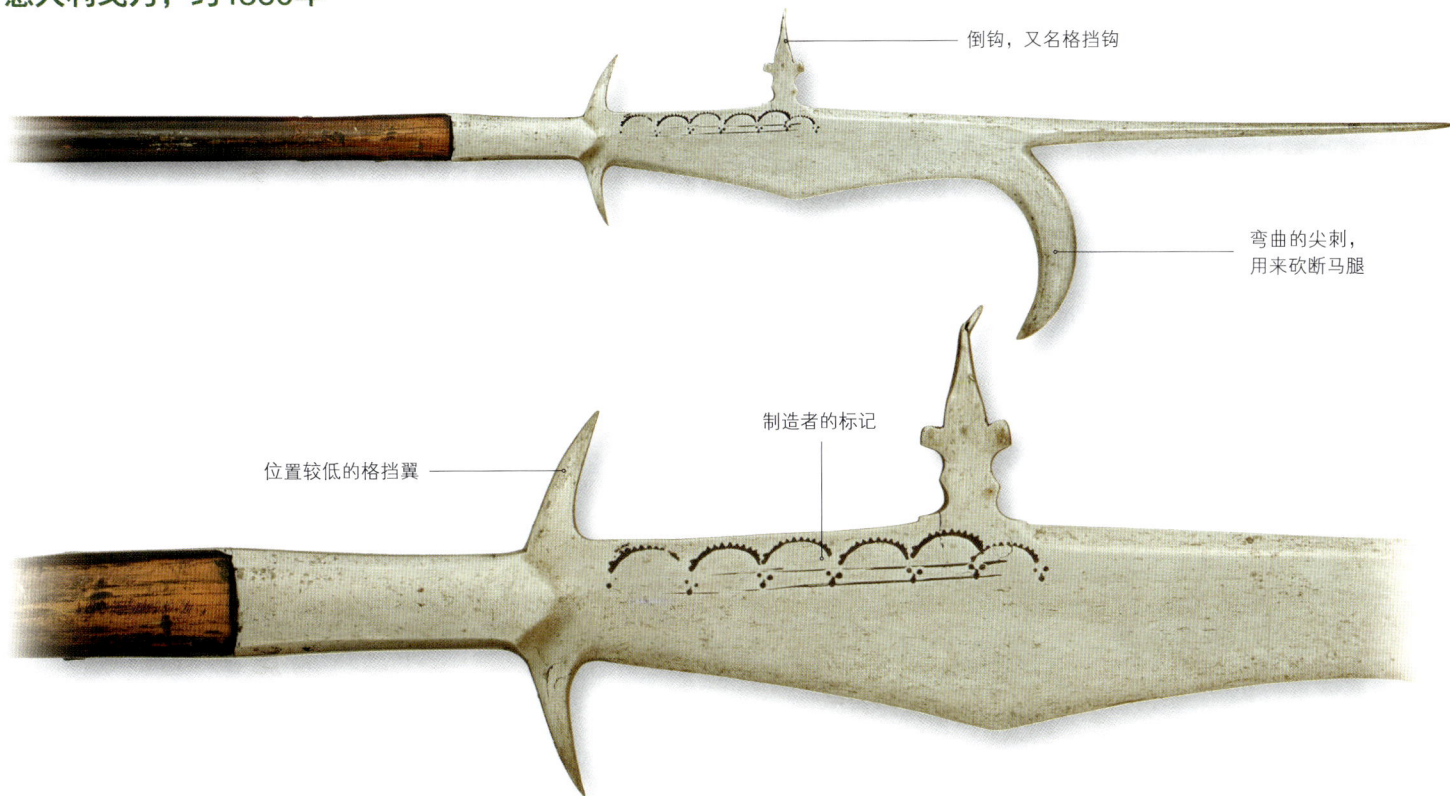

倒钩，又名格挡钩

弯曲的尖刺，
用来砍断马腿

制造者的标记

位置较低的格挡翼

年代：	约1560年
来源：	意大利
长度：	70.6厘米（头部）

意大利戈刀，意大利语名为roncone；设计比英国戈刀成熟得多，一般刀头较长，尖刺也更多。这把戈刀刀刃有制造者的标记，是一系列新月的形状。制造者的标记多种多样，有很多形状还十分模糊怪异，辨认起来很困难。

英格兰戈刀，约1580年

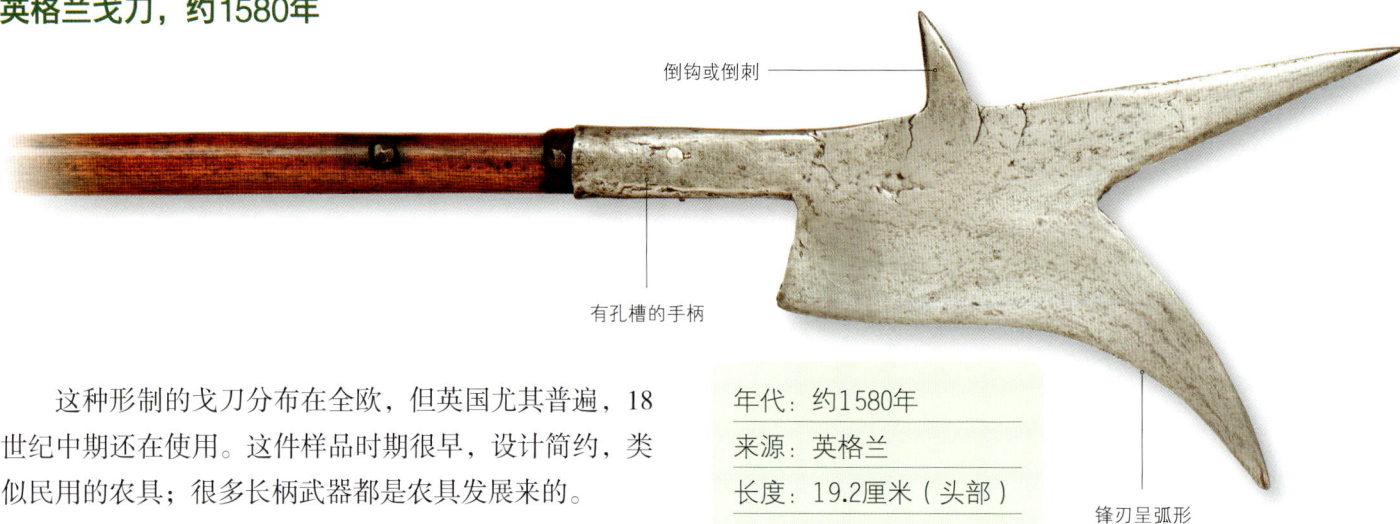

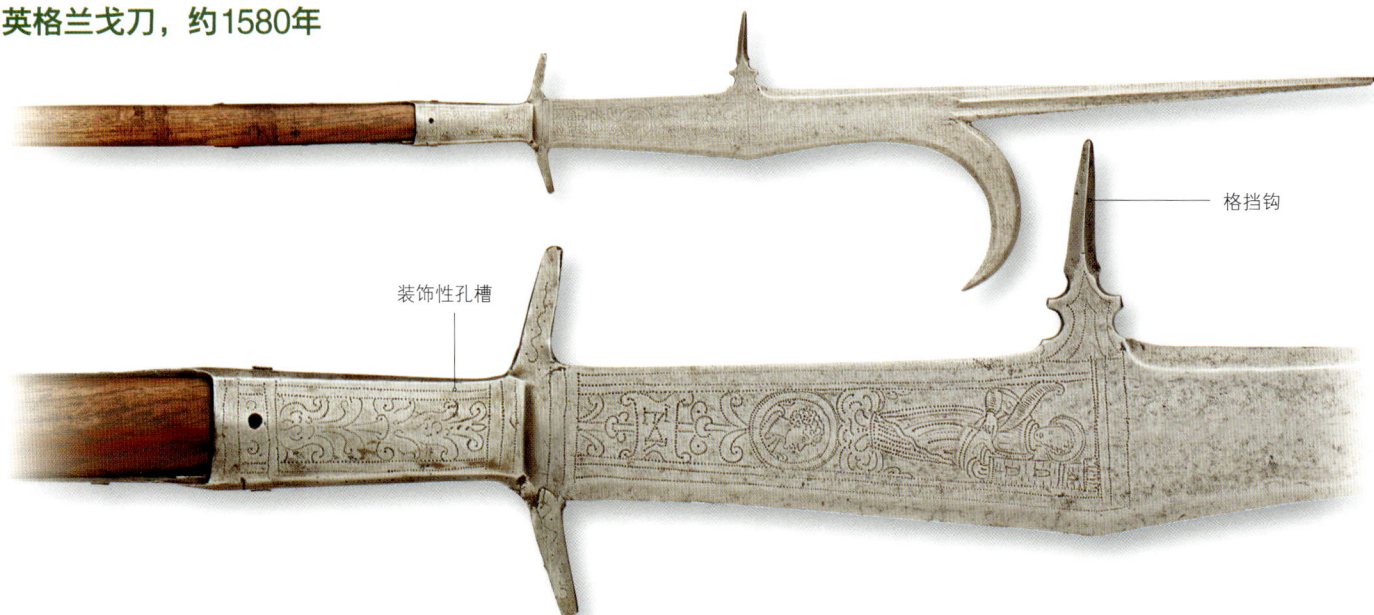

倒钩或倒刺

有孔槽的手柄

锋刃呈弧形

这种形制的戈刀分布在全欧，但英国尤其普遍，18世纪中期还在使用。这件样品时期很早，设计简约，类似民用的农具；很多长柄武器都是农具发展来的。

年代：约1580年
来源：英格兰
长度：19.2厘米（头部）

英格兰戈刀，约1580年

格挡钩

装饰性孔槽

这把戈刀刀头很长，形制极为特殊。可能更多用于突刺而不是劈砍。有两个翼形格挡钩，位于刀头底部附近；还有一个有效的格挡钩（又名倒钩），位于紧挨着的上方。

年代：约1580年
来源：英格兰
长度：217.2厘米

英格兰半长柄枪，约1790年

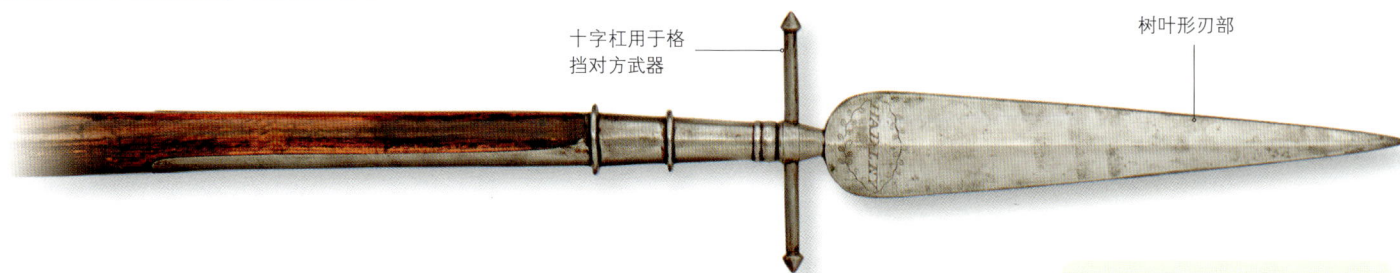

十字杠用于格挡对方武器

树叶形刃部

这个时期，半长柄枪已经彻底变为军衔的象征，只有军官和士官才会携带。之前长柄武器的弯曲"格挡条"（parrying bars），也叫"倒钩"（flukes），这时已经不见了，取而代之的是简单的"十字杠"和带有装饰性的尖顶饰或锷叉。

年代：约1790年
来源：英格兰
长度：157.5厘米

法国军官半长柄枪，约1780年

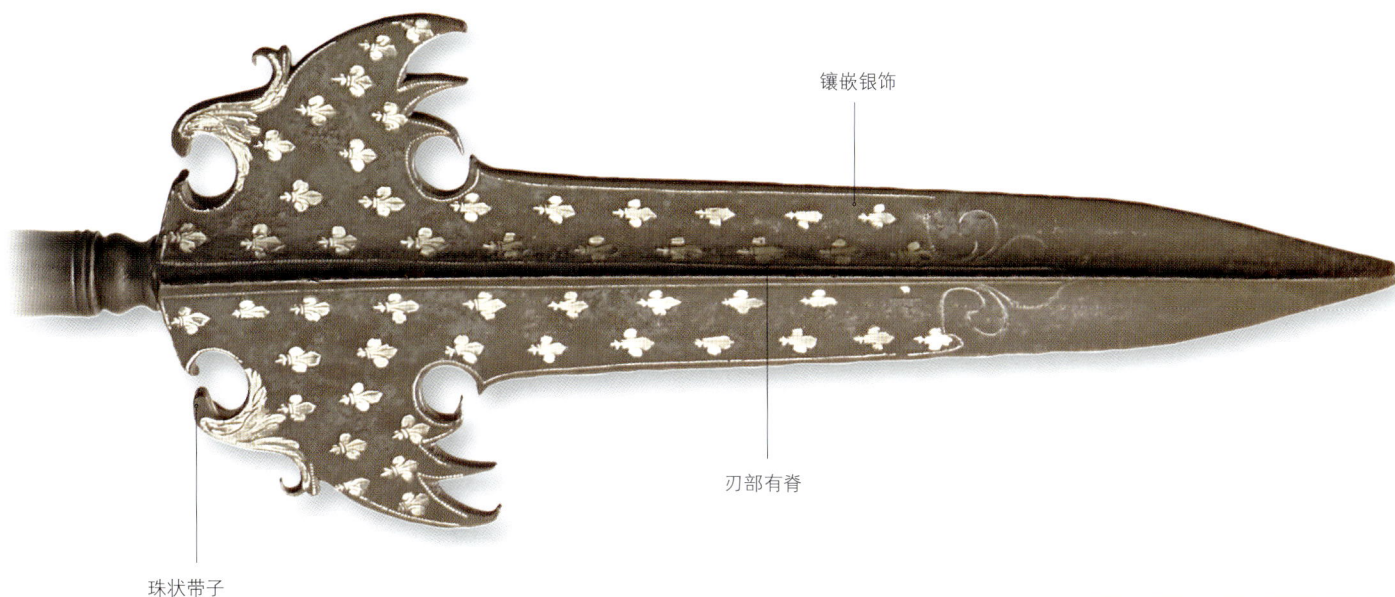

镶嵌银饰

刃部有脊

珠状带子

铸铁造成，由法王路易十六（Louis XVI，1774—1791年在位）的卫队使用。枪尖为黑铁，两边都有坚固的脊；大约三分之二面积的表面装饰有镶嵌银饰的百合花，还有精美的珠状带子。

年代：	约1780年
来源：	法国
长度：	40.3厘米（头部）

英格兰半长柄枪，约1800年

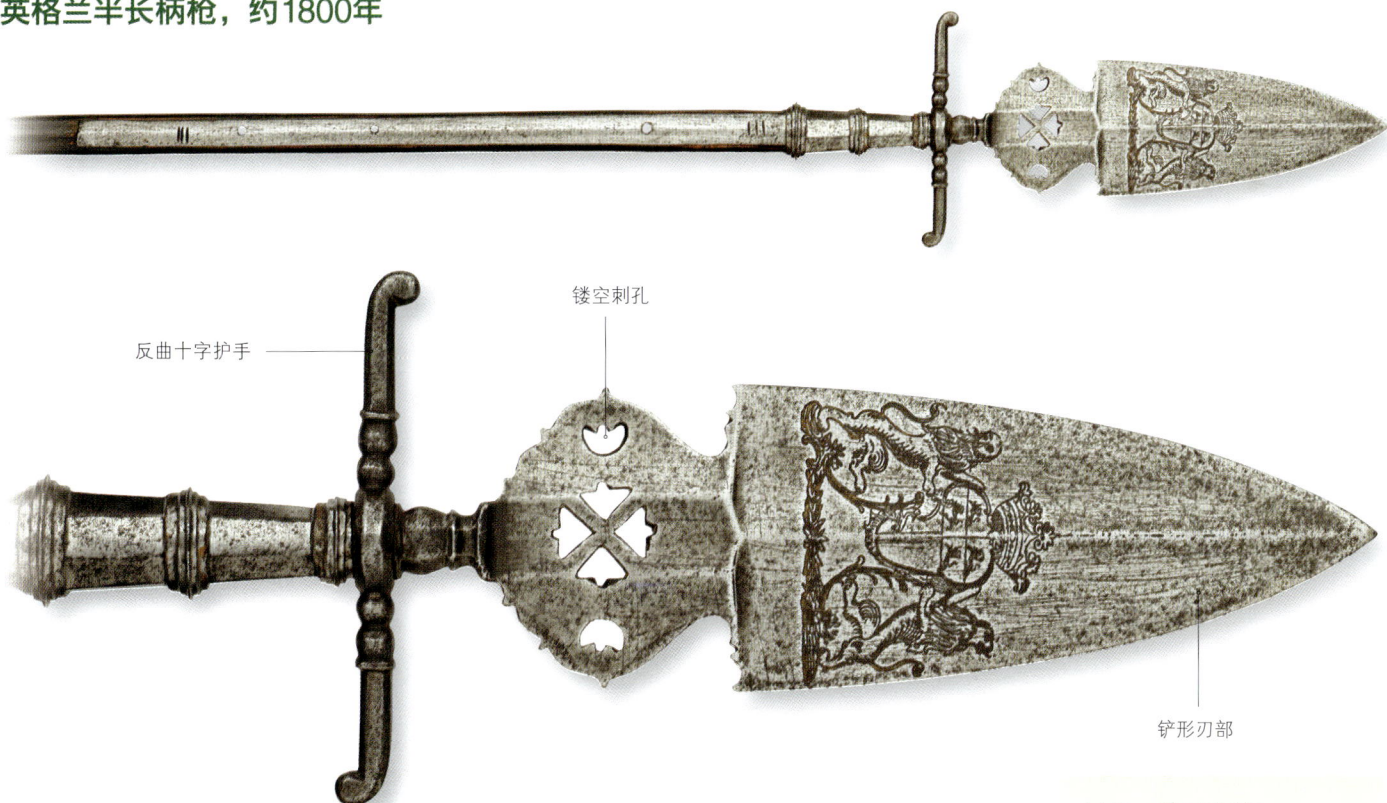

反曲十字护手

镂空刺孔

铲形刃部

枪尖有镂空刺孔和雕刻装饰，说明这把半长柄枪更多用于礼仪场合；但结构依然坚固耐久，可以用于实战。枪头用带有铆钉的长吞口固定在木杆上。

年代：	约1800年
来源：	英格兰
长度：	23.5厘米（头部）

矛、钩刀、"巴迪什"月刃斧

　　长矛早在史前就已经用于战斗。这种武器历史如此悠久，证明了作战时的效用。在中世纪和文艺复兴时期，长矛已经不再像欧洲古代那样用于投掷，而更多地作为突刺的长柄武器。

　　钩刀是在农具的基础上加工发展而来的。"巴迪什"月刃斧基本是普通农民军的武器，刀刃长而重，新月形，作用相当于战斧，威力很大。

德国长矛，带有"翼"或"格挡钩"，约1480年

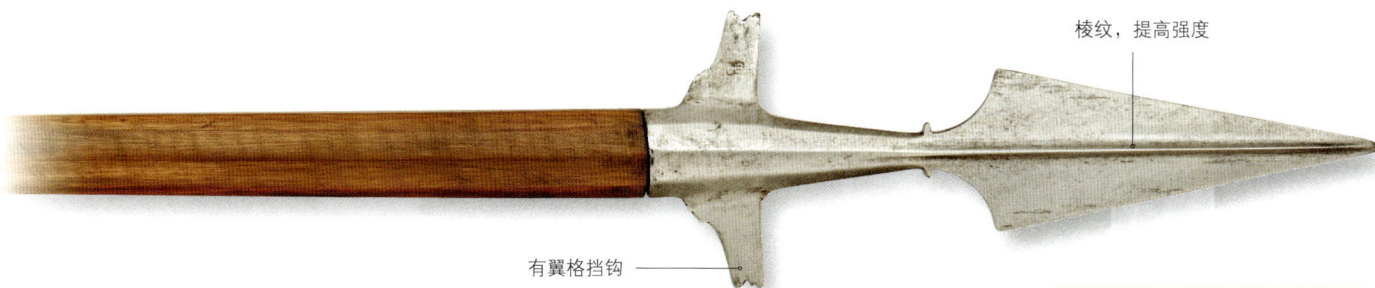

棱纹，提高强度

有翼格挡钩

　　这把长矛带有"翼"或"格挡钩"，矛头呈树叶形，有三棱的侧面突起，防止矛头陷入敌人身体太深，避免刺中敌人之后难以拔出。这种情况会让自己失去防护。

年代：	约1480年
来源：	德国
长度：	109.2厘米

意大利军用长矛，约1500年

中脊（有棱纹的脊）较长

　　这把军用长矛，矛头较长，三棱锥形；沿中线有突出的中脊（也叫加强脊），能够承受很强的冲击。在猛力突刺的时候，特别是刺穿铠甲或防护衣的时候，经常会产生这样的冲击。

年代：	约1500年
来源：	意大利
长度：	240厘米

意大利军用长矛，约1520年

　　属于文艺复兴后期，形制简单。这把长矛若是从它的时代上溯500年，放到1066年的英国黑斯廷斯战役，也不会显得突兀。长矛的功能没有变化，只是不再投掷，改成了手中握持的长柄武器。

年代：	约1520年
来源：	意大利
长度：	46.3厘米（头部）

英格兰短矛，约1550年

铆接吞口

年代：	约1550年
来源：	英格兰
长度：	33.2厘米（头部）

铆接吞口固定在木柄上，与当时阔头枪或其他长柄武器的固定形式类似。这种吞口会提升孔槽的强度。整体很像军用长柄枪的缩小版。

英格兰钩刀（guisarme，又译英式钩矛），约1580年

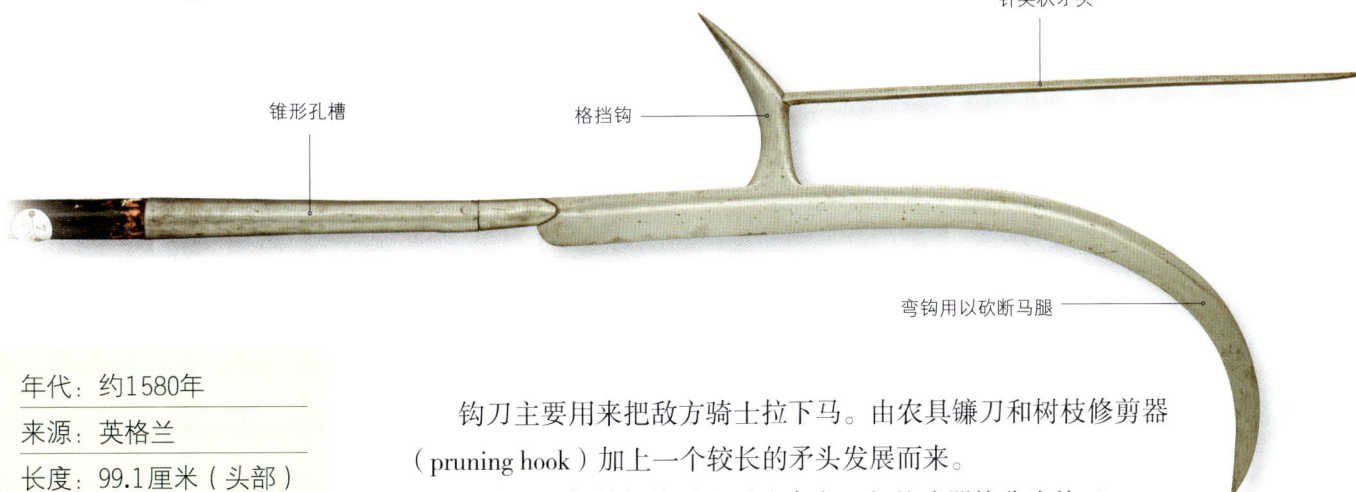

针尖状矛头

锥形孔槽

格挡钩

弯钩用以砍断马腿

年代：	约1580年
来源：	英格兰
长度：	99.1厘米（头部）

钩刀主要用来把敌方骑士拉下马。由农具镰刀和树枝修剪器（pruning hook）加上一个较长的矛头发展而来。

后来，人们就把钩子和矛头合在一起的武器统称为钩刀。

北欧"巴迪什"月刃斧，约1480年

用于突刺的尖刺

用于劈砍的长刃

年代：	约1480年
来源：	北欧
长度：	76.2厘米（头部）

使用这把"巴迪什"月刃斧，非得有相当的体力不可。木杆很粗，刀头沉重，加在一起的总重量很可能会造成挥舞不便，除非士兵训练有素。刀头底部用坚固的铆钉固定在木杆上，确保长刀头的稳定。"巴迪什"月刃斧是东欧步兵的标准武器，特别是俄国和波兰；17世纪的火枪手（现代步兵的早期形式，携带滑膛枪）在发射的时候，会把枪架在"巴迪什"斧刃背面木杆与斧刃相接的地方。推测木杆另一头还会装一根长尖刺，用于插进土里固定。

战斧

战斧主要用于一路劈砍，破坏铠甲，杀伤敌人。到15世纪下半叶，骑士主要步行作战，战斧成为骑士的主要实战武器，刀剑屈居第二。战斧一般组合了斧、锤、尖刺三样。骑士经过有效训练，就能用一系列准确而猛烈的动作消灭敌人。

欧洲长柄大斧，约1480年

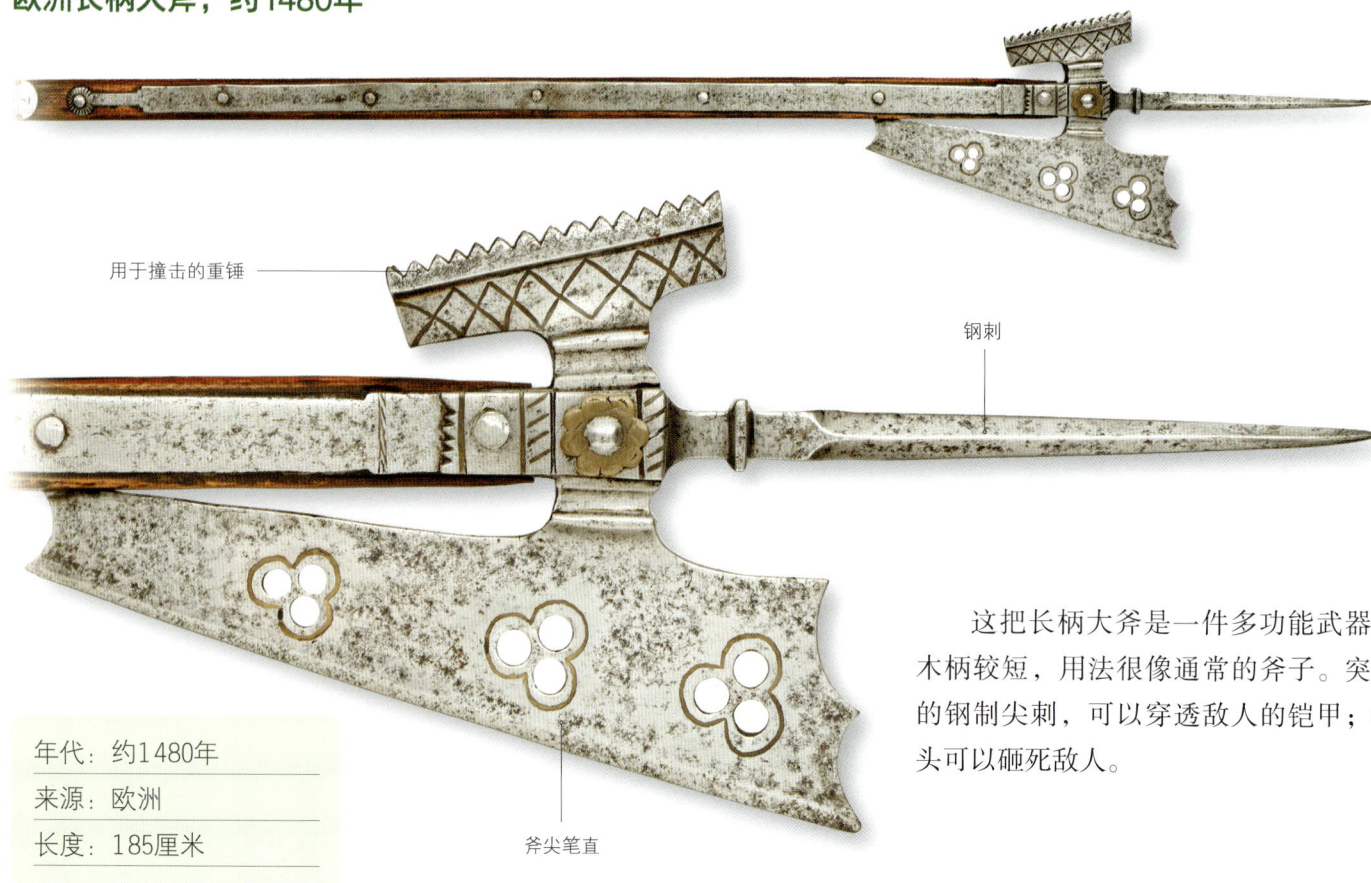

用于撞击的重锤

钢刺

年代：	约1480年
来源：	欧洲
长度：	185厘米

斧尖笔直

这把长柄大斧是一件多功能武器，木柄较短，用法很像通常的斧子。突出的钢制尖刺，可以穿透敌人的铠甲；锤头可以砸死敌人。

北欧长柄大斧，约1480年

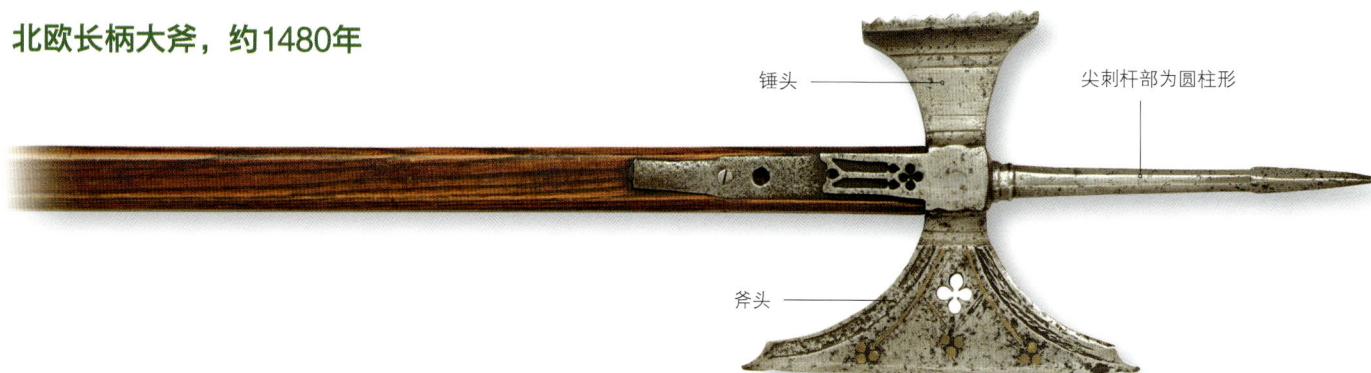

锤头

尖刺杆部为圆柱形

斧头

长柄大斧很多都有装饰，但这一把却十分简约。多数长柄大斧的尖刺剖面是三棱锥形，这一把却是圆形。长柄大斧的英语poleaxe来自古英语poll，意思是"头"。

年代：	约1480年
来源：	北欧
长度：	35厘米（头部）

长柄大斧用于实战

到15世纪，英国骑士主要步行作战，首选武器就是长柄大斧。长柄大斧必须双手握持，放在肩膀高度；双肘挨近身体，避免敌人攻击脆弱的身体两侧，特别是腋下的部位，因为这里一般没有板甲防护。

遭遇肉搏战的时候，骑士必须躲避、格挡敌人的锋刃，并耐心等待时机用大斧攻击敌人。持斧士兵所希望的是击中敌人有效部位，将敌人打死或打残，但最渴求的则是击中敌人面部。

敌人丧失行动能力之后（有时会当场死亡），士兵再用锤头将对手击毙。

▲ 15世纪肉搏战。两名骑士用的都是长柄大斧一类武器

北欧长柄大斧，约1500年

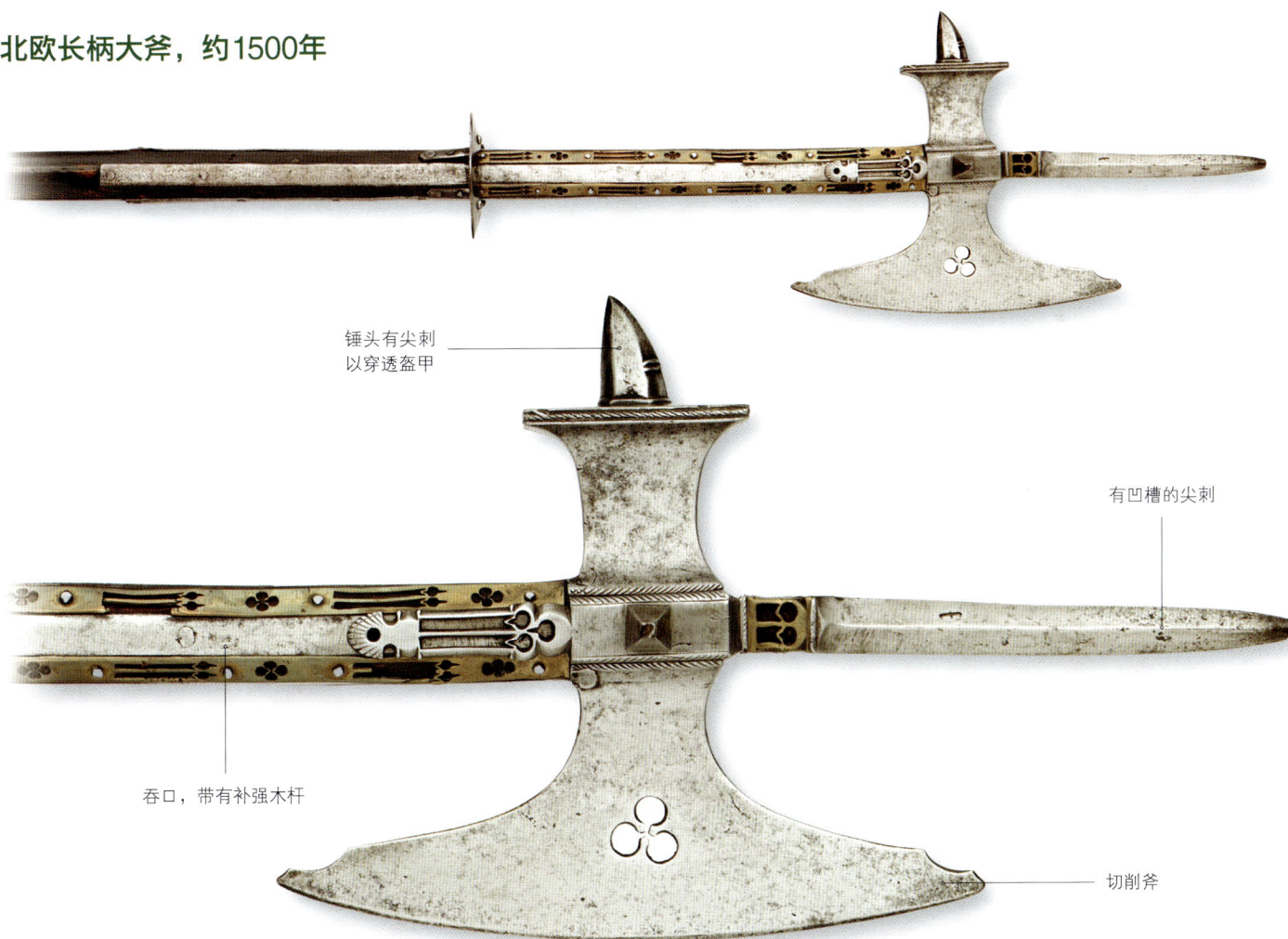

锤头有尖刺以穿透盔甲

有凹槽的尖刺

吞口，带有补强木杆

切削斧

这把大斧的锤头上有一根尖刺，用实心钢材制成，形状像一颗牙，击穿铠甲十分有效。击穿后，士兵可以用斧头顶端的长尖刺捅进破口杀死敌人。

年代：	约1500年
来源：	北欧
长度：	177.8厘米

其他长柄武器

步兵除了戟、长柄枪、长柄大斧之外，还会使用一些较为少见的长柄武器，其中包括"蝠翼锐"（chauve souris，法语意为"蝙蝠"）；还有形制粗糙而有效的长柄大镰，由农具镰刀改造而成；另有一种应征入伍的农民军熟悉的武器——战叉。

德国长柄大镰，约1480年

固定在杆上的连接部件

弯钩用于把骑兵拉下马来

长柄大镰基本就是由割麦子用的农具镰刀略加改造而成，主要的差异在于刀刃弯曲度小于农具镰刀。只要冲力足够，长柄大镰就可以在敌人身上砍出一道贯穿的伤口。

年代：	约1480年
来源：	德国
长度：	250.2厘米

意大利科西嘉枪，约1500年

有凹槽的尖头

科西嘉枪（corseque）有向手柄弯曲的双翼，类似阔头枪。不同之处在于，阔头枪一般有树叶形的枪刃，科西嘉枪则有一个带凹槽的尖头。

年代：	约1500年
来源：	意大利
长度：	74.9厘米

意大利蝠翼锐，约1550年

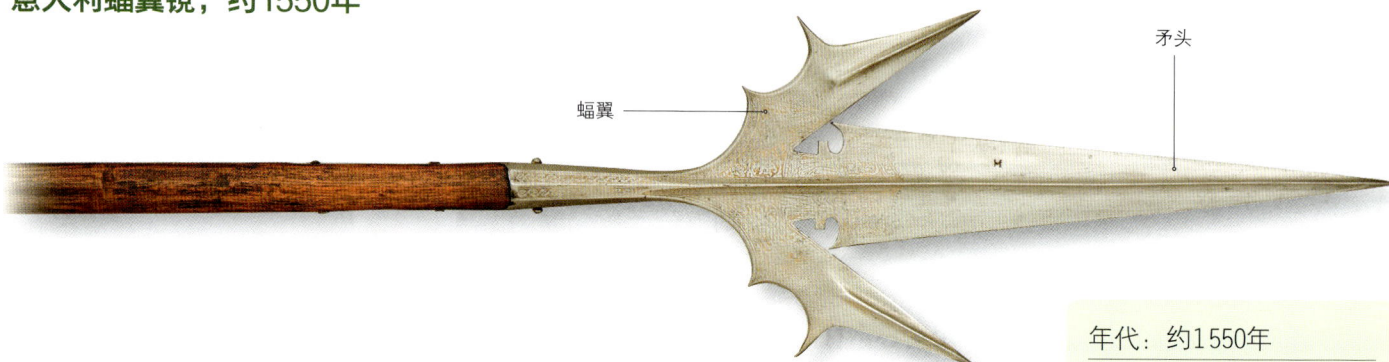

矛头

蝠翼

这件长柄武器很不寻常，独具特色，是用孔槽组装的。矛头带有"蝠翼"，在两边指向上方；"蝠翼"下面是锯齿状的尖刺。

年代：	约1550年
来源：	意大利
长度：	193.1厘米

意大利蝠翼锐，约1550年

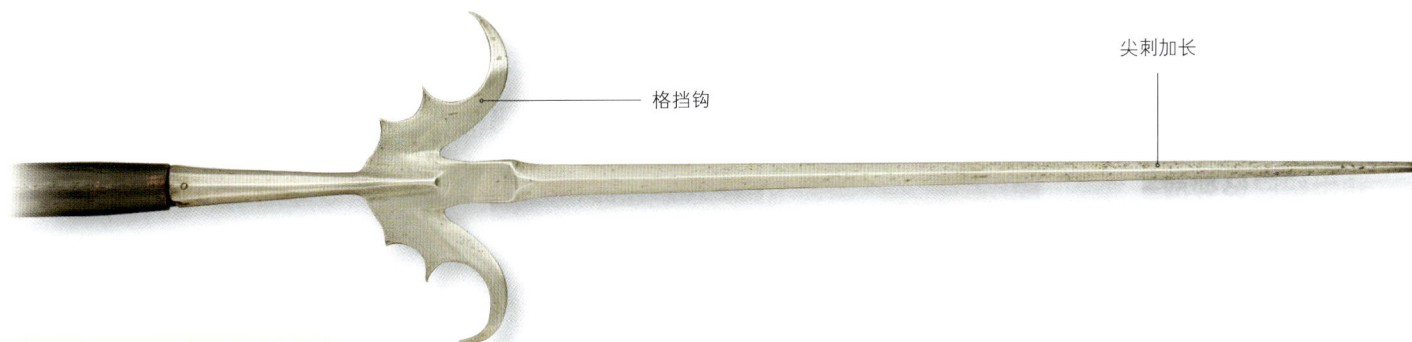

格挡钩

尖刺加长

年代：	约1550年
来源：	意大利
长度：	83.8厘米（头部）

　　这件蝠翼锐，尖刺很长，"蝠翼"尖端指向下方。加长的尖刺很坚固，主要用于突刺而不是劈砍。"蝠翼"应当没有什么实际作用，而且有钩的尖端很容易挂在敌人衣服上。蝠翼锐又称Runka、Ranseur；汉语别名"锐钯"。

英格兰长柄大镰，约1600年

刀刃较宽，适合劈砍

年代：	约1600年
来源：	英格兰
长度：	99.1厘米

　　这是一种农具武器，形制粗糙，推测从中世纪早期就开始应用。长柄大镰与双刃戈刀、戟都不一样，锋刃位于凹面，单刃。长柄大镰在东欧非常流行，特别是俄国、波兰；这两国需要快速组织农民军，以面对奥斯曼帝国的威胁。于是两国就制造了简易的武器，一旦国难当头，首先应用的就是长柄大镰。

德国战叉，约1650年

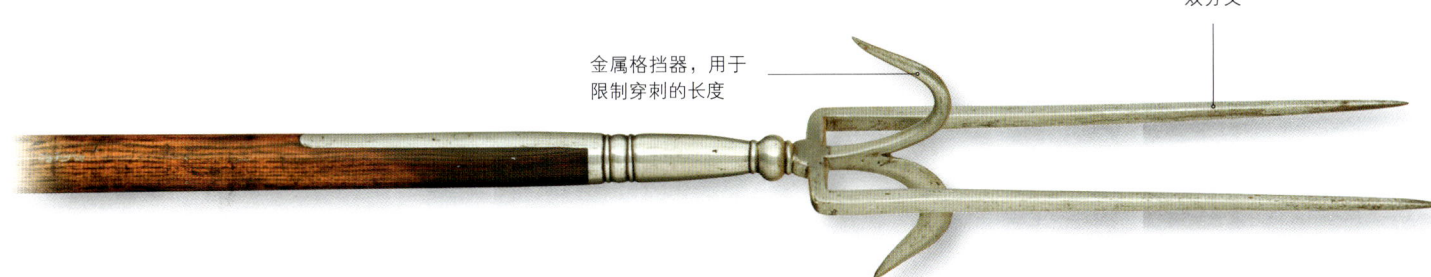

双分叉

金属格挡器，用于
限制穿刺的长度

年代：	约1650年
来源：	德国
长度：	41.1厘米

　　战叉由农具干草叉改造而来，无论军用还是民用都有很多用途。战叉有两个长长的分叉（prongs），也叫齿（tines），能够轻易把骑兵刺于马下，然后很快击毙或俘虏。骑兵落地时经常不会受伤，然后就被扣为人质，索要赎金。此外，战叉还可以在围城时作为实用工具，用来架设云梯（siege ladders），或者把军需物资托举到城垣上。

猎刀、波斯弯刀（佩剑）

短刃猎刀起源自中世纪后期，18世纪最为风行；猎刀原本是称手的工具，用来把动物肢解分开；18世纪已经变成一种公开炫耀财富与社会地位的手段。短刃猎刀中的"佩剑"被军方采用，主要用来装备步兵，海军军官也常用。

剑身有多道血槽

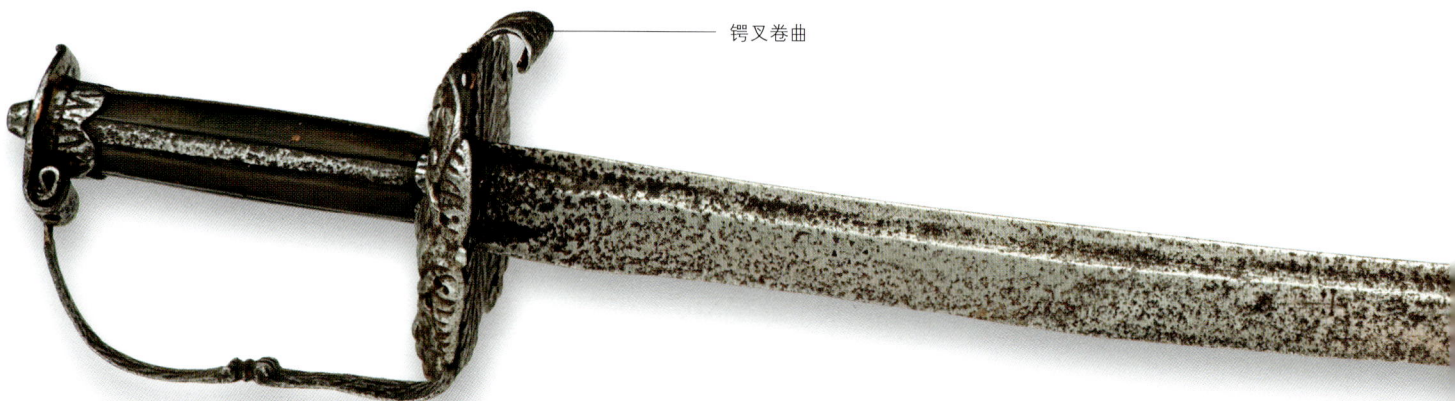

锷叉卷曲

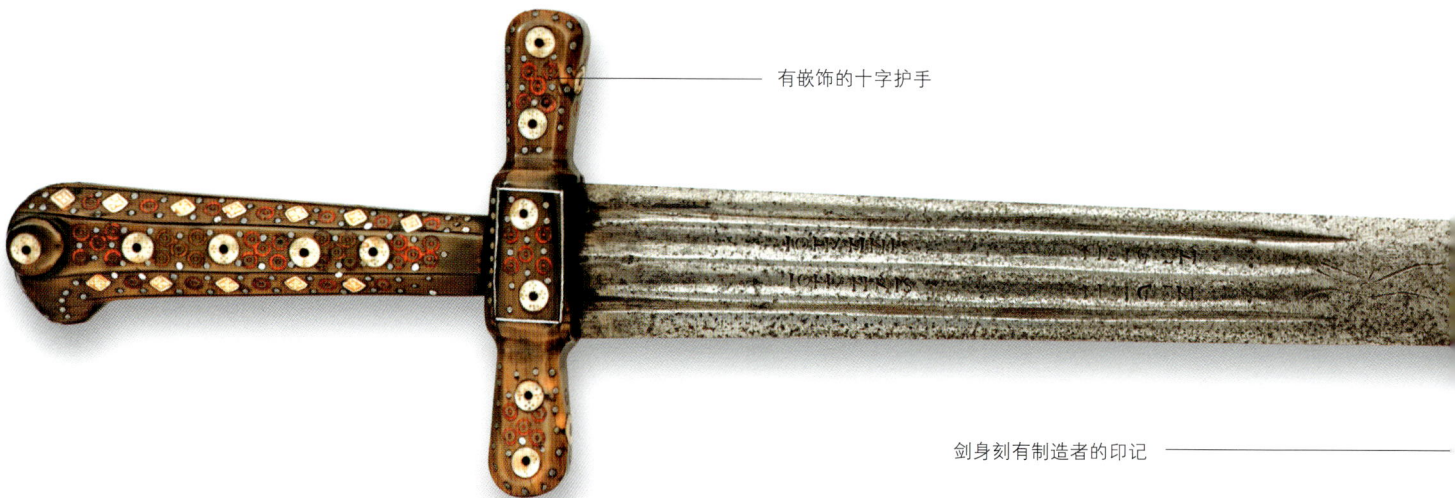

有嵌饰的十字护手

剑身刻有制造者的印记

英格兰佩剑，约1640年

到17世纪末，某些英国佩剑开始采用兽形（zoomorphic）柄头，也就是动物脑袋造型。最常见的有两种：狮头、狗头。当时的兽头造型差异很大，既有高度写实的，也有抽象怪异的。铸剑师天真烂漫的性情，让这些柄头在现代人看来魅力十足。

锷叉带有球状顶饰

年代：	约1640年
来源：	英格兰
长度：	93.5厘米

英格兰佩剑，约1645年

17世纪，佩剑是步兵常用的武器，特别是英国佩剑，剑身与很多种剑柄搭配。这件样品的护手是钢制壳手，有刺孔，剑身略弯，单血槽。柄舌尖端突出在扁平的柄头末端之外。

年代：	约1645年
来源：	英格兰
长度：	81厘米

剑刃附近有血槽[1]

英格兰/德国佩剑，约1650年

剑柄为十字形，兽角制成；镶嵌金属铆钉，材质为白银或锡铅合金；还有鹿角或黑檀木制成的小圆盘（roundels）。剑身为德国制造，出口到英国，组装在这把剑柄上。

年代：	约1650年
来源：	英格兰/德国
长度：	78.8厘米

[1] 这把剑并未说明是双刃，如果不是，那么从画面上看，应当是剑刃另一侧也就是远处有血槽。译文保持原状。——译者注

切削而成的钢制柄头

有嵌饰的壳手

锷叉钢制，较细

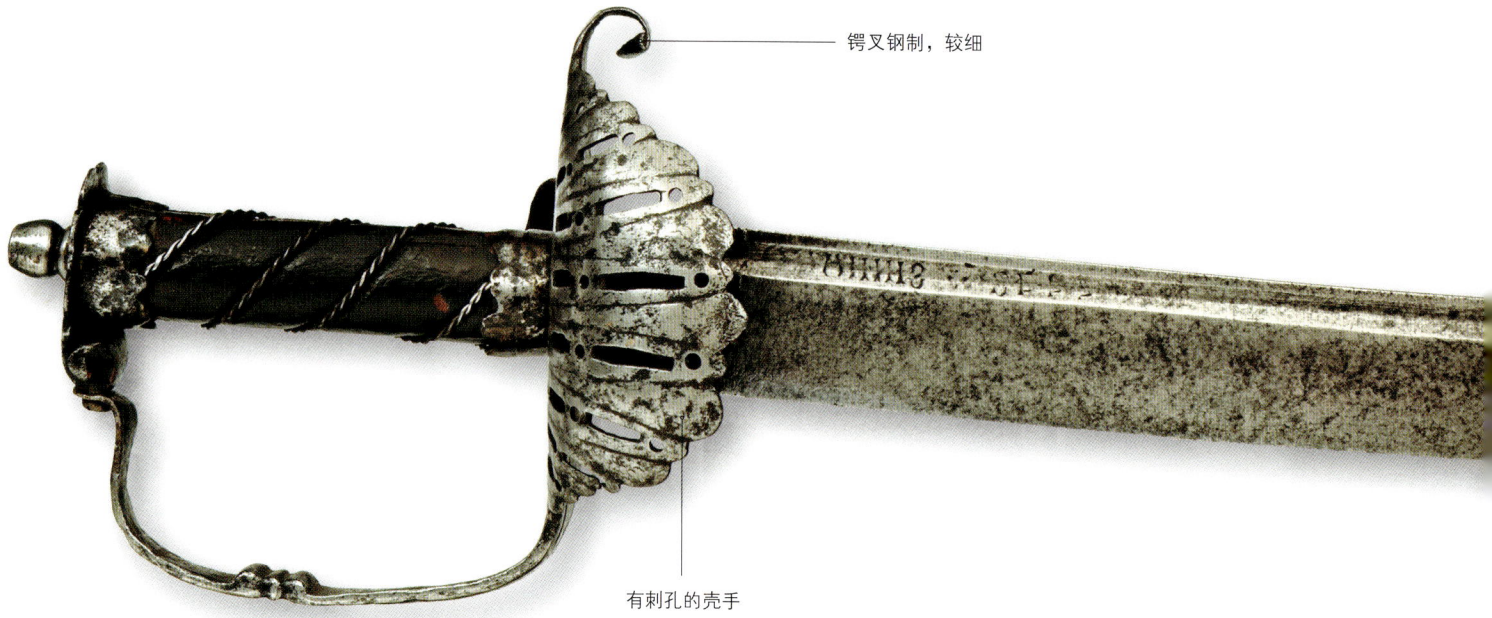

有刺孔的壳手

锷叉加工成圆球形

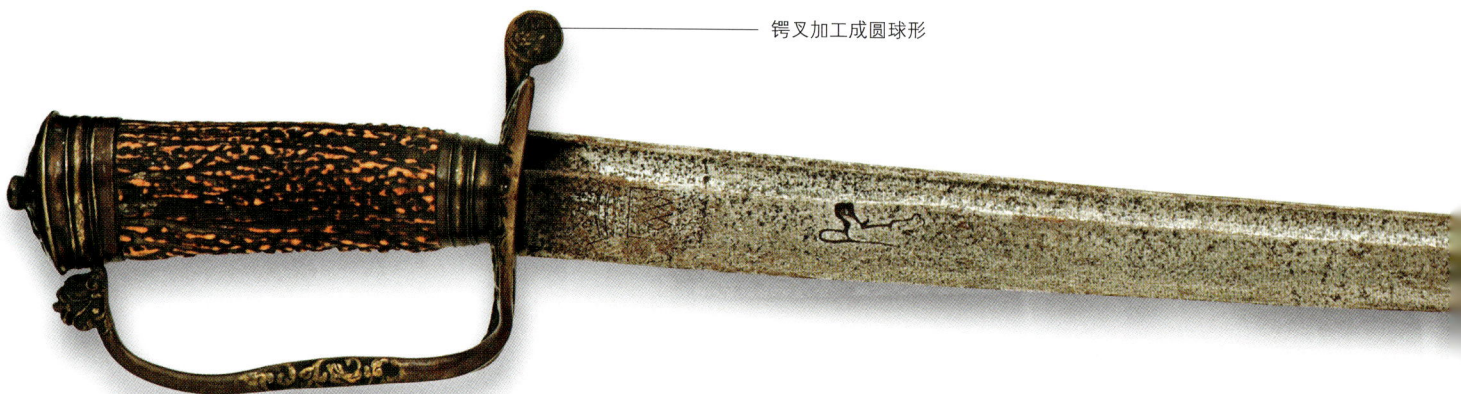

英格兰佩剑，约1650年

英国内战时期（1642—1651年）英国步兵佩剑的优秀样品。剑柄被有意涂黑，用来显示精美的镶嵌白银方格花纹（chequering）。这把剑售价一定很高，主人极有可能相当富有。剑鞘是皮制的，剑鞘底托很可能也有装饰品，与剑柄相配。

年代：	约1650年
来源：	英格兰
长度：	73.2厘米

血槽贯穿整个剑身

英格兰佩剑，约1650年

17—18世纪猎人与海军军官常备的类型。船上帆索很多，作战时空间狭小，因此这种短刀更不容易被帆索挂住，施展起来也更加容易，对海军军官来说很实用。握柄为鹿角制成，护手为黄铜制成。柄头一般略呈圆拱状，柄舌末端突出。

年代：	约1650年
来源：	英格兰
长度：	70厘米

剑身较宽，属圆月砍刀类型

英格兰佩剑，约1680年

这一时期佩剑最常见的剑身是圆月砍刀形剑身。这是一种弯曲的剑身，末端显著变宽，有时在剑身背面有一个假刃部。壳手有刺孔，柄头还装有一个较细的指节护手，用平头螺丝拧在柄头上。

年代：	约1680年
来源：	英格兰
长度：	84.6厘米

剑身有单血槽

欧洲狩猎用剑，约1680年

剑尖有双刃

剑身有单血槽

这把狩猎用剑，剑身单刃，有单血槽。剑身上部三分之一的两边都刻有狩猎场景。剑柄造型简单，铁制，有枝形护指与贝壳形护手，多块鹿角板，一部分鹿角板已经换成了新的。握柄的金属包头雕刻有花卉图案，握柄表面的鹿角板有半球形的大铆钉，其中一枚铆钉被换过。

年代：	约1680年
来源：	欧洲
长度：	84厘米

英格兰/德国佩剑，约1690年

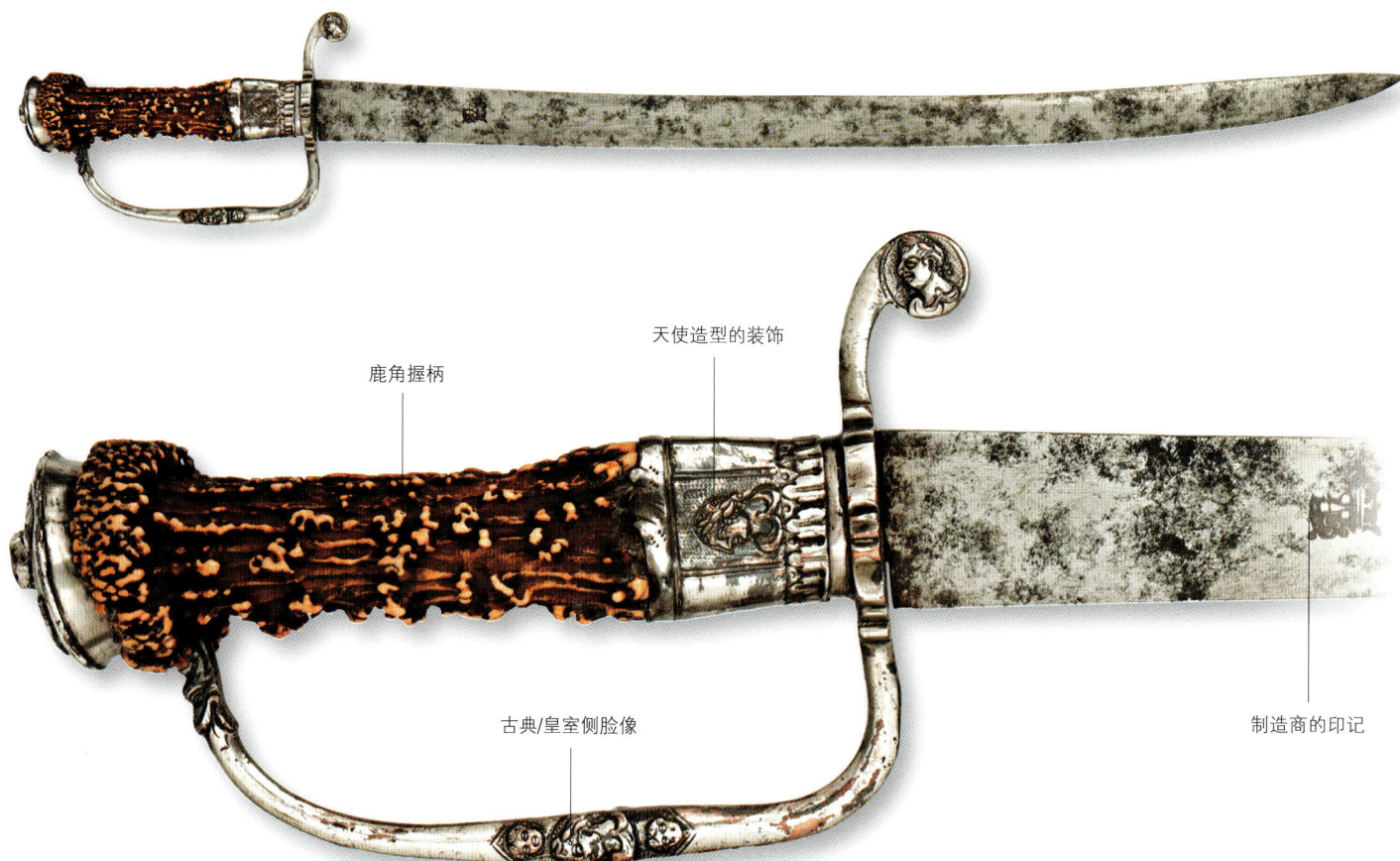

鹿角握柄

天使造型的装饰

古典/皇室侧脸像

制造商的印记

这把佩剑制作精美，剑柄有理查德·富勒（Richard Fuller，约1670—1731年）的首字母。富勒是一位著名的英国铸剑师，常住伦敦，特别擅长制造剑柄。这把佩剑的柄头、指节护手、十字护手、金属包头（握柄底部的金属带）质量都很高。握柄为鹿角制成，质地粗糙，铸剑师专门选定了这块材料，用来让剑士牢固握持。握柄造型独特，也有美学价值。剑身有德国索林根的"伍德斯"（WUNDES）铸剑世家的戳记，图案是国王头像。

年代：	约1690年
来源：	英格兰/德国
长度：	63.5厘米

英格兰佩剑，约1700年

缟玛瑙（Onyx）手柄

圆球形锷叉

血槽延伸至整个剑身

剑柄银制，握柄为天然玛瑙石（agate），在当时应该很有特色。18世纪上半叶，很多握柄由缟玛瑙制成。剑柄底托由纯银制成，剑身长而笔直，血槽延伸到剑身大部分，为减轻重量，增加强度。

年代：	约1700年
来源：	英格兰
长度：	69.2厘米

英格兰佩剑，约1730年

剑身剖面为菱形

这把佩剑剑柄为银制，壳手，装饰的造型是一个有胡子的男人脸庞。这显然是异教的"绿人"（Green Man）形象，也叫"丛林的野人"。这是18世纪中期英格兰常见的猎人用的图案。[1]

年代：	约1730年
来源：	英格兰
长度：	92.1厘米

俄国佩剑，约1750年

剑身平脊

手柄钢制，有刻面（faceted），切削而成

这把佩剑是俄国皇家军械库（the Imperial Russian armoury）生产的，位于莫斯科南部约165公里远处的小镇"土拉"（Tula）。第一家工厂由著名的彼得大帝（Peter the Great，1672—1725年）在1712年成立，很快变成刀剑与其他武器的制造中心。这把礼仪用剑可能是为平民绅士定制的，因为剑柄有多个用钢切削而成的装饰小块。

年代：	约1750年
来源：	俄国
长度：	70.2厘米

英格兰佩剑，约1750年

反曲锷叉

剑身有假刃

柄头为狮头造型，铸造精美，细节丰富。握柄由黑檀木制成，螺旋状，没有壳手，只有简单的十字护手。从18世纪中叶开始，有一些通常的实心指节护手被链条状金属护手取代了。不过，链条护手容易损坏，很多因为年代久远而丢失了。

年代：	约1750年
来源：	英格兰
长度：	80.3厘米

---

[1] 这是一种非基督教的植物神灵的形象，一般是带有植物的人面造型，在传统欧洲建筑和艺术品中很常见。——译者注

英国内战刀剑

1642—1651年的英国内战初期，人们已经感受到火器在实战中的重要性，但是对于骑兵来说，主要武器还是刀剑。这次战争导致一些武器的流行，其中最著名的是所谓的"灵堂剑"，这是一种特殊的英式阔剑，碗状护手或半笼手，剑柄用凿子加工出华丽的装饰花纹。内战双方，一方是保皇党人（Royalist），也叫骑士党人（Cavalier）；另一方是议会党人（Parliamentarian），也叫圆颅党人（Roundhead），双方都使用过灵堂剑。[1]

英格兰阔剑，约1620年

西洋剑式剑柄

带有矛头的剑身

这把剑属于过渡型，有典型的文艺复兴时期的西洋花式剑柄，还有较长的阔剑型剑身。护手极为简单。英国内战期间还在使用这种剑，但剑柄逐渐换成了灵堂剑风格的笼手。

| 年代：约1620年 |
| 来源：英格兰 |
| 长度：94厘米 |

英格兰骑兵直刀（backsword），约1640年

刀身较长，阔剑型

很可能是骑兵军官的佩刀。刀柄类似同时期的西洋剑柄，不过刀身宽得多，也扁平得多，有双刃，适合劈砍，不像西洋剑适合突刺。

| 年代：约1640年 |
| 来源：英格兰 |
| 长度：90.6厘米 |

英格兰灵堂剑，约1640年

凿子加工的剑柄

剑身有多条血槽

剑身比佩剑长，但弯曲的形状类似同时期的英国短刀佩剑或狩猎用剑。护手、指节护手、柄头都包裹着厚厚的银质表层。

| 年代：约1640年 |
| 来源：英格兰 |
| 长度：92.5厘米 |

[1] 圆颅党是因为议会党人留短发而得名。——译者注

英格兰骑兵阔剑，约1640年

半笼手，用凿
子深度加工

狮头型柄头的早期造型让这把骑兵阔剑很不寻常，属于英国阔剑非常早的兽头
柄头样品。剑柄有半笼手，有很深的凿子加工痕迹。

年代：	约1640年
来源：	英格兰
长度：	112.7厘米

英格兰灵堂剑柄阔剑，约1640年

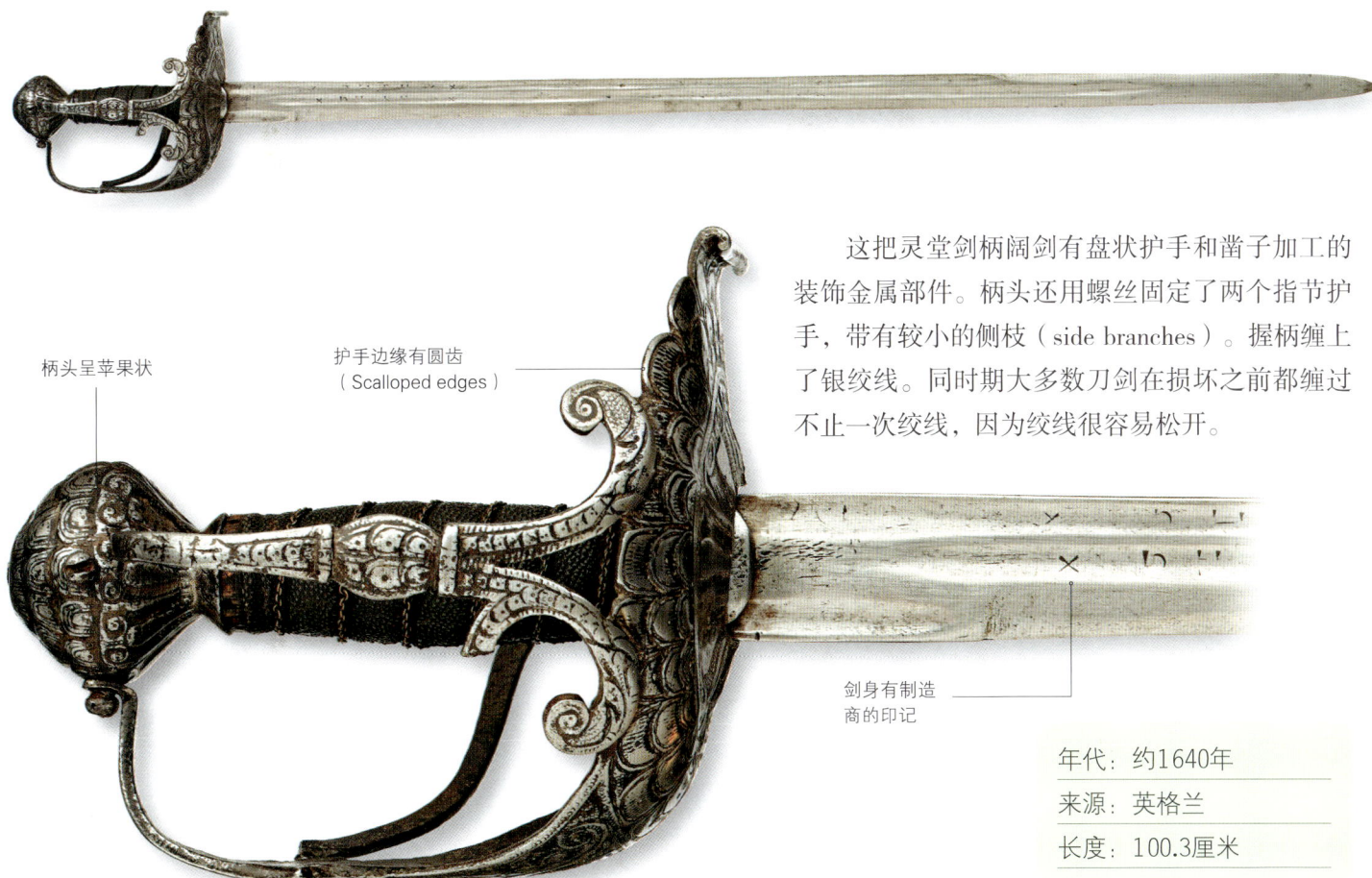

阔剑型剑身

剑柄有多根护手条

剑身刻有铭文ME FECIT HOVNSLOE（拉丁语，直译：豪恩斯洛制造了我）。
豪恩斯洛是伦敦西部的一个自治市，17世纪是刀剑生产的重镇。这里会生产很多种
类刀剑，比如狩猎用的佩剑、阔剑等等，共同特征是剑柄都有凿子的加工和内嵌的
金属部件。

年代：	约1640年
来源：	英格兰
长度：	102.9厘米

英格兰灵堂剑柄阔剑，约1640年

柄头呈苹果状

护手边缘有圆齿
（Scalloped edges）

这把灵堂剑柄阔剑有盘状护手和凿子加工的
装饰金属部件。柄头还用螺丝固定了两个指节护
手，带有较小的侧枝（side branches）。握柄缠上
了银绞线。同时期大多数刀剑在损坏之前都缠过
不止一次绞线，因为绞线很容易松开。

剑身有制造
商的印记

年代：	约1640年
来源：	英格兰
长度：	100.3厘米

英格兰灵堂剑柄阔剑，约1650年

剑身较长，适合骑兵使用

涡卷形护手

之所以叫灵堂剑，是因为很多剑柄上都有一种装饰图案，是凿子加工的、风格化的人头像。"灵堂"这个名字是维多利亚时期收藏家错误的称呼。英王查理一世1649年被斩首，收藏家就以为，英国铸剑师为了默默地纪念英王查理一世（1600—1649年）与王后亨利埃塔·玛丽亚（1609—1669年），而把他们的头像刻在剑柄上。这种剑柄是铁制的，有碟形或船形护手。两个侧面的指节护手连着一个中部护手，中部护手再用螺丝固定在柄头上。

年代：	约1650年
来源：	英格兰
长度：	109.7厘米

英格兰灵堂剑柄阔剑，约1650年

包围式碗状护手

剑身双刃

灵堂剑有一个普遍特征，就是枝形护指用螺丝固定在柄头上。这把样品只有一个指节护手，但有些灵堂剑有多个指节护手，都用螺丝固定在一个较大的苹果状柄头上。

年代：	约1650年
来源：	英格兰
长度：	厘米

英格兰原始灵堂剑，约1650年

剑身较宽，双刃

黑钢剑柄

血槽短而窄

"原始灵堂剑"（proto-mortuary sword）一般指17世纪中期灵堂剑成熟之前的一类英国剑，主要特征是剑柄设计简约。这件样品的壳手和指节护手都很简单，表示这把剑是"军需品"的级别，应当是按照指定造型给普通士兵生产的，不是给军官生产的。

年代：	约1650年
来源：	英格兰
长度：	厘米

英格兰灵堂剑柄阔剑，约1650年

剑身双刃

握柄缠线

吞口

护手有刺孔，
用凿子加工

剑身双刃，较宽，可能是德国制造。灵堂剑剑柄的主要特征是剑身两侧各有一个盾形吞口，连入碟形护手。学界认为，这些部件是为了提高剑身强度和稳定性。

年代：	约1650年
来源：	英格兰
长度：	100.3厘米

英格兰灵堂剑，约1650年

剑身逐渐收窄成尖头

灵堂剑的主要装饰之一是凿子加工的人头像，但也有其他种类的装饰，包括家族文章、士兵形象、花卉图案、几何图形，还有海洋图案，例如风格化的海豚和其他海洋动物。

年代：	约1650年
来源：	英格兰
长度：	厘米

英格兰灵堂剑，约1650年

血槽较长，让剑身有弹性

内嵌银饰的剑柄

灵堂剑常用嵌入的银饰。这件样品有各种纯银的小饰品，用锤子敲进黑钢剑柄。剑柄两边有两个侧枝，连接指节护手，进一步保护剑士。

年代：	约1650年
来源：	英格兰
长度：	99.8厘米

阔剑和马刀

文艺复兴开始以后出现了许多新型刀剑，到15世纪晚期流行起很多阔剑剑柄和剑身。骑兵和步兵都用上了各种宽刃刀剑，刃部有笔直的，也有弯曲的；劈砍威力很大，也很耐用，基本把中世纪的十字柄双刃骑士剑取代了。

德国阔剑，约1550年

十字护手笔直

剑身平脊

这种造型的德国阔剑在16世纪非常流行，全欧通用。花式剑柄的护手条，笔直的十字护手，这些特征依然在模仿同时期的西洋剑；但是柄头与西洋剑不同，是扁平的。剑身是阔剑型，宽度较大。

年代：	约1550年
来源：	德国
长度：	108.5厘米

德国杜塞军刀（Dussäge），又称辛克莱军刀（Sinclair sabre），约1580年

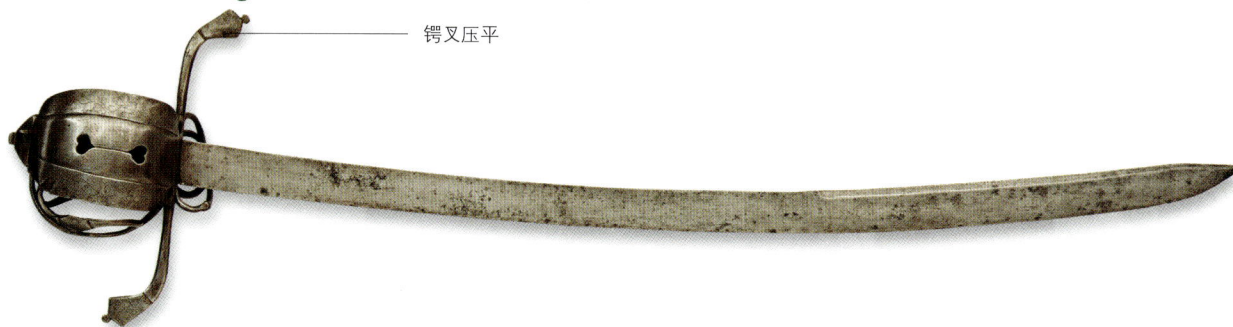

锷叉压平

1612年，苏格兰上校乔治·辛克莱（Colonel George Sinclair）率领一群苏格兰佣兵远征瑞典，遭到惨败。维多利亚时期的收藏家出了错，以为辛克莱的士兵把这种剑从苏格兰带到瑞典，于是就给它起了这个苏格兰名字。现实中，是丹麦国王克里斯蒂安四世（Christian IV，1577—1648年）把这种军刀批量带到了挪威。

年代：	约1580年
来源：	德国
长度：	101.9厘米

德国"蛤壳"军刀，约1600年

年代：	约1600年
来源：	德国
长度：	78.7厘米

S形十字护手

这把阔剑型军刀的设计简单而坚固，有较大的贝壳形护手，还有S形十字护手。分量比较沉，适合骑兵快速劈砍。

德国弯刀，约1600年

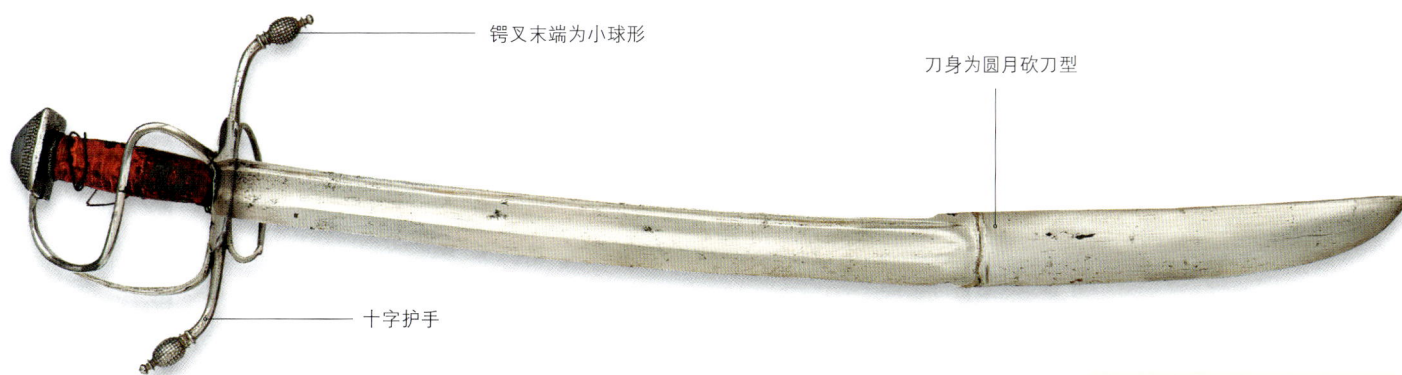

锷叉末端为小球形

刀身为圆月砍刀型

十字护手

刃部很有特色，刀背呈阶梯状，有双刃，逐渐加宽至尽头。总体造型为圆月砍刀形，血槽宽，在刃部中间延伸。柄头基部是方形，顶端是穹顶状。可能是步兵用的军刀。锷叉反曲，很长，从十字护手中间伸出，末端呈小球形。

年代：	约1600年
来源：	德国
长度：	83.8厘米

意大利/西班牙阔剑，约1600年

扁平的指节护手

双血槽

这把剑生产的时候显然没有重视剑士手部的防护，因为剑士很可能全身甲胄，特别是戴着防护手套。柄头和带环的十字护手，有着简单的切削钢制装饰。剑身较宽，中央有双血槽，双刃。

年代：	约1600年
来源：	意大利/西班牙
长度：	82.5厘米

德国"蟹爪"阔剑，约1620年

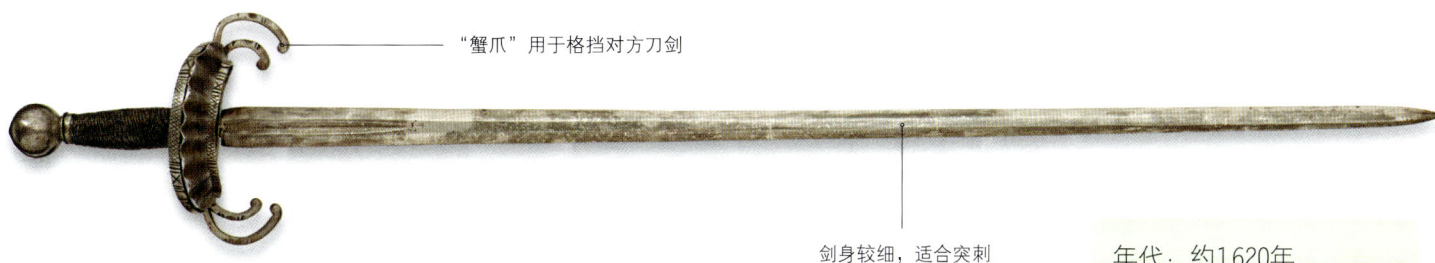

"蟹爪"用于格挡对方刀剑

剑身较细，适合突刺

护手附加的"蟹爪"让这把剑很有特色。这是一种向下弯曲的锷叉，用来格挡或挂住对手的剑身。这把剑的剑身很长，适于突刺，可能是骑兵用剑。

年代：	约1620年
来源：	德国
长度：	94厘米

意大利"蟹爪"阔剑，约1620年

"蟹爪"

剑身有多血槽

剑柄实心，
呈包围状

这是"蟹爪"阔剑的另一种变体，主要特征是剑柄实心，呈包围状。同时期的剑柄一般是开放式的，指节护手露在外面，护手条也很稀疏；这把剑因而与众不同。这种护手对剑士的保护要好得多，也成为后来很多种刀剑的先驱。

年代：	约1620年
来源：	意大利
长度：	92厘米

英格兰骑兵阔剑，约1620年

涡卷形锷叉

这把剑独具特色的地方是剑身，很长很宽，应当是重甲骑兵或胸甲骑兵的武器。剑士的臂力应该很强才能够使用。如使用得当，这种尺寸的武器能轻易斩断敌人肢体。

年代：	约1620年
来源：	英格兰
长度：	101.8厘米

意大利阔剑，约1620年

有装饰的锷叉

剑身双刃

剑柄和剑身风格都模仿中世纪，但有一些小区别，如十字护手和柄头是文艺复兴时期的古典造型。唯一体现17世纪造型的部件是尺寸较小的"蛤壳"形护手。

年代：	约1620年
来源：	意大利
长度：	102.1厘米

瑞士骑兵阔剑，约1620年

兽头的尖顶饰

年代：	约1620年
来源：	瑞士
长度：	93.7厘米

　　17—18世纪的瑞士刀剑，很多配有黄铜的狗头型柄头或狮头型柄头。剑柄的护手还有多块嵌入的浮雕（英语为embossed 或raised）饰板。这件样品有松散的链条状指节护手，而没有通常的固定护手条。对军用阔剑来说不利于防御。

德国骑兵阔剑，约1640年

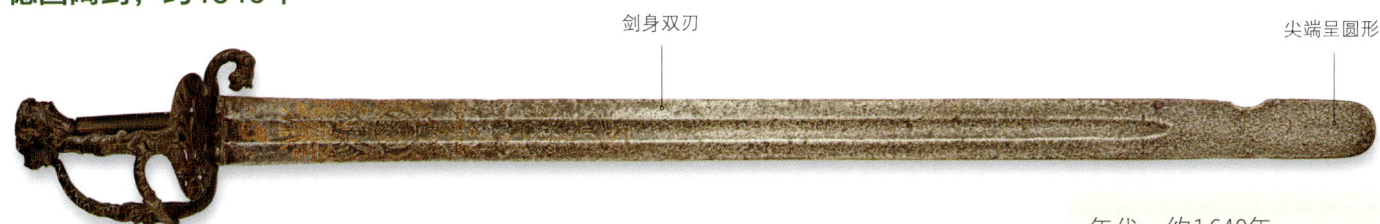

锷叉扭曲

年代：	约1640年
来源：	德国
长度：	111.8厘米

　　剑身沉重，为骑兵军官专用，质量很高。同时期很多刀剑都有这种简约美观的造型。这把剑是一种过渡类型的剑，剑柄是花式西洋剑的剑柄，这种剑柄这个时期已经显得陈旧了，而新式的带刺孔贝壳形护手，在17世纪中叶成为风尚。

德国阔剑，约1640年

剑身双刃　　　　　尖端呈圆形

年代：	约1640年
来源：	德国
长度：	101.8厘米

　　剑身双刃，尺寸较大。尖端呈圆形，表示这可能是一把斩首剑，尽管最初的设计目的可能不是斩首剑。斩首剑（特别是德国造的）一般有简朴的十字剑柄。

德国骑兵军官阔剑，约1690年

木柄

年代：	约1690年
来源：	德国
长度：	98厘米

　　铸剑师的杰作之一。剑身有制造者的名字"克莱门斯"（Clemens），德国人，17世纪享有盛誉的铸剑师，当时很多剑身都印着他的名字。这种高质量的剑身，应当是克莱门斯亲手打造的。

冲锋骑枪

中世纪的骑兵常用冲锋骑枪，数百年来，冲锋骑枪遍布欧洲各地。文艺复兴时期，冲锋骑枪逐渐少用了，拿破仑战争时期（1799—1815年）再次使用，当时法兰西帝国陆军建立了一个波兰骑枪兵团，十分强悍。到19世纪初，大多数欧洲国家都建立了骑枪兵团。

欧洲冲锋骑枪头部，约1400年

冲锋骑枪有坚固的木柄（一般是白蜡木，但也用雪松木和白杨木），枪头与普通长矛的矛头类似。

矛头状头部

年代：	约1400年
来源：	欧洲
长度：	15厘米

英国冲锋骑枪，1840年

小型长柄枪尖头

较长而有铆钉的铁制吞口有两个作用，一是把骑枪头部固定在杆上；二是格挡对手的刀剑劈砍。枪头比早期的类型更大一些，而且凹槽更深。

年代：	1840年
来源：	英国
长度：	277厘米

英国冲锋骑枪，1846年

长吞口

枪头有凹槽

头部尖细，有凹槽，用两个带有铆钉的长吞口固定在木柄上。尖细的头部有助于突刺。木柄一般是白蜡木。

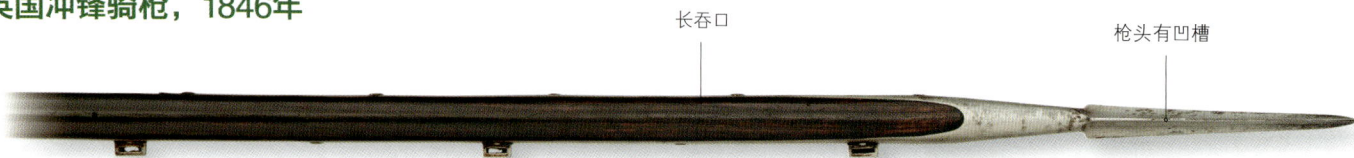

年代：	1846年
来源：	英国
长度：	119.7厘米（枪头与吞口）

英国骑兵冲锋骑枪，1846年

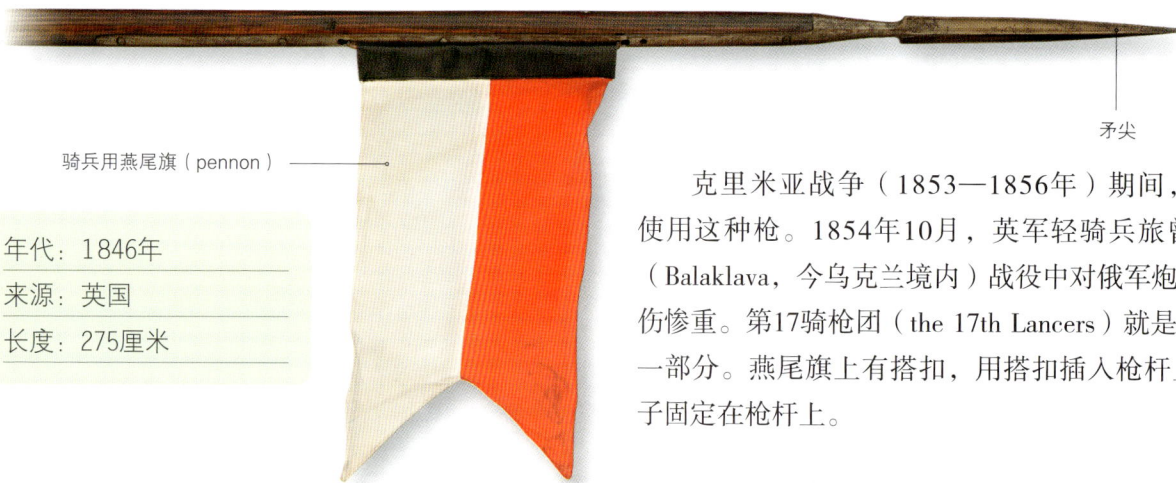

骑兵用燕尾旗（pennon）

矛尖

年代：	1846年
来源：	英国
长度：	275厘米

克里米亚战争（1853—1856年）期间，英军骑枪兵曾使用这种枪。1854年10月，英军轻骑兵旅曾在巴拉克拉瓦（Balaklava，今乌克兰境内）战役中对俄军炮兵发起冲锋，死伤惨重。第17骑枪团（the 17th Lancers）就是这个轻骑兵旅的一部分。燕尾旗上有搭扣，用搭扣插入枪杆上的锁孔，把旗子固定在枪杆上。

英国冲锋骑枪，1868年

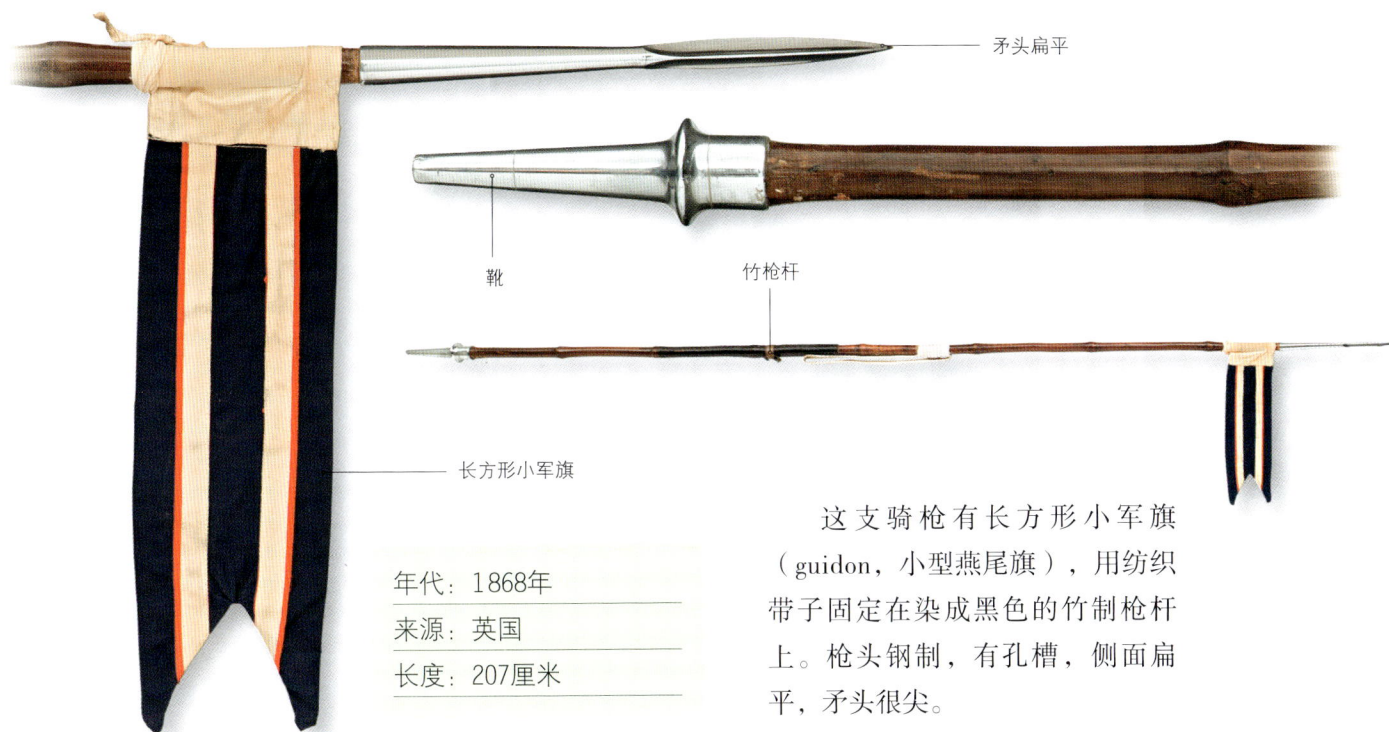

矛头扁平

靴

竹枪杆

长方形小军旗

年代：	1868年
来源：	英国
长度：	207厘米

　　这支骑枪有长方形小军旗（guidon，小型燕尾旗），用纺织带子固定在染成黑色的竹制枪杆上。枪头钢制，有孔槽，侧面扁平，矛头很尖。

英国冲锋骑枪，1885年

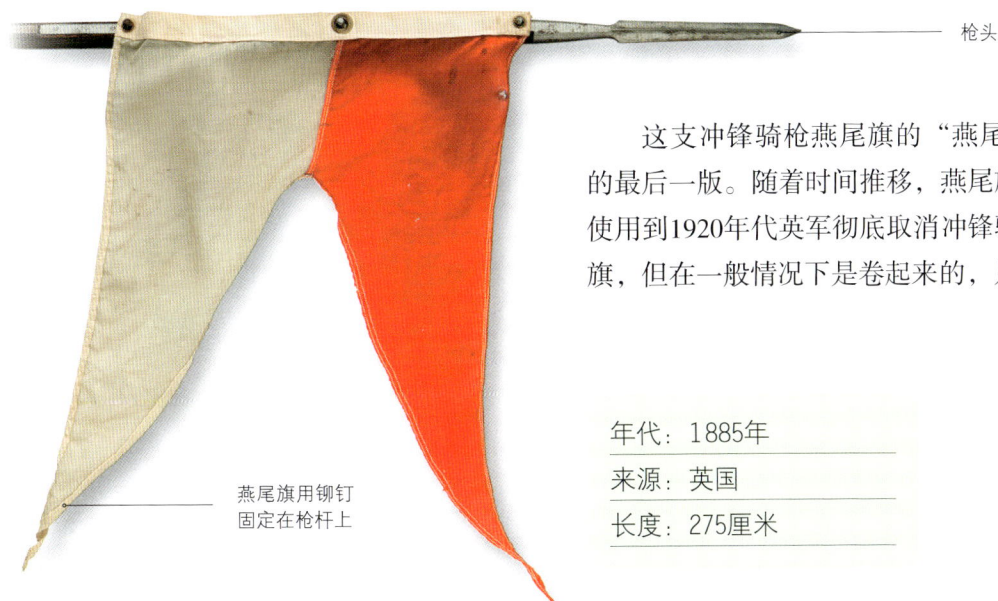

枪头

燕尾旗用铆钉固定在枪杆上

　　这支冲锋骑枪燕尾旗的"燕尾"形状，表示这是英军冲锋骑枪的最后一版。随着时间推移，燕尾旗的形制有多种变化，这一版一直使用到1920年代英军彻底取消冲锋骑枪。虽然在战时可能会展开燕尾旗，但在一般情况下是卷起来的，只有在阅兵的时候才会展开。

年代：	1885年
来源：	英国
长度：	275厘米

英国练习用冲锋骑枪，约1890年

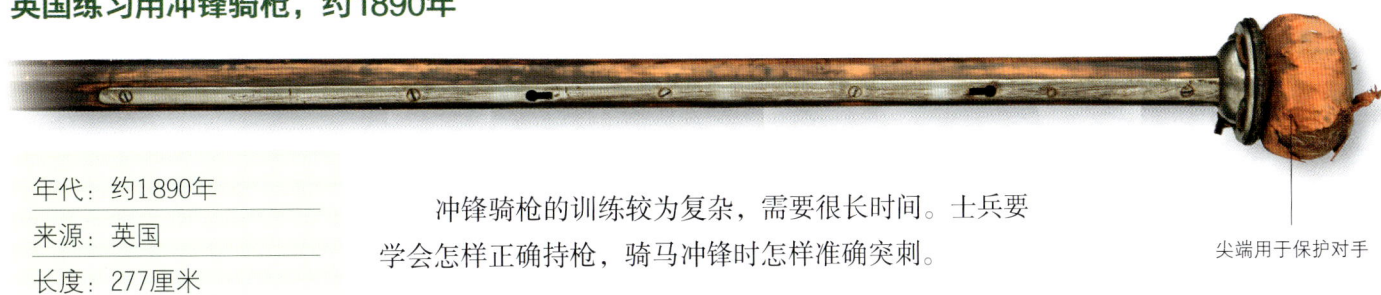

年代：	约1890年
来源：	英国
长度：	277厘米

　　冲锋骑枪的训练较为复杂，需要很长时间。士兵要学会怎样正确持枪，骑马冲锋时怎样准确突刺。

尖端用于保护对手

军用和比武长枪

一队骑兵身披重甲，手臂托着长枪，冲向一列敌方步兵，这景象一定会让人觉得惊心动魄吧？倘若敌方的弓箭手无法阻止骑兵前进，就不可能有效防御骑兵了。骑士的剑术和枪法可以在战场上磨炼，也能在比武大会上磨炼。

英格兰马术冲锋骑枪，约1600年

到17世纪，作为武器的冲锋骑枪被局限在比武会场上，主要用来展示骑士的马术技巧。这件样品的形制流行了300多年。枪柄用实心硬木制成，但有些是空心的，方便折断。[1]

年代：	约1600年
来源：	英格兰
长度：	363.7厘米

意大利冲锋骑枪枪头，用于比武，约1600年

比武的目的不是杀死对手，而是把对手打下马来，或者毁掉对手的骑枪。为了相对安全地战胜对手，骑枪必须安装钝枪头。但是，人马在冲锋时的重量和动能依然会导致对手重伤，偶尔还会死人。

骑枪枪头

年代：	约1600年
来源：	意大利
长度：	12.7厘米

比武的骑士

到13世纪末，制定了一份《比武大会武器条例》（*Statute of Arms for Tournaments*），为参加比武的骑士提供了一组规章和指导。按照这份条例，骑士被人看作绅士，需要遵守骑士精神，例如公平竞争、注重荣誉，等等。

比武大会成了有组织的正式活动，而采用钝器也使死亡率大幅下降。某人若是在比武中杀了一位骑士，人们不仅会认为这是悲惨的事件，而且会认为杀人者很不光彩的。讽刺的是，骑士如果杀了一匹马，会导致舆论更猛烈的谴责。

骑士参加比武的主要目的是击倒尽量多的骑士，还有更重要的一点是击毁尽量多的冲锋骑枪。要是能做到

▲ 中世纪比武骑士，约1445年。请注意，骑士戴着封闭式头盔，视野便会受限了

这一点而毫发无损地存活下来，观众就会把他视为骑枪和马术的高手。

---

[1] 这类冲锋骑枪属于一次性武器，在攻击之后折断，无法让敌人夺走利用。——译者注

英格兰比武/马术比赛冲锋骑枪，约1600年

枪杆涂漆

握柄

年代：	约1600年
来源：	英格兰
长度：	363.7厘米

到17世纪初，人们对比武中搏斗的兴趣已经减退，而将比武转化为另外一种马术娱乐的形式。这就是"竞技马术比赛"（carosel或carousel），原文来自意大利语garosello和西班牙语carosella，直译"小战争"。在这种活动中，冲锋骑枪用来进行"击中挂环"一类的游戏。一个转动机械上悬挂人偶或者小环，骑手要用骑枪刺中这些摇晃的目标。后来，又把色彩鲜艳的木马和骑马人偶作为目标，这种机械就成了现代旋转木马的前身。

欧洲有凹槽冲锋骑枪，约1620年

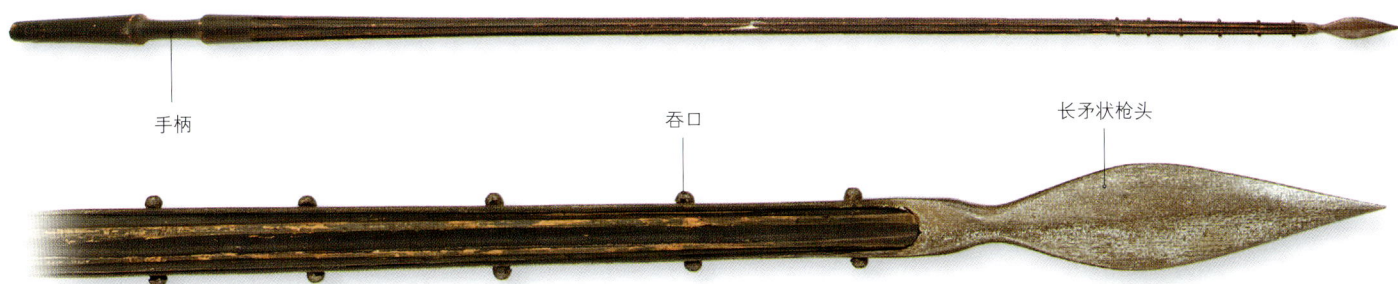

手柄

吞口

长矛状枪头

年代：	约1620年
来源：	欧洲
长度：	353.8厘米

17世纪，冲锋骑枪不常用于野战。这件样品类似17世纪之后的冲锋骑枪，特别是长而带有铆钉的吞口。但手柄呈圆形，保留了中世纪的风格。步兵阵列装备有长柄枪和其他长柄武器，会让敌方的这种骑枪难以发挥作用。

英格兰比武用冲锋骑枪，约1850年

护手

手柄

枪头的冠，用于击落对手

年代：	约1850年
来源：	英格兰
长度：	353.8厘米

19世纪早期，英国开始了一场中世纪复兴运动。当时，著名作家沃尔特·司各特爵士（Sir Walter Scott，1771—1832年）的浪漫小说十分流行，推动了这次复兴。各地举办了很多新的比武大会。这支冲锋骑枪的枪头分作两岔（two-pronged head）也就是冠状（coronal），目的是勾住对手的盾牌不放，从而轻易将对手拽下马来。木柄可能是中空的，方便撞击后折断。

17—19世纪骑兵刀剑

　　17—19世纪的骑兵刀剑，都是为了给敌人造成最大杀伤力而设计的。这些刀剑，刃部较宽，笔直或弯曲，单刃或双刃，长度较长，让骑手在奔驰中也能轻易杀伤敌方步兵。

德国骑兵军官礼剑，1697年

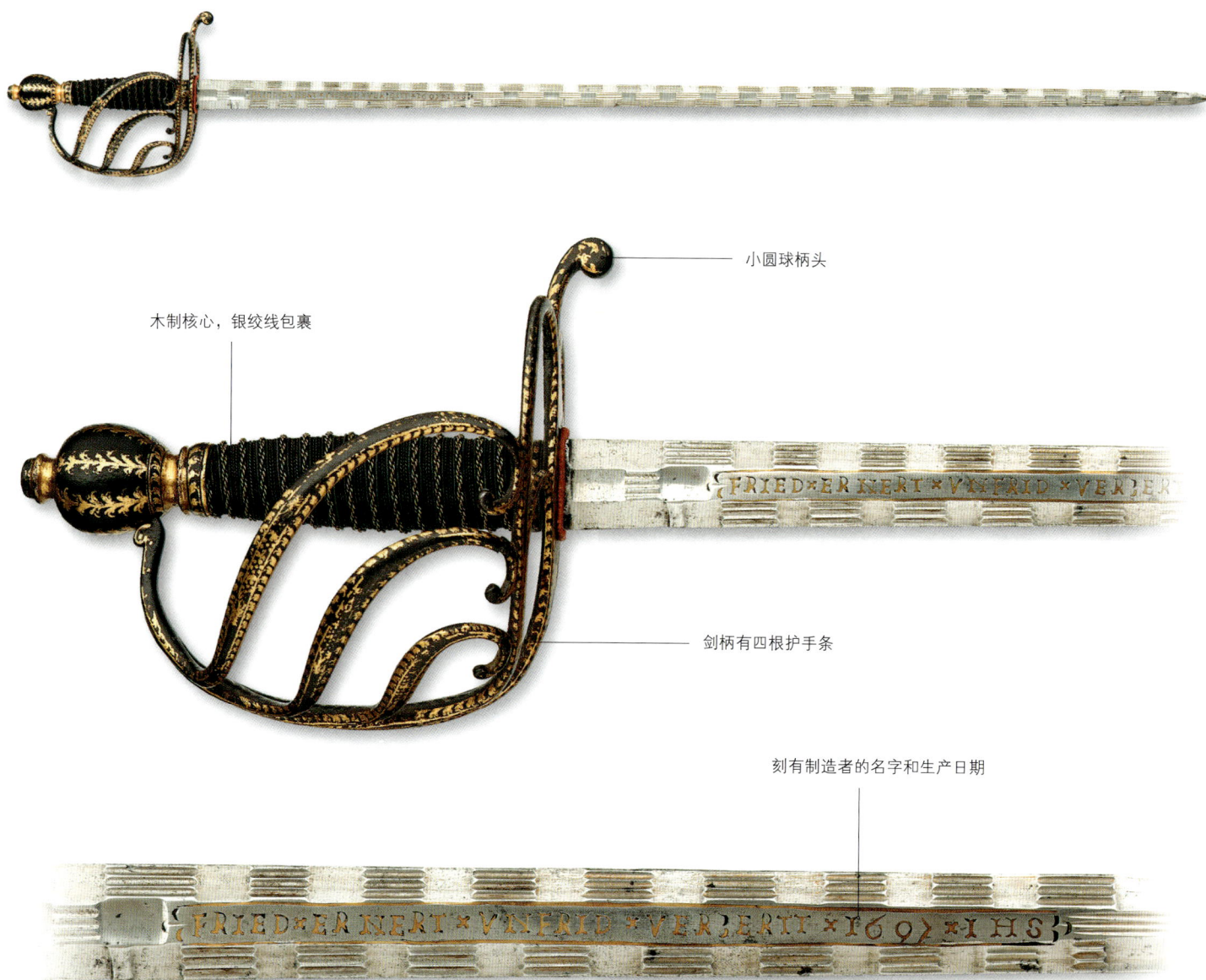

木制核心，银绞线包裹

小圆球柄头

剑柄有四根护手条

刻有制造者的名字和生产日期

　　这把骑兵军刀刀身肯定是德国造，但刀柄可能是英国造的。外国人经常从德国直接买刀身，运回国内组装在刀柄上。这一时期，德国刀身在全欧十分受欢迎。刀柄有四根护手条，镶嵌白银，装饰精美。刀柄也故意涂黑，显出白银的色彩。刀身有双刃，带有一组钢制切削，凿子加工的凹陷纯粹用来装饰。推测应当配有皮制刀鞘，刀鞘有黑色钢材底托或银制底托。

年代：	1697年
来源：	德国
长度：	96.5厘米

法国骑兵军刀（瑞典风格），约1700年

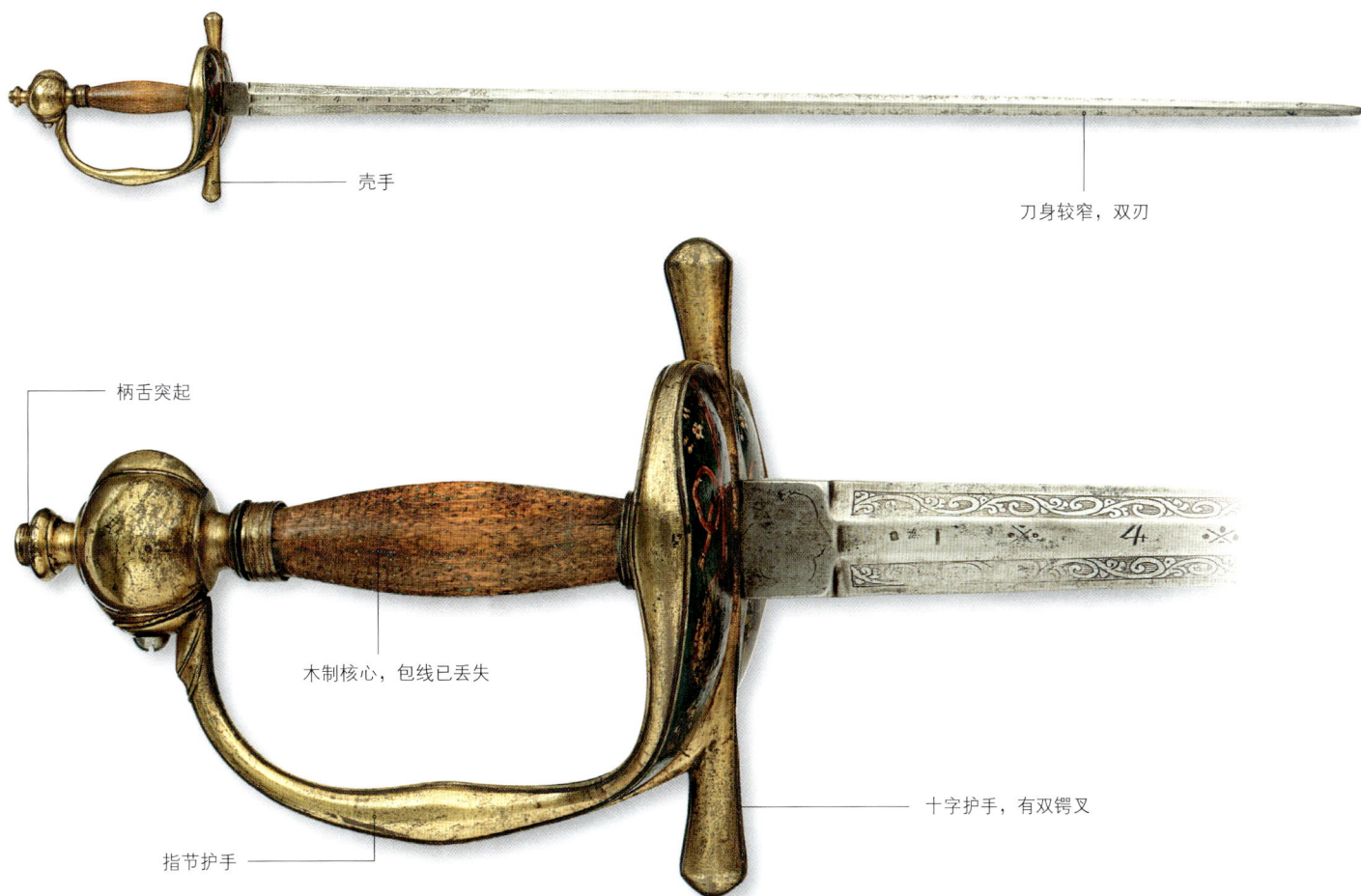

壳手

刀身较窄，双刃

柄舌突起

木制核心，包线已丢失

十字护手，有双锷叉

指节护手

剑柄为开放式，剑士的手暴露很多。17世纪，瑞典是最先开始将刀剑标准化、规范成各种形制的欧洲国家之一。这把剑的壳手依然有独特的刺孔，类似17世纪中期的"瓦隆"（Walloon）型阔剑，表示这把剑属于过渡型。剑柄风格较接近当时刚刚开始流行的新式轻剑。

年代：	约1700年
来源：	瑞典
长度：	111.5厘米

英国骑兵军官军刀，约1740年

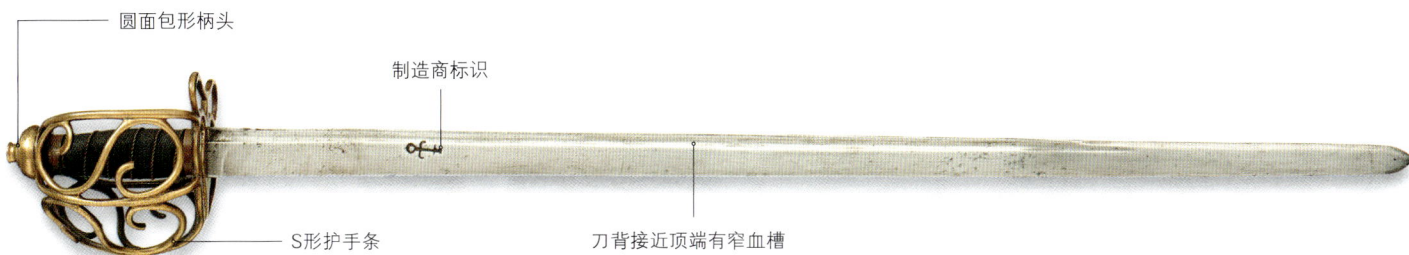

圆面包形柄头

制造商标识

S形护手条

刀背接近顶端有窄血槽

1746年卡洛登（Culloden）战役中，英国重装龙骑兵军官曾使用这种阔剑型军刀。刀身为直刀型，质地坚固，单刃，适合在马背上劈砍敌人。护手有装饰性的S形护手条，还有较大的"圆面包"形柄头。

年代：	约1740年
来源：	英国
长度：	87.6厘米

奥地利骑兵军官军刀，1745年

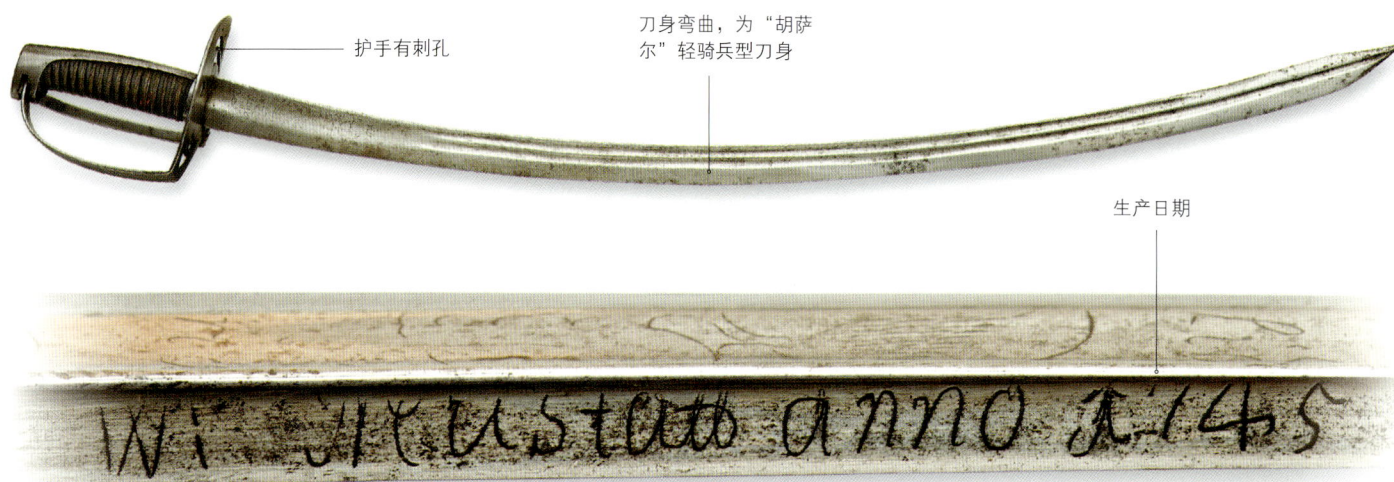

护手有刺孔

刀身弯曲，为"胡萨尔"轻骑兵型刀身

生产日期

Wi...Neustatt anno 1745

这一时期的骑兵军刀，很多刀身长而笔直，但这一件样品刀身弯曲，有双血槽，尖端为明显的矛头状。有一个弯折的攻击型刀柄，用铰链固定在护手盘下面[1]。轻骑兵团的成员多用弯刀。

年代：	约1745年
来源：	奥地利
长度：	90.2厘米

法国骑兵军刀，约1750年

刀身较窄，双刃

笼手

这把骑兵军刀很不寻常，刀柄有多根护手条，造型繁复，碟形护手有刺孔。刀身很长，双刃，尖头很锋利，作用类似于突刺用的短骑枪。

年代：	约1750年
来源：	法国
长度：	118.1厘米

俄国骑兵军刀，约1750年

鸟头形柄头

双刃劈砍用刀身

黄铜刀柄

18世纪中期俄国皇家龙骑兵使用的军刀。这把刀质量上乘，有黄铜刀柄，鸟头形柄头。刀柄有几根交叉的护手条。这一时期的刀身一般刻有字母组合图案（monogram），字母是EPI，代表当时的俄国女皇伊丽莎白·彼得罗芙娜（the Empress Elizaveta Petrovna），也叫伊丽莎白女皇（the Empress Elizabeth，1709—1762年）。

年代：	约1750年
来源：	俄国
长度：	104.9厘米

---

[1] 虽然原文是hilt刀柄，但从画面和描述上来看是护手条。译文保持原状。——译者注

法国骑兵军刀（à la Suédoise，法语"瑞典式"），约1770年

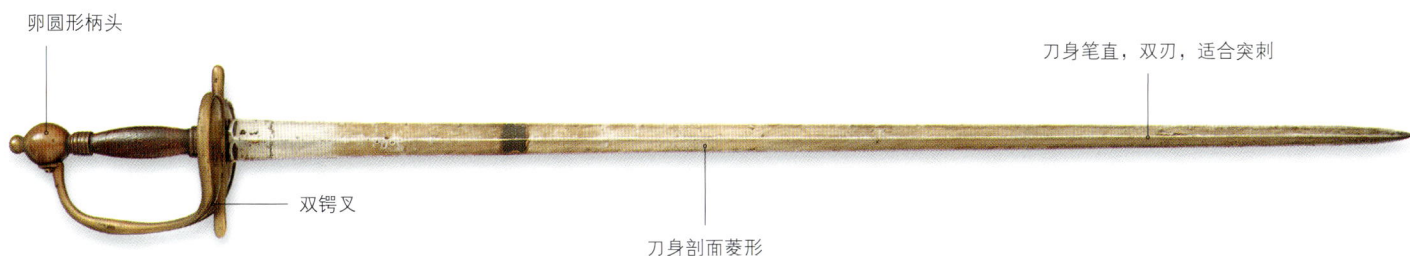

卵圆形柄头

刀身笔直，双刃，适合突刺

双锷叉

刀身剖面菱形

刀柄是根据同时期瑞典骑兵军刀改造而成的法国版，有黄铜刀柄，卵圆形柄头，双锷叉，实心刀柄盘。刀身双刃，剖面略呈菱形。握柄木制，但原先应绑有绞线。刀柄为开放式，对持刀的手缺乏保护，敌人若能砍伤这只手，就可轻易让这骑兵丧失战斗力。

年代：	约1770年
来源：	法国
长度：	109.2厘米

丹麦重骑兵马刀，1774年

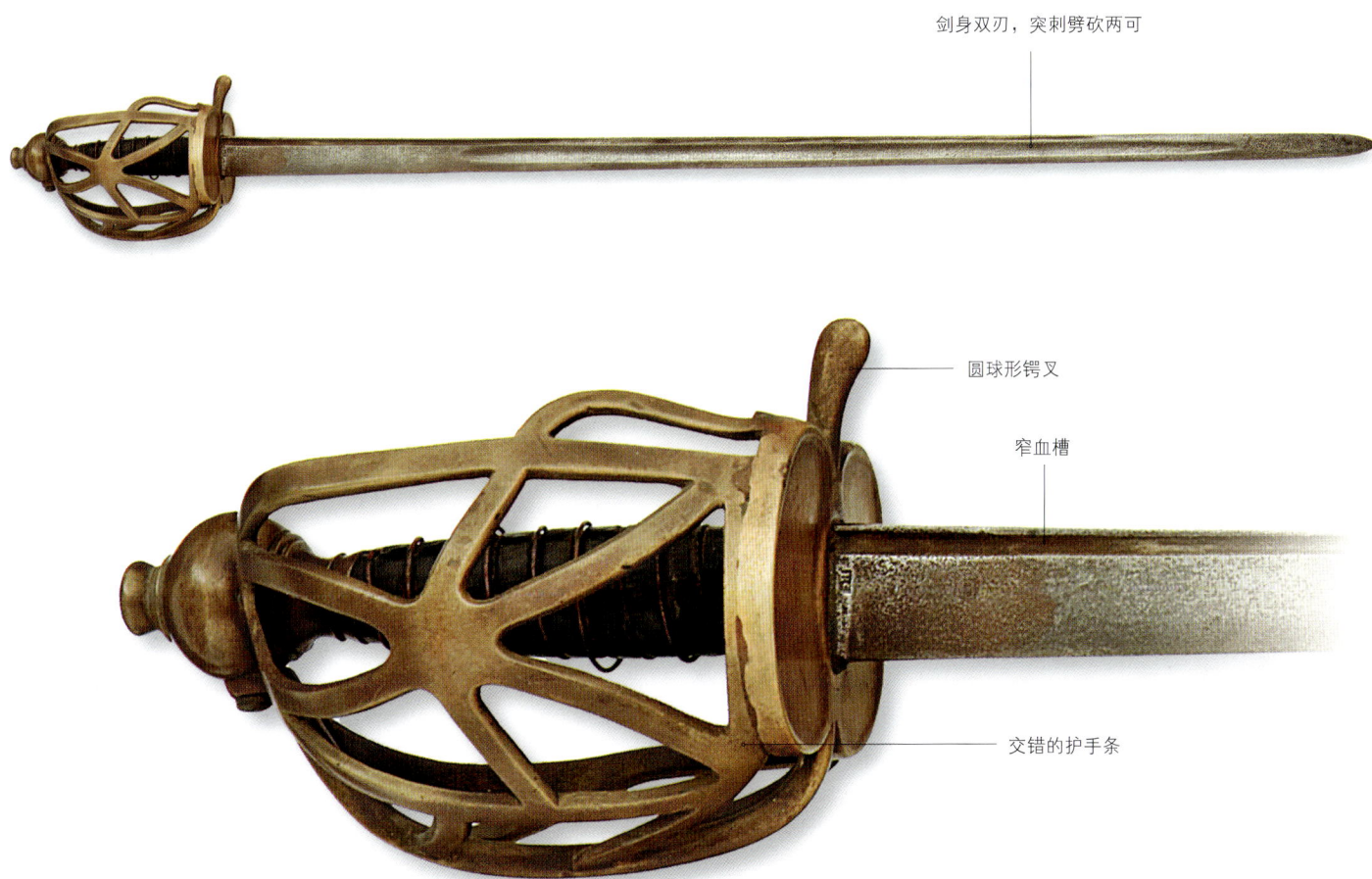

剑身双刃，突刺劈砍两可

圆球形锷叉

窄血槽

交错的护手条

这把大型阔剑，剑身双刃，锋刃一直延伸到尖端；有单血槽。突刺和劈砍的杀伤力都很强。笼手尺寸较大，黄铜制，有一组交缠的护手条，基部还有实心的剑柄盘。这一时期，斯堪的纳维亚半岛和北欧其他地区的军队，很多都采用了这类重型笼手阔剑，胸甲骑兵团尤其常用。

年代：	1774年
来源：	丹麦
长度：	117.3厘米

法国骑兵军官军刀，约1780年

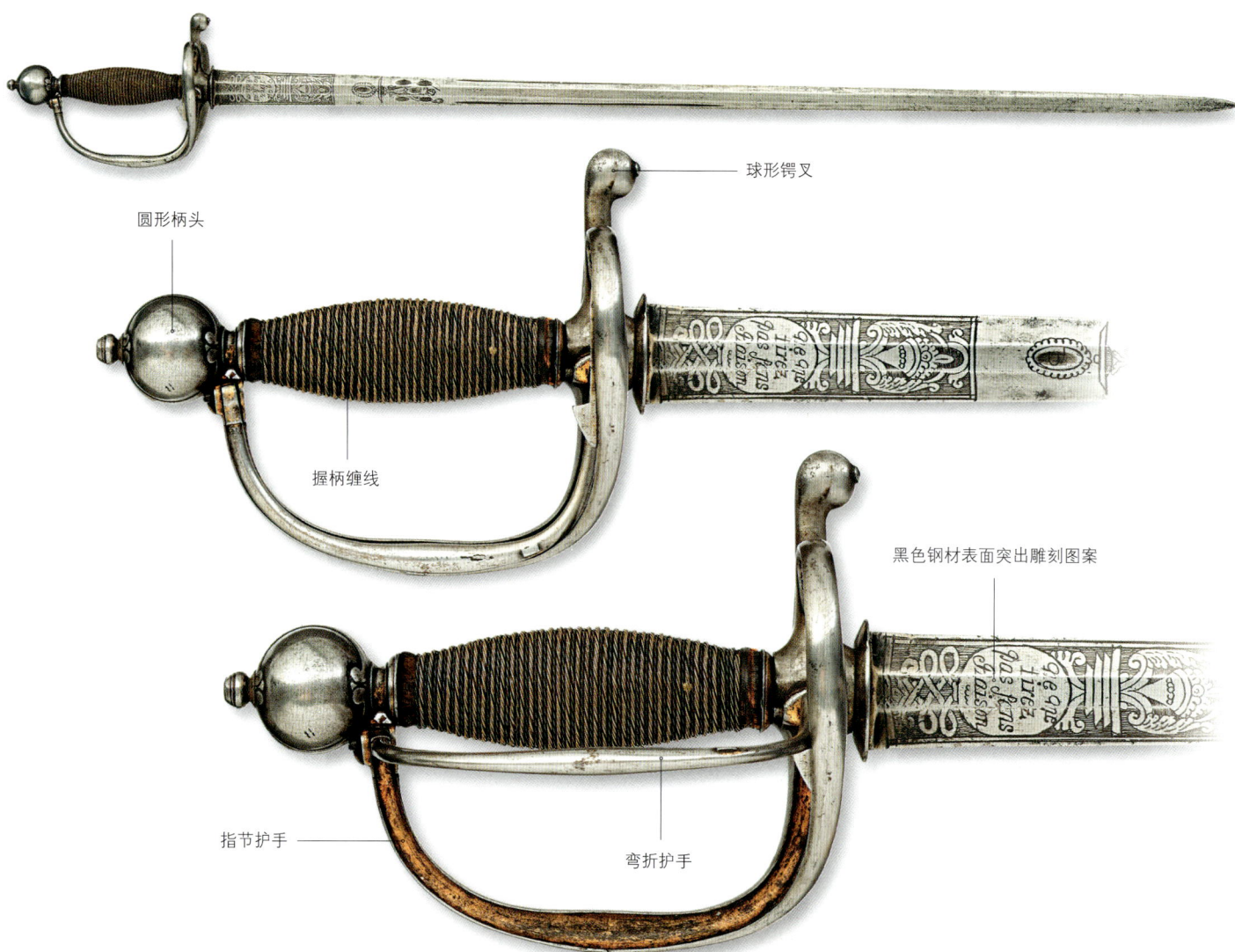

圆形柄头

球形锷叉

握柄缠线

黑色钢材表面突出雕刻图案

指节护手

弯折护手

年代：	约1780年
来源：	法国
长度：	102.8厘米

　　剑柄属于一类早期形制，有一种折叠式的"进攻护手"（attack hilt），18世纪出现。除了传统的1~2根护手条之外，还有一根附加护手条，作战时可以向外展开，战斗结束再收回来。这根附加护手条相对较细，对手部的保护作用不算很大。

英国轻骑兵军官军刀，1788年

十字护手，有双吞口

血槽较长

马镫形刀柄

　　英军开始采用这种轻骑兵军刀的时候，军队内部正在激烈辩论：为了让劈砍最有效，应该采取弯刃还是直刃？最后决定，重骑兵团继续采用直刃刀，但轻骑兵团就配发了这种新式军刀。其设计原型是奥地利、德国的"胡萨尔"轻骑兵军刀，从18世纪早期开始应用。这种新式军刀有马镫形刀柄，柄头扁平，有明显的双吞口，近战劈砍威力很大。

年代：	1788年
来源：	英国
长度：	102.8厘米

法国龙骑兵军刀，约1790年

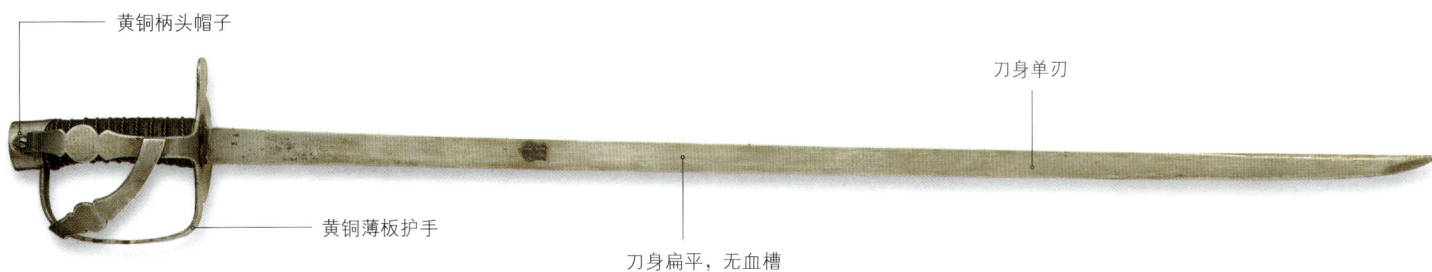

黄铜柄头帽子

刀身单刃

黄铜薄板护手

刀身扁平，无血槽

这把刀属于法国"沙瑟尔"骑兵（chasseur，法语意为"猎人"）的军刀。这是一种轻骑兵军刀，用途很多，主要用于小规模作战或突袭。刀身笔直，单刃，主要用来突刺。刀柄黄铜制。法国骑兵在法国大革命（1789—1799年）时期以及拿破仑战争（1799—1815年）早期用过一组军刀，这把刀是其中的代表。

年代：约1790年
来源：法国
长度：108厘米

英国重骑兵军官军刀，1796年（无鞘）

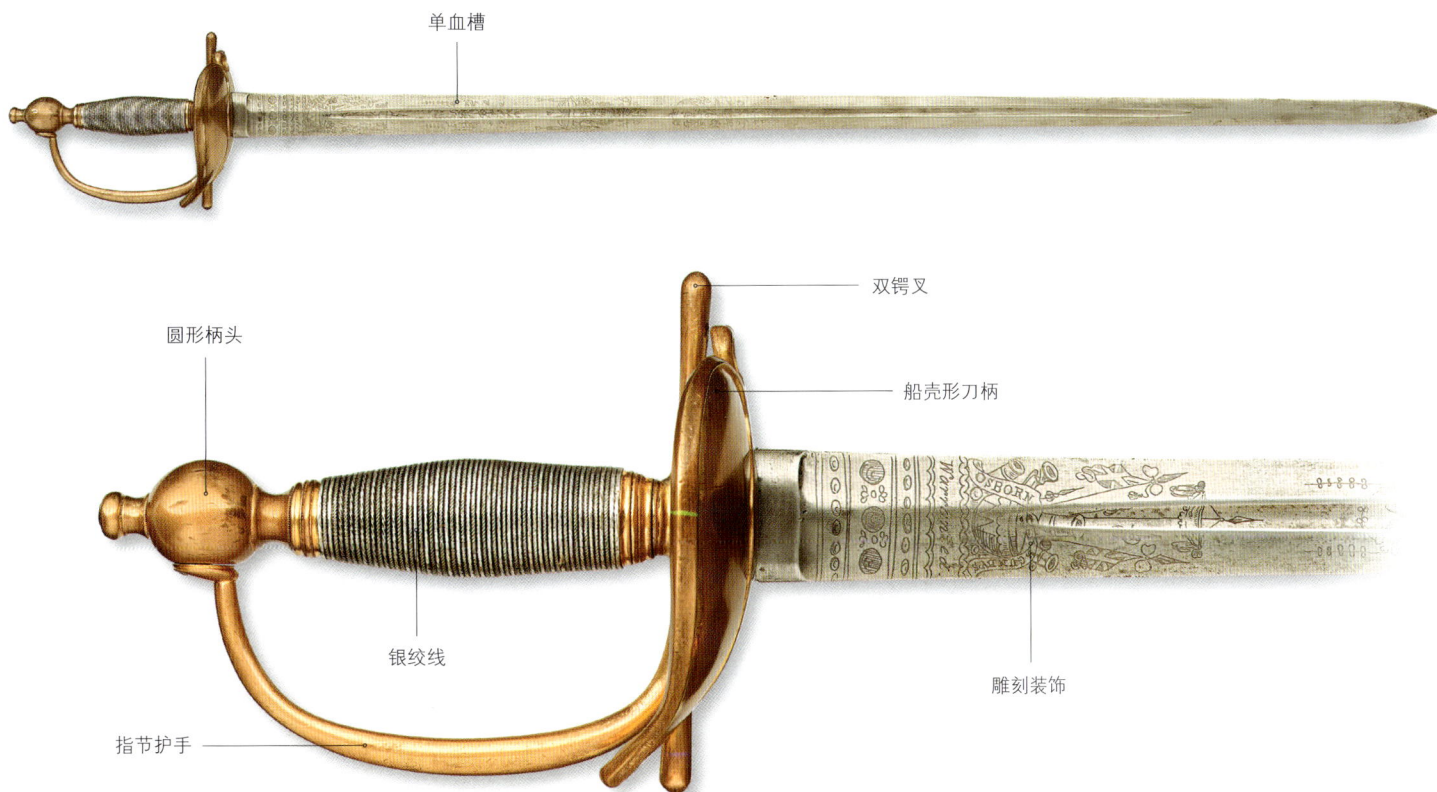

单血槽

双锷叉

圆形柄头

船壳形刀柄

银绞线

雕刻装饰

指节护手

这把刀应当用于较为正式的典礼，如骑兵团阅兵或社会场合等。刀柄是船壳形，壳手实心，向上弯曲，有双锷叉。指节护手用螺丝固定在柄头上。很多刀身没有装饰，但这把刀却雕刻了大量军事战利品和叶饰图案。实际野战中，重骑兵军官的军刀会坚固得多，刀身较宽，适合劈砍，剑柄也会是笼手型。这把仪式用的军刀，刀鞘可能是皮制或钢制。

年代：约1796年
来源：英国
长度：101.8厘米

英国皇家骑兵军刀，约1796年

护手条有"星形"图案

刀尖类似短柄斧

英国皇家骑兵是精锐的骑兵团，1650年由护国公奥利弗·克伦威尔（1599—1658年）建立，主要职责是保护在位君主的安全，但也参加了英国陆军的很多著名战役。骑兵团的马刀采用了独特的设计，是1796式重骑兵马刀的变体，差异在于有开放式护手，剑柄下方有"星形"图案，伸出多根护手条，聚在一起形成单独的厚指节护手，指节护手进入柄头。刀身宽阔，单刃，尖端类似短柄斧的尖端。

年代：约1796年
来源：英国
长度：102.3厘米

丹麦骑马步兵军刀，皇家近卫团型，1799年

卵圆形柄头

锷叉较大，位于心形的双壳手尽头

血槽较浅

丹麦皇家近卫团（the Danish Royal Guards regiment）是欧洲最古老的近卫团之一，1658年由丹麦国王腓特烈三世（King Frederick III，1609—1670年）建立。开始时作为步兵团，但有些步兵也骑马服役。这把剑血槽较浅，从剑根往下大约三分之一处开始延伸，此外，挨着剑身顶端刃部下方还有另一道血槽。剑柄造型简约，剑柄盘（hilt plate）伸出两根侧枝，连接指节护手。

年代：1799年
来源：丹麦
长度：107.3厘米

西班牙骑兵军刀，1799年

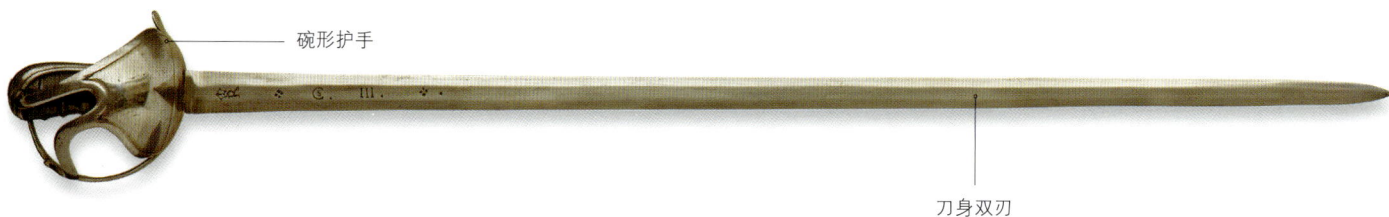

碗形护手

刀身双刃

西班牙骑兵曾使用这种传统的老式杯状剑柄西洋剑，西班牙名字叫Bilbo，一直用到18世纪末。这一剑型与先前西班牙的其他剑型不同。剑柄和剑身风格类似同时期的欧洲其他国家，特别是法国。剑柄有突出的碗形护手，三根护手条连接穿顶状柄头。剑身没有血槽，有突起的加强脊，形成剑根。握柄用皮革包裹，不缠线。

年代：1799年
来源：西班牙
长度：106.9厘米

西班牙重骑兵军官军刀，约1800年

刀身刻有国王卡洛斯四世
（King Carlos IV）的名字

矛头状刀尖

刀身无血槽

西班牙王冠

这是标准1799骑兵军刀（the Model 1799 Cavalry Trooper's Sword）的豪华版，黄铜刀柄嵌入西班牙王冠图案和王室徽号。刀身平脊，双刃，刻有西班牙国王卡洛斯四世的首字母。刀柄呈封闭式，半笼手，能为剑士的手提供相当程度的保护。

年代：	约1800年
来源：	西班牙
长度：	98.2厘米

西班牙骑兵军刀，1825年

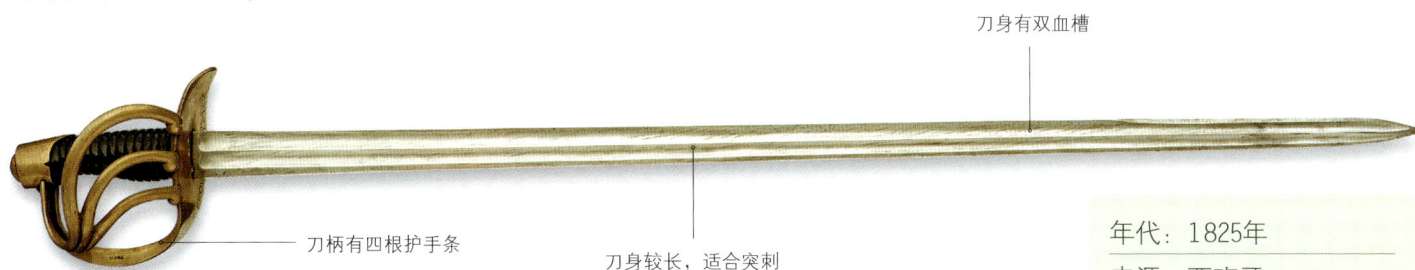

刀身有双血槽

刀柄有四根护手条

刀身较长，适合突刺

这把刀很像法国拿破仑时期的重骑兵军刀，西班牙军方可能照搬了形制。刀柄黄铜制，有四根护手条，柄头倾斜（有角度）。刀身有双血槽，刀鞘铁制，较重。骑兵冲锋时，这把刀可充分伸展，作用类似短骑枪。握柄核心木制，包裹皮革与黄铜绞线。

年代：	1825年
来源：	西班牙
长度：	109.2厘米

德国骑兵军刀，1852年

刀身单刃，窄血槽

笼状刀柄

笼状刀柄是这把刀的明显特色，为持剑的手提供相当的保护。不过护手条之间的空隙依然可能让敌人锋刃准确穿过。刀柄中还有一个皮制的拇指环，让骑兵更有效地握刀，特别是在冲锋的时候。刀鞘应当贴有小块钢板。

年代：	1852年
来源：	德国
长度：	64厘米

17—19世纪步兵刀剑

这个时期，步兵的作用发生了变化，更依赖火枪和套筒型刺刀。尽管如此，步兵还是会使用刀剑，最常用的形制包括短刃佩剑，有黄铜剑柄。军官也会选择短配剑和轻剑。

英格兰步兵佩剑，约1700年

剑身锈蚀

剑柄护手条分叉，
形成指节护手

这把剑腐蚀生锈都很严重，说明可能是地下出土的。整体形制属于步兵与海军通用的类型（海上作用相当于水手用军刀）。剑身较短，为圆月砍刀型，适合近战，特别是在船的甲板上，不容易被绳索挂住。

年代：	约1700年
来源：	英格兰
长度：	85.7厘米

普鲁士佩剑，约1750年

单血槽

黄铜铸成的剑柄

这种短佩剑造型，18世纪早期风靡欧洲。剑柄由黄铜铸成，剑身有单血槽，双刃，刃部一直延伸到尖端。很多普鲁士佩剑都有所属团的标记。

年代：	约1750年
来源：	普鲁士
长度：	79.3厘米

英国掷弹兵佩剑，约1760年

双刃，刃部延伸到尖端

包围式笼手

18世纪中期，英国步兵团使用很多种佩剑。这把剑的铁制剑柄较大，类似同时期的重骑兵（龙骑兵）军刀。刀柄是包围式，能有效保护剑士的手。

年代：	约1760年
来源：	英国
长度：	110.3厘米

英国步兵列兵佩剑，约1760年

握柄黄铜制，有棱纹

半笼手黄铜制

碟形护手，呈心形

剑身有单血槽

英军开始装备黄铜握柄的步兵佩剑，可能受到同时期欧洲大陆的影响，特别是德国、法国佩剑的影响。三国佩剑的共同特征是有心形的碟形护手，握柄由黄铜铸成，有棱纹。这件样品的剑柄刻有Lancashire Militia（兰开郡民兵）字样，剑身刻有字母SH，代表萨缪尔·哈维（Samuel Harvey），是伯明翰有名的铸剑师，曾为英军生产大量刀剑。

年代：	约1760年
来源：	英国
长度：	78.2厘米

兽头柄头英国步兵佩剑，约1760年

兽头形柄头

剑身单刃

圆球状锷叉

18世纪早期到中期，怪兽状柄头的佩剑在英军风行一时，18世纪中后期被传统的狮头取代。这把佩剑，剑身略弯，单刃，剑身顶部有窄血槽。黄铜握柄造型仿照绳子的形状，不太寻常。掷弹兵连队曾经使用这种剑柄的佩剑。

年代：	约1760年
来源：	英国
长度：	不详

英国步兵军官佩剑，约1770年

剑柄有槽

背剪形刀尖

雕刻装饰的痕迹

狮头形柄头

18世纪，英国步兵军官佩剑常见狮头形柄头，这把剑是典型例子。剑柄做工精美，由实心黄铜制成，有"槽"，也就是护手分成几个几何形状的部分。有槽剑柄不能提供附加的保护，可能主要用于装饰。剑身刻有花纹，比同时期多数军用佩剑略宽，侧面很像同时期的猎刀。

年代：	约1770年
来源：	英国
长度：	不详

英国步兵军官佩剑式军刀，约1780年

瓮状柄头

刀柄有刺孔

刀身弯曲，单刃，适合劈砍

指节护手

18世纪晚期，英国步兵军官多用这种较短而弯曲的军刀。刀柄有刺孔，分成各个镂空的部分，握柄是黑檀木制成，有雕刻，缠着银绞线。瓮状柄头受到当时欧洲新古典主义装饰艺术的影响。刀身弯曲，单刃，有双血槽，一宽一窄。

年代：	约1780年
来源：	英国
长度：	80.3厘米

英国"陶尔·哈姆莱茨"志愿步兵军官军刀，约1803—1814年

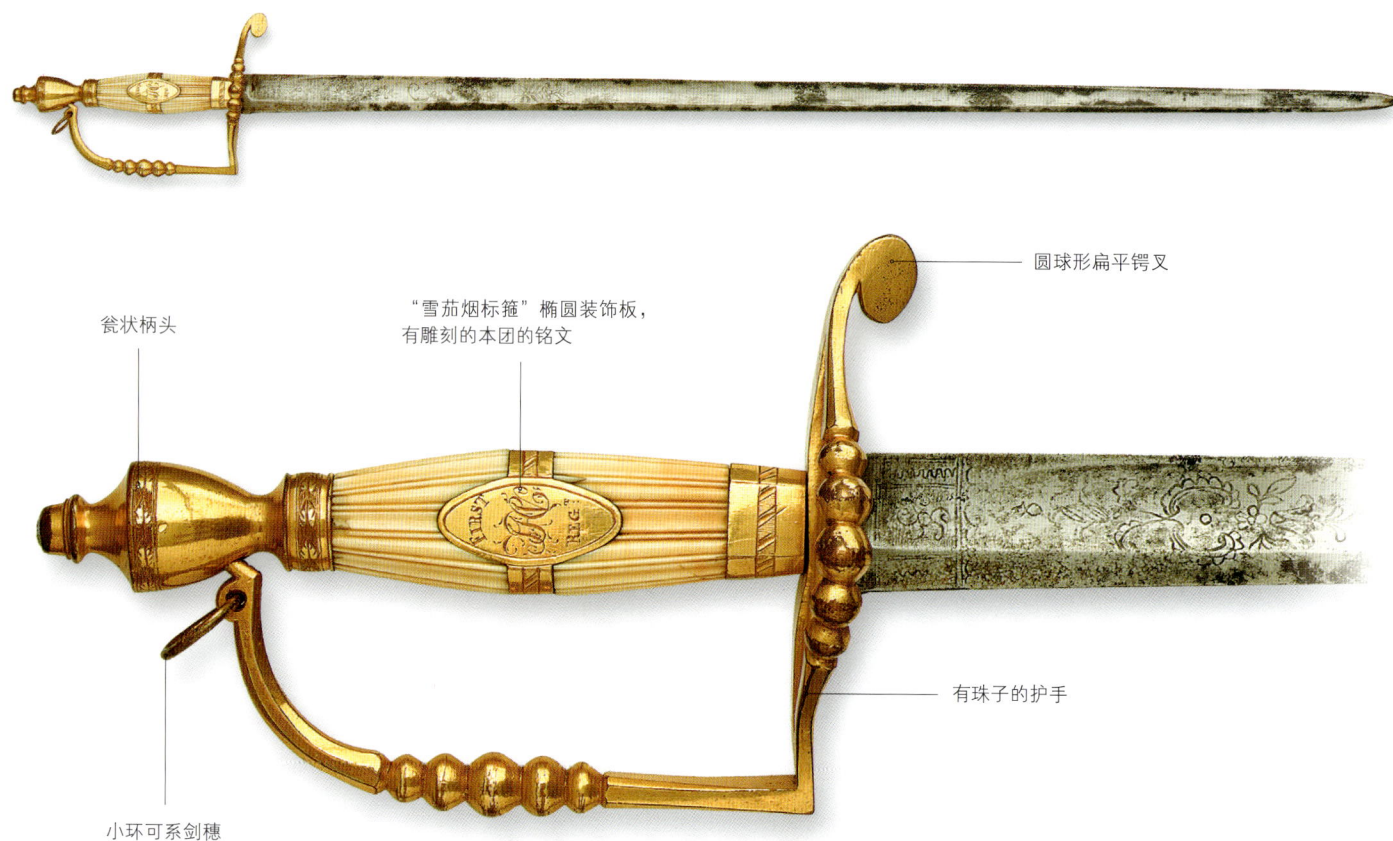

圆球形扁平锷叉

瓮状柄头

"雪茄烟标箍"椭圆装饰板，有雕刻的本团的铭文

有珠子的护手

小环可系剑穗

拿破仑战争（1799—1815年）期间，出现了很多志愿骑兵与步兵组织，"陶尔·哈姆莱茨"志愿民兵队（the Tower Hamlets Volunteer Militia）是其中之一，主要作用是与可能入侵的法军作战，保卫英国。[1]民兵军官的军刀，应当和常备军军官的军刀相同。这件样品相当珍贵，有镀金黄铜的"五珠"形刀柄，握柄为象牙制成，有棱纹，中间还缠绕着"雪茄烟标箍"椭圆装饰板，标箍上有团的徽记。

年代：	约1803—1814年
来源：	英国
长度：	97.8厘米

---

[1] 现实中，法国海军曾到达爱尔兰，但作战失败；从未成功入侵英国本土。——译者注

英国步兵军官，1812年

英国步兵军官从1786年开始携带常备步兵军刀。在此之前，实战用的是各种轻剑（佩剑）。有些军官甚至选择较短的长柄武器（半长柄枪）。半长柄枪的实战能力较差，更多作为军阶的象征，或是在军官集合队伍的时候用作标杆，吸引士兵注意。半长柄枪也发给高级士官。

1786式步兵军官军刀，统一了刀身和刀柄的形制。但直到1796年，英军才完全统一了步兵军官军刀的标准。即便如此，步兵的精锐团，例如步枪队（the Rifle Corps）和某些苏格兰低地团，依然选择佩带一种完全不同的军刀。

▶ 国王直属苏格兰边民团（the King's Own Scottish Borderers）军官，约1812年。军官的军刀是马木留克风格，1798—1801年在埃及历次战役之后流行起来

巴达维亚共和国步兵军官军刀，约1810年

骑士头盔形柄头

原来的蓝地痕迹

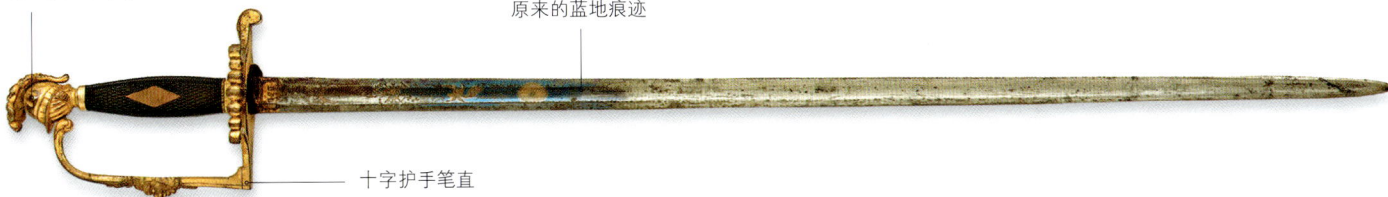

十字护手笔直

1795年，荷兰的威廉五世（William V，1748—1806年）奥兰治与尼德兰亲王（the Prince of Orange and the Netherlands）因插手法国大革命而遇到拿破仑·波拿巴（1769—1821年）指挥的法军入侵，威廉战败后逃到英国。法军随后扶植尼德兰的附庸政权，成立了一个新的共和国"巴达维亚"。这个附庸国存在到1806年，之后拿破仑将其改为荷兰王国，扶植弟弟路易·拿破仑（1778—1846年）任荷兰国王（King of Holland，1806—1810年在位）。这把刀，刀柄形制明显仿照法国风格，特别是新古典主义骑士头盔形柄头，是典型的拿破仑时期法国造型。

年代：	约1810年
来源：	荷兰
长度：	89.7厘米

法国先锋部队或工兵军刀，约1810年

小公鸡头形柄头

向下弯曲的锷叉

刀背呈锯齿状

背剪形刀尖

这把军刀刀柄为黄铜铸成，刀柄有精美的法国雄鸡啼鸣的造型。刀身略弯，一侧有锯齿，可用来让先锋部队或工兵制作柴捆。柴捆是把砍下的树枝或灌木枝条紧紧绑在一起，用于填平战壕或水沟、修筑炮位，或建立其他类型的防线。

年代：	约1810年
来源：	法国
长度：	81厘米

笼手剑

笼手剑专门用来保护剑士持剑的手。17世纪开始，欧洲国家大都采用了笼手剑，而最高水平的笼手剑要数苏格兰高地人的剑。大多数笼手剑的剑身较宽，有双刃。

英格兰笼手剑，约1590年

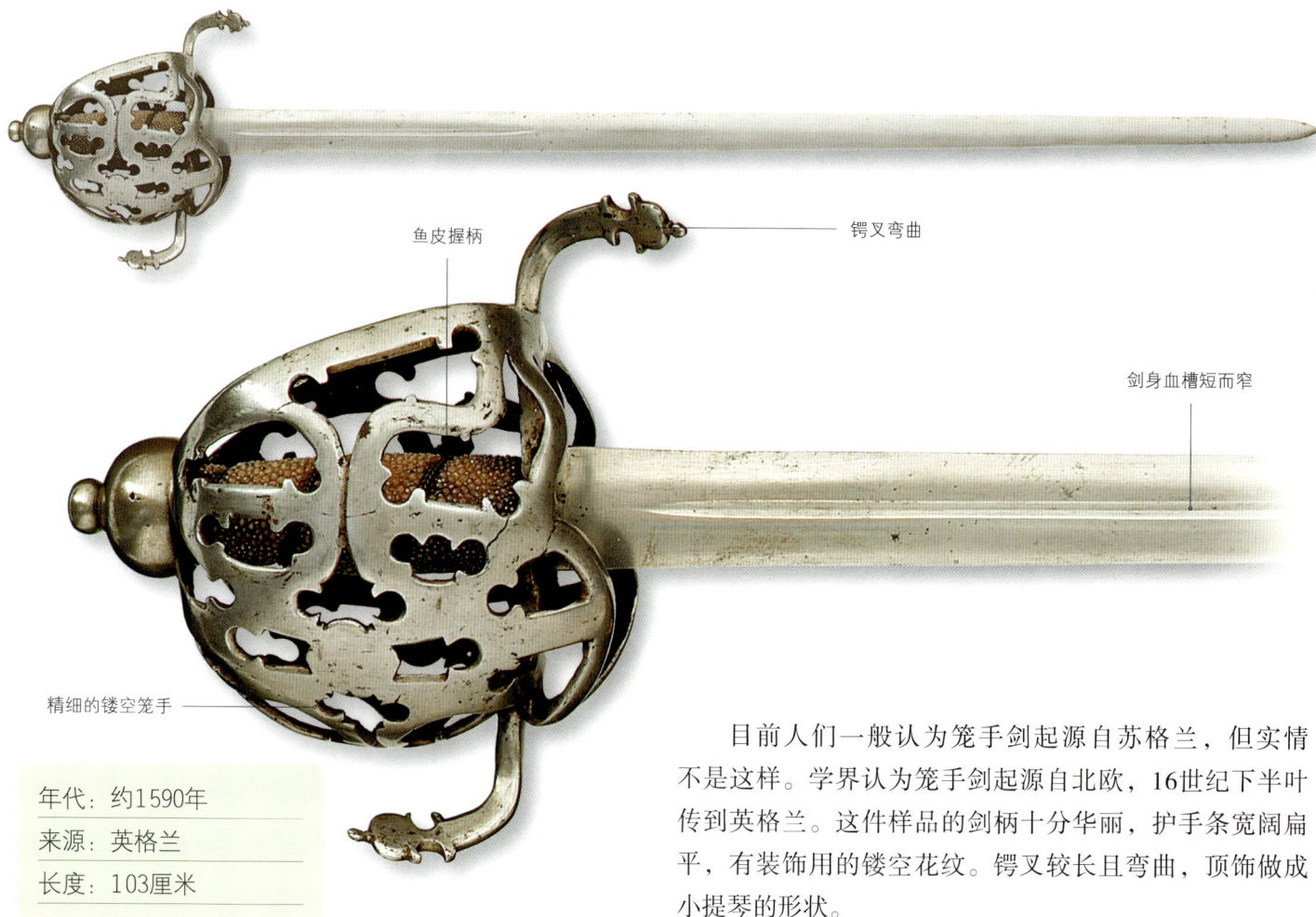

鱼皮握柄

锷叉弯曲

剑身血槽短而窄

精细的镂空笼手

年代：	约1590年
来源：	英格兰
长度：	103厘米

目前人们一般认为笼手剑起源自苏格兰，但实情不是这样。学界认为笼手剑起源自北欧，16世纪下半叶传到英格兰。这件样品的剑柄十分华丽，护手条宽阔扁平，有装饰用的镂空花纹。锷叉较长且弯曲，顶饰做成小提琴的形状。

苏格兰笼手阔剑，约1680年

多根带状护手条

这种笼手剑柄起源自苏格兰，通称"带状柄"，因为护手条扁平，类似缎带的形状。这种笼手剑也叫"鹰钩鼻剑"（beaknose）或"鼻子剑"（snoutnose），因为剑柄基部突出小型的反曲锷叉，类似鼻子。（参见前文53页）

年代：	约1680年
来源：	苏格兰
长度：	92.9厘米

英格兰笼手阔剑，约1680年

苹果状柄头

内嵌银饰的剑柄

17世纪晚期英格兰笼手剑的杰作。柄头呈苹果状，剑柄内嵌银饰，这些都是典型特征，经常被人误会成苏格兰笼手剑。英格兰与苏格兰笼手剑的区别主要在于柄头、剑柄盘、护手条的形状。

年代：	约1680年
来源：	英格兰
长度：	104厘米

英格兰笼手骑兵阔剑，约1680年

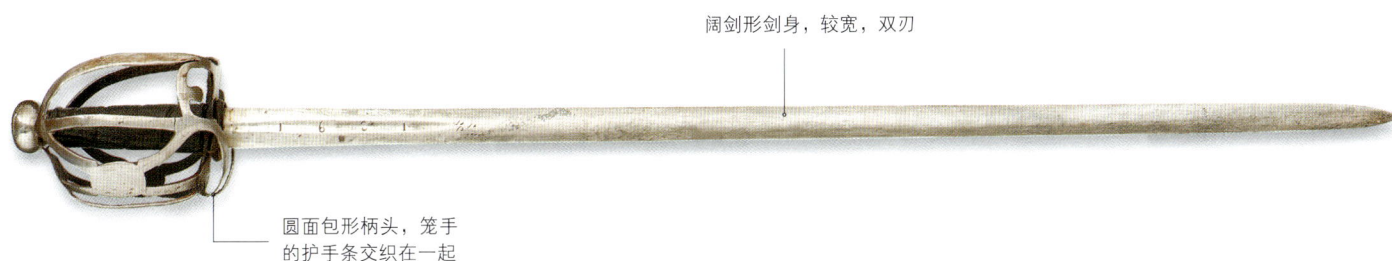

阔剑形剑身，较宽，双刃

圆面包形柄头，笼手的护手条交织在一起

这种风格的笼手，16世纪末以来一直很流行，1642—1651年英国内战期间，英格兰骑兵一直在用这种笼手剑。这件样品属于"军需品"级别，造价相对较低，装饰很少。

年代：	约1680年
来源：	英格兰
长度：	96.5厘米

意大利斯拉夫阔剑，约1700年

笼手结构复杂

斯拉夫原文是schiavona，意为"斯拉夫民族的"。这种武器与东欧雇佣兵紧密相关，16—18世纪，雇佣兵曾为西班牙和威尼斯共和国打仗。笼手的护手条都很复杂，组合成笼子般的形状。制造和装饰的质量彼此相差很大，有些笼手剑非常简约实用，而其他笼手剑就有着精美的凿子加工装饰与黄铜装饰。

年代：	约1700年
来源：	意大利
长度：	94.2厘米

苏格兰笼手阔剑，约1720年

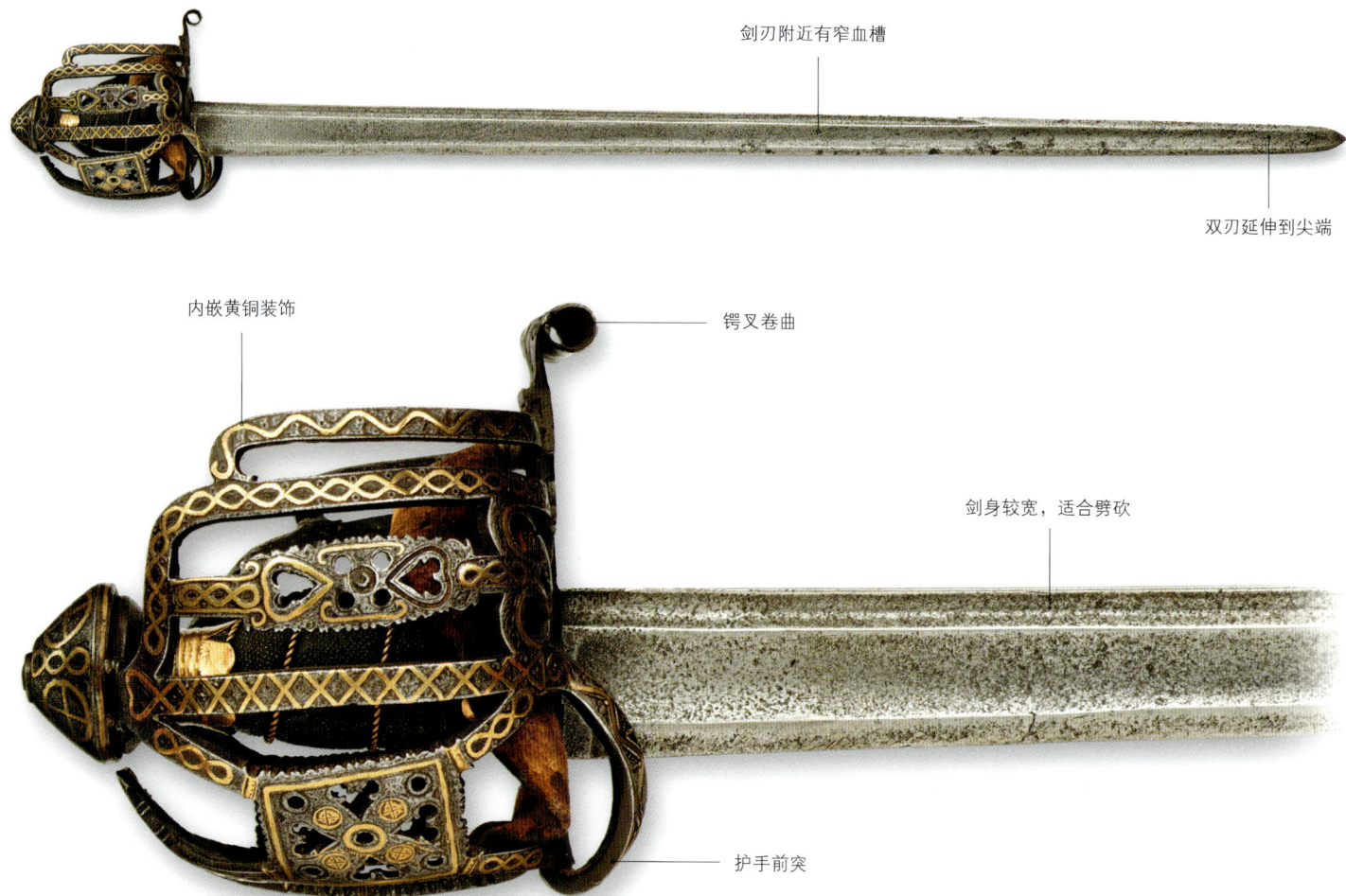

笼手结构复杂

剑身双刃

剑柄仍有原始衬里（liner）

这把苏格兰笼手剑依然保留着原有的红毡（red-felt）与磨面绒革（buff-leather）衬里。衬里是为了防止剑士的手被护手条磨伤。剑身双刃，圆面包形柄头雕刻有花纹。剑柄盘有心形刺孔。

年代：	约1720年
来源：	苏格兰
长度：	96.2厘米

苏格兰笼手阔剑，约1720年

剑刃附近有窄血槽

双刃延伸到尖端

内嵌黄铜装饰

锷叉卷曲

剑身较宽，适合劈砍

护手前突

剑柄有复杂而精美的黄铜镶嵌，说明这把剑有极为重要的历史价值。生产地可能在格拉斯哥或斯特灵（位于苏格兰低地），两地在17—18世纪都开设了很多铸剑培训学院。（参见前文54页）这些铸剑家族延续了很多代，制造的剑柄非常精美而坚固。大多数保存到现在的样品都被收藏在博物馆或重要的私人藏品库。

年代：	约1720年
来源：	苏格兰
长度：	104.1厘米

意大利斯拉夫阔剑，约1730年

剑身双刃

黄铜制柄头，
"猫头"造型

钢制剑柄，装饰有钉子

年代：约1730年

来源：意大利

长度：99.3厘米

斯拉夫阔剑源自17—18世纪达尔马提亚（Dalmatian，东欧一地区，又译达尔马西亚，今克罗地亚境内）的佣兵使用的阔剑，这些佣兵曾为西班牙和威尼斯共和国作战。阔剑的主要特色是结构复杂的护手条和"猫头"形柄头。这种双刃阔剑相对较轻，容易使用，杀伤力很大。

英格兰笼手骑兵阔剑，约1740年

剑身有多条血槽

骑兵图案的装饰

骑兵图案的装饰（反面）

这把阔剑剑身较长，双刃，劈砍杀伤力很大。英格兰笼手剑柄的护手条一般比苏格兰护手条稀疏，苏格兰护手条更粗，剑柄盘一般实心，保护性能更好。雕刻的骑兵图案在这一时期后更加流行。

年代：约1740年

来源：英格兰

长度：104.1厘米

英格兰笼手阔剑，约1750年

血槽位于中央，较长

圆面包形柄头

护手条呈圆形

装饰雕刻很深

王室徽号GR

剑柄护手板有刺孔装饰

这件样品十分有趣，剑柄完全是苏格兰笼手剑的样式，却是英格兰制造，属于英军骑兵团的重装龙骑兵军官。剑身蚀刻王室徽号GR，代表英王乔治二世（King George II，1727—1760年在位）。

年代：	约1750年
来源：	英格兰
长度：	99厘米

苏格兰笼手阔剑，约1750年

剑身较宽，双刃

锷叉向前弯曲

苏格兰高地的詹姆斯二世党人（Scottish Jacobite Highlanders），是1371—1714年间斯图亚特王朝（the House of Stuart）的拥护者。他们购买了很多笼手剑，剑身全都产自苏格兰之外。这件样品的剑身可能是德国造，在索林根生产，出口到苏格兰，再由本地的剑柄生产商组装起来。

年代：	约1750年
来源：	苏格兰
长度：	101厘米

英格兰笼手阔剑，约1780年

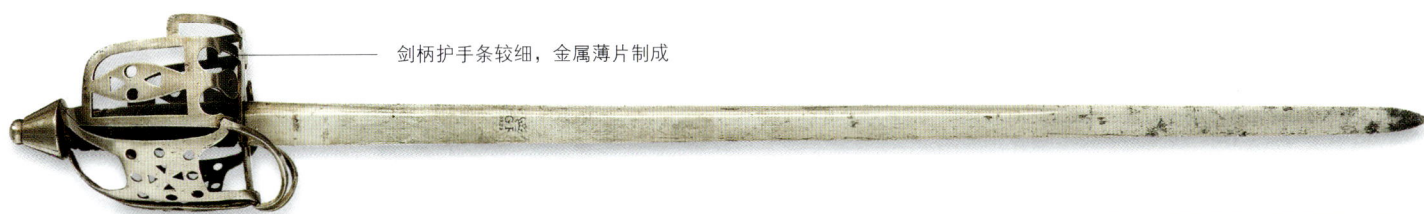

剑柄护手条较细，金属薄片制成

这把剑很容易被错认成苏格兰高地剑，但实际是18世纪下半叶发给高地团的英格兰士兵的。剑身刻有"德鲁里"（Drury）字样，应该产自英格兰伯明翰市。这些阔剑的质量一般很差。

年代：	约1780年
来源：	英格兰
长度：	97.5厘米

英格兰团用笼手阔剑，约1860年

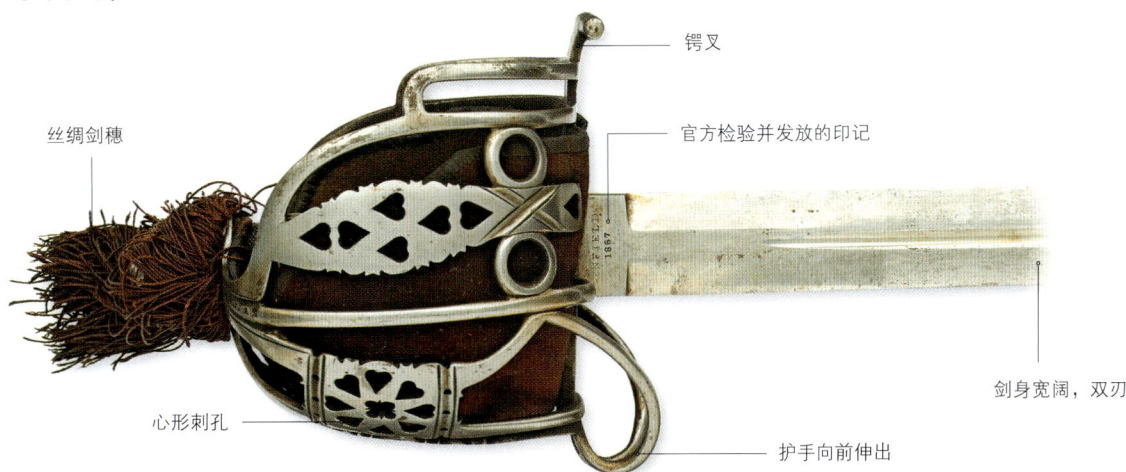

锷叉

丝绸剑穗

官方检验并发放的印记

心形刺孔

剑身宽阔，双刃

护手向前伸出

这把剑应该属于苏格兰高地团之一的一名中士（sergeant，士官）。有些军官必须用私人手段购买制服和佩剑，但这把剑应该是英军正式发给士官的。政府颁发的剑应该会在这个团的官兵中间传递很久，因为频繁作战导致损坏，所以幸存到现在的样品很少。

年代：	约1860年
来源：	英格兰
长度：	98厘米

苏格兰高地团

1746年的卡洛登战役中，詹姆斯二世党人领袖查尔斯·爱德华·斯图亚特王子（Prince Charles Edward Stuart，1720—1788年，又称"小僭王""英俊王子查理"，Bonnie Prince Charlie）战败。之后，英军发现有必要在苏格兰维持永久性大规模驻军，于是成立了苏格兰高地团。这以前，那些对英王效忠的、有地产的苏格兰贵族曾经建立一些独立的连队，保护政府资产，调停部族冲突。（参见前文54页）

▶ 戈登高地人团（the Gordon Highlanders）的一名军官，约1854年。携带一把标准笼手阔剑，用白色皮革系带挂在腰带上

17—18世纪单手轻剑

人们需要让西洋剑更方便使用，而且认为绅士已经用不着天天穿铠甲带巨剑来保护自己。于是，轻剑应运而生。轻剑尺寸较小，适合穿平民衣服时佩带，于是很快流行起来，成为炫耀等级与社会地位的手段。（参见前文）17世纪出现了三棱形克里希马德式礼剑的剑身，让轻剑强度变得极高，特别是那些用于击剑运动的轻剑。

柄头圆球形

英格兰轻剑，约1660年

17—18世纪的英格兰铸剑师，极擅长把各种贵金属镶嵌到剑柄中，因此而闻名。这把剑是他们精湛技艺的例证。所有能加工的表面全都镶嵌了小块白银，每一块白银都专门用锤子敲入剑柄。银块衬着剑柄的黑色金属背景，显得十分华丽。

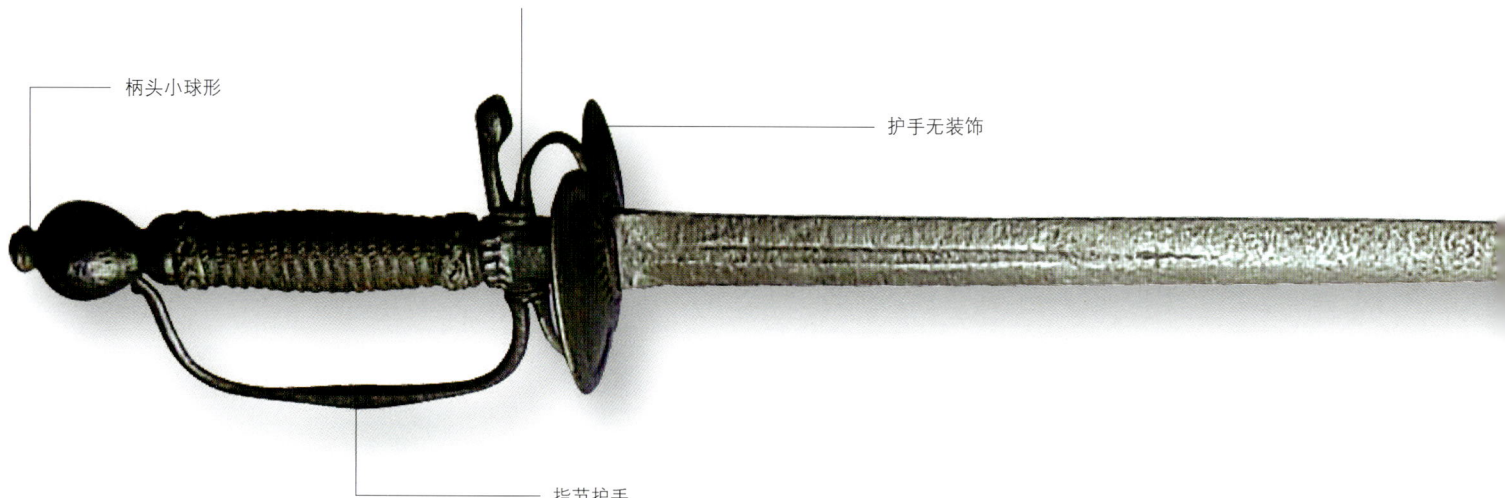

弯曲的锷叉，
即护食指圆环

柄头小球形

护手无装饰

指节护手

柄头圆球形

握柄缠银线

护手钢制，银黑相间

指节护手

年代：约1660年

来源：英格兰

长度：98.7厘米

剑身扁平，单血槽

英格兰轻剑，约1690年

这把早期的轻剑，设计简约，形制传统。剑身扁平，有单血槽，是在模仿更早的西洋剑。不过，早期的西洋剑剑身较长，这把轻剑则比较短。剑柄没有装饰，铁制，柄头呈圆球状，有D形指节护手，锷叉膨大。有两个弯曲的护臂向下延伸，连接着碟形护手。这一点很有特色，在当时的轻剑中风行一时。

年代：约1690年

来源：英格兰

长度：不详

意大利轻剑，约1690年

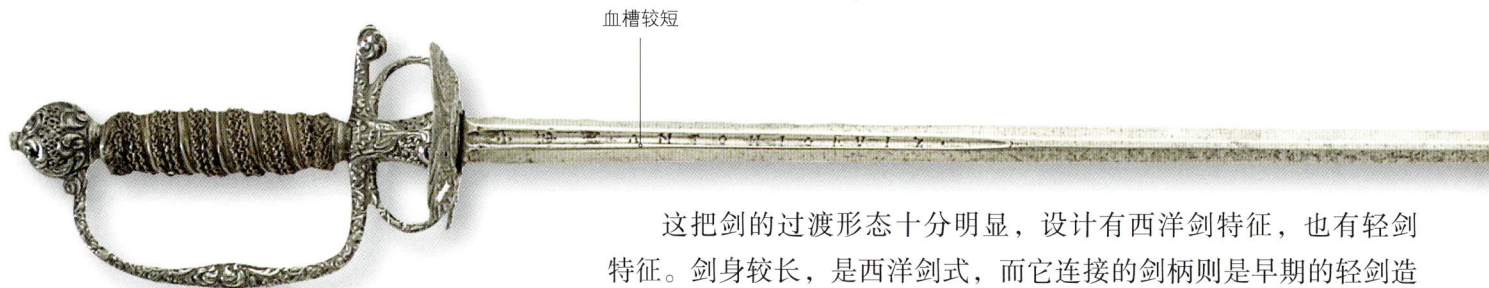

血槽较短

这把剑的过渡形态十分明显，设计有西洋剑特征，也有轻剑特征。剑身较长，是西洋剑式，而它连接的剑柄则是早期的轻剑造型。有两个护臂伸向下方，从十字护手生出，名叫"护食指圆环"。（参见前文46页）

英格兰轻剑，约1690年

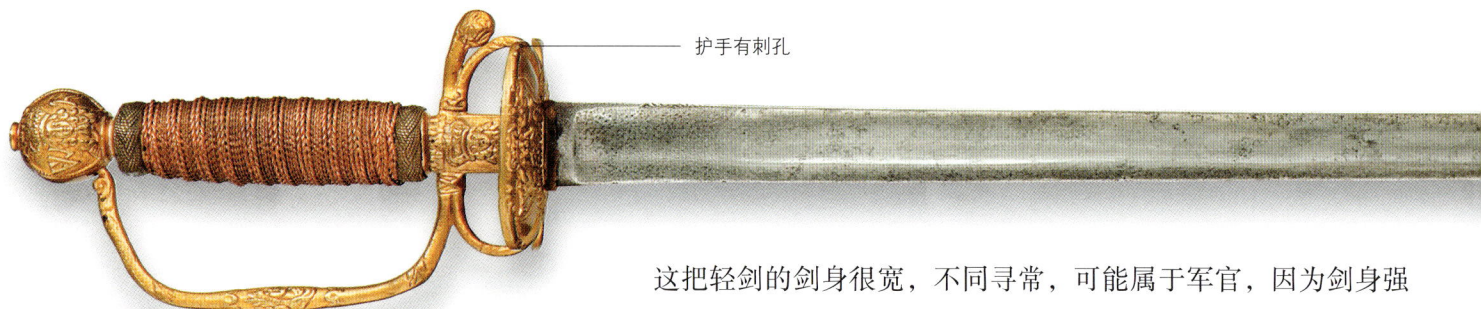

护手有刺孔

这把轻剑的剑身很宽，不同寻常，可能属于军官，因为剑身强度高于同时期一般轻剑中的"平民"类型。护手有刺孔，柄头呈圆球形，类似更早的西洋剑形制，也是明显的过渡形态。

法国轻剑，约1720年

绞线，两端各有"突厥人头"式绳结

柄头圆球形

剑身较窄，双刃

年代：	约1690年
来源：	意大利
长度：	99.2厘米

剑身较宽

年代：	约1690年
来源：	英格兰
长度：	98厘米

年代：	约1720年
来源：	法国
长度：	100.2厘米

洛可可风格装饰

　　这把轻剑是在18世纪早期，即洛可可时期的高峰制造的。当时，法国的装饰风格正风靡全欧洲。剑柄为蓝钢制成，用金饰包裹，图案有头盔、武器架、花朵。剑身顶端（最强部位）有原先蓝地描金涂料的痕迹。剑身余下部分用镀金突出了蚀刻图案。剑鞘坚硬，皮制。底托也采用了同剑柄一样的装饰风格。

——————— 凿子加工的镀金装饰

英格兰轻剑，约1730年

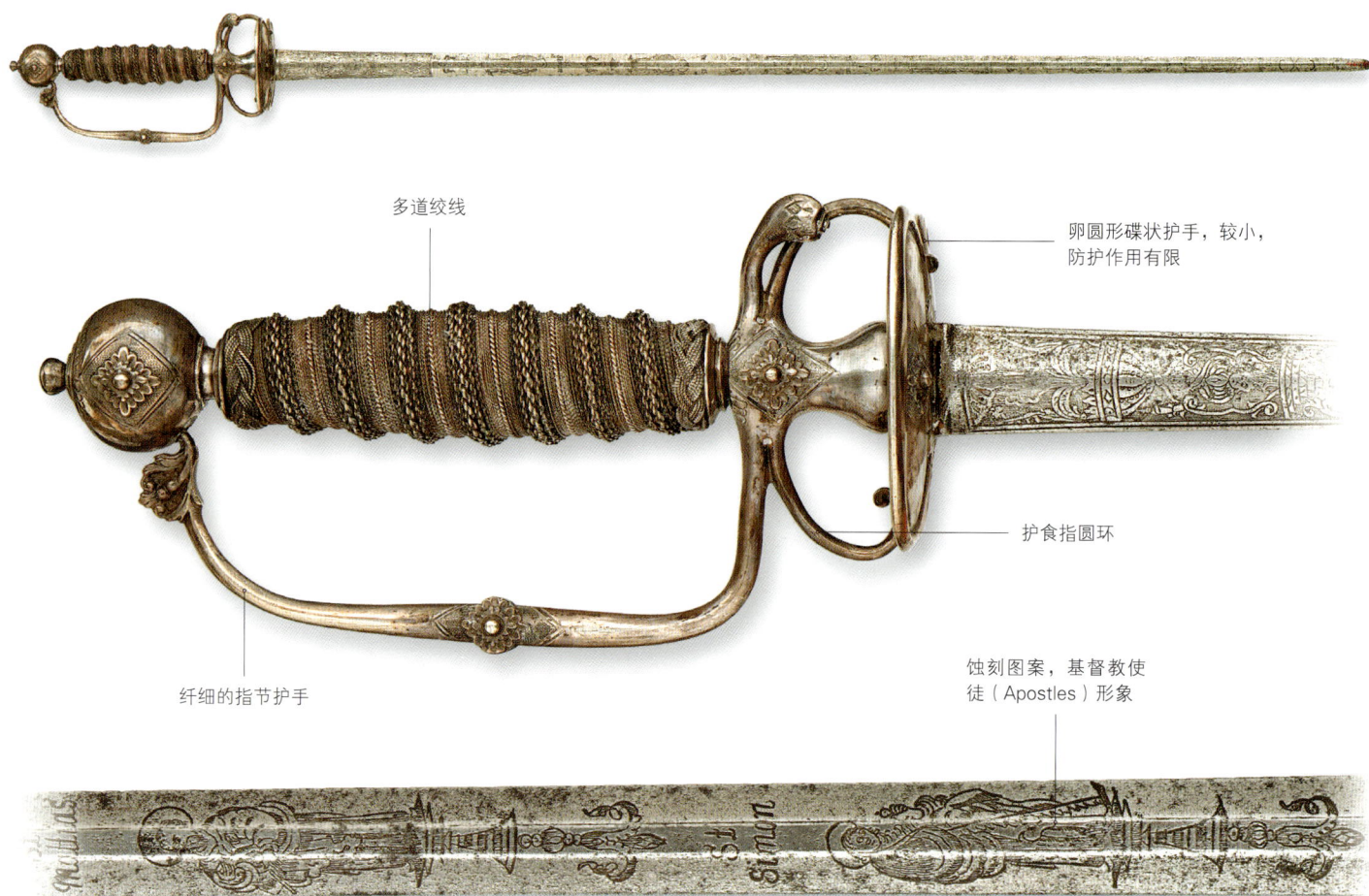

多道绞线

卵圆形碟状护手，较小，防护作用有限

护食指圆环

纤细的指节护手

蚀刻图案，基督教使徒（Apostles）形象

17世纪末以来，轻剑加上了两个护食指圆环，也叫护臂；形成十字护手，在碟形护手顶端弯向内侧而终止，目的主要是装饰，但也可能给剑柄增加了一些强度，成为轻剑常见的设计特征。

年代：	约1730年
来源：	英格兰
长度：	92.3厘米

英格兰银制剑柄轻剑，约1745年

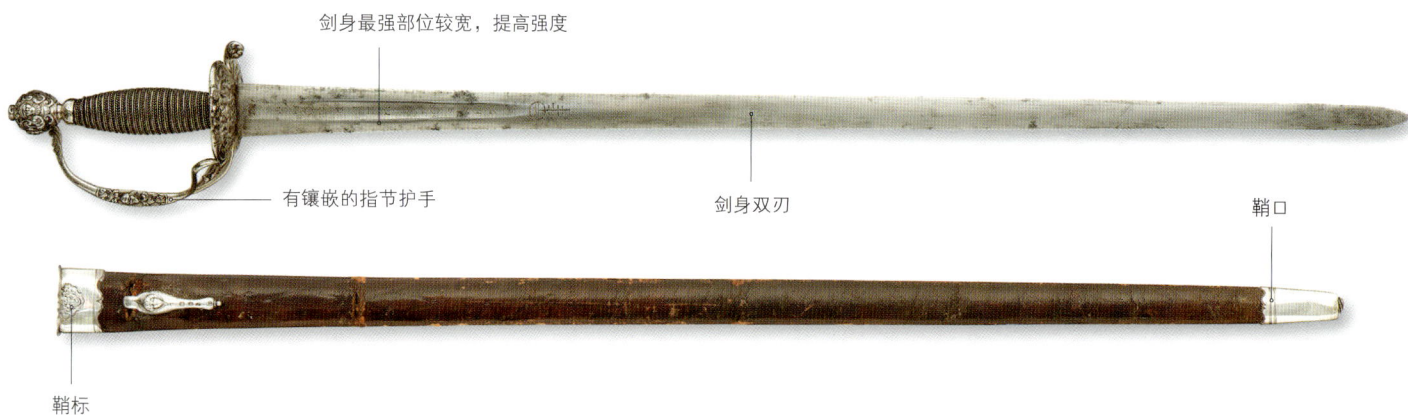

剑身最强部位较宽，提高强度

有镶嵌的指节护手

剑身双刃

鞘口

鞘标

18世纪中期绅士轻剑的典型，有高质量的实心银制剑柄。打上了银徽记，说明是为伦敦制造的；而且冲压了首字母W. G.，可能是为富商威廉·加勒德（William Garrard）定制。皮革剑鞘有底托，底托由白银制成，竟然被完整保存了下来，这一点不太寻常。

年代：	约1745年
来源：	英格兰
长度：	75厘米

英格兰轻剑，1756年

克里希马德式剑身

最强部位进一步强化

年代：	1756年
来源：	英格兰
长度：	99.6厘米

　　银制剑柄有银匠约翰·卡曼二世（John Carman II，约1721—1764年）的首字母，这位银匠在伦敦工作。卡曼的名片介绍自己制造、销售"各类金银器具，价格最廉，亦定制双刃大刀与剑"。这把轻剑的剑身明显为克里希马德式，最强部位是宽阔的三棱形，尖端呈缝衣针状。

法国轻剑，约1770年

三棱锥剑身

蓝地描金装饰

年代：	约1770年
来源：	法国
长度：	100.3厘米

　　18世纪后期很多轻剑有新古典主义造型，较为保守。这把轻剑十分美观，是其中的典型。剑身呈三棱形，剑身最强部位附近有蓝地描金装饰，还有其他一些华丽的装饰品。这一时期的柄头一般是球形。

英格兰轻剑，约1770年

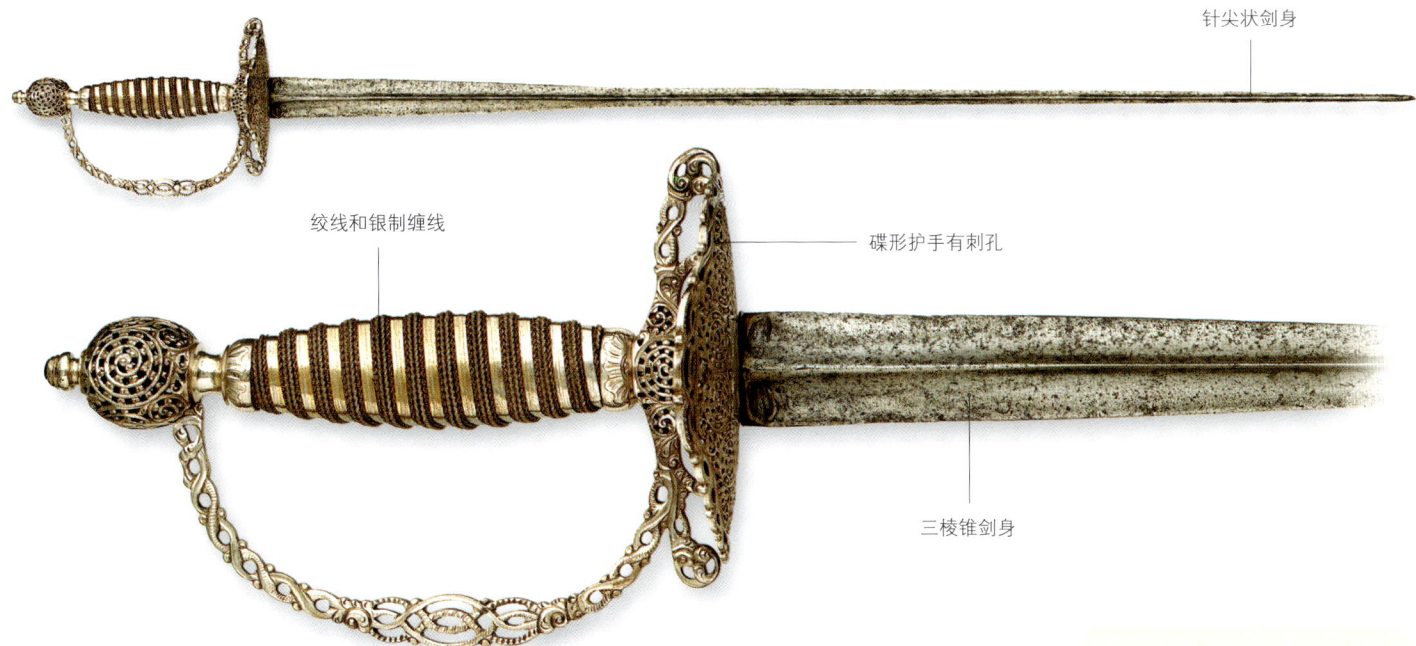

针尖状剑身

绞线和银制缠线

碟形护手有刺孔

三棱锥剑身

年代：	约1770年
来源：	英格兰
长度：	95厘米

　　这把轻剑，剑柄银制，有IR字样，代表约翰·拉德伯恩（John Radborn，1737—1780年），伦敦著名刀具商和银匠。[1]这把剑的剑柄有刺孔，十分细致，工艺精湛。应当是纯粹的礼剑，在特殊场合佩带。

[1] 原文如此，Royal Armouries Collections网站也提到IR可能代表约翰·拉德伯恩，但并未说明字母I为何能代表John；译者暂时也没有找到John不同拼写有字母I打头的情况。这里保持原文不变，以待研究。——译者注

法国轻剑，约1780年

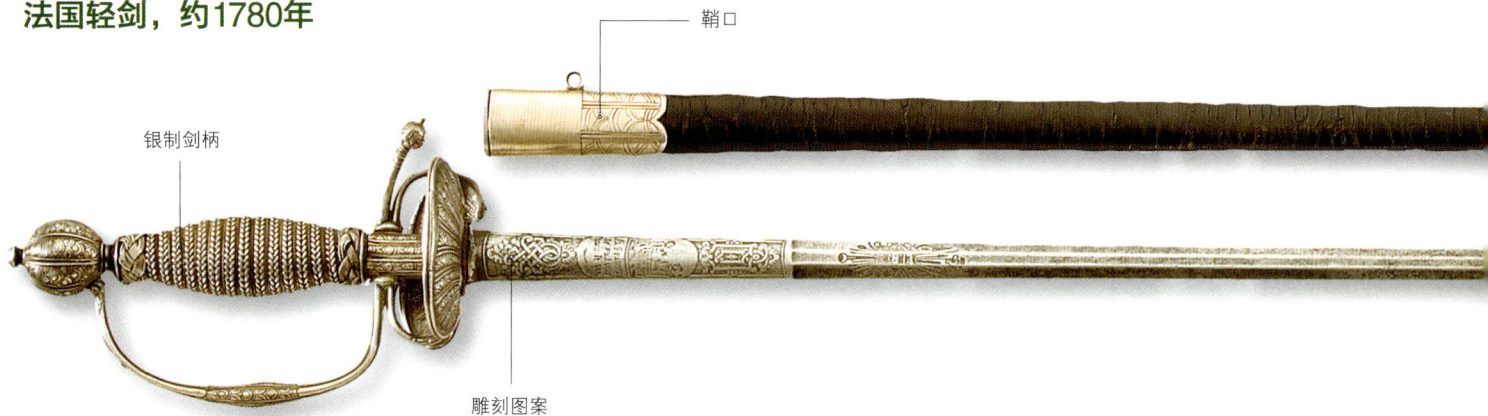

鞘口

银制剑柄

雕刻图案

这把轻剑，剑身纤细，适合突刺，刻有法语铭文：La Prudence se fait voir dans le vin。大意：酒中可见谨慎。这是为了让主人小心，不要喝醉酒胡乱使剑。

英格兰轻剑，约1790年

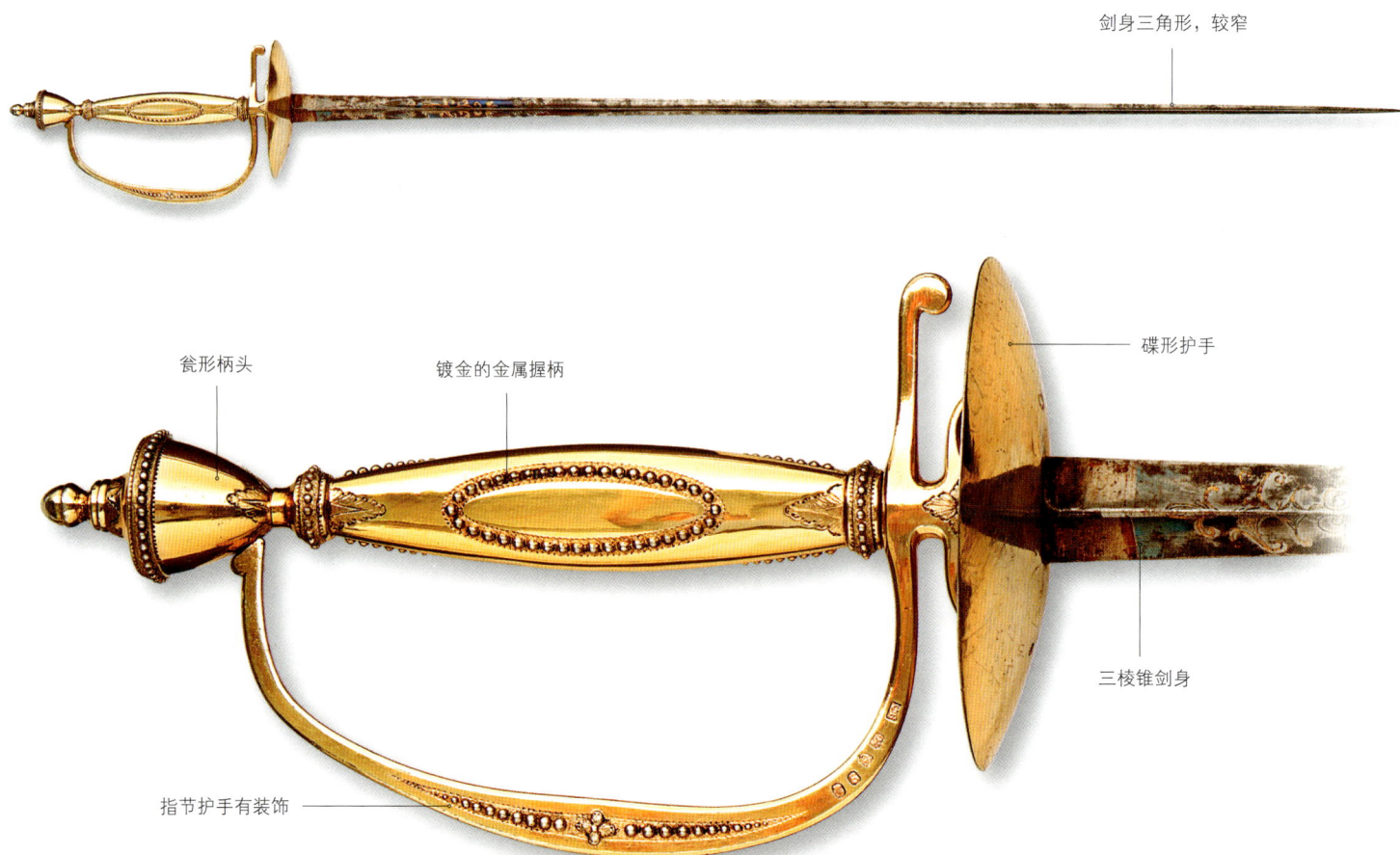

剑身三角形，较窄

瓮形柄头

镀金的金属握柄

碟形护手

三棱锥剑身

指节护手有装饰

18世纪最后25年，英格兰轻剑流行起了瓮形柄头。这是受到一批新古典主义建筑师，例如罗伯特·亚当（Robert Adam，1728—1792年）的影响，这些人在很多装饰作品上应用了古典的罗马瓮缸造型。这把剑的握柄没有采用一般握柄的木制核心并缠上绞线，而是用了镀银。制造商是伦敦的科尼利厄斯·布兰德（Cornelius Bland）（1748—1794年）。指节护手底部冲压了清晰的银制标记，包括制造商的姓名首字母。

年代：约1790年

来源：英格兰

长度：95.2厘米

皮革包裹

剑身较细

年代：约1780年
来源：法国
长度：92厘米

英格兰哀悼轻剑，约1800年

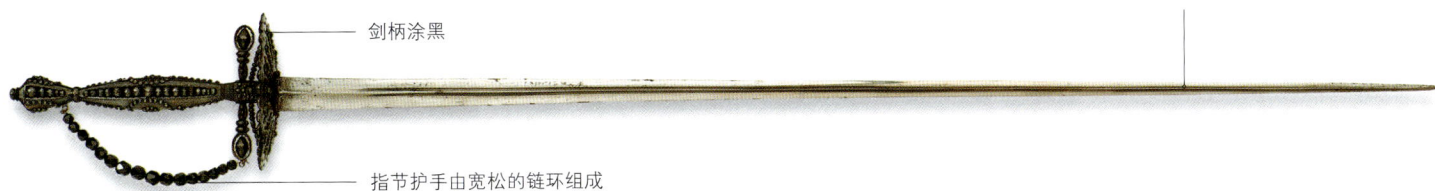

剑柄涂黑

三棱锥剑身，没有装饰

指节护手由宽松的链环组成

到18世纪末，出现了一种特别的轻剑，专供绅士参加葬礼，以及之后的哀悼期佩带，要佩带一段社会认为合适的期限。剑柄钢制，故意做成黑色，很多样品有钢制切削（即加工成小面）的装饰。剑鞘底托也做成黑色。现存的样品，大部分用较松的链环代替了原本刚性的指节护手。

年代：约1800年
来源：英格兰
长度：93厘米

英格兰轻剑，约1800年

针状剑身

指节护手由链环组成

这把礼剑当初应该有一个较细的指节护手，镀金，金属链状；从十字护手锷叉尽头生出，在柄头底部终止。因为这类指节护手原本就非常脆弱，生产后的年月中可能会脱落丢失。这把剑的指节护手就丢失了。

年代：约1800年
来源：英格兰
长度：97.8厘米

18世纪晚期的绅士

18世纪晚期，绅士携带轻剑，既是必要的防身武器，也是展示财富地位的机会。在伦敦这样的铸剑中心，有很多小作坊会生产高质量的轻剑，满足挑剔的绅士顾客。伦敦生产的银制剑柄十分有名。大多数剑身都是从德国这些制造剑身的国家进口，然后装上剑柄。剑鞘、带子等附属品也在本地生产。大多数英格兰银制轻剑都以冲压方式打上标记，说明产自哪个城市、生产年份、制造商的首字母。

◀ 18世纪晚期的绅士，携带一把轻剑

北美刀剑

美国刀剑的设计受到欧洲的深刻影响。1840年以后，美国陆军步兵、骑兵使用的军刀大部分都改良自欧洲军刀，或者直接模仿形制，特别是法国形制。1861—1865年南北战争初期，南军和北军都必须从欧洲进口大量军刀。

美国民兵士官军刀，约1840年

骑士头盔形柄头

十字架形护手

剑身双刃

美国很多州都建立了民兵体制，每一名军官和士官都有自己风格的军刀。骑士头盔形状柄头的军刀风靡全美，受到同时期法国军刀设计的很大影响。这件样品的握柄可能是有棱纹的象牙或兽骨，刀鞘可能没有装饰，也可能是刻有花纹的黄铜刀鞘。

年代：	约1840年
来源：	美国
长度：	90.1厘米

美国步兵士官军刀，标准1840型

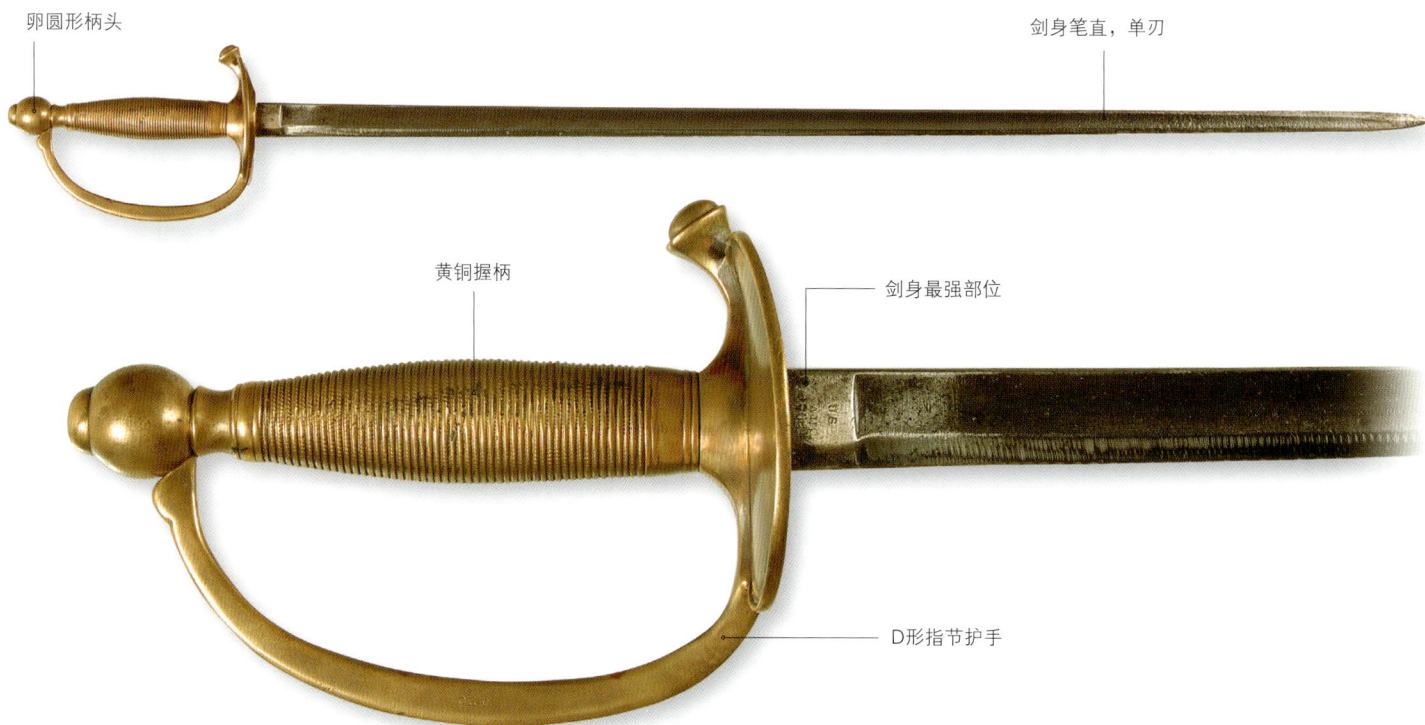

卵圆形柄头

剑身笔直，单刃

黄铜握柄

剑身最强部位

D形指节护手

这把刀在实战中的用途相当有限，十分类似19世纪中期的法国步兵军刀。刀柄为黄铜铸成，柄头呈卵圆形，壳手没有装饰，有D形指节护手。大多数样品在北方生产，供北军使用。推测刀鞘底托应该由黄铜或皮革制成。

年代：	1840年
来源：	美国
长度：	94厘米

美国骑兵军刀，标准1860型

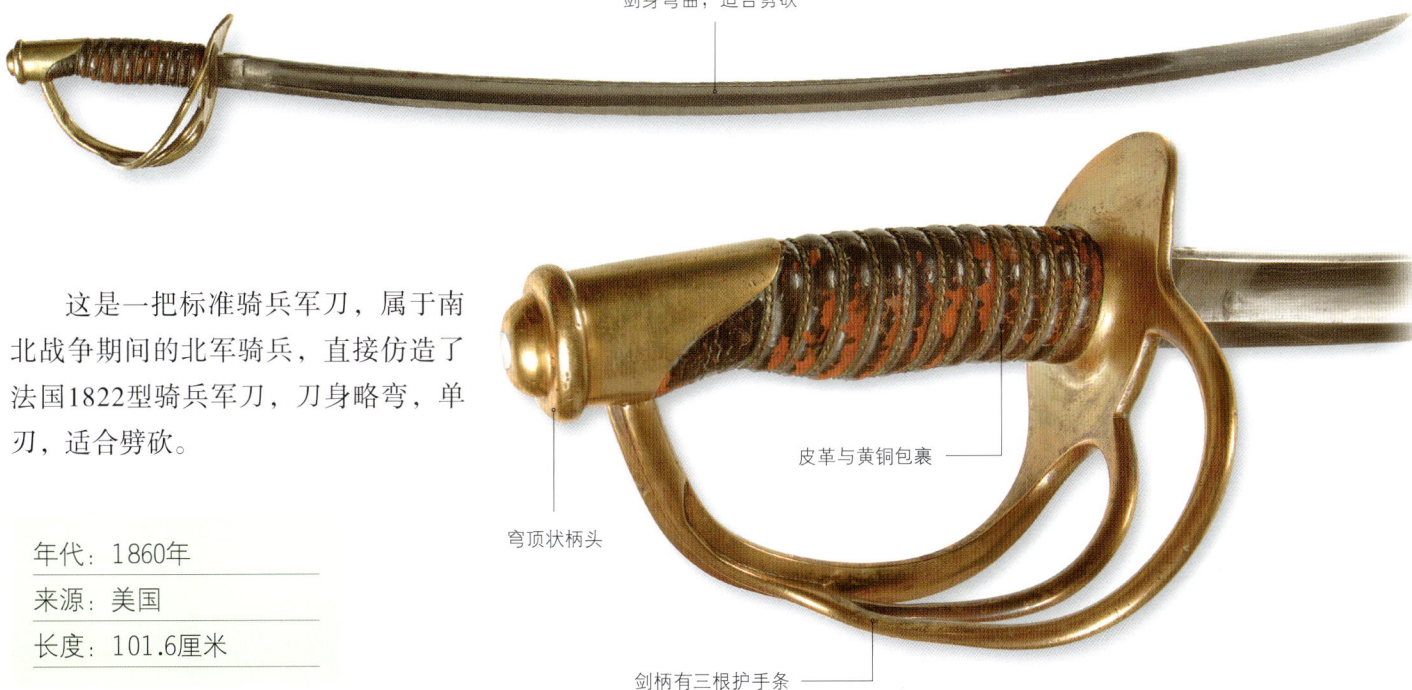

剑身弯曲，适合劈砍

这是一把标准骑兵军刀，属于南北战争期间的北军骑兵，直接仿造了法国1822型骑兵军刀，刀身略弯，单刃，适合劈砍。

皮革与黄铜包裹

弯顶状柄头

年代：	1860年
来源：	美国
长度：	101.6厘米

剑柄有三根护手条

美国南方邦联野战军官军刀，约1864年

剑柄铸造工艺粗糙

剑身没有装饰

1861年美国南北战争爆发时，大多数南军军官使用的军刀应该同北军敌人用的军刀形制相同。这把刀略微参考了同时期美国步兵野战军官的军刀，但应该在南方制造。南方军刀总体质量比北军要差一些。

年代：	约1864年
来源：	美国
长度：	101.6厘米

美国陆军步兵军官军刀，标准1902型

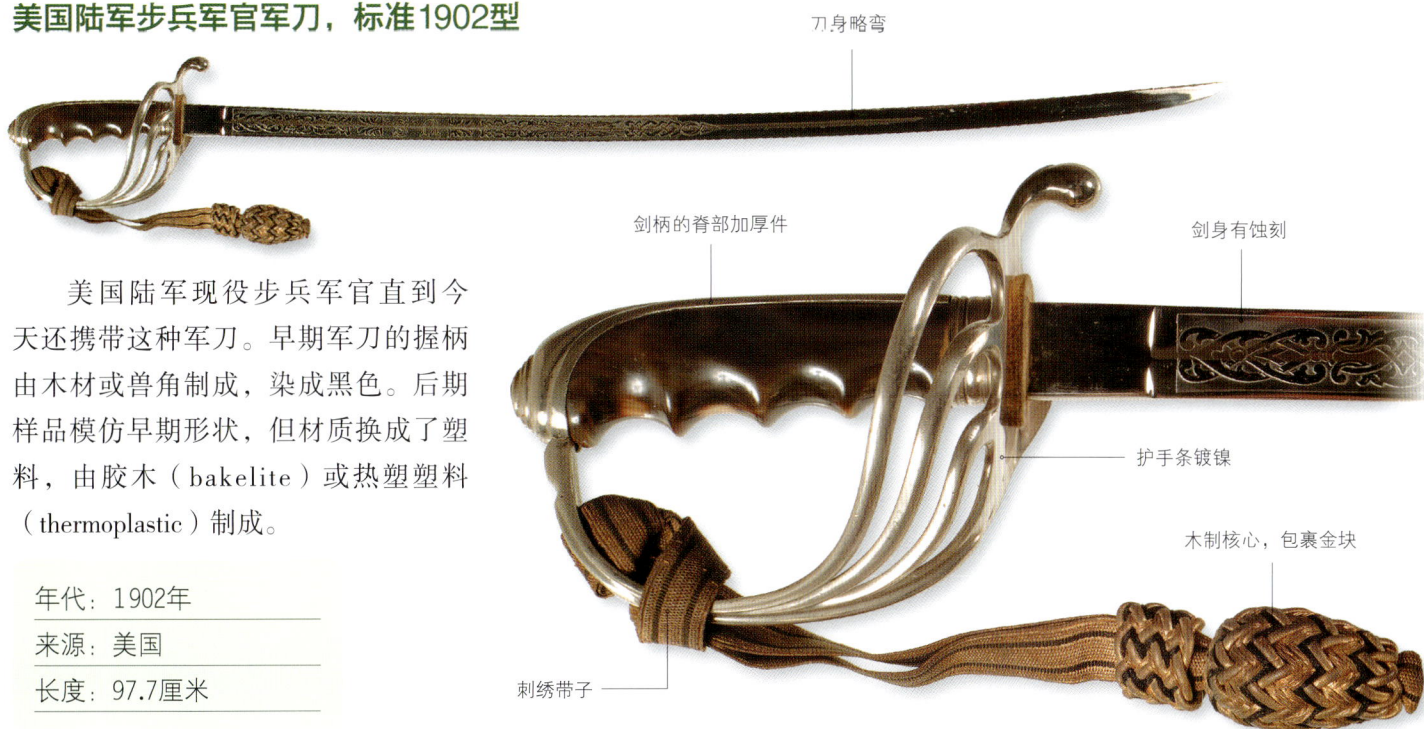

刀身略弯

美国陆军现役步兵军官直到今天还携带这种军刀。早期军刀的握柄由木材或兽角制成，染成黑色。后期样品模仿早期形状，但材质换成了塑料，由胶木（bakelite）或热塑塑料（thermoplastic）制成。

剑柄的脊部加厚件

剑身有蚀刻

护手条镀镍

木制核心，包裹金块

年代：	1902年
来源：	美国
长度：	97.7厘米

刺绣带子

击剑用剑

　　击剑运动起源于15世纪的西班牙、意大利击剑学校，当时被人看作一种绅士培训的重要元素，也是社会地位的重要象征。18世纪，法国人发明了钝头剑（blunted fencing foil）；这时击剑运动在欧洲大学生之间极为流行，特别是在德国；德国人多用一种施拉格（Schlager）击剑用剑，剑柄较大。新成立的击剑学校更强调手指操控，认为臂力是次要的。

法国钝头剑（花剑），约1890年

双环护手

剑身长方形

　　这是一把典型的19世纪后期法国击剑用钝头剑，现代中文名称是"花剑"。[1] 护手有双环，还有丝绒衬里起保护作用。握柄缠线，末端柄头没有装饰。剑身呈长方形，没有磨快，尖端是钝头。

年代：	约1890年
来源：	法国
长度：	107厘米

德国施拉格击剑用剑，约1890年

剑身没有磨快

剑柄有多根护手条

　　施拉格原文Schlager源自德语名词原形Schlag（击打）。施拉格剑在19世纪德国专业的击剑学校中非常流行。这件样品剑柄较大，有多根护手条，握柄倾斜（有角度），击剑时能提高机动性。剑身无血槽，钝头。

年代：	约1890年
来源：	德国
长度：	106厘米

德国施拉格击剑用剑，约1890年

剑身无血槽

保护用衬里

　　德国施拉格剑一般都有复杂的剑柄造型，这件样品具有一组华丽的护手条，从基部伸出，扩展成较大的笼手。剑柄衬里是彩色的，可能代表某一所特定击剑学校的颜色。

年代：	约1890年
来源：	德国
长度：	90厘米

[1] 花剑的法文原名为Fleuret，是Fleurette（小花）一词的阳性。主要发源于法国，国际比赛也采用法语口令。——译者注

意大利击剑用佩剑（sabre），约1900年

碗状护手较浅

剑身略弯

这把剑有碗状护手，较浅，有装饰；锷叉钢制，卷曲。很可能是在军校里训练骑兵军官用的。剑身略弯，剑柄设计完全仿照同时期的全尺寸骑兵军刀。这些军校的击剑用剑应当没有鞘，可能挂在击剑训练室的架子上。

年代：	约1900年
来源：	意大利
长度：	106厘米

英国击剑用重剑（épée），约1980年

握柄倾斜

钝头用于保护

钟形护手

19世纪，有些运动员认为标准西洋剑的击剑运动使用较轻的花剑不够真实，因此有人发明了重剑来应对。重剑比击剑用花剑略重一些，有较大的钟形护手。重剑的比赛规则允许参赛者刺中对手全身，而且允许连击（double hits）。

年代：	约1980年
来源：	英国
长度：	111厘米

英国击剑用花剑（foil），约1980年

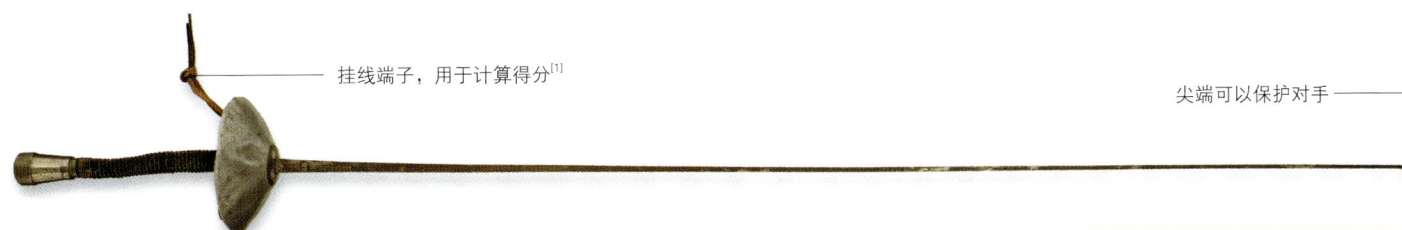

挂线端子，用于计算得分[1]

尖端可以保护对手

17世纪，在训练轻剑的过程中，为保护学员而发明了花剑。现代花剑和100年前的样子很相似。这把剑重量较轻，用于比赛。只允许刺对手躯干，只能单击，不能连击。

年代：	约1980年
来源：	英国
长度：	109厘米

英国电子击剑用花剑，1994年

较浅的钟形护手

尖端可以保护对手

手枪形握柄

电子击剑用花剑是一项技术上的突破，为比赛提供了可靠的计分办法。选手会穿上金属衣（法语：lamé），用一根可伸缩的"手线"连接花剑，花剑握柄上有一个按钮，按钮同剑身电线连接。剑身一接触对手，就会开动蜂鸣器，被击中的选手身体侧面会亮灯。[2]

年代：	1994年
来源：	英国
长度：	105.5厘米

[1] 原文electric "arm"，直译"通电臂"，是俗称，用于连接电动导线。英文维基Foil（fencing）条目称为socket。中文网除了"挂线端子"，还有"接线柱""插头"等称呼。译者咨询击剑运动员得知，这属于早期花剑的造型，目前已不再使用。晚近的花剑，挂线端子做得更短，隐藏在护手内部。最新的电动花剑已经改为无线式。——译者注
[2] 现代击剑比赛有花剑、佩剑、重剑三种，这里指的是花剑和佩剑，因为这两种比赛的有效部位只有身体的一部分。重剑刺中全身都有效，所以不用穿金属衣。——译者注

海军武器

专门的海军用刀剑直到17—18世纪才出现，正好赶上欧洲海军组织形式改进的时候。各国都把海军分成各个战斗支队。专门的海军武器包括水手用军刀、短矛、斧头。航海时代的战舰甲板空间狭小，一旦爆发战斗会十分混乱。这些武器非常适合这样的情况。

沙俄海军军官佩剑，约1760年

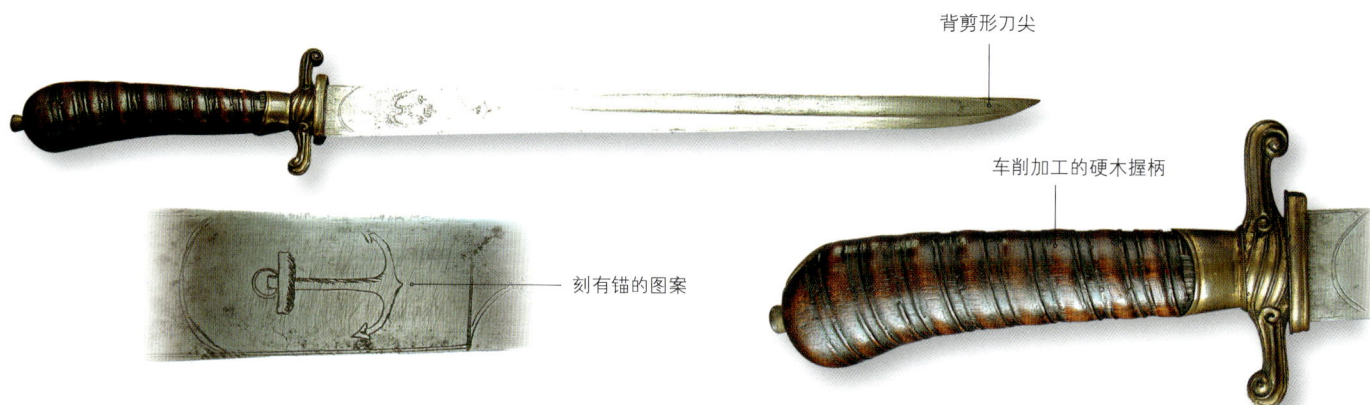

背剪形刀尖

车削加工的硬木握柄

刻有锚的图案

这是一把少见的沙俄海军军官佩剑，年代是俄国女皇伊丽莎白·彼得罗芙娜（the Empress Elizaveta Petrovna，1709—1762年）时期。剑身一侧蚀刻有女皇的皇室徽号，配有一只双头鹰，这是俄国的象征。另一侧蚀刻有一个锚的图案，这是海军武器的唯一标记。

年代：	约1760年
来源：	俄国
长度：	52厘米

英国舰用短矛，约1800年

这是一支早期英国舰用短矛，在矛头的颈部周围有独特的装饰性黄铜带子。直到19世纪开始后很久，英国舰用短矛才由军方进行了规范。

年代：	约1800年
来源：	英国
长度：	254厘米

英国舰用短矛，约1800年

19世纪开始，英国舰用短矛多用较宽的树叶形矛头，剖面更接近四方形。这件样品配上了更早期短矛的较长吞口，用于锁紧，装在坚固的黄铜孔槽中。英国舰用短矛的规范化相当杂乱无章，直到1799—1815年的拿破仑战争结束之后，才制定了标准。

年代：	约1800年
来源：	英国
长度：	251.4厘米

英国"印第安战斧"式舰用斧，约1800年

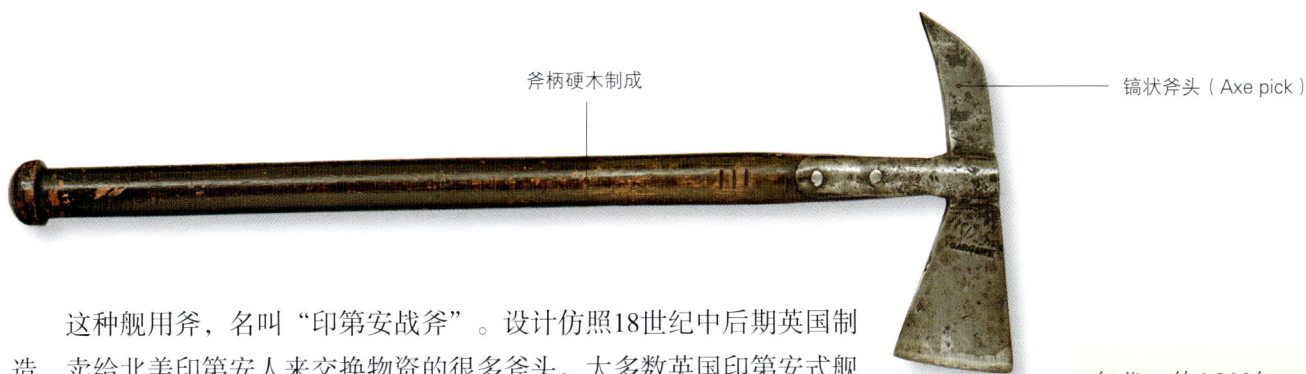

斧柄硬木制成

镐状斧头（Axe pick）

这种舰用斧，名叫"印第安战斧"。设计仿照18世纪中后期英国制造、卖给北美印第安人来交换物资的很多斧头。大多数英国印第安式舰用斧都涂了一层厚厚的黑色亮漆（japanning），也叫黑色瓷漆（enamel paint），保护自身不受海水锈蚀。此外也有很多把漆刮掉又涂上油的，这取决于船长的选择。

年代：	约1800年
来源：	英国
长度：	102.9厘米

英国海军军官军刀，约1800年

锷叉

剑身单血槽

剑柄带结

18世纪末，英国海军军官开始携带这种军刀，有"五珠形"指节护手，还有一个侧环，镶嵌有黄铜的锚形装饰。刀柄和步兵军官军刀几乎完全一样，主要特色是：黄铜枕形柄头，有棱纹的象牙握柄，刀穗。刀鞘一般是皮制，有镀金黄铜底托。

年代：	约1800年
来源：	英国
长度：	99厘米

英国水手用军刀，约1805年

合格标记

刀背平脊

8字形护手

这把水手用军刀，刀柄铁制，也叫"8字形"军刀，因刀柄护手的形状而得名。1804年开始发放，成了英国皇家水兵的标准武器，拿破仑战争期间一直在使用。剑柄涂黑，上了亮漆，防止海水侵蚀。刀身笔直，平脊，打上了GR的合格标记，代表英王乔治三世（George III），说明质量可以用于装备部队了。

年代：	约1805年
来源：	英国
长度：	85厘米

英国海军军官军刀，约1815年

刀身较窄，用于礼仪场合

这把刀有白色象牙握柄，一般情况下表示主人是指挥官级别。刀柄为新古典主义设计，在拿破仑战争时期的陆海军中都很流行。这把刀不用于实战，应当是礼仪军刀，在舞会、正式晚宴等场合佩带。到这个时候，皇家海军大多数军刀都采用狮头形柄头，并且成为标准。一些刀身刻有海洋主题图案，很多有蓝地描金装饰。刀鞘皮制，底托为镀金黄铜。

年代：约1815年
来源：英国
长度：84.5厘米

英国海军士官生军刀，约1825年

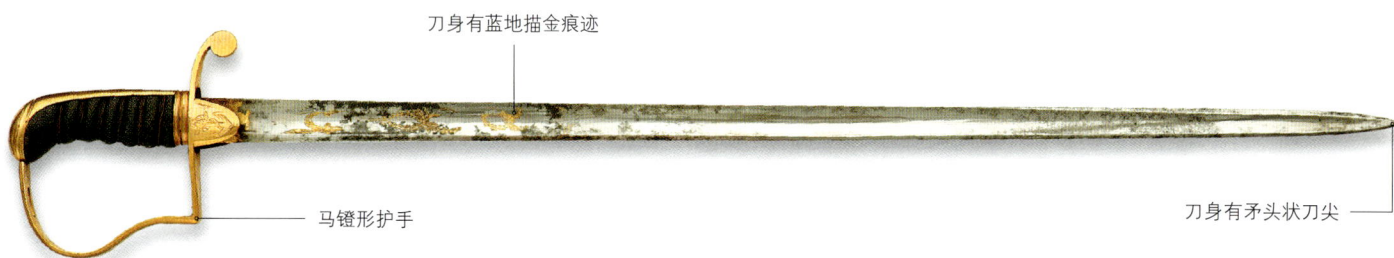

刀身有蓝地描金痕迹

马镫形护手

刀身有矛头状刀尖

握柄覆盖黑色鲨鱼皮，说明主人应该是英国战舰上的皇家海军士官生，军阶很低。较高军阶的军官用的军刀，握柄一般是象牙或白色鲨鱼皮。刀柄为镀金黄铜，有"马镫形"指节护手，类似同时期英国骑兵的军刀刀柄。十字护手中间有盾形吞口，刻有带链铁锚图案。推测刀鞘应为黑色皮制，底托为镀金黄铜，刀鞘上有两个承载环。

年代：约1825年
来源：英国
长度：68.5厘米

法国海军水手用军刀，约1840年

锷叉弯曲

刀身略弯，单刃

铁制刀柄涂成黑色

这是法国标准的1833年水手用军刀，是拿破仑时期开始采用的海军水手用军刀的改进型。刀身相对较窄，一般刻有铁锚图案。铁制护手涂成黑色，对持刀的手保护得应该很好。

年代：约1840年
来源：法国
长度：80.5厘米

英国海军水手用军刀，约1850年

矛头状刀尖

钢制刀柄
涂成黑色

刀身扁平，无血槽

拿破仑时期，英国原先使用"8字形"水手用军刀。1845年，这种军刀被新的水手用军刀取代。新型军刀有较浅的碗状护手，握柄铁制，有棱纹，很像同时期英国骑兵军刀的护手。原先刀身应当是笔直有平脊的，但在1887年，所有水手用军刀刀身都换成了略弯、单血槽的刀身，推测应当是为了让水手劈砍更加方便。

年代：	约1850年
来源：	英国
长度：	84.5厘米

法国海军水手用军刀，约1880年

宽血槽

指节护手

这是标准1833年法国海军水手用军刀，原先的铁制碗状护手拆掉了。这种事发生在1880年代之后，为了在船上储藏的时候减小占据的空间；而且在陆地上携带的时候也更加实用。推测刀鞘应为皮制，带有黄铜底托。到20世纪，这些水手用军刀由政府大批卖给私人公司。

年代：	约1880年
来源：	法国
长度：	82.5厘米

美国海军水手用军刀，1917年

碗状护手

20世纪上半叶，美国海军决定采用一种新式水手用军刀，选择了一种现成的设计。"标准1917美国海军水手用军刀"照搬了荷兰陆军的"克雷旺刀"（klewang）。这是一种双刃砍刀，荷兰东印度公司（the Dutch East Indies）在印尼殖民之后制造了这种砍刀。握柄由三个内嵌式螺母（recessed screw nuts）固定。后来又有一版美国军刀，采用开放式刀柄，护手分成两支。美国军舰使用这种军刀一直到二战爆发之前。

年代：	1917年
来源：	美国
长度：	76.2厘米

拿破仑时期法国刀剑

法国大革命（1789—1799年）与之后拿破仑·波拿巴（生卒年：1769—1821年）时期，法兰西帝国军队拥有一种新生的骄傲，从而迅速研制了很多种军刀，很多都是为单独的团而设计（凸显这个团的特色），而且受到同时期新古典主义装饰风潮的影响。

法国龙骑兵军刀，约1790年

刀身笔直，单刃

S形黄铜护手条

柄头扁平，帽状，黄铜制

这一时期大多数法国骑兵军刀，刀柄要么是黄铜制（供给龙骑兵），要么是镀金黄铜（供给军官）。这把刀有一根装饰性的S形黄铜护手条，从十字护手发出，连通指节护手。柄头扁平，是拿破仑时期法国军刀常见的特征。

年代：	约1790年
来源：	法国
长度：	143.1厘米

法国胸甲骑兵军官军刀，约1790年

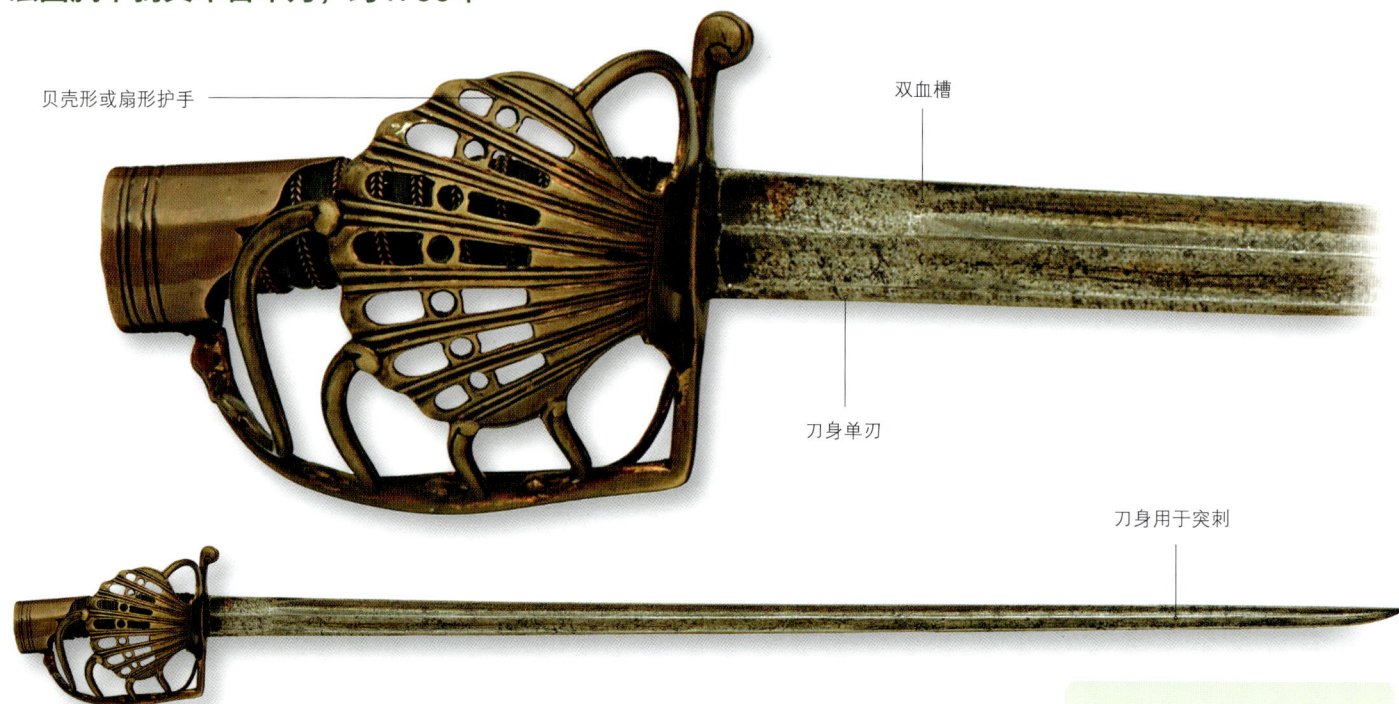

贝壳形或扇形护手

双血槽

刀身单刃

刀身用于突刺

这把刀有明显的扇形护手，带有刺孔。刀身较长，单刃，功能以突刺为主。法国重骑兵用这种军刀造成了比英国重骑兵更大的杀伤。英国军刀虽然也比较长，但功能以劈砍为主。（参见58页）

年代：	约1790年
来源：	法国
长度：	103.7厘米

法国军官学校军刀，约1790年

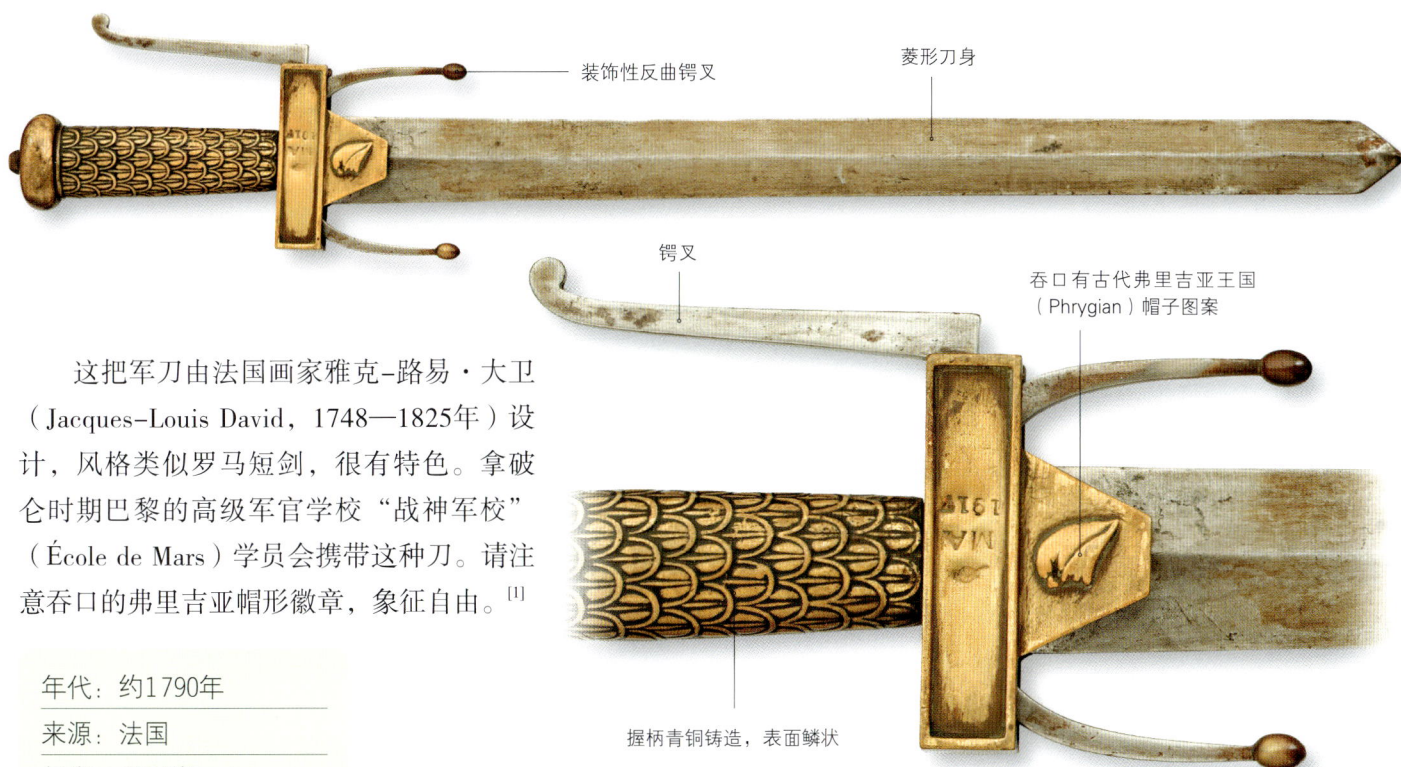

装饰性反曲锷叉

菱形刀身

锷叉

吞口有古代弗里吉亚王国
（Phrygian）帽子图案

这把军刀由法国画家雅克-路易·大卫
（Jacques-Louis David，1748—1825年）设
计，风格类似罗马短剑，很有特色。拿破
仑时期巴黎的高级军官学校"战神军校"
（École de Mars）学员会携带这种刀。请注
意吞口的弗里吉亚帽形徽章，象征自由。[1]

握柄青铜铸造，表面鳞状

年代：	约1790年
来源：	法国
长度：	67厘米

法国轻骑兵军官军刀，约1800年

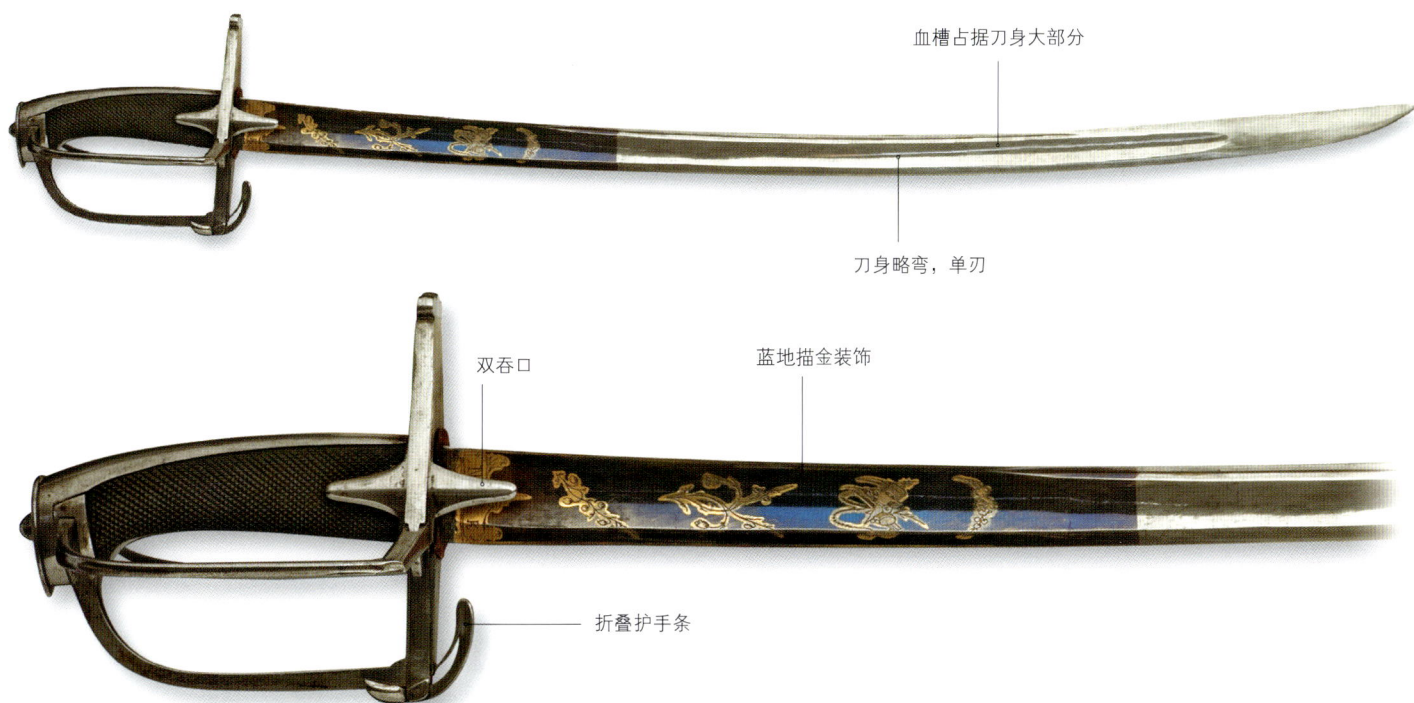

血槽占据刀身大部分

刀身略弯，单刃

双吞口

蓝地描金装饰

折叠护手条

法国骑兵青睐这种"进攻护手"（参见前文164页），包括1～2根能够滑动的护
手条，战时可以张开，战斗结束再收回来。英国骑兵没有采用这种护手，刀身现在依
然保留了很多最早的蓝地描金装饰，推测刀鞘应为镀金黄铜和皮革制成，有底托。

年代：	约1800年
来源：	法国
长度：	88.5厘米

---

[1] 弗里吉亚是古代小亚细亚的一个王国。据说在古罗马，获得自由的奴隶会戴上这种帽子，因此在法国大革命和拿破仑战争期间广泛使用这种帽子图案作为自由的象征。——译者注

拿破仑·波拿巴

　　拿破仑·波拿巴（1769—1821年）在军事生涯中曾使用过很多种刀剑。我们从拿破仑的很多名画中找到了关于这些刀剑的描绘。其中最有名的是金匠马丁——纪尧姆·比昂内（Martin-Guillaume Biennais，1764—1843年）设计制造的一把礼剑。剑柄为黄金制成，装饰有繁复的古典、帝国主题图案，还有一只双翅展开的"拿破仑之鹰"，以及拿破仑的侧面像。有趣的是，这把礼剑的尺寸相当小，说明法皇的身材也比较矮小。[1]法国画家雅克–路易·大卫（Jacques-Louis David，1748—1825年）站在新古典主义前沿，他画了很多拿破仑的像，包括右侧这一幅书斋画像。

　　他最有名的作品是《拿破仑在圣伯纳》（*Napoleon at St Bernard*，1800年），画的是年轻的拿破仑骑着马，带着一把明显有东方风格（马木留克）的军刀，显然受到他当时对埃及一系列远征的影响。

▲ 拿破仑·波拿巴在书斋里。拿破仑左侧可见一把收在剑鞘里的轻剑，出征时很可能会带上这把剑

拿破仑轻剑，1780年

壳手与刀身有装饰

六边形部位，扁平化

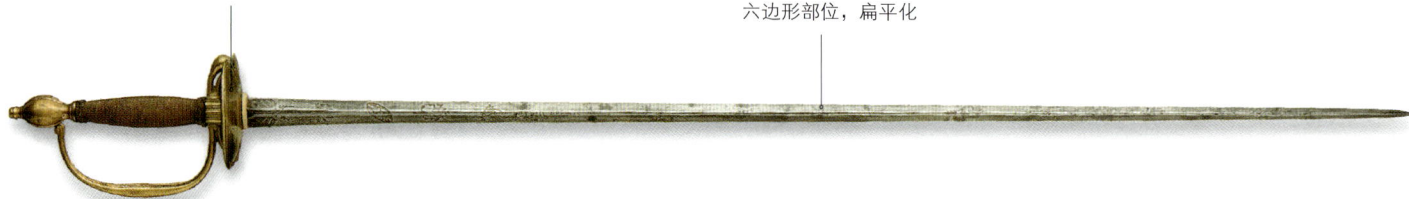

　　这把军官轻剑是拿破仑·波拿巴的同时代人亚历山大·德马齐（Alexandre Desmazis）赠给拿破仑的，两人曾经一起就读于巴黎军校（the École Militaire）。后来又一起在拉斐尔团（the Régiment de La Fère）服役，1775年又一起在法国德龙省瓦朗斯市（Valence）担任中尉。轻剑的剑身有雕刻图案，横截面为菱形且较扁，血槽较窄，位于剑身中央。剑柄壳手之一上面有雕刻铭文，剑身也有铭文。

年代：	1780年
来源：	法国
长度：	99.7厘米

法国步兵"布里凯"短军刀，1800年

橡子形状的尖顶饰

剑身无血槽

　　这把短刀有黄铜刀柄，是拿破仑战争时期法国步兵军刀里面最常见的一种，主人应该是步兵里的列兵。握柄较重，黄铜制，有棱纹；还有D形指节护手，刀身单刃，略弯，有平脊。大多数欧洲国家都仿造了这种军刀，但英国却拒绝使用。

年代：	约1800年
来源：	法国
长度：	47厘米

[1] 这一说法可能属于误传。网上资料显示，按照当时的尺寸，他身高5法尺2法寸，换算为169-170厘米，相当于同时期法国一般男性身高。但这个尺寸经常被说成5英尺2英寸，换算为约1.57米。——译者注

法国轻骑兵军官军刀，约1810年

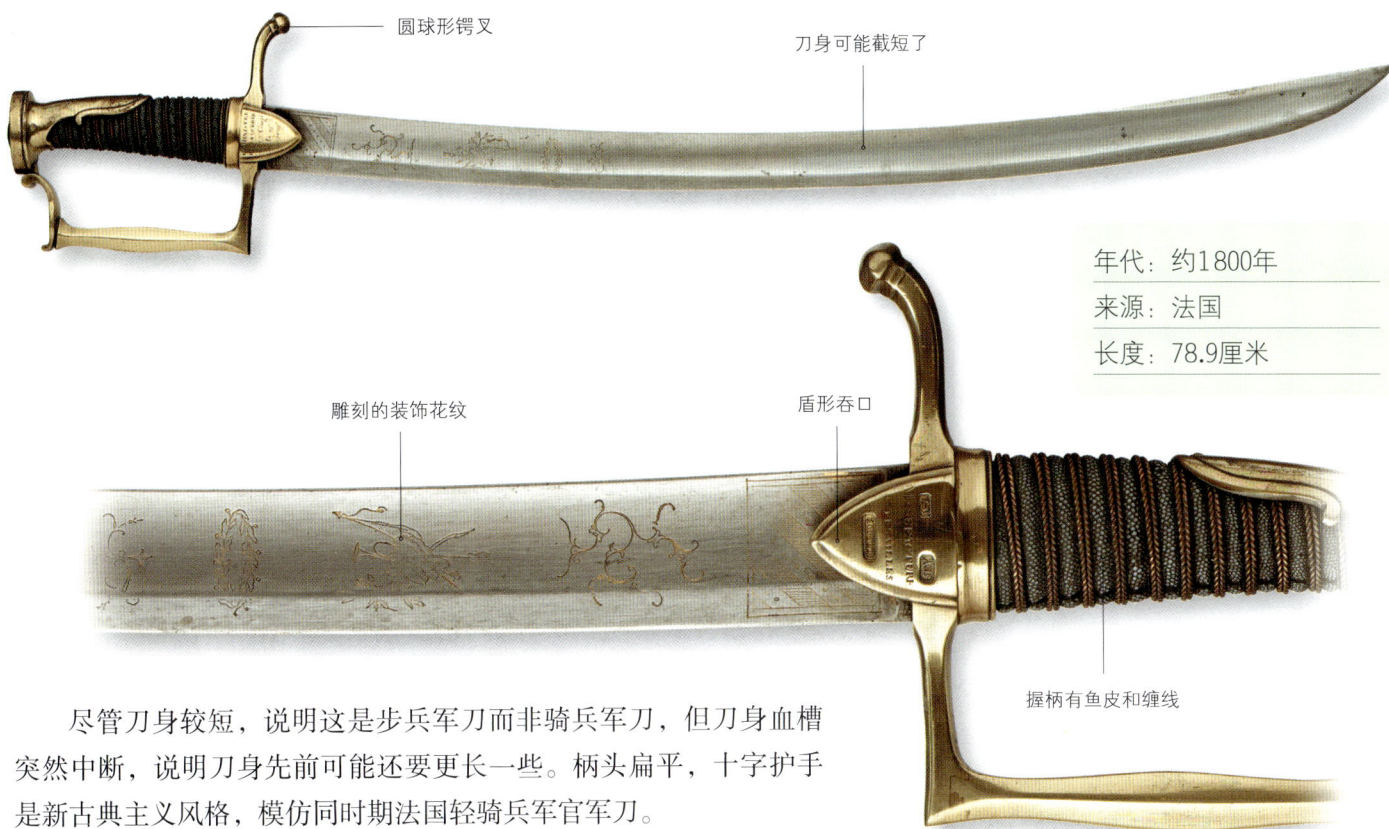

圆球形锷叉

刀身可能截短了

年代：约1800年
来源：法国
长度：78.9厘米

雕刻的装饰花纹

盾形吞口

握柄有鱼皮和缠线

　　尽管刀身较短，说明这是步兵军刀而非骑兵军刀，但刀身血槽突然中断，说明刀身先前可能还要更长一些。柄头扁平，十字护手是新古典主义风格，模仿同时期法国轻骑兵军官军刀。

法国重装胸甲骑兵军刀，约1810年

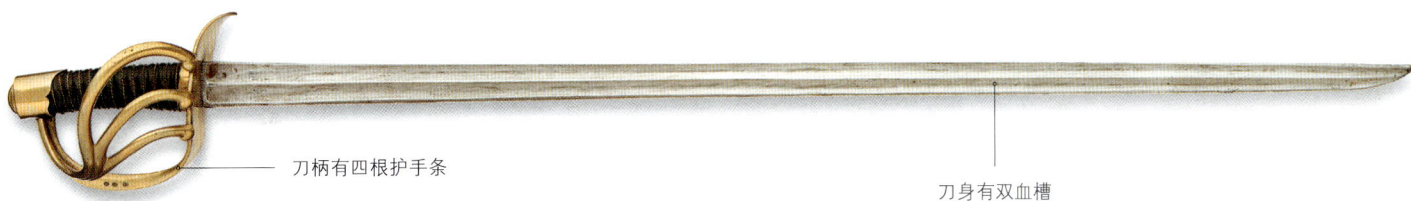

刀柄有四根护手条

刀身有双血槽

年代：约1810年
来源：法国
长度：113厘米

　　这是一把共和十三年（AN XIII，an为法语"年"，XIII为罗马数字"十三"）胸甲骑兵军刀，由重装骑兵团使用。军刀刀身笔直，单刃，有双血槽。刀柄黄铜制，较大，有四根护手条，柄头是帽形，穹顶状。这类军刀一般在刀身边缘雕刻有生产日期、地点。[1]

法国轻骑兵军官军刀，约1810年

刀身末端有双刃

双吞口

年代：约1810年
来源：法国
长度：95.3厘米

　　这一类军刀原先属于德国轻骑兵团，后来被法国骑兵军官采用。拿破仑时期的刀剑常见这种双吞口。刀身末端双刃，尖端为背剪形刀尖。

---

[1] 共和十三年应该是公元1804—1805年，不是1810年。不清楚这件样品是否雕刻有公历纪年，这里保持原文不加改动。——译者注

拿破仑时期英国刀剑

18世纪末，英国陆军与法皇拿破仑·波拿巴（1769—1821年）的法军及其盟友在全球展开较量。英军开始大规模重新武装。先前军方由团籍军官（上校）负责购买军刀，采购体系杂乱无章，而且腐败严重。此时，旧采购体系被废除，官方购买了一系列"标准"军刀，让陆海军各个分支使用。

英国重骑兵军官军刀，1788式

卵圆形柄头

血槽较窄

笼手

年代：	1788年
来源：	英国
长度：	102.8厘米

这把笼手军刀，刀柄较大，封闭式，铁制，由多根彼此相连的护手条组成。刀身较长，双刃；柄头呈卵圆形，较重，用来平衡刀身。

英国重骑兵军官军刀，1788式

假刃

刀身双刃，延伸到尖端

年代：	1788年
来源：	英国
长度：	120.6厘米

这把军刀巨大而沉重，冲锋时应当很有杀伤力，但英国骑兵留下的记载中却一直在抱怨它太沉重，刀身又太脆。刀身刻有王室徽号（GR字样）和王冠。

英国轻骑兵军官军刀，1788式

柄头扁平

锷叉

双吞口

刀身有蚀刻图案，尖端矛头状，弯曲

刀尖附近双刃

年代：	1788年
来源：	英国
长度：	63.5厘米

指节护手笔直，有双吞口，刀身略弯，最后15厘米双刃。握柄核心木制，缠有绳索或丝线，外层用湿鱼皮或皮革包裹，然后干燥，让皮革在绳索外侧收紧，使得握柄紧固且出现棱纹。

威灵顿公爵

威灵顿公爵（1769—1852年）是英国陆军一名将级军官，一般奉命携带一把标准版军刀。

公爵曾购买或配发一柄1796式将级军官军刀（见右图），但不太可能在实战中携带。人们更加熟知的是，他经常携带一柄马木留克式军刀，设计直接受到公爵1798—1901年参加的埃及战役影响。其他军官很快也模仿了指挥官，19世纪英军内部，马木留克军刀成了礼仪场合的必备品。

▶ 威灵顿公爵与英国"胡萨尔"式东欧轻骑兵在战场上骑马的画像，1814年。公爵挂着一柄马木留克式军刀

威灵顿公爵专用将级军官1796式军刀

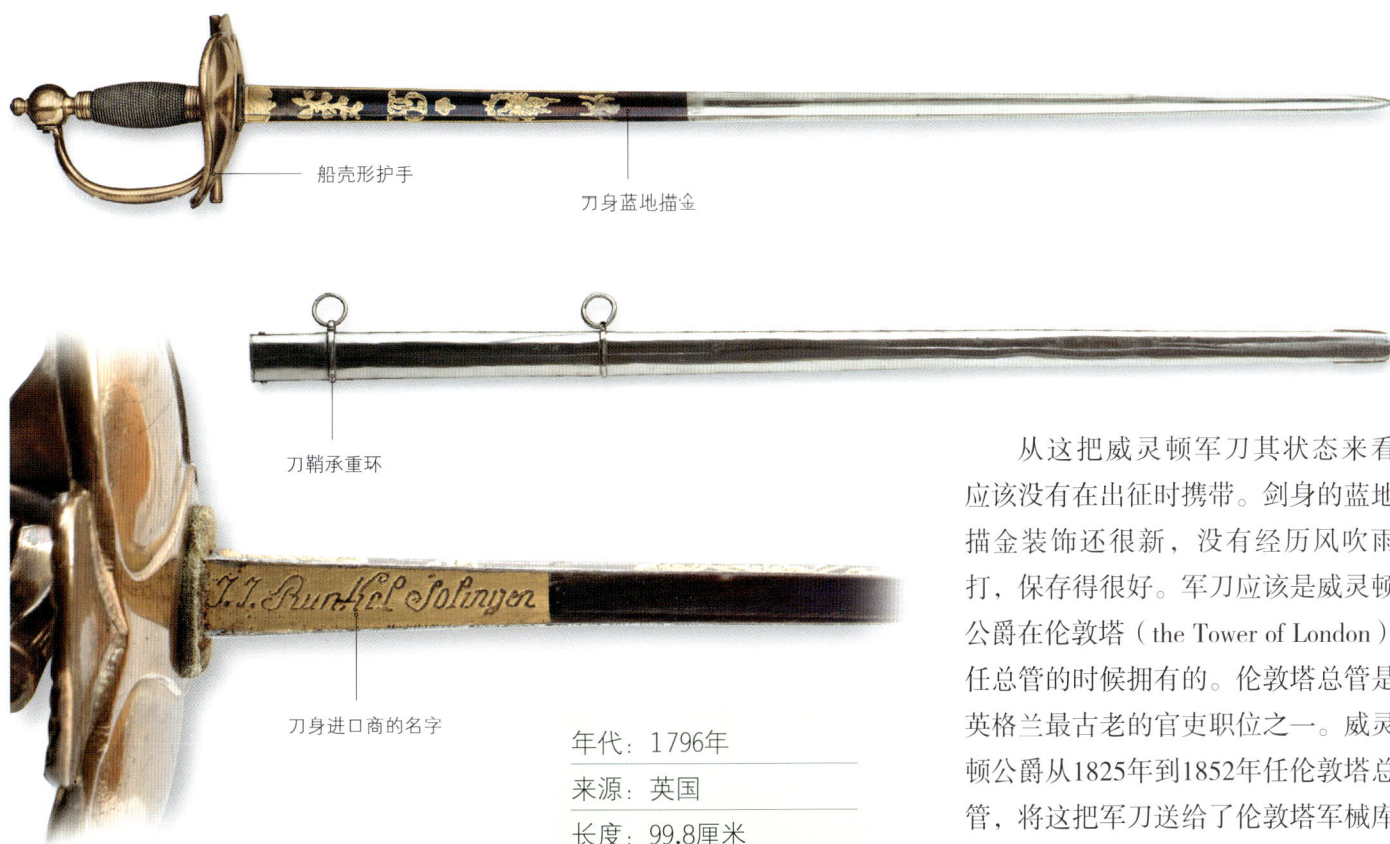

船壳形护手

刀身蓝地描金

刀鞘承重环

刀身进口商的名字

年代：	1796年
来源：	英国
长度：	99.8厘米

从这把威灵顿军刀其状态来看应该没有在出征时携带。剑身的蓝地描金装饰还很新，没有经历风吹雨打，保存得很好。军刀应该是威灵顿公爵在伦敦塔（the Tower of London）任总管的时候拥有的。伦敦塔总管是英格兰最古老的官吏职位之一。威灵顿公爵从1825年到1852年任伦敦塔总管，将这把军刀送给了伦敦塔军械库（the Tower Armouries）。

英国重骑兵军刀，1796式

单血槽较宽

碟形护手

| 年代：1796年 |
| 来源：英国 |
| 长度：101.5厘米 |

　　1796式重骑兵军刀由一种早期奥地利军刀改造而得，有明显的碟形护手。刀身单刃，单血槽，较宽。刀尖呈小斧状，最适合切削、劈砍。

英国轻骑兵军刀，1796式

单血槽较宽

马镫形刀柄，
有指节护手

| 年代：1796年 |
| 来源：英国 |
| 长度：94厘米 |

　　英国陆军轻骑兵各团都使用一种军刀，刀身是"胡萨尔"东欧轻骑兵造型，有马镫形护手，握柄包有皮革，刀身略弯，血槽较宽。刀鞘应该较重，铁制或钢制，没有装饰，有两个挂环。

英国轻骑兵军官军刀，1796式

单血槽较宽

盾形吞口

鱼皮握柄

刀身有蓝地描金装饰

| 年代：1796年 |
| 来源：英国 |
| 长度：94.7厘米 |

　　1796式军官军刀与轻骑兵军刀相比，形状和结构基本相同，但一般较轻，工艺也更为精湛。18世纪末，蓝地描金刀身非常流行，且总是有武器架图案或武器图案、花卉图案以及代表英王乔治三世（1738—1820年）的王室徽号GR。刀柄有马镫形指节护手和盾形吞口。

英国步兵军官军刀，1796式

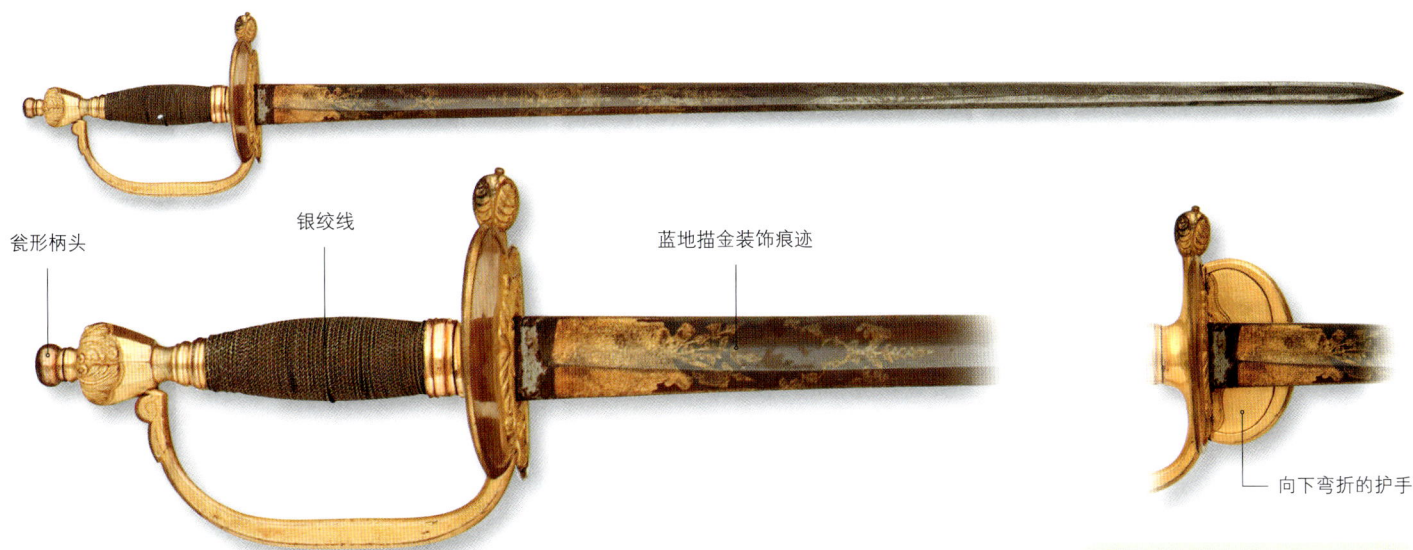

瓮形柄头

银绞线

蓝地描金装饰痕迹

向下弯折的护手

年代：1796年
来源：英国
长度：100厘米

这把步兵军官军刀参照了乔治亚时代风格（Georgian）建筑师[1]，如罗伯特·亚当（Robert Adam，1728—1792年）的新古典主义设计。柄头呈瓮状，军刀上有莨苕叶形装饰，配上军官制服必然十分优雅。可惜军刀质地十分脆弱，无法实战。

英国步兵军官军刀，1803式

狮头形柄头

护手有刺孔

刀身平脊

矛头状刀尖

年代：1803年
来源：英国
长度：94.2厘米

1803式军刀与先前的典型1796式差异很大，这是为了适应英国步兵军官的需求。他们需要一种更坚固的军刀，具有良好的切削能力。军刀柄头为狮头状，凹槽刀柄，刀身略弯，指节护手有镶嵌的王室徽号与王冠图案，装饰精美，很受军官喜爱。

英国来复枪军官军刀，52团，约1810年

握柄上有带挂绳的军号形徽章

刀尖呈鹅毛笔状

年代：约1810年
来源：英国
长度：90.1厘米

第52（牛津郡）轻步兵团［the 52nd（Oxfordshire）Light Infantry Regiment］是英军的精锐，曾在1808—1813年的半岛战役（the Peninsular Campaigns）和1815年的滑铁卢战役中跟随威灵顿作战。鱼皮握柄上有挂绳军号图案，表示这是一个来复枪团的军刀。

[1] 大概指1720—1840年的古典建筑风格。——译者注

大英帝国刀剑

19世纪，英军测试了很多新式军刀，而且成立军中的委员会，用以设计"完美军刀"，也就是劈砍和突刺性能俱佳的军刀。然而，设计始终没有两全其美，而且实战效果往往不尽如人意。尽管如此，这些军刀依然在大英帝国的各处战场上大量使用。

英国近卫骑兵团（Life Guards）军刀，1820式

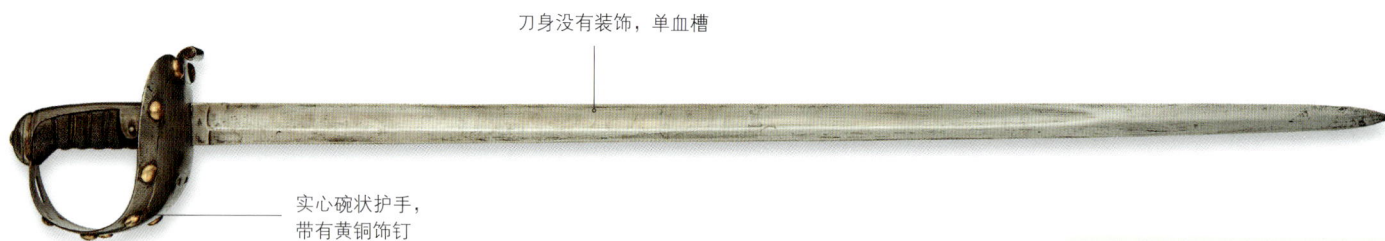

刀身没有装饰，单血槽

实心碗状护手，带有黄铜饰钉

这把刀的主要特色是实心碗状护手，以及护手外侧边缘12颗用于装饰的黄铜饰钉。刀身单刃，长达95厘米，很不一般。如果剑士握持军刀的胳膊十分有力，杀伤力必然很强，只是不太灵活。

年代：	1820年
来源：	英国
长度：	110.5厘米

英国皇家骑兵卫队（Royal Horse Guards）军刀，1820式

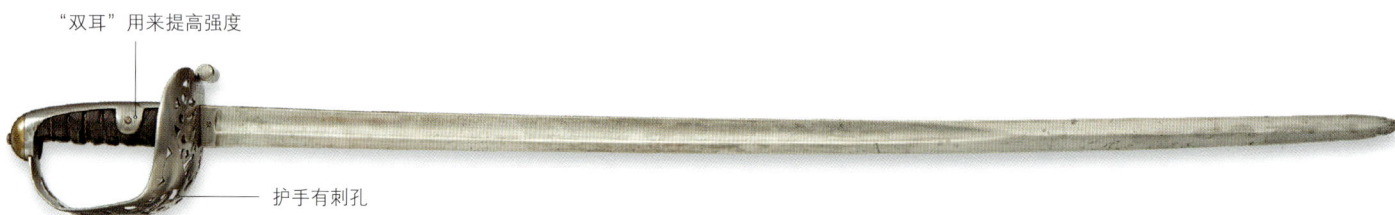

"双耳"用来提高强度

护手有刺孔

英国皇家骑兵卫队军刀类似同时期的重骑兵军官军刀，护手呈"忍冬花"状，护手条的排列方式类似一株风格化的蔓生植物。脊部加厚件有补强的"双耳"，用铆钉固定后穿过柄舌。这一点与军官军刀不同。

年代：	1820年
来源：	英国
长度：	111.3厘米

英国重骑兵军官军刀，1821式

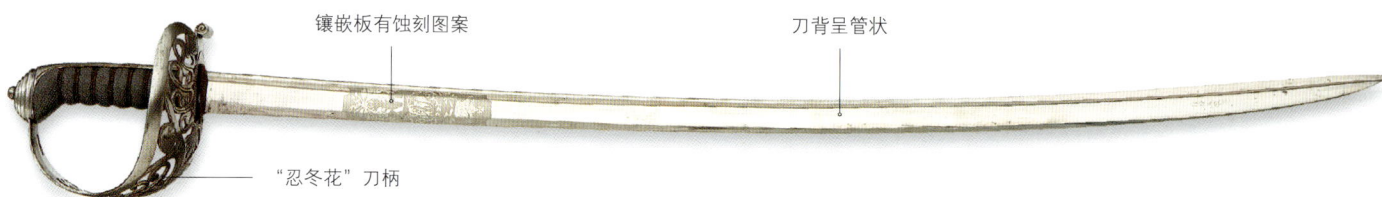

镶嵌板有蚀刻图案

刀背呈管状

"忍冬花"刀柄

这种形制恰好赶上一种新的实战军刀出现，即"管状刀背"。刀身有管状加强条，沿着背部伸展，末端是鹅毛笔尖的形状。碗状护手有刺孔，形成"忍冬花"图案，用来装饰。

年代：	1821年
来源：	英国
长度：	92.1厘米

英国轻骑兵军官军刀，1821式

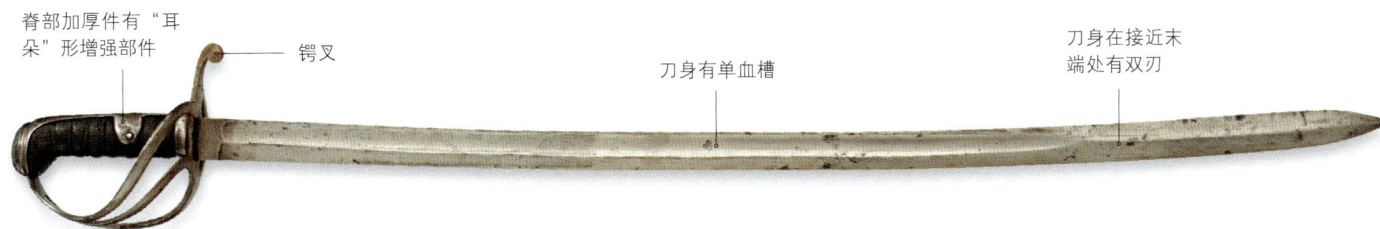

脊部加厚件有"耳朵"形增强部件

锷叉

刀身有单血槽

刀身在接近末端处有双刃

1821式军刀，设计师想让它成为劈砍突刺两用刀。刀身略弯，矛头状刀尖，单血槽，接近末端处双刃。握柄用皮革包裹，有一个补强用的"耳朵"，与脊部加厚件相连，用铆钉固定在握柄上。

年代：	1821年
来源：	英国
长度：	103.6厘米

英国重骑兵军刀，1821式

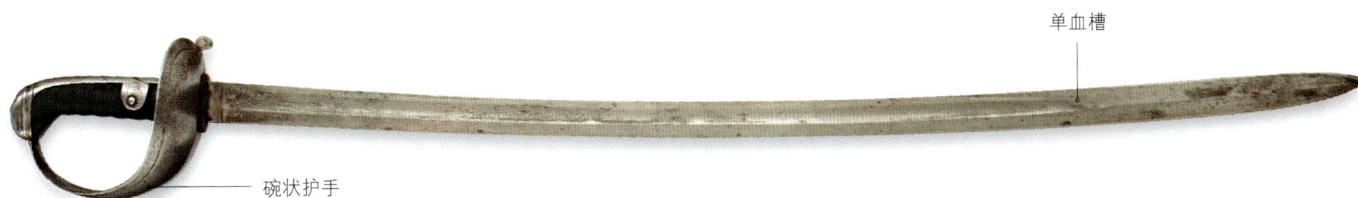

单血槽

碗状护手

1821式重骑兵军刀是新一代劈砍突刺两用军刀系列的一种，1820年代英军开始应用。最早的两用军刀，士兵们抱怨它既不适合劈砍也不适合突刺。不幸的是，这一版军刀的实心碗状护手太薄了，刀身在实战中也容易折断。

年代：	1821年
来源：	英国
长度：	107厘米

轻装龙骑兵

18世纪中期，英军成立了轻装龙骑兵各团，主要职责是在战役开始前为主力部队完成侦查和袭扰任务。第一次冲锋一般由重骑兵负责，轻装龙骑兵不参加。不过，1799—1815年拿破仑战争期间，这一战略已经变化，轻装龙骑兵都积极参加大型战役。1808—1814年半岛战争期间，轻装龙骑兵获得了特别的作战经验，并受到赞誉，在必要情况下偶尔还会下马步行作战。1811年，英国与荷兰为争夺荷属东印度而发生爪哇战役，龙骑兵22团就曾步行作战。拿破仑战争期间，轻装龙骑兵主要的军刀应当是1796式轻装龙骑兵军刀，具有马镫形护手。

▶ 轻装龙骑兵在东印度群岛冲锋，约1821年

英国步兵军官军刀，1822式

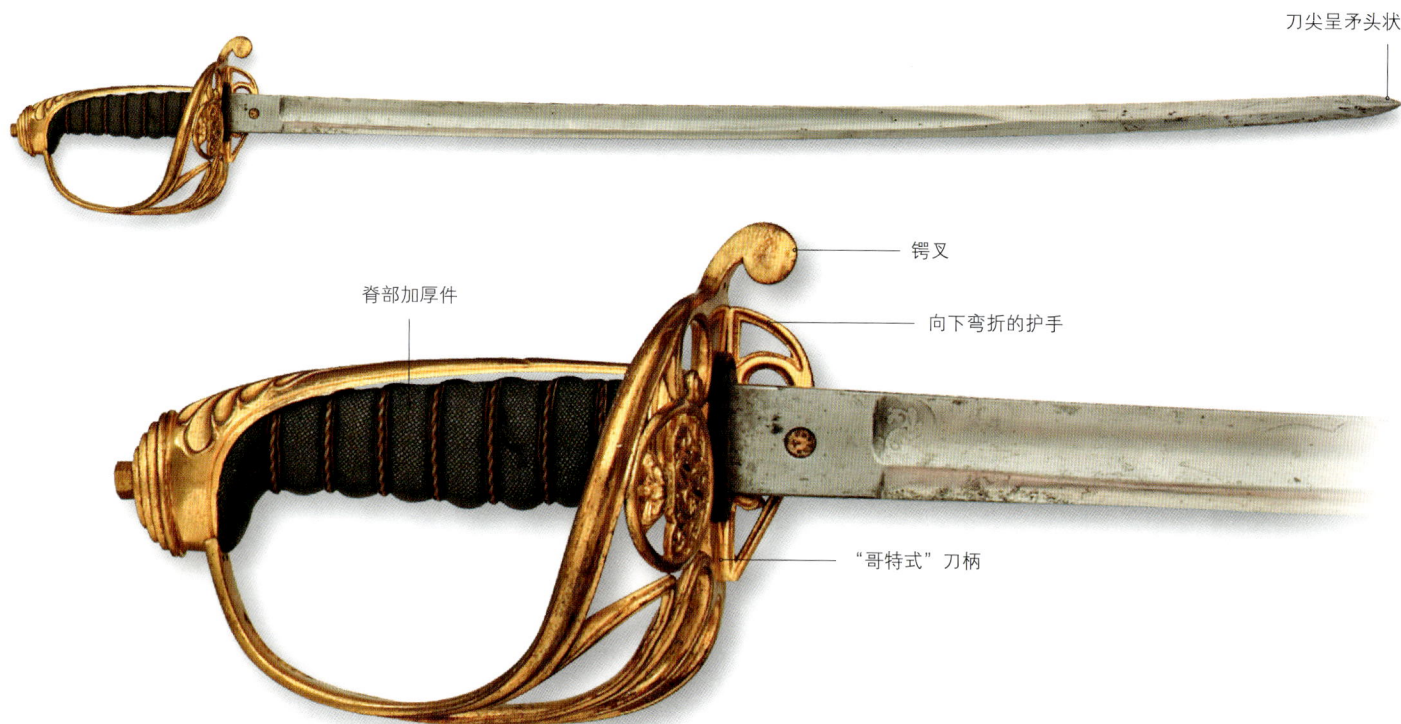

刀尖呈矛头状

锷叉

向下弯折的护手

脊部加厚件

"哥特式"刀柄

这把刀与之前英国步兵的军刀差异很大，黄铜制半笼手，有刺孔，"哥特"风格。"哥特"指的是刀柄设计很像中世纪哥特式教堂的窗户，19世纪上半叶这种设计在英国很流行。刀柄中有一块开放式的椭圆形装饰板，上面有在位君主的王室徽号。

年代：	1822年
来源：	英国
长度：	89.3厘米

英国第5骑兵卫队军刀，约1825年

锷叉有装饰

刀身涂蓝

刀尖部位双刃

1798—1801年，拿破仑·波拿巴命法军入侵埃及，想保护法国的贸易财富，阻碍英国前往印度。英军参与埃及战役，使得很多军官接触了东方刀剑，于是很多英国骑兵军官使用马木留克军刀。很多军官把东方弯刀拿回家，这成为一大时尚，特别是在"胡萨尔"东欧轻骑兵团内部。这件样品是典型马木留克军刀，握柄为象牙厚板（ivory-slab）制成，双锷叉，双吞口，十字护手中央还有一块écusson（法语：铭牌，椭圆形装饰板）。刀身一概弯曲。

年代：	约1825年
来源：	英国
长度：	83.9厘米

英国来复枪军官军刀，马德拉斯土著步兵用，1827式

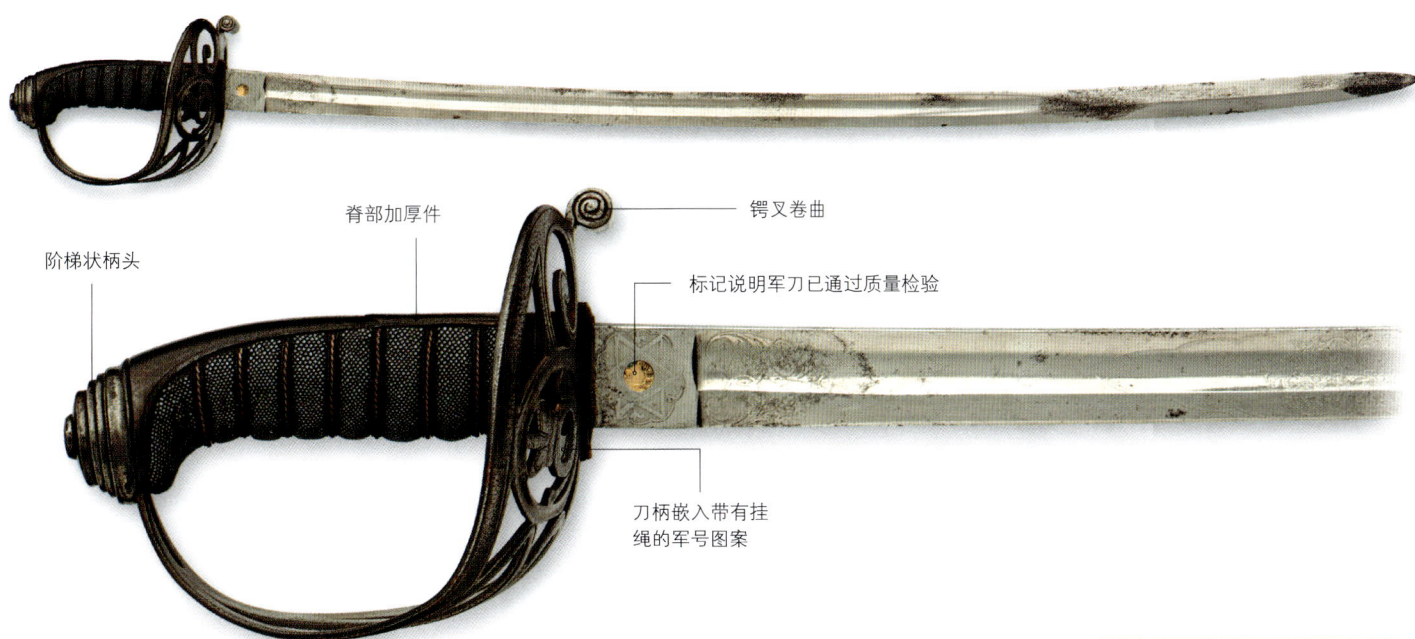

脊部加厚件

锷叉卷曲

阶梯状柄头

标记说明军刀已通过质量检验

刀柄嵌入带有挂
绳的军号图案

英军来复枪旅（the Rifle Brigade）即95团，1800年成立。整个19世纪都装备1827式来复枪军官军刀。军刀刀柄为哥特式，钢制，刀柄中央是"带有挂绳的军号"图案，象征用军号指挥部队。刀身上一般也有这种军号图案。

年代：1827年
来源：英国
长度：100厘米

英国皇家近卫骑兵团军官礼仪军刀，约1840年

锷叉向上弯曲

锋刃磨快

这把刀应该用于早晚朝见国土或游行的场合。原型是1796式重骑兵军官礼仪军刀，刀柄船壳状，刀身笔直、单刃，柄头加工成扁平状，很有特色。刀鞘有蛙形带钩，比一般带钩更长，用来把刀鞘固定在挂带上。

年代：约1840年
来源：英国
长度：104厘米

英国步兵军官军刀，约1860年

刀身单血槽

1822式步兵军官军刀的后期改型，有镀金黄铜半笼手，哥特造型。去掉了原来向下的折叠护手。刀身原来是管状刀背，现在也换成了单血槽、矛头状刀尖的造型。

年代：约1860年
来源：英国
长度：96.5厘米

经过压缩硬化的皮革握柄

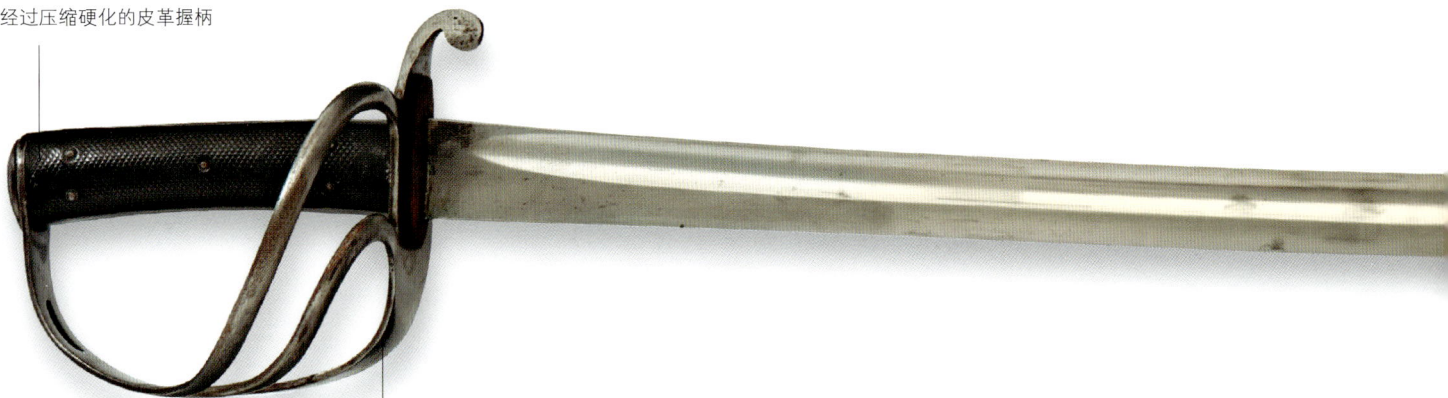

三根护手条

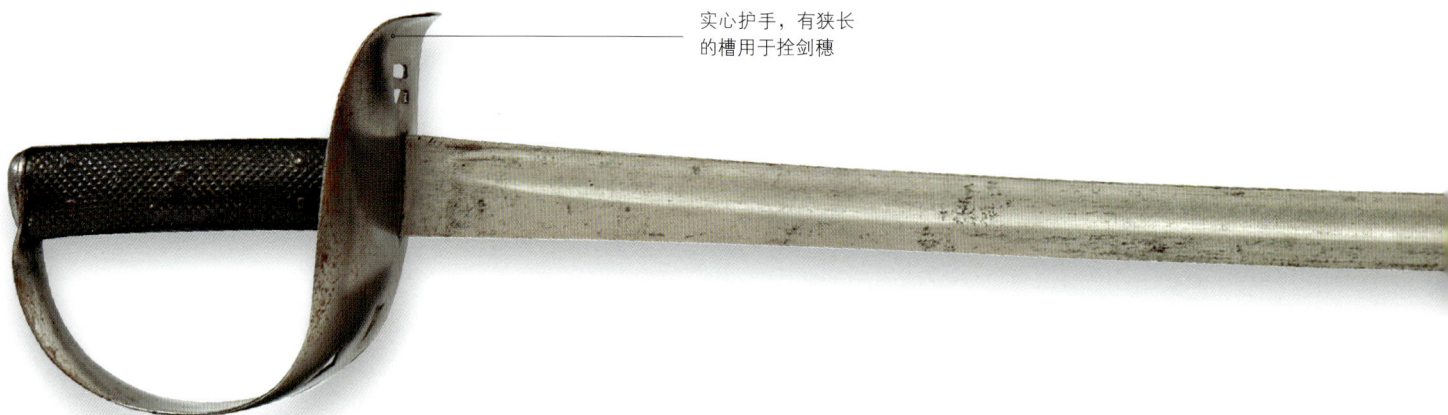

实心护手，有狭长
的槽用于拴剑穗

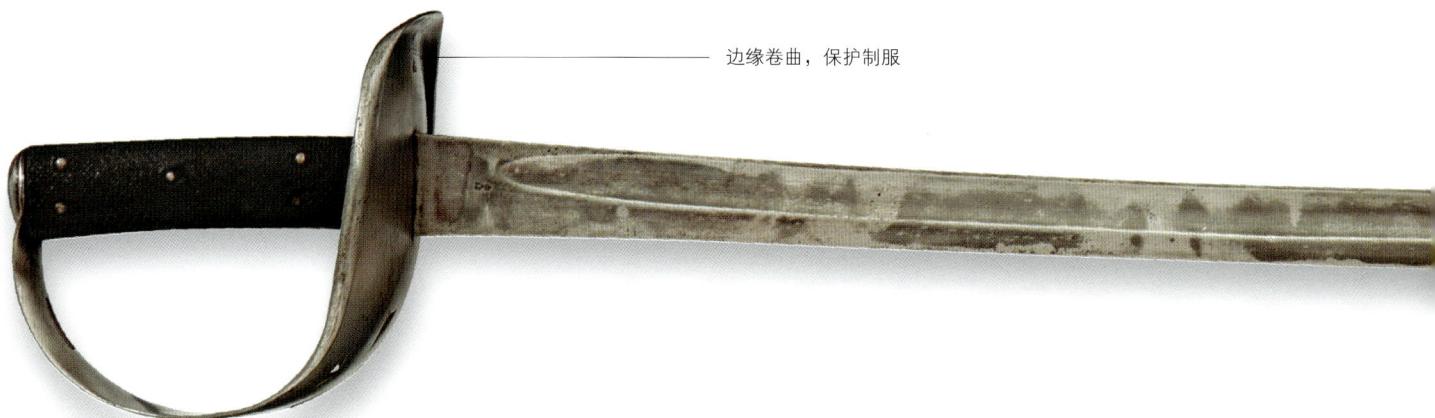

边缘卷曲，保护制服

英国骑兵军刀，1853式

这把刀是英军的一个尝试，想要把轻骑兵与重骑兵军刀的刀柄、刀身整合起来，形成一种通用型号。皮制握柄有方格图案，用铆钉固定入柄舌来提高强度。骑兵使用后经常抱怨，说三根护手条太过稀疏，敌人能够用剑尖穿过缝隙。

年代：	1853年
来源：	英国
长度：	104.6厘米

刀身双刃，尖端矛头状

英国骑兵军刀，1864式

这把刀的产量相对较少，如今相当罕见。刀身用了1853式骑兵军刀，但原先的三根护手条类型的开放式护手换成了较不突出（shallow）的实心护手，上面有镂空的马耳他十字（Maltese Cross，四个V形组成的十字，是欧洲中世纪的古老徽章）造型。护手背后有两个小缝，用于悬挂剑穗。这是模仿同时期奥地利的骑兵军刀，很不寻常。

年代：	1864年
来源：	英国
长度：	107.5厘米

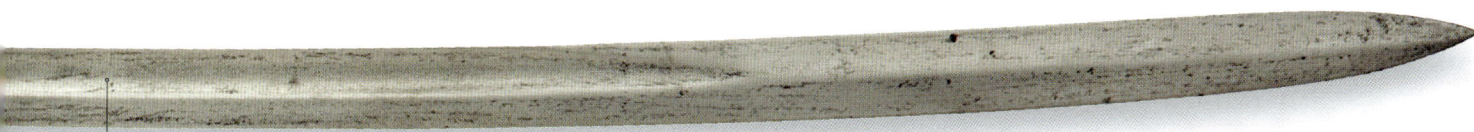

血槽占据刀身大部分长度

英国骑兵军刀，1882式

这一版有两种刀身长度，一长一短。现在还不清楚为什么会制造两种长度，推测可能是某些骑兵团会招募一些比较高大的骑兵，需要较长的军刀。因为这一版军刀的刀身和刀柄总是损坏，形制更换了三次。虽然有各种缺陷，但这一版军刀还是被广泛派发给各个骑兵团。英国制造商一度供应不上，军方不得不从德国制造商那里订购，弥补空缺。

年代：	1882年
来源：	英国
长度：	101.6厘米

单血槽

护手钢制，打上戳记

鱼皮和银绞线

穹顶状柄头

英国步兵军官军刀，1895式

　　这把刀比起先前多个型号都有明显改进，有四分之三的笼手，更有效地保护剑士的手。此外还装备了1892年推出的刀身，更为坚固；尖头的突刺效果很好，实战中杀伤力很大。1897年又出了一种修改版，增加了一个较小的内部护手，向下折弯，防止磨损军服。这一版军刀大都用鱼皮或皮革包裹握柄。

提高强度的铆钉

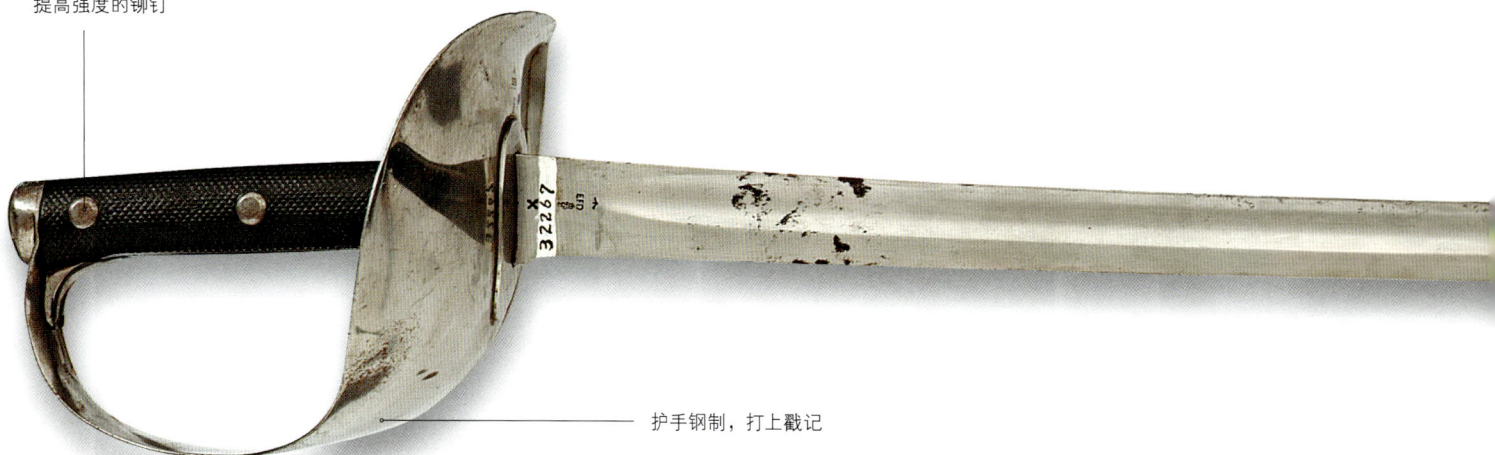

刀身平脊，刀尖针状，用于突刺

锷叉倾斜

年代：1895年

来源：英国

长度：97.3厘米

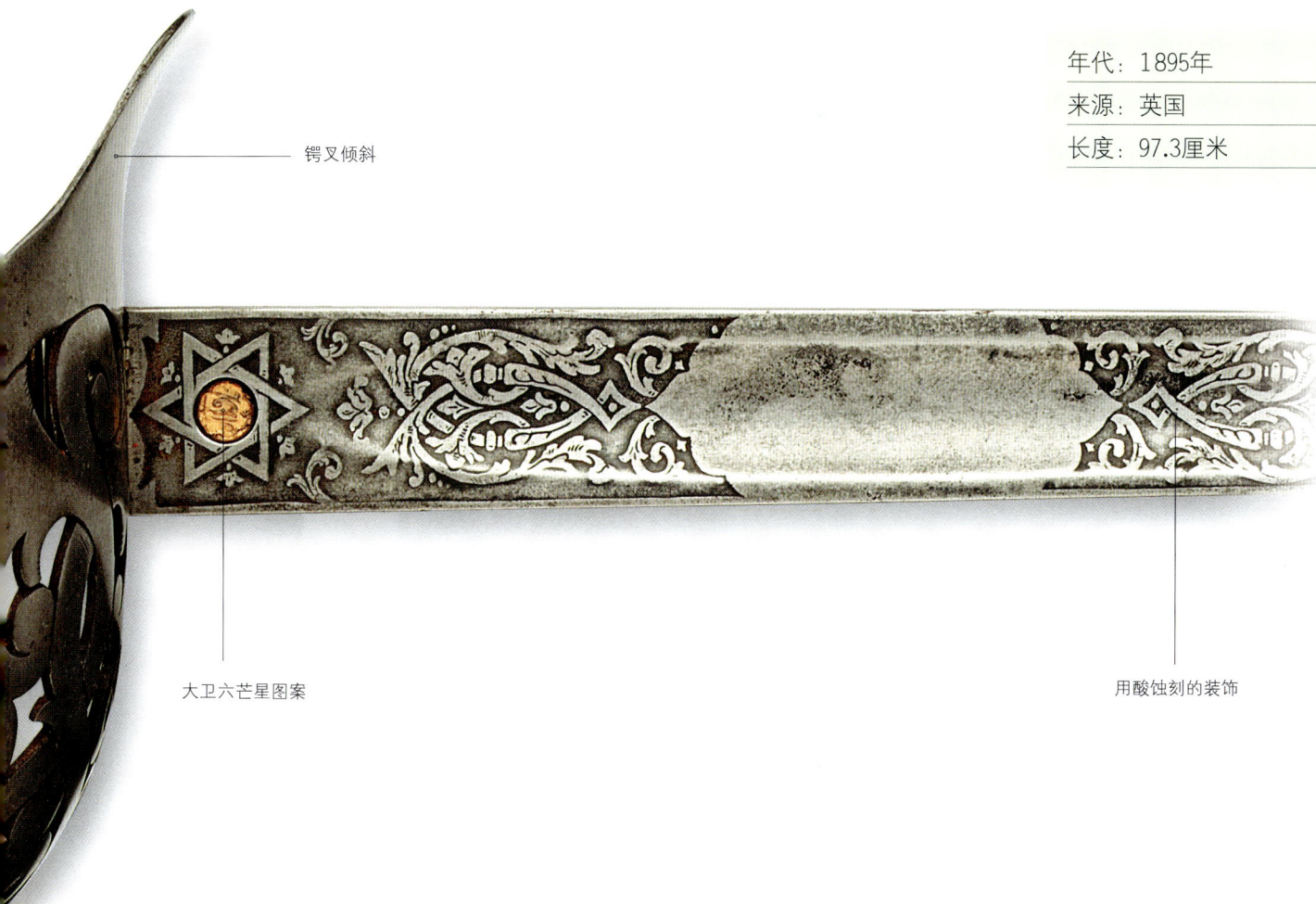

大卫六芒星图案

用酸蚀刻的装饰

英国骑兵军官军刀，1899式

这一版，用金属板材制造了实心护手，握柄较长，有戳记，用皮革包裹。士兵很快抱怨说，长长的握柄会从手里滑出来（特别是大英帝国在热带的殖民地），护手太薄，敌人的刀身撞击时容易损坏。这一版军刀刀鞘是由薄钢片制成的，很容易破损。骑兵都很厌恶这种刀，使得英国军方对设计做出了大幅改动。

年代：1899年

来源：英国

长度：101.8厘米

矛头状刀尖

俄罗斯帝国刀剑

拿破仑战争之前，俄国刀剑受到东方很大影响。19世纪，欧洲风格刀剑开始流行。俄国也仿造了很多法国敌人的刀剑。1812年，拿破仑入侵莫斯科，遭到惨败。之后，俄军把缴获的大量法国军刀重新发给了官兵。

俄国骑兵军官军刀，1826型

弯顶状柄头

锷叉

刀身单刃，弯曲

仿制先前的法国共和十一年轻骑兵军刀（the French Model AN XI Light Cavalry Trooper）。刀身较宽，单刃，略弯；刀柄黄铜制，有三根护手条，双吞口。总体强度很高，应当主要用于近身劈砍。

年代：	1826年
来源：	俄国
长度：	101.8厘米

俄国先锋队军刀，1827型

刀背有刃，锯齿状

握柄较重，黄铜铸成

这把短刀尺寸很大，刀背呈锯齿状，战时由先锋队使用，用来清除灌木丛和建筑工事。刀柄由黄铜铸成，分量很重，不适合长途携带。

年代：	1827年
来源：	俄国
长度：	67.9厘米

俄国炮兵短刀，1847型

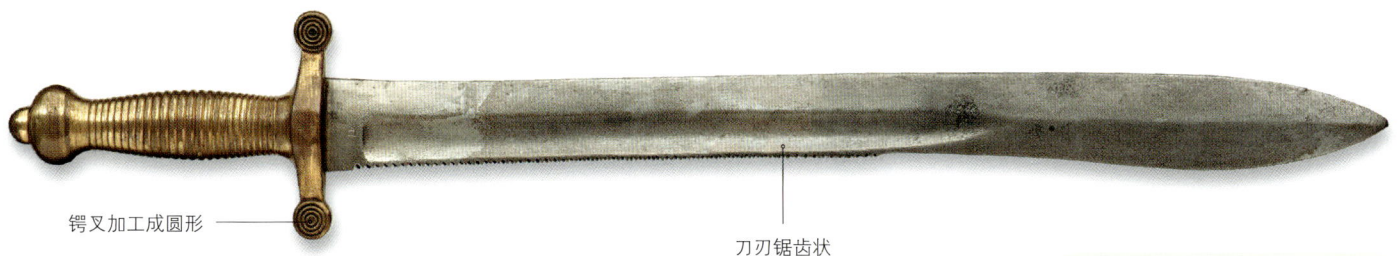

锷叉加工成圆形

刀刃锯齿状

标准1827先锋军刀的后续，造型类似同时期法国的"罗马短剑"造型。刀背依然是锯齿状，但不确定这些军刀是否曾真正用于实战。刀尖圆形，双刃。刀鞘皮制，有黄铜底托。大多数短刀的品相很好，说明用得很少。

年代：	1847年
来源：	俄国
长度：	63.5厘米

拿破仑入侵莫斯科

1812年，法军入侵俄国。法军士兵来自欧洲各国，携带的锋刃武器也多种多样。这一时期，拿破仑建立了几个骑枪团，后来从莫斯科撤退期间，骑枪团经常与俄国哥萨克骑兵交战。

▶ 1812年9月14日，法军进入莫斯科，携带的武器种类很多

俄国步兵/炮兵军官军刀，1865型

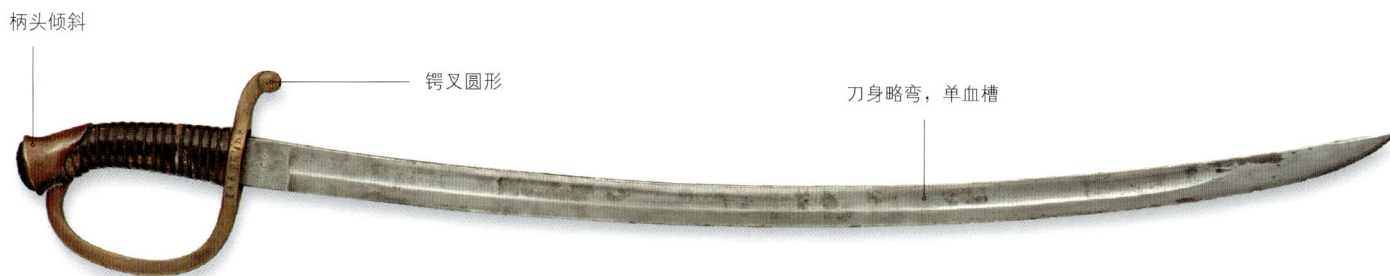

柄头倾斜

锷叉圆形

刀身略弯，单血槽

这把刀明显受到同时期法国军刀的影响。刀柄的柄头有斜度，这也是法国军刀的特色。有D形指节护手。这一时期多数俄国步兵军刀都有单一的指节护手，缺乏附加的护手条，对手部没有什么防护。俄国军刀的刀身质量一般较好，强度较高，与同时期欧洲军刀的刀身相比，更适合实战一些。

年代：	1865年
来源：	俄国
长度：	89.7厘米

俄国骑兵军刀，1881型

握柄木制，有棱纹

锷叉中空

单血槽

D形护手

沙皇俄国陆军大量生产这些军刀。后期类型军刀的刀鞘上面有一个附件，可装一把套筒型刺刀（socket bayonet），即标准1891型莫辛纳甘（Model 1891 Moisin-Nagant）。刀柄包括有棱纹的木制握柄和一个D形指节护手。锷叉中空，这种造型少见。很多军刀的十字护手上有所属团的标记，但这些名称经常被抹掉。1917年俄国发生革命，之后布尔什维克定期寻找刀剑以及其他武器上的沙俄标志，将其抹掉。

年代：	1881年
来源：	俄国
长度：	101.6厘米

德意志帝国刀剑

　　1871年德国统一之前，由多个小国组成，各国是独立状态，使用的刀剑形制、型号各自不同，多数刀剑都是欧洲当时的流行款。德国统一之后，研发了更加标准化的刀剑型号，用于当时德意志帝国军队的各个分支。但原先各小国的徽记，在设计过程中依然考虑加上。

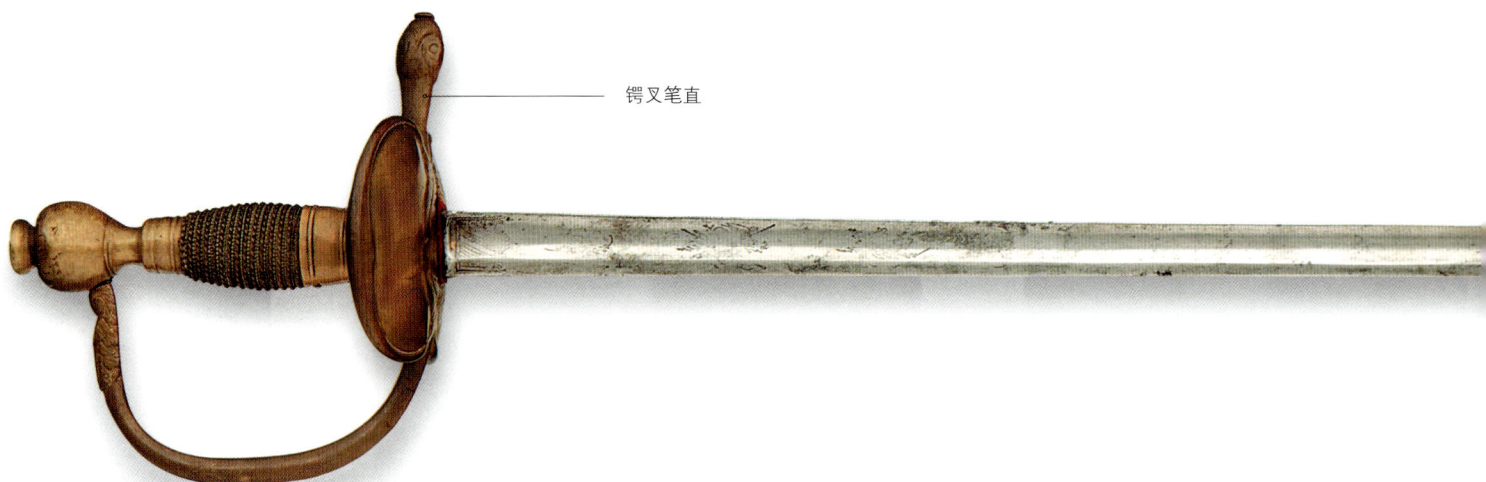

锷叉笔直

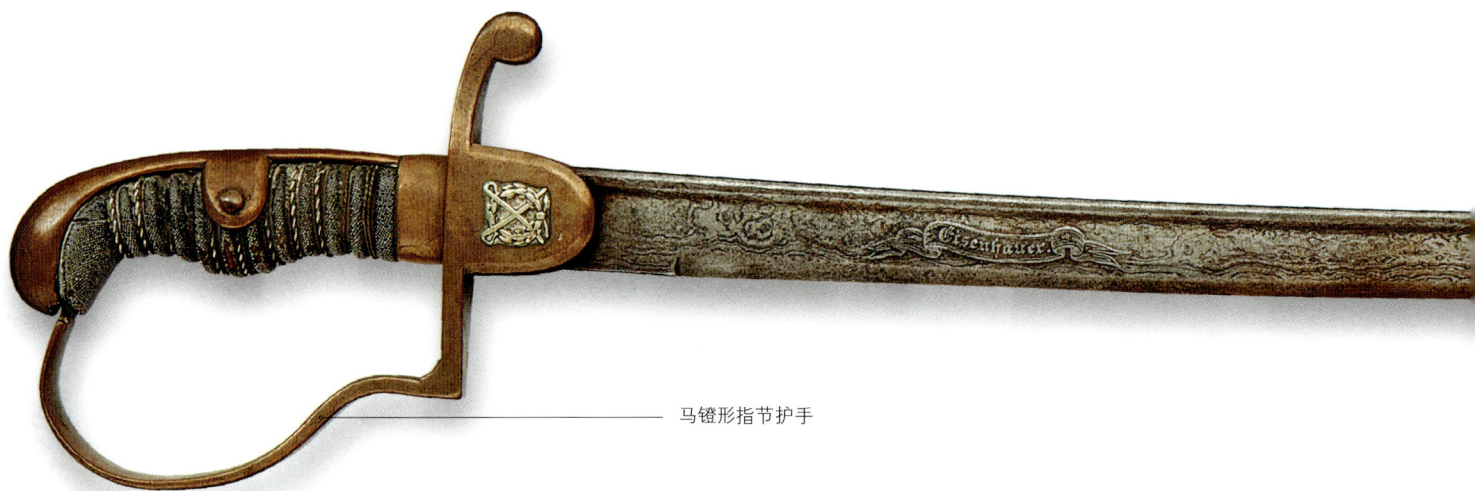

马镫形指节护手

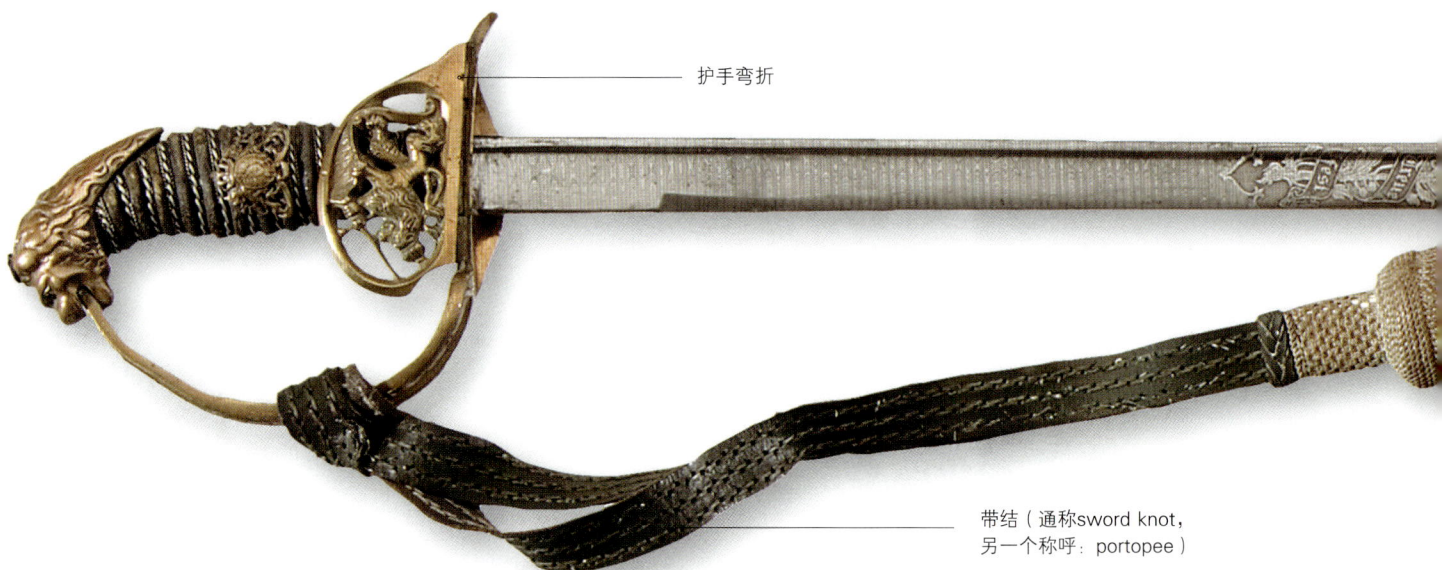

护手弯折

带结（通称sword knot，
另一个称呼：portopee）

普鲁士步兵军官军刀，约1870年

这种风格受早期拿破仑轻剑的影响，特色为双船壳护手，D形指节护手，卵圆形柄头。刀身笔直、单刃。实战效果不佳，应该是礼仪军刀。

年代：	约1870年
来源：	普鲁士
长度：	100.3厘米

单血槽

德国军官军刀，约1880年

这一时期德国军刀常见这样的鸽子头状柄头。这把刀的柄头配有马镫形护手，还有盾形吞口，显示出一个银质徽章，有橡树叶和交叉刀剑图案，说明是骑兵军官使用。

年代：	约1880年
来源：	德国
长度：	92.2厘米

刀尖呈鹅毛笔状

刀尖呈鹅毛笔状

巴伐利亚步兵军官军刀，1889型

19世纪末巴伐利亚步兵军官军刀的上佳作品。蚀刻有Treue Fest字样，即巴伐利亚国家格言"忠心不移"。狮头状柄头配有黄金饰板及折叠护手。至今保有最初的绿色与银色（green and silver）带结，装饰有银块。

年代：	1889年
来源：	德国
长度：	94厘米

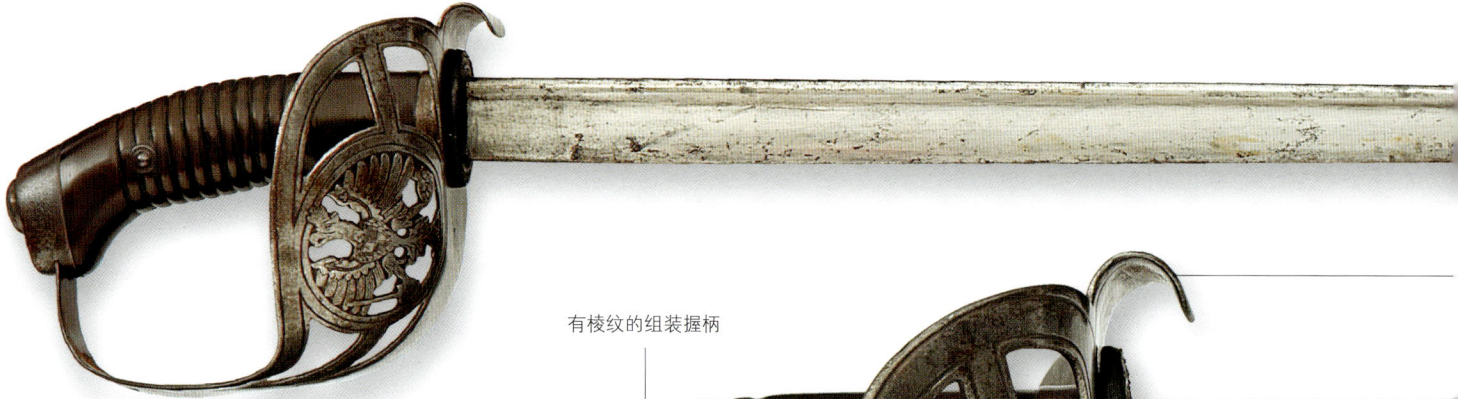

有棱纹的组装握柄

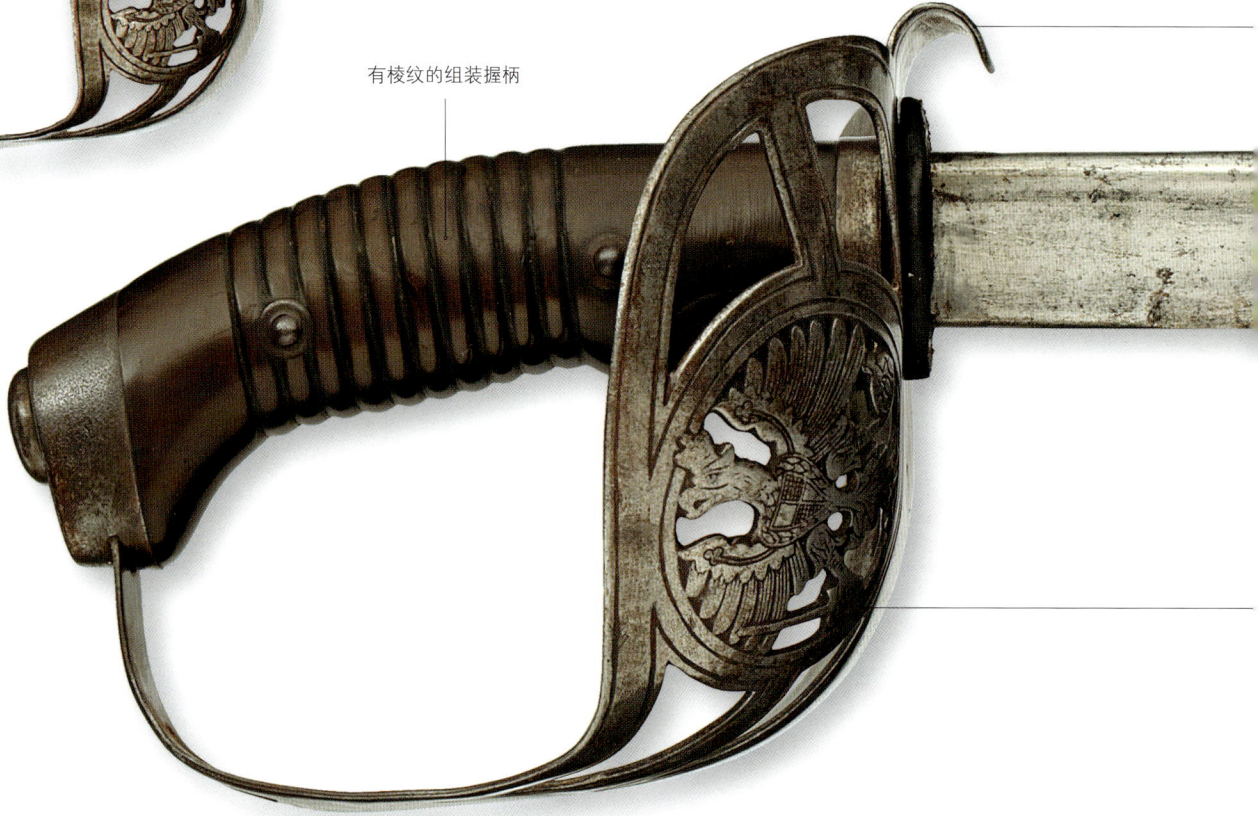

D形护手，有凸印装饰

锷叉卷曲

普鲁士骑兵军刀，1889型

十分常见的德国骑兵军刀，从19世纪末到一战结束广泛发给骑兵团。配有成角度的手枪形握柄，适合猛刺；材料为复合材料，钢制护手嵌入"普鲁士之鹰"标记。

年代：	1889年
来源：	普鲁士
长度：	96厘米

护手嵌入"普鲁士之鹰"标记

德皇威廉二世（Kaiser Wilhelm Ⅱ）御用巴伐利亚团军刀，约1900年

这把军刀由德皇威廉二世（Kaiser Wilhelm Ⅱ）佩带，配合威廉穿的巴伐利亚团军服。刀身有雕刻图案，双血槽，材质是波纹钢（即大马士革钢），刀柄镀金。刀柄背板有浮雕的巴伐利亚国家纹章图案，握柄包裹鲨鱼皮，用镀金线缠好。刀鞘铁制镀镍。柄头的螺帽刻有王冠图案，下面有皇室徽号WⅡ字样。

年代：	约1900年
来源：	德国
长度：	92厘米

刀鞘尖端的鞘镖呈靴子状

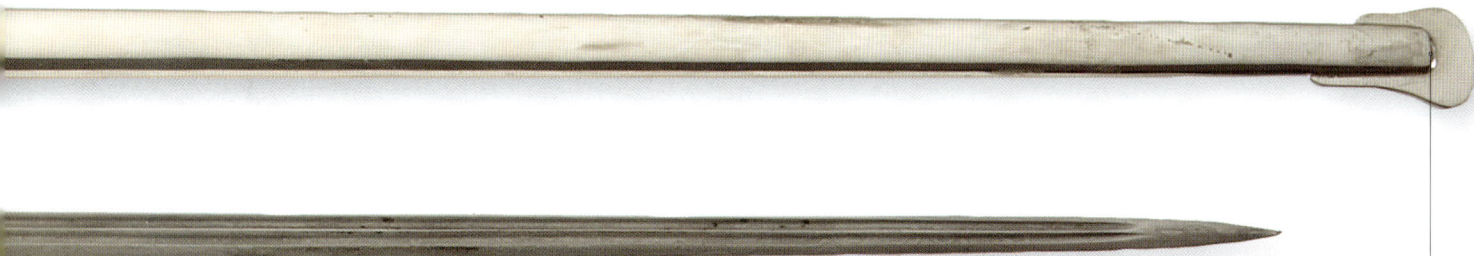

格言："忠心不移"（原英译文：FIRM IN LOYALTY）

奥匈帝国刀剑

　　奥匈帝国（1700—1915年）是幅员辽阔的中欧国家，面积仅次于沙皇俄国。内部文化十分多样，类似一个"熔炉"，这一点也影响了刀剑的设计。最有特色的设计之一是匈牙利"胡萨尔"轻骑兵军刀，刀身弯曲，马镫形护手。后来大多数欧洲军刀都采用了这种样式。

奥匈帝国轻骑兵军官军刀，约1750年

刀尖宽阔，短柄斧形

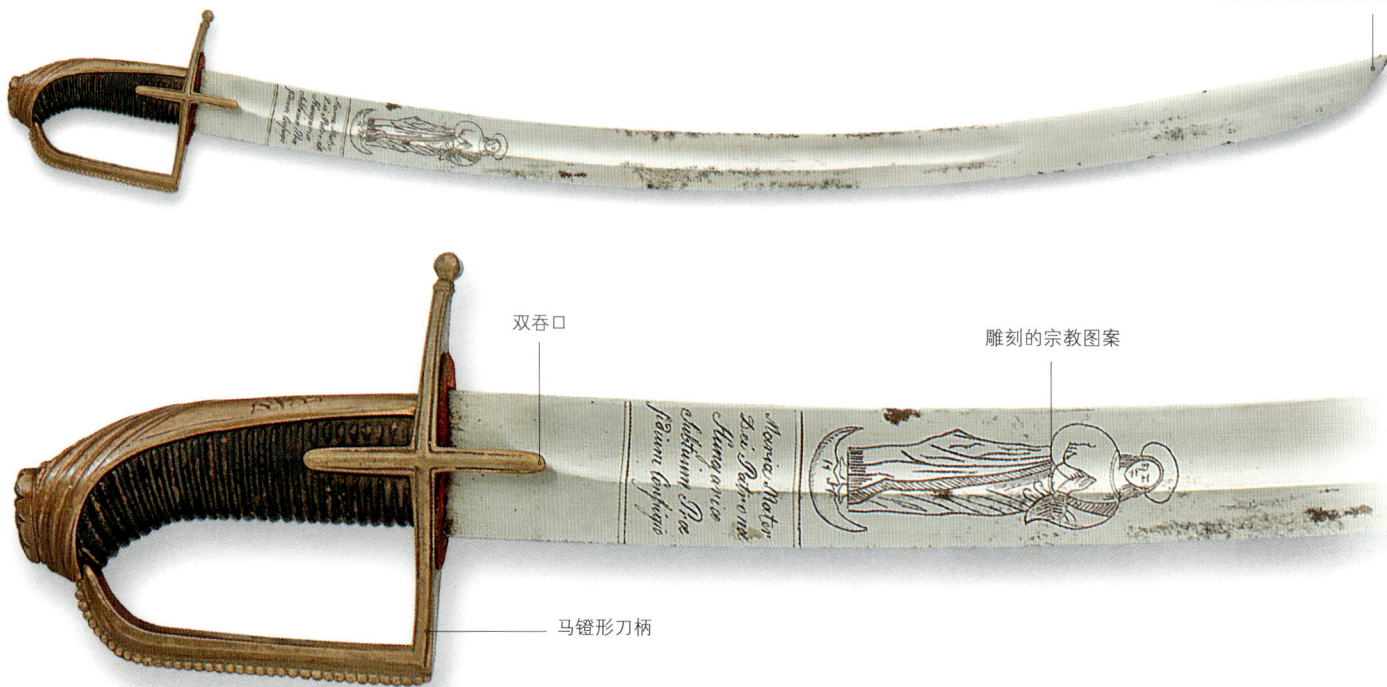

双吞口

雕刻的宗教图案

马镫形刀柄

　　"胡萨尔"轻骑兵装备轻便，行动快捷灵活。马镫形护手最早就是胡萨尔轻骑兵军刀采用的，军刀还配有双吞口，位于十字护手中心。刀身较宽，单刃，尖端呈斧头状。刀身一般刻有宗教主题，尤其是圣人的形象和祈祷文。

年代：	约1750年
来源：	奥匈帝国
长度：	93.4厘米

奥匈帝国步兵先锋队军刀，约1780年

锋刃锯齿状

硬木握柄

刀身短柄斧形，刀背有锯齿

　　这把军刀属于短佩剑造型，由工兵或先锋部队使用。刀身顶部有一排锯齿，可用于锯断木材、修筑简易工事。握柄为硬木与黄铜制成，类似东方奥斯曼土耳其风格。

年代：	约1780年
来源：	奥地利
长度：	85.7厘米

奥匈帝国步兵军官军刀，约1800年

刀身双刃

船壳形护手

年代：	约1800年
来源：	奥地利
长度：	91.7厘米

　　这把步兵军官军刀为轻剑造型，有船壳形护手，反映了同时期欧洲其他国家的设计。刀身双刃，侧面呈西洋剑造型，作为突刺武器应当很有效。

奥匈帝国步兵军官军刀，1837型

十字护手弯曲

刀身单刃

指节护手马镫形，造型夸张

年代：	1837年
来源：	奥地利
长度：	96.7厘米

　　指节护手造型夸张，十分突出，是这一时期步兵军刀的风尚。同时代普鲁士、巴伐利亚、萨克森的步兵军刀也有这种造型。刀身顶端一般装有绷簧（spring catch），防止从刀鞘内滑出。

奥匈帝国骑兵军官军刀，1850型

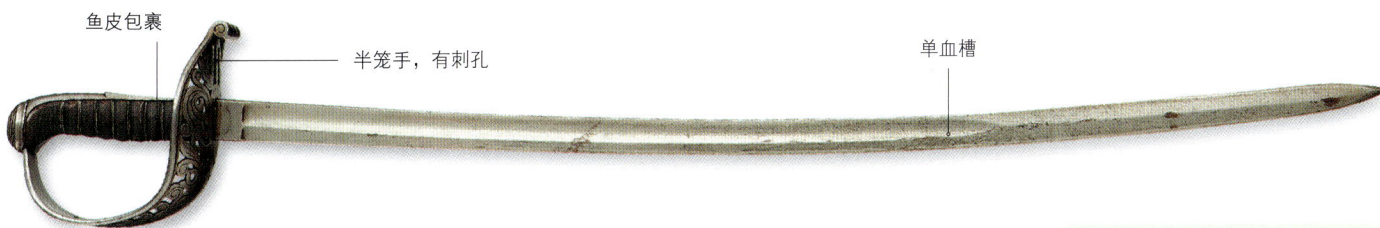

鱼皮包裹

半笼手，有刺孔

单血槽

年代：	1850年
来源：	奥地利
长度：	97.8厘米

　　19世纪中期奥地利骑兵军官军刀，刀身略弯，杯状护手较浅，也叫半笼手，有刺孔。握柄木制，用鱼皮和绞线包裹。推断刀鞘为铁制无装饰，有两个较松的挂环。

奥匈帝国骑兵军刀，1861型

"耳朵"

开放式护手

刀身双刃延伸至刀尖

年代：	1861年
来源：	奥地利
长度：	97.8厘米

　　刀柄铁制，有圆圈和三角形小孔装饰。刀背有两个细缝，可穿带结。脊部加厚件有一个侧面突出，称为"耳朵"，用铆钉穿入柄舌，进一步固定握柄和刀身。

法兰西帝国刀剑

法国军刀明显影响了全欧和其他地区的军刀。19世纪，很多国家模仿法国的刀柄、刀身造型。骑兵军刀一般有三根黄铜的护手条，穹顶状柄头；步兵军官军刀则有鹅毛笔状刀尖或矛头状刀尖，握柄兽角制，有棱纹。

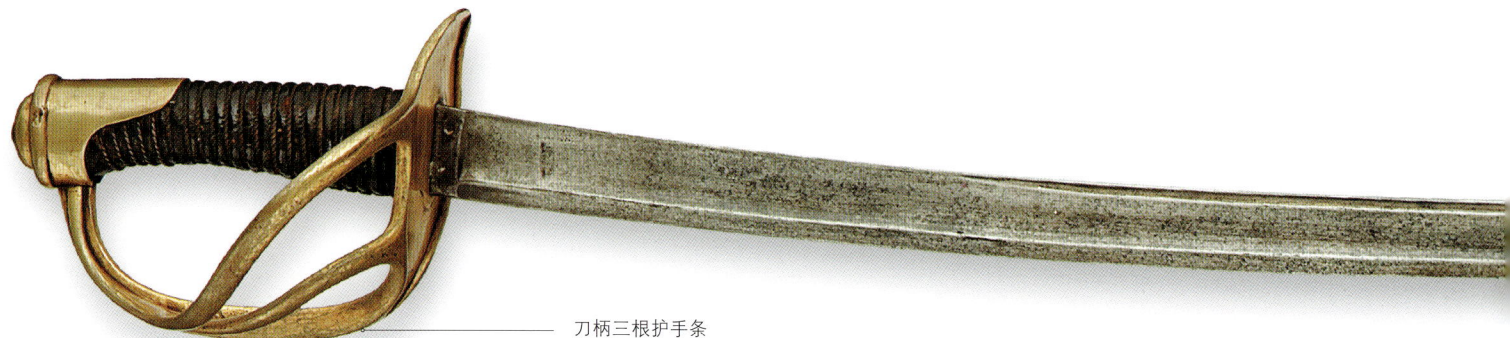

刀柄三根护手条

黄铜握柄，有棱纹

法国步兵军官军刀，1821式

步兵军官军刀的有趣一例，刀身质量很高，有蓝地描金装饰。这一版发布的时候，法军已经不太喜欢蓝地描金装饰了，之后的型号，军刀就不加装饰。

年代：	1821年
来源：	法国
长度：	105.9厘米

蓝地描金装饰

法国轻骑兵军刀，1822式

1822式是重骑兵的轻量版，有三根黄铜护手条，握柄用皮革与黄铜绞线包裹。刀身略弯、单刃。刀鞘较重、铁制。

年代：	1822年
来源：	法国
长度：	105.9厘米

刀身单刃

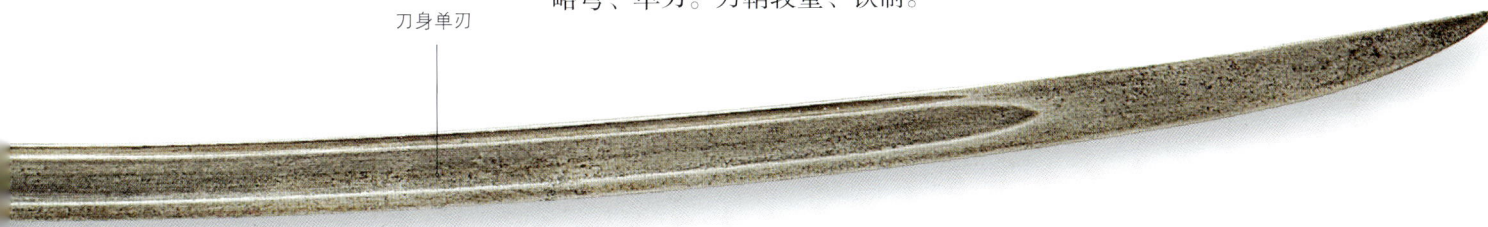

法国炮兵短刀，1831式

这把短刀外号"切菜刀"，造型源自古罗马短剑。握柄实心由黄铜制成，有棱纹，刀身较宽，刀尖矛头状。有锚的图案，很可能是海军炮兵使用的，但应该没有在实战中用过。

年代：	1831年
来源：	法国
长度：	63.5厘米

矛头状刀尖

兽角握柄，有棱纹

锷叉

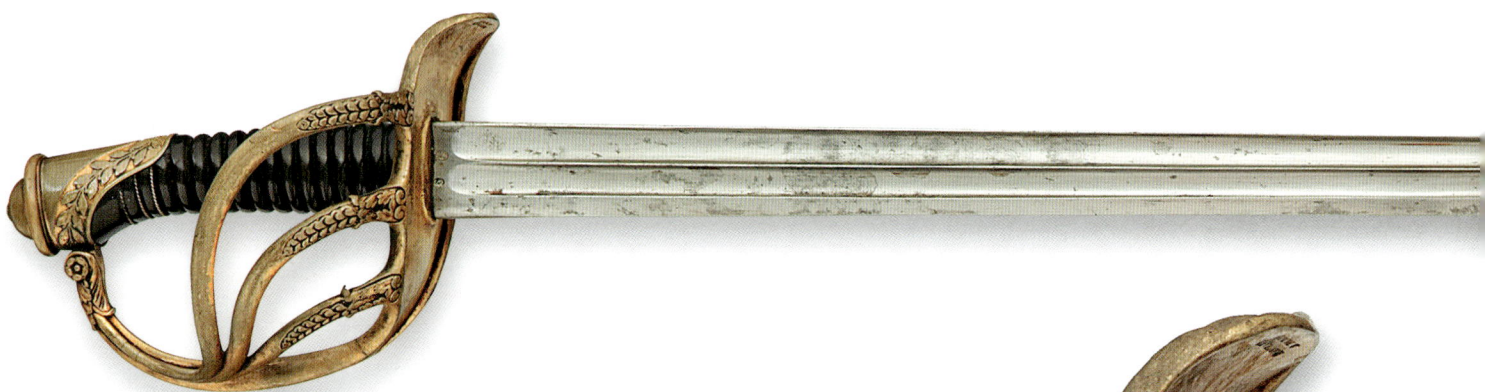

浮雕装饰

黑檀木或兽角握柄

刀身双血槽

矛头状刀尖

法国步兵军官军刀，1845式

这一时期，法国步兵军刀刀身一般略弯，有矛头状刀尖；刀身一概没有图案，没有雕刻装饰。握柄有两种：一是染黑的兽角，二是木制核心包裹皮革，再用黄铜绞线缠绕。

年代：	1845年
来源：	法国
长度：	89.3厘米

法国龙骑兵军官军刀，1854式

军官军刀与骑兵军刀的不同在于刀柄有装饰。刀身笔直，双血槽，适合突刺。在1799—1815年拿破仑战争过后，笔直的突刺用刀身一直不受欢迎，但19世纪中期被重新启用，因为在战场上表现良好。

年代：	1854年
来源：	法国
长度：	106.1厘米

法国骑兵军官军刀，1896式

法国新艺术派（Art Nouveau）运动，明显影响了这把军刀刀柄的设计。设计者是雕刻家让·亚历山大·法尔吉耶（Jean Alexandre Falguiére），巴黎法国美术学院（the School of Fine Arts in Paris）教授。[1] 军刀曲线流畅，有着富于表现力的植物图案，说明当时风行自然主题，哪怕军事领域的装饰也不例外。握柄由水牛角制成，缠有银绞线。

年代：	1896年
来源：	法国
长度：	91.7厘米

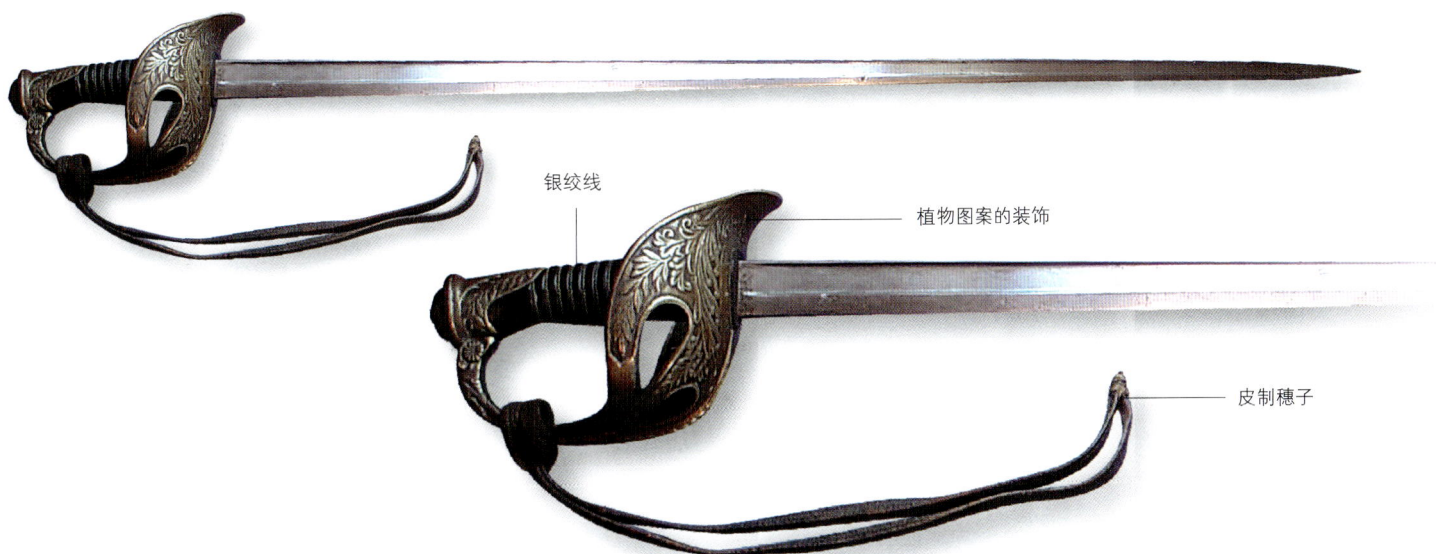

银绞线

植物图案的装饰

皮制穗子

---

[1] 法国美术学院是一系列艺术院校的总称，最著名的为巴黎国立高等美术学院（École Nationale Supérieure des Beaux-Arts）。（参见前文71页）——译者注

奥斯曼帝国刀剑

　　奥斯曼帝国曾一度覆盖东欧、中东大片地区，15—17世纪国力达到顶峰。这些突厥民族拥有的最典型的刀剑就是一种弯刃军刀，是马木留克（又称马穆鲁克）军刀的原型。拿破仑战争期间，欧洲各国军队装备了这种马木留克军刀。

土耳其"基利杰"军刀（kilij），约1770年

亚尔曼（Yelman）假刃

兽角握柄

挂环

刀柄吞口的槽

　　土耳其军刀原名the kilij，直译"刀"或"剑"，是蒙古人所用弯曲宽刃骑兵军刀的改型，从13世纪开始普及整个欧亚大陆。刀尖呈伸展形，双刃，前面的部分名为"加强肋"，又称假刃；为刀身前段增加了重量，更加适合切削。

年代：	约1770年
来源：	土耳其
长度：	84厘米

波斯弯刀（shamshir），约1800年

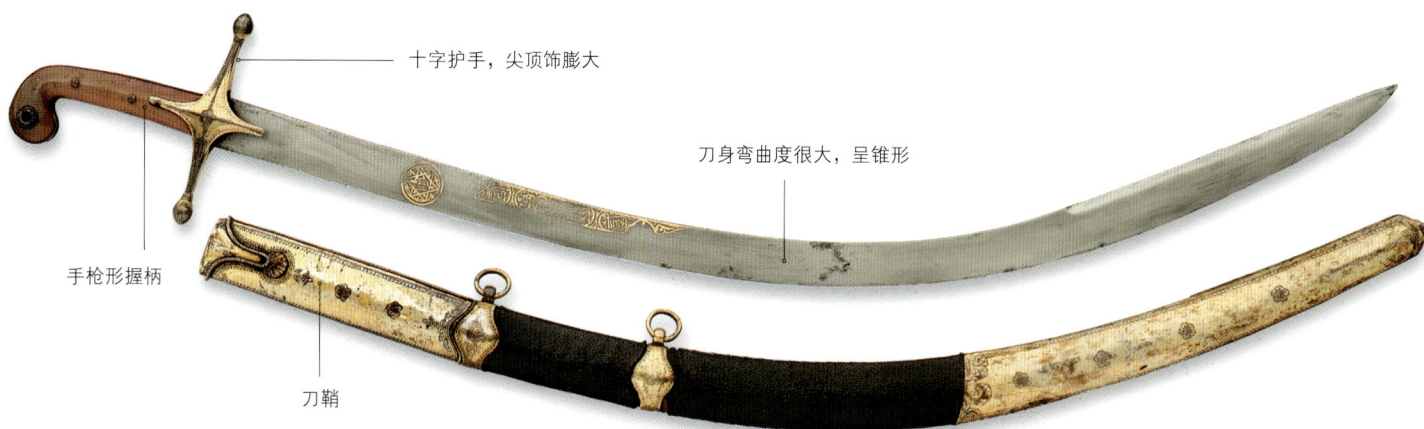

十字护手，尖顶饰膨大

刀身弯曲度很大，呈锥形

手枪形握柄

刀鞘

　　波斯铸剑师的技艺精湛，很久以来广为人知。波斯弯刀的回火工艺极佳，锋利度好，波纹镶嵌（94页提到，原文的拉丁字母拼写为koftgari或kofgari）技术也上乘，这是一种在钢中镶嵌黄金的技术。刀身尖端展开，形成双刃的加强肋。刀鞘装有黄铜底托和皮革，还有一个内嵌部件，配合刀柄的吞口。

年代：	约1800年
来源：	波斯
长度：	90.9厘米

土耳其细身钩刀"亚塔汉"（yataghan），约1800年

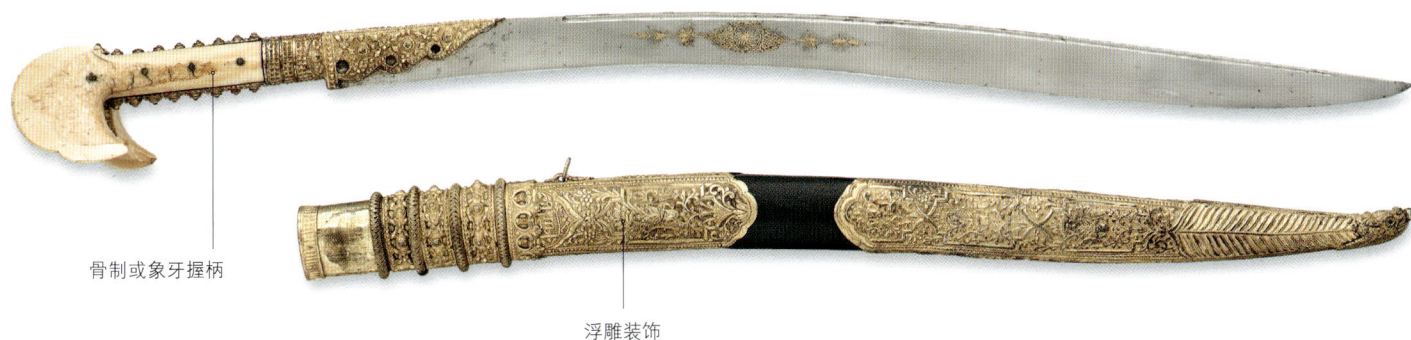

骨制或象牙握柄

浮雕装饰

"亚塔汉"细身钩刀很有特色，刀身呈反弧形，很像古希腊的双刃曲剑（参见19页）。细身钩刀是土耳其著名步兵"耶尼切里禁卫军"（Janissaries）的标准装备。耶尼切里禁卫军多用"亚塔汉"细身钩刀，骑兵多用"基利杰"土耳其军刀。这把刀的握柄可能是由海象牙或海象骨制成，用一组铆钉固定。

年代：	约1800年
来源：	土耳其
长度：	83厘米

土耳其细身钩刀，约1800年

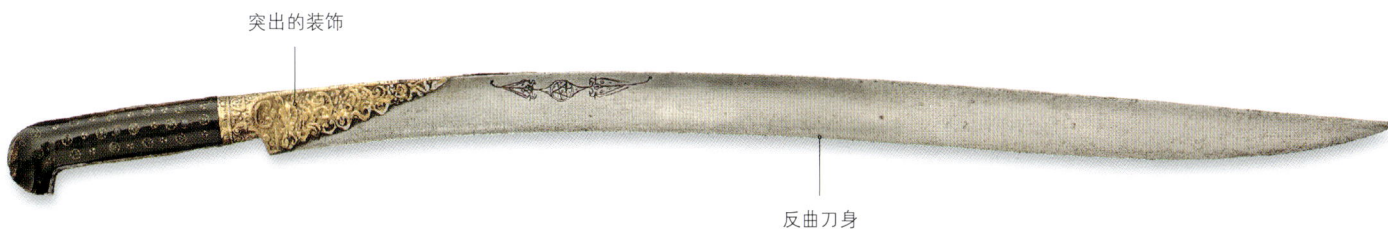

突出的装饰

反曲刀身

土耳其"亚塔汉"细身钩刀，刀身侧面很像印度叶形钩刀（sosun pattah）、尼泊尔廓尔喀弯刀。叶形钩刀也是反弧形刀身，呈树叶形状。"亚塔汉"细身钩刀的反弧形刀身，应当适合劈砍与切削，杀伤力很大。从手柄末端至刀根有突起的装饰，也是细身钩刀的典型特征。装饰一般是内嵌的金或银，这一图案在刀鞘底托上也会重复。

年代：	约1800年
来源：	土耳其
长度：	78.8厘米

土耳其细身钩刀，约1800年

刀身笔直，末端上翘

这把刀很不寻常，刀身形状与多数"亚塔汉"细身钩刀都不相同，不是一般的反弧形刀身，而是笔直，尽头上翘，类似哥萨克军刀。

年代：	约1800年
来源：	土耳其
长度：	85厘米

日本刀剑

日本刀的刀身制造很复杂，充满仪式感。刀身的锋刃坚硬，用于劈砍；核心与刀背较软，具有韧性。刀匠会小心地把多层钢材折叠起来，选择性地冷却刀身多个不同部位，生出一系列不同的质地，还有一种特殊的锻造线，日语称作"刃紋"（hamon）。某些日本刀的刀身工艺被认为是全世界一流的。

棟（Mune，刀背）

茎（也写成"中心""中子"，即柄舌）

木制刀鞘

目钉穴（Hole for mekugi，装销钉的孔洞）

日本刀（長巻），雲次（Unji）制造，约1300年

这把刀的刀身是为了双手长柄武器制造的，这种长柄武器名为"長巻"（nagamaki），意为"长长的包裹物"。长杆应当是金属杆或涂漆木杆，装上日本刀状的刀部。

年代：	约1300年
来源：	日本
长度：	85.8厘米

切つ先（刀尖）

日本武士刀，政光（Masamitsu）[1]制造，约1370年

制造者"政光"（Masamitsu）的早期日本刀。政光是著名铁匠，来自"藝州"（Geishu）的高野村（Takano），今广岛附近地区。他的作品拥有极好的劈砍性能。刀鞘木制，应该是后来加上的。

年代：	约1370年
来源：	日本
长度：	76.4厘米

烧刃（Yakiba，硬化的刀刃）

日本刀（胁差），兼定（Kanesada）制造，约1550年

刀匠"兼定"（Kanesada），16世纪在"関城"（Seki）开业，位于今东京和大阪之间。"関城"别名"刀之城"，800多年来一直是铸剑业的中心。兼定制造的刀剑强度很高，相当实用，因此出了名。这是一把"胁差"即短刀，平时应该与较长的武士刀（katana）一起携带。

年代：	约1550年
来源：	日本
长度：	59厘米

[1] 图片中的"備前国"（Bizen no kuni）是日本12—17世纪的古国名，位于今天的冈山县东部。——译者注

目钉（Mekugi，销钉）

柄（Tsuka，刀柄的包裹材料）

切羽（Seppa，
刀柄上的垫圈）

鐔（Tsuba，护手）

带执（Obi-tori，挂环）

柄（Tsuka，刀柄的包裹材料）

背带

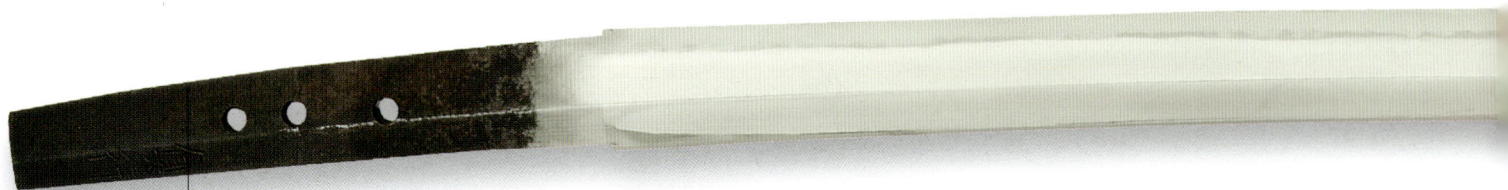

茎（柄舌）

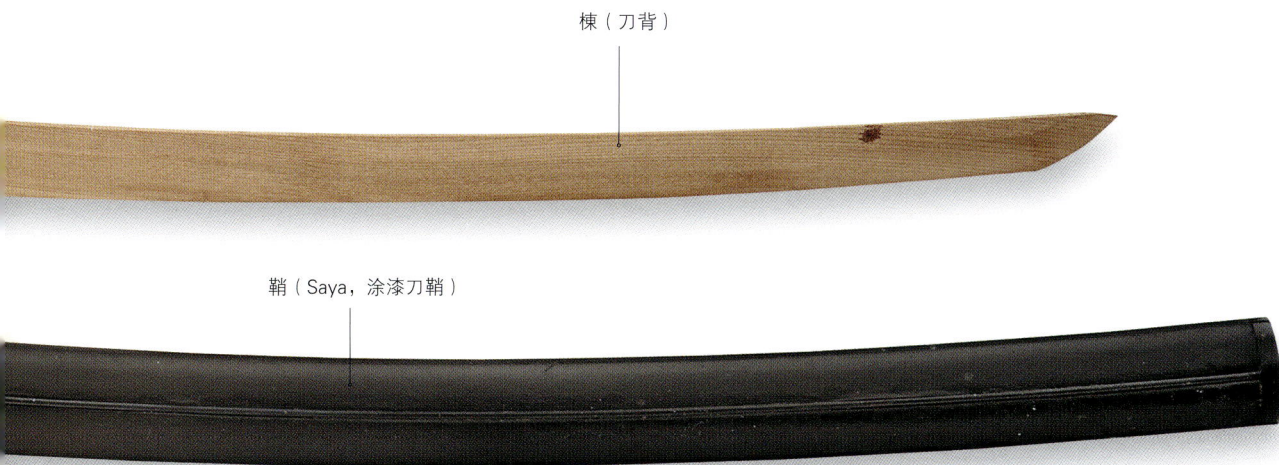

棟（刀背）

鞘（Saya，涂漆刀鞘）

日本刀（脇差），兼安（Kaneyasu）制造，约1550年

这是一把脇差的分解图。最重要的当然是刀身，这是刀的"心脏"。首先考虑刀身的劈砍性能。握柄、护手、刀鞘等部件都被人视作装饰性的附件（当然也很重要）。这些部件上一般还有传统的日本装饰图案。

年代：约1550年
来源：日本
长度：62厘米

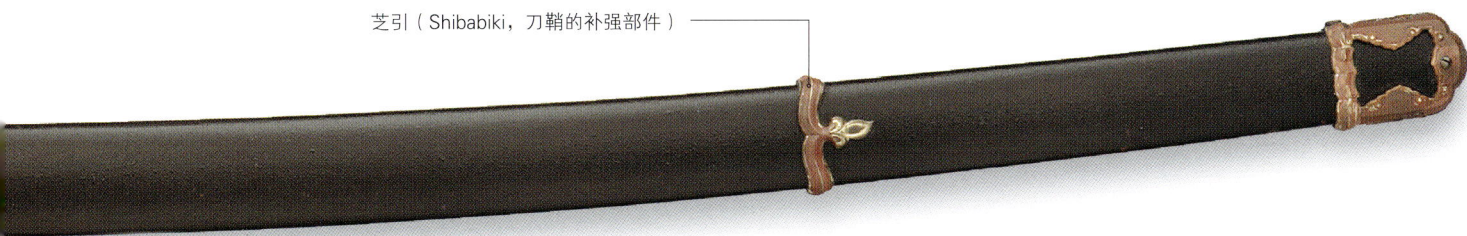

芝引（Shibabiki，刀鞘的补强部件）

日本武士刀，国次（Kunitsugu）制造，约1550年

很多武士刀都归高级日本军官所有。这把刀属于"村井権治郎少将"，太平洋战争期间，菲律宾东部有一场贝里琉战役（the Battle of Peleliu）[1]，村井是战役的日方指挥官。与这把刀配合的刀鞘是二战时期的，但刀身最早是16世纪制造的，制造者是今天东京附近会津的刀匠武田国次。很多日本刀的刀柄、刀鞘年代都比刀身晚得多。

穗子

[1] 又译佩莱利乌战役。村井战败后切腹自杀。——译者注

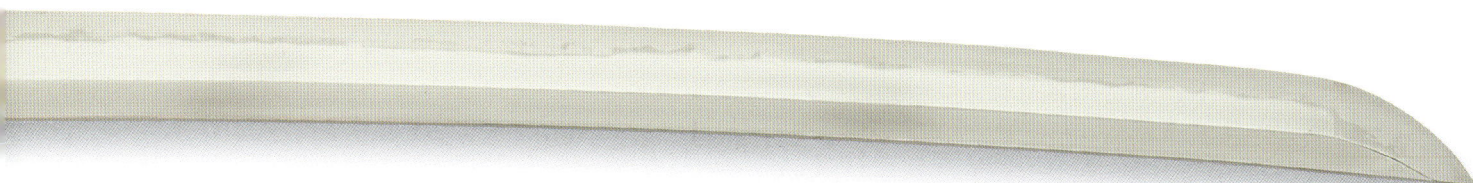

年代：约1550年
来源：日本
长度：97厘米

日本武士刀，贞行（Sadayuki）制造，约1650年

手工制造的日本刀，一般在柄舌上标有制造者的名字、年代，地区。1805年，武士"山田 朝右衛門"（Yamada Asaemon）出版了著名刀匠的列表《怀宝剑尺》（Kaihokenshaku），收录228人，其中一位就是这把刀的刀匠"大和大椽贞行"（Yamato Dairoku Sadayuki），负责测试日本刀的刀身。

年代：约1650年
来源：日本
长度：93.9厘米

日本刀（胁差），兼元（Kanemoto）制造，约1650年

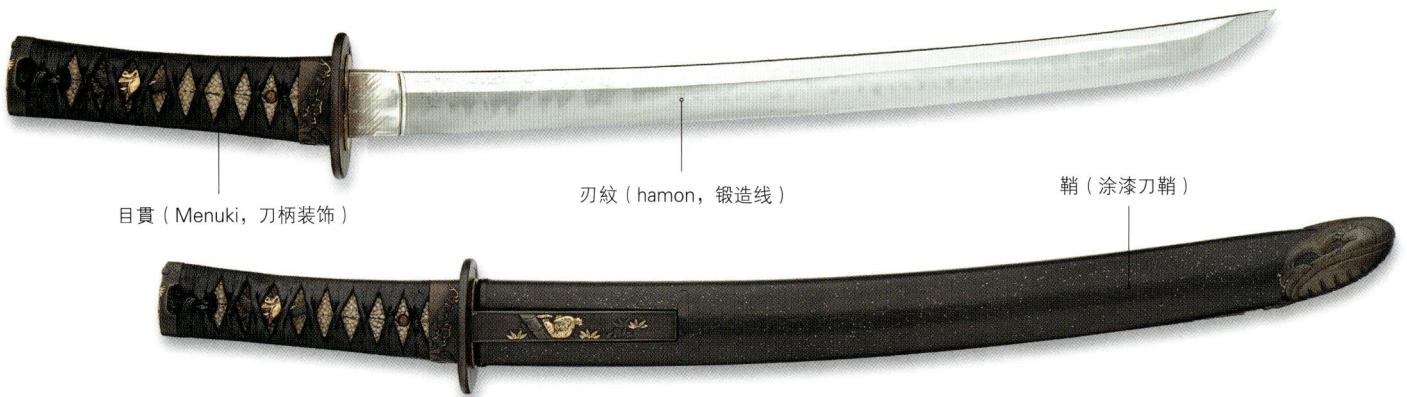

目贯（Menuki，刀柄装饰）

刃紋（hamon，锻造线）

鞘（涂漆刀鞘）

胁差是一种短刀，很受武士喜爱，他们携带时穿着平民服装，也可能与较长的武士刀一起携带。胁差在室内比较长的武士刀更适合佩带，武士一般进了屋子就会把武士刀放在刀架上。刀柄上附件的精细程度，反映主人的社会地位和财富。这把胁差的锻造线（刃紋）清晰可见，刀身制作时，在"回火"过程中产生。

年代：	约1650年
来源：	日本
长度：	57.6厘米

日本武士刀，约1780年

柄（Tsuka，刀柄的包裹材料）

军用皮制刀鞘

二战期间日本军官携带很多早期刀身，这是一个典型例子。军方发布的刀鞘用皮革包裹。二战末期，很多日本军官被盟军俘虏或投降盟军，盟军从而接收了很多这样的武士刀。可惜的是，大量武士刀被销毁了。[1]

年代：	约1780年
来源：	日本
长度：	71.2厘米

日本武士刀，约1850年

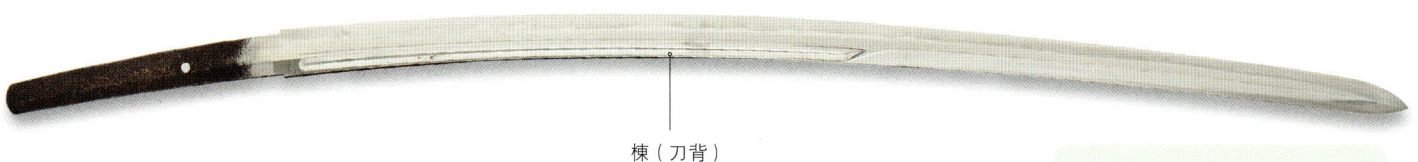

棟（刀背）

这把刀制造出来不久，日本武士阶层就消亡了。1867年，日本立法禁止武士在公共场合佩带武士刀。此后，军方就改为携带西式军刀。

年代：	约1850年
来源：	日本
长度：	74厘米

---

[1] 销毁是因为当时的盟军指挥部认为武士刀是武器，为了反对军国主义而命令销毁。原文说"可惜"是从文物价值角度说。——译者注

日本短刀与刀鞘，约1890年

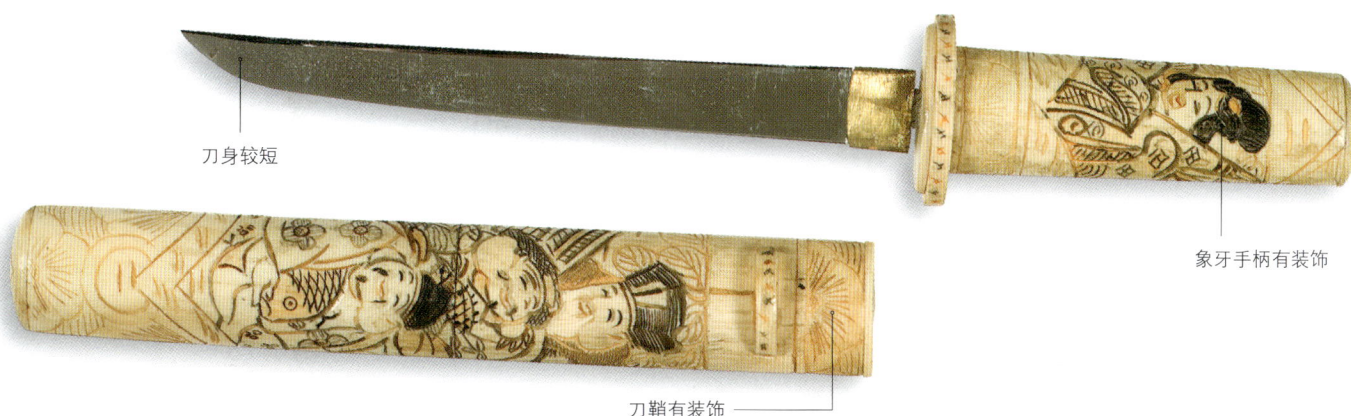

刀身较短

象牙手柄有装饰

刀鞘有装饰

短刀，顾名思义，刀身较短，用于突刺，不用于劈砍。刀身一般是扁平状，无血槽，有些在刀柄近处明显加厚，让刀身有足够的强度刺穿铠甲。这件样品的刀柄由象牙制成，刀柄和刀鞘都有装饰，可能是赠给西方游客的纪念品。

年代：	约1890年
来源：	日本
长度：	30厘米

日本刀（新軍刀shin-gunto），约1930年

兜金（Kabuto-gane，柄头）

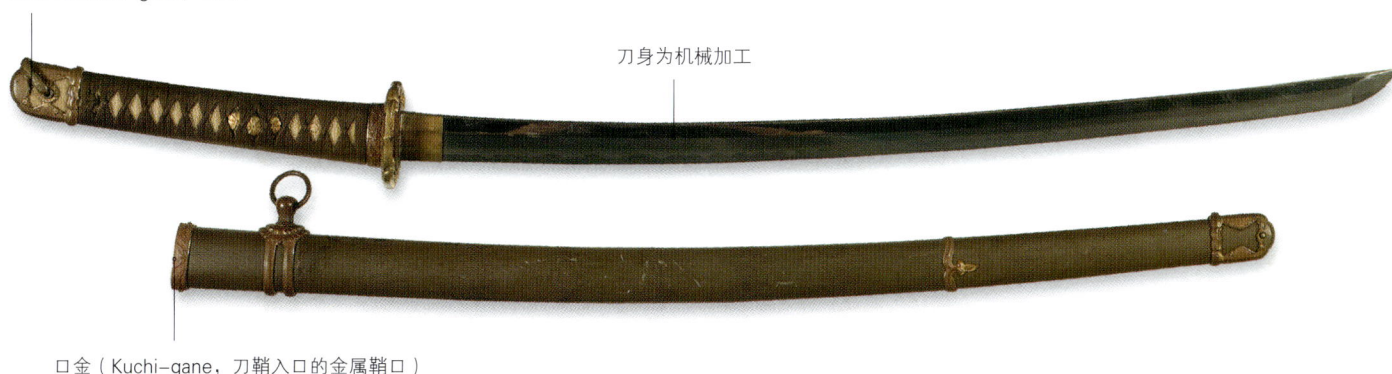

刀身为机械加工

口金（Kuchi-gane，刀鞘入口的金属鞘口）

1930年代，日本国家主义抬头，军官们使用的军刀很接近"太刀"（长刀），名叫"新军刀"。大多数"新军刀"装有机械加工的刀身，有一些也装上了古旧刀身。刀鞘是由皮革或涂漆的钢材制成。

年代：	约1930年
来源：	日本
长度：	86.4厘米

日本太刀，包真（Kanezane）制造，约1940年

鞘（涂漆刀鞘）

锷（护手）

浅野包真是昭和时代（1926—1989年）的刀匠，1910年生于"関城"，别名"刀之城"，1923年拜著名刀匠"小岛兼道"为师，一生都住在関城。这把太刀刀身很长，这型号的早期各版本应该由武士用带子挎在肩上。

年代：	约1940年
来源：	日本
长度：	91.6厘米

日本长柄武器

　　日本武士的主要武器不仅有刀剑，还有各种长柄武器，如长矛与装在长杆上的军刀刀身（薙刀）。日本武士集团也作为制式兵器。要有效杀伤敌人，需要大量的训练。长柄武器的制造需要专门的技巧，有些日本刀匠只生产薙刀。

日本"長卷"，约1450年

十字护手

刀身钢制，弯曲

　　"長卷"是一种长柄武器，镰仓时代（1192—1333年）及室町时代（1338—1573年），武士集团的冲突期间经常使用。这件样品有一把长长的刀刃，类似武士刀，装在全金属制的长杆上。刀刃长度可达75厘米，长柄长达1米到1.5米。[1]

年代：	约1450年
来源：	日本
长度：	195厘米

日本"槍"（yari），江户时代（1603—1867年）

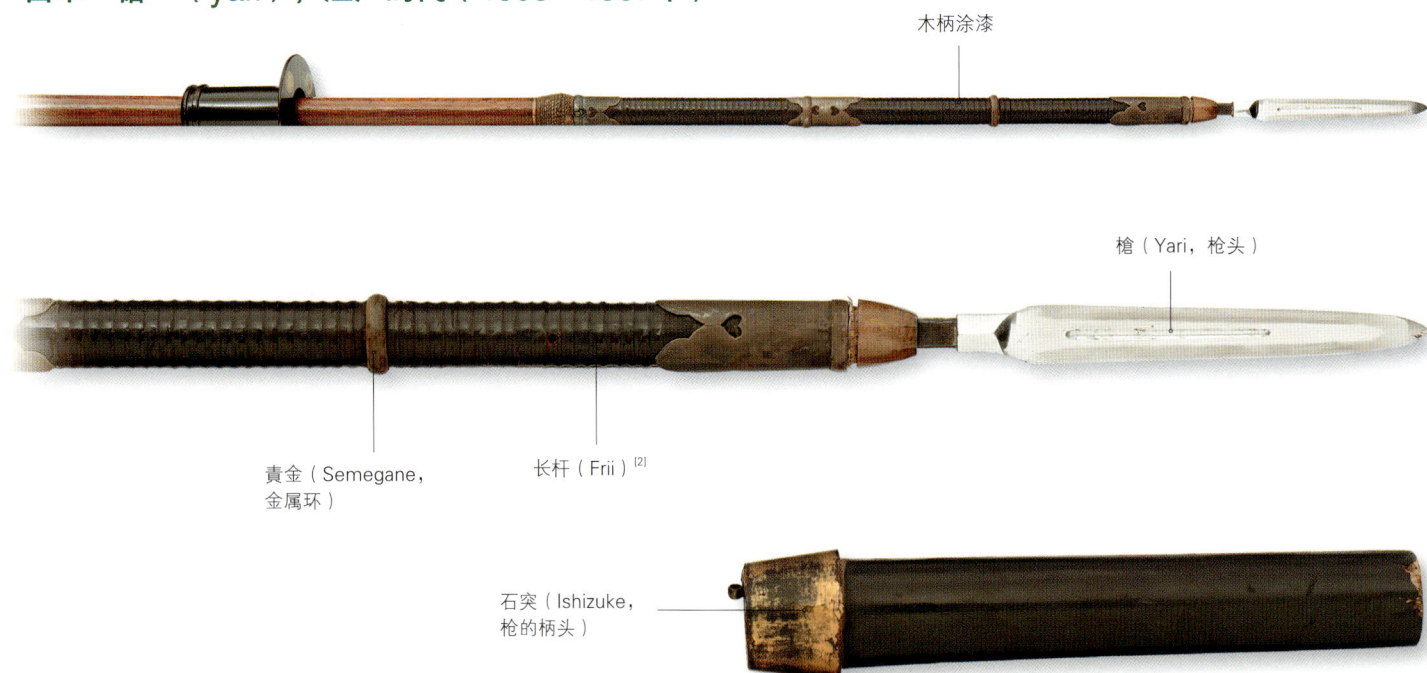

木柄涂漆

槍（Yari，枪头）

責金（Semegane，金属环）

長杆（Frii）[2]

石突（Ishizuke，枪的柄头）

　　日本枪是一种长矛，也可以视为较短的冲锋骑枪，不用于投掷，只用于突刺。武士阶层和一般步兵都携带日本枪。这把枪属于"素槍"（参考82页），表示枪刃笔直，大部分日本枪都是这种造型。有些枪的刃部还有水平的十字护手，即"鎌槍"；另有一种枪的枪柄更长，名叫"大身槍"（omi no yari）。日本枪的质量差异很大。较好的枪，枪柄和枪头是分别制造的，枪头经过回火，刃部有"刃紋"贯穿；较差的枪则是一体成型锻造的，工艺粗糙。

年代：	江户时代（1603—1867年）
来源：	日本
长度：	368.5厘米

---

[1] 原文"总长"，根据实际情况改正。——译者注
[2] 原文Frii拼写有误或不规范。枪柄一般叫"長柄"（nagaye）或"柄"（Tsuka）。——译者注

日本薙刀（naginata），约1650年

钢制刀身弯曲

将柄舌固定在刀杆上的孔洞

这把薙刀很像欧洲剑刃戟，刀身弯曲，金属柄舌很长，用一组销钉固定在木柄上，销钉穿过木柄。这件样品质量很高，应当出自名匠之手。

年代：	约1650年
来源：	日本
长度：	105厘米

日本俘敌兵器"袖溺"（sode garami），约1850年

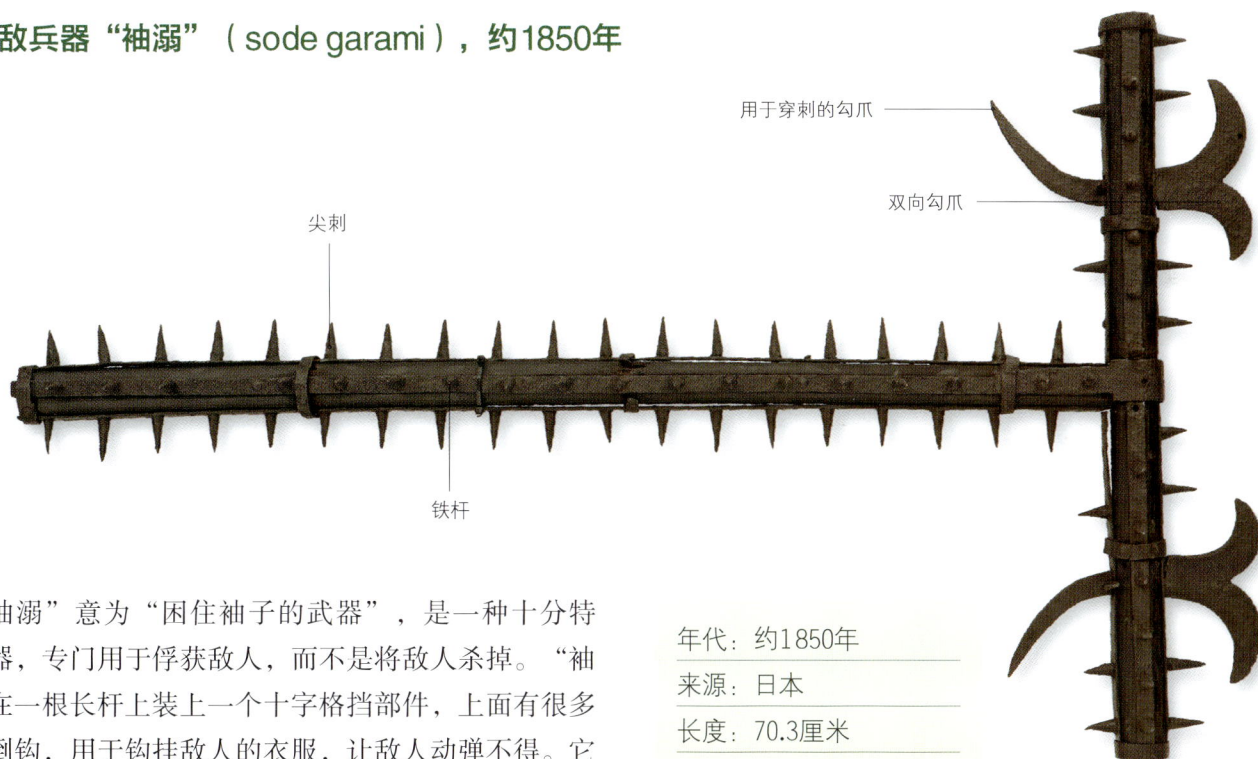

用于穿刺的勾爪

双向勾爪

尖刺

铁杆

"袖溺"意为"困住袖子的武器"，是一种十分特殊的武器，专门用于俘获敌人，而不是将敌人杀掉。"袖溺"是在一根长杆上装上一个十字格挡部件，上面有很多尖刺和倒钩，用于钩挂敌人的衣服，让敌人动弹不得。它的功能很多，如果需要，也能用尖刺和锋刃杀敌。

年代：	约1850年
来源：	日本
长度：	70.3厘米

日本薙刀（naginata），约1850年

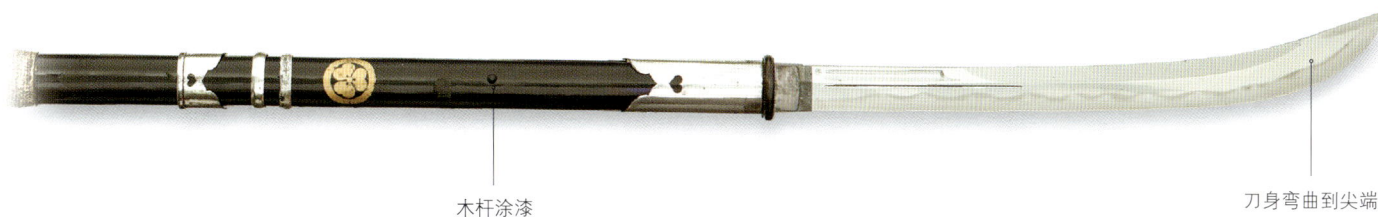

木杆涂漆

刀身弯曲到尖端

薙刀的主要用法是对敌人全身发起一系列飞快地突刺，各个突刺的轨迹连起来类似螺旋桨。室町时代（1338—1573年），薙刀杀伤力极大，军队为此采取了紧急对策，专门为士兵腿部、下身装备了铠甲。武士的妻子善用薙刀，至今日本仍有女子薙刀武术比赛[1]。

年代：	约1850年
来源：	日本
长度：	211.4厘米

[1] 这一比赛原名是"全日本なぎなた選手権大会"，1956年开始举办。2001年后还增设了男子比赛。——译者注

中国及其西藏地区刀剑

中国刀剑主要分成直刃的"剑"和曲刃的"刀"，都有千百年的历史。其中"剑"最受尊崇，起源十分古老。西欧剑在形制、功能方面经历了明显变化，但中国剑数千年来没有什么变化。[1]

中国西藏地区宝剑（永乐剑），约1420年

中央脊，提高强度

狮头形装饰

浮雕饰板（鎏金铁片）

这把宝剑非常贵重，由明代的永乐皇帝（1326—1424年）赠予西藏活佛。剑身有中央脊来增加强度，没有装饰，是当时宝剑的典型。十字护手上有一只精美的狮头装饰，剑鞘有浮雕细工，带有鎏金铁片。

年代：	约1420年
来源：	中国/西藏地区
长度：	90.3厘米

中国刀（骑兵刀），约1800年

刀身单刃

这把刀的锋刃很长，可能是骑兵使用的；刀身单刃，末端上翘，非常适合突刺。锋刃的钢材较硬，刀背的钢材较软，防止刀身因为太脆而折断。

年代：	约1800年
来源：	中国
长度：	95.3厘米

中国刀（锴），约1850年

刀身单刃

倒钩可勾住敌人刀剑

十字护手向下弯曲

这把刀形制简约，应当是一般士兵用刀，但造型不太寻常。十字护手向下弯曲，用于格挡或钩挂敌人的锋刃。刀身接近末端处还有一个突出的条，刀身制作粗糙。

年代：	约1850年
来源：	中国
长度：	73.1厘米

[1] 此说不全面。欧洲剑的使用历史比中国长，从古希腊罗马一直延续到近代。中国剑从西汉开始逐渐被刀取代，晋以后，虽然在仪仗、配饰、武术、宗教法术中继续使用，但作为制式兵器已被淘汰。因为长期不用于实战，所以形制变化相对较小。据《中国军事百科全书——古代兵器》38页。——译者注

中国双剑（蝴蝶剑），约1850年

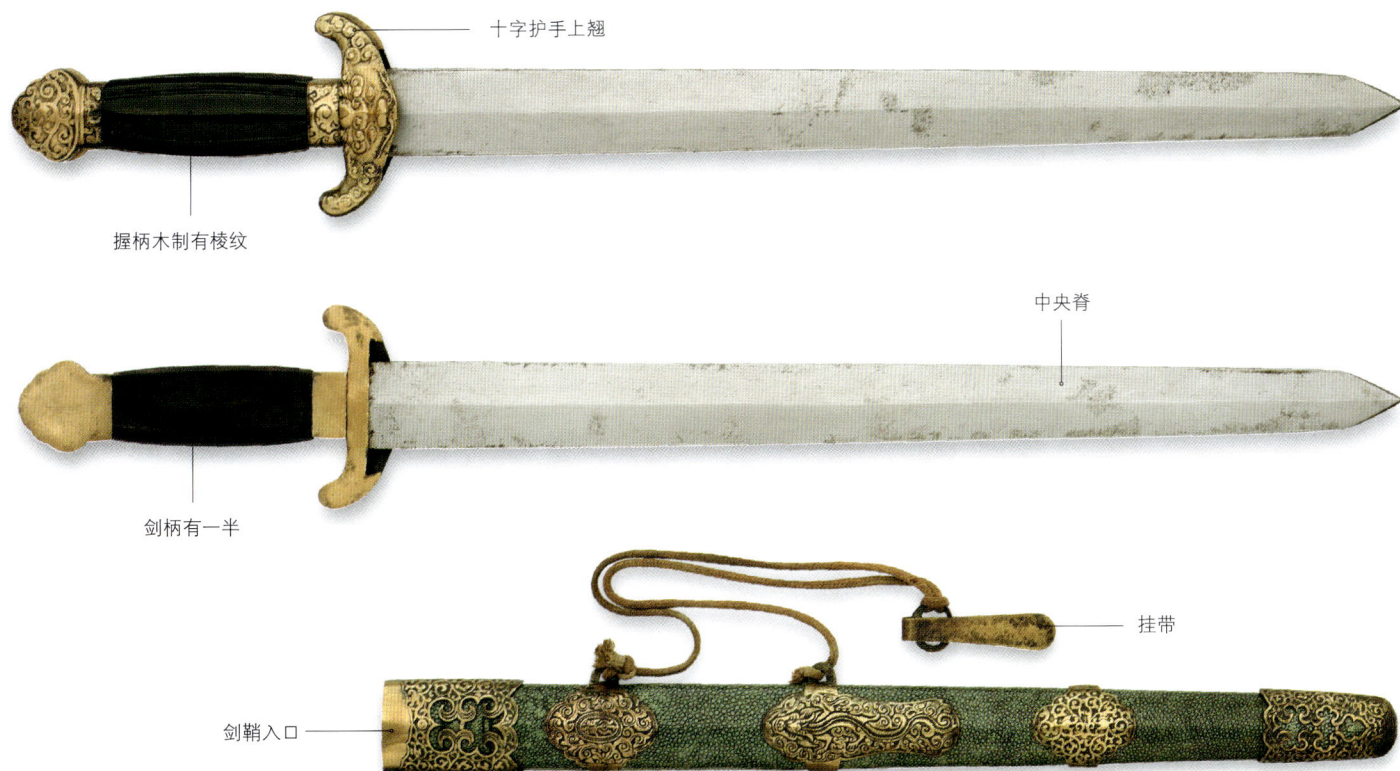

刀身双刃

挂环

十字护手的一半

剑鞘的黄铜鞘口

鞘镖

这套双剑很有中国特色，用单一的剑鞘储存了双手合用的武器。剑柄和剑身造型基于传统的直刃剑。剑身没有装饰，横截面为菱形，但有些样品有内嵌的纯铜或黄铜小圆盘。这件样品质量高于一般水平，剑柄和剑鞘雕刻精美。

年代：	约1850年
来源：	中国
长度：	67.3厘米

中国双剑（蝴蝶剑），约1850年

十字护手上翘

握柄木制有棱纹

中央脊

剑柄有一半

挂带

剑鞘入口

这套双剑，也称蝴蝶剑，质量较好，剑柄有装饰，装有黄铜部件，握柄木制有棱纹。剑身双刃，有中央脊。剑鞘依然保留原始的挂带和金属夹，挂在腰带上。双剑作为近战武器虽有杀伤力，但剑身太短，对抗敌人较宽的阔剑就无能为力了。

年代：	约1850年
来源：	中国
长度：	56.8厘米

中国双剑（蝴蝶剑），约1850年

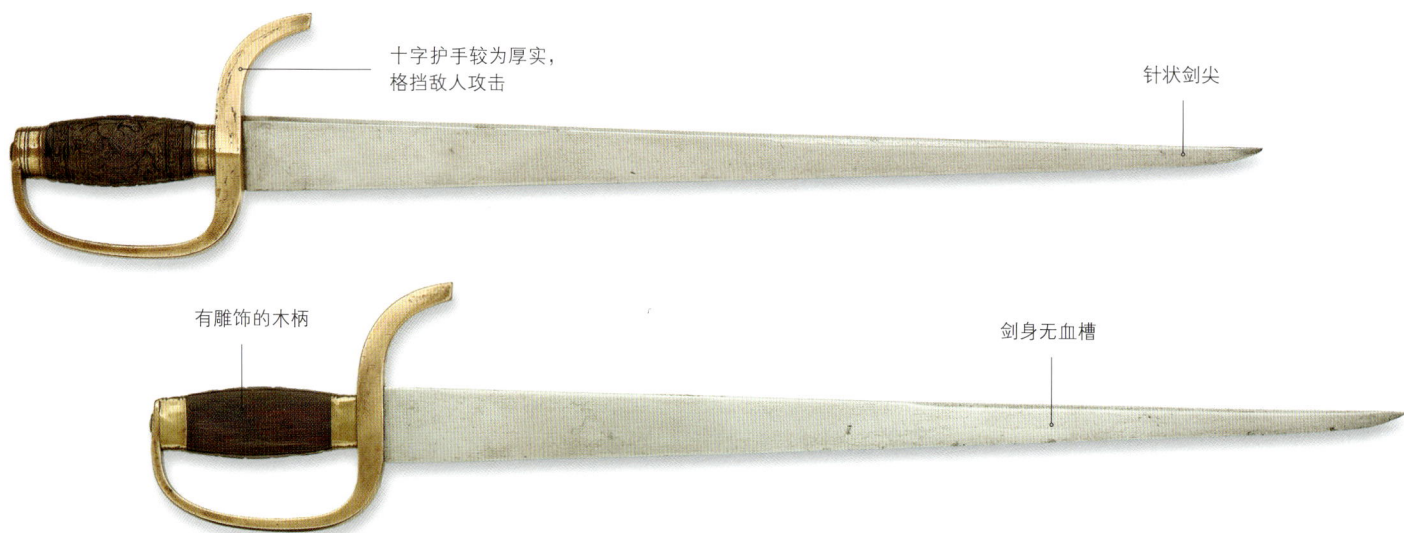

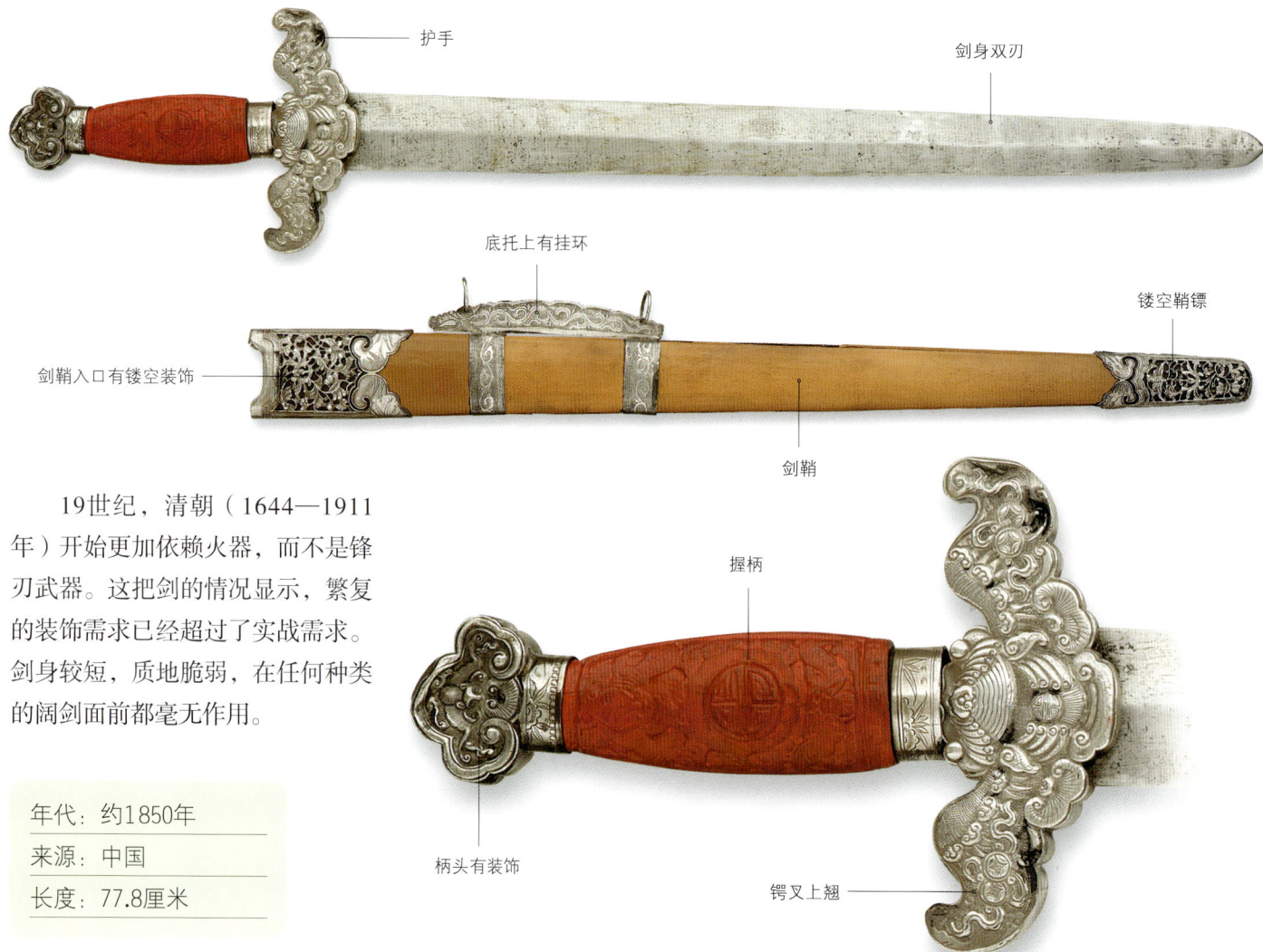

十字护手较为厚实，
格挡敌人攻击

针状剑尖

有雕饰的木柄

剑身无血槽

这类剑身呈缝衣针形，说明主要功能类似突刺用的长匕首；十字护手、指节护手较厚，也可当作护指用来撞击敌人。剑身一般只有靠近剑尖的一半开刃，未开刃的部分可用来格挡。

年代：	约1850年
来源：	中国
长度：	62.3厘米

中国剑，约1850年

护手

剑身双刃

底托上有挂环

镂空鞘镖

剑鞘入口有镂空装饰

剑鞘

19世纪，清朝（1644—1911年）开始更加依赖火器，而不是锋刃武器。这把剑的情况显示，繁复的装饰需求已经超过了实战需求。剑身较短，质地脆弱，在任何种类的阔剑面前都毫无作用。

握柄

柄头有装饰

锷叉上翘

年代：	约1850年
来源：	中国
长度：	77.8厘米

中国西藏地区宝剑，约1850年

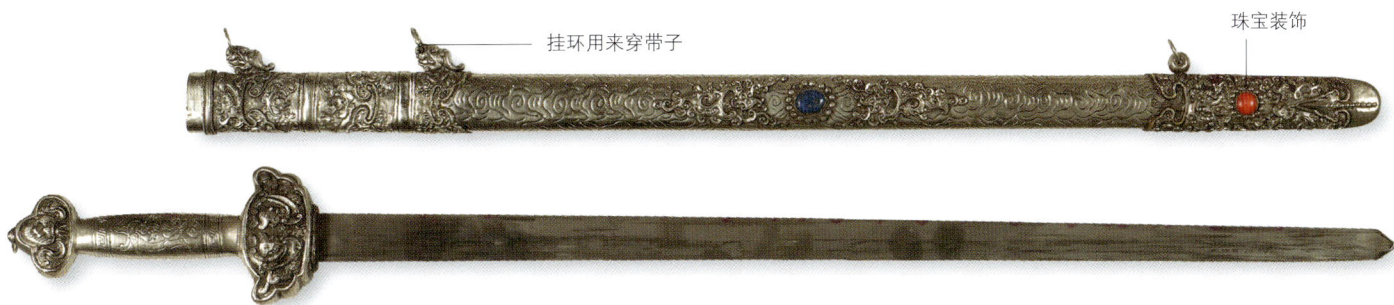

挂环用来穿带子

珠宝装饰

西藏地区的刀剑一般装饰华丽，特别是剑柄、剑鞘部位；多用镀金、银绞线、雕刻的绿松石、内嵌珊瑚，等等。剑身一般没有装饰，质量参差不齐，这件样品属于上等，可能是中国内地制造的西藏风格宝剑。

年代：	约1850年
来源：	西藏地区/中国
长度：	71.2厘米

中国阔剑，约1850年

黄铜柄头

这把阔剑设计的主要功能是劈砍，握柄很长，应当双手持用。推测剑鞘为皮革制，没有装饰。

年代：	约1850年
来源：	中国
长度：	67.3厘米

中国剑，约1870年

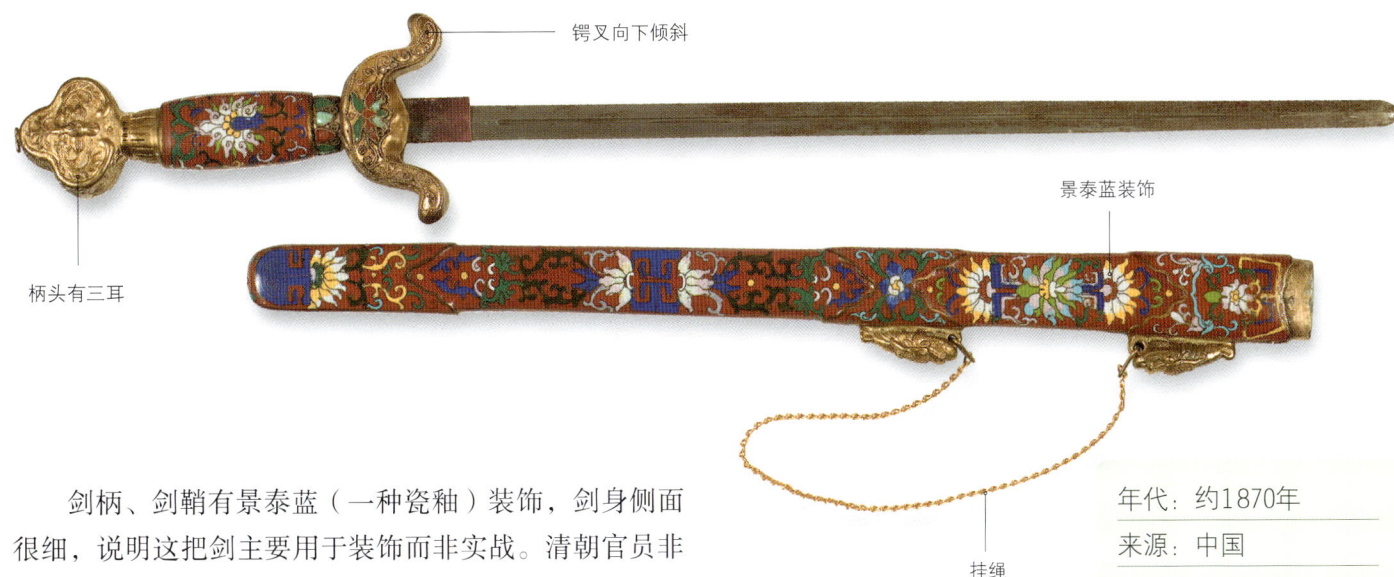

锷叉向下倾斜

景泰蓝装饰

柄头有三耳

剑柄、剑鞘有景泰蓝（一种瓷釉）装饰，剑身侧面很细，说明这把剑主要用于装饰而非实战。清朝官员非常喜欢佩带。

挂绳

年代：	约1870年
来源：	中国
长度：	66.6厘米

中国长柄武器

长柄武器是中国步兵的重要装备，今天依然有很多种武器被保存下来，造型千变万化，这就是明证。大多数武器在功能上类似欧洲长柄武器（例如剑刃戟、欧洲戟），但设计则非常不同，造型有龙头形槽口，刀刃可能很弯。

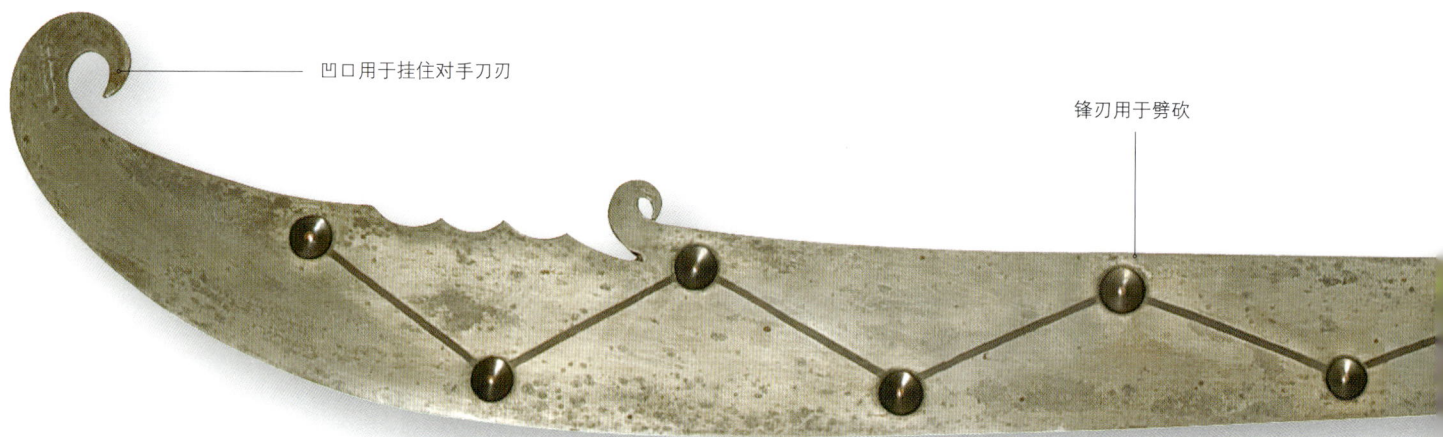

凹口用于挂住对手刀刃

锋刃用于劈砍

中国长柄刀（偃月刀），约1850年

这类长柄武器一般装在木杆或金属杆上，长1.5米～2.5米，底部有沉重的配重件，用以平衡刀身；此外还能作为重击武器。龙头造型在中国长柄武器中很常见。

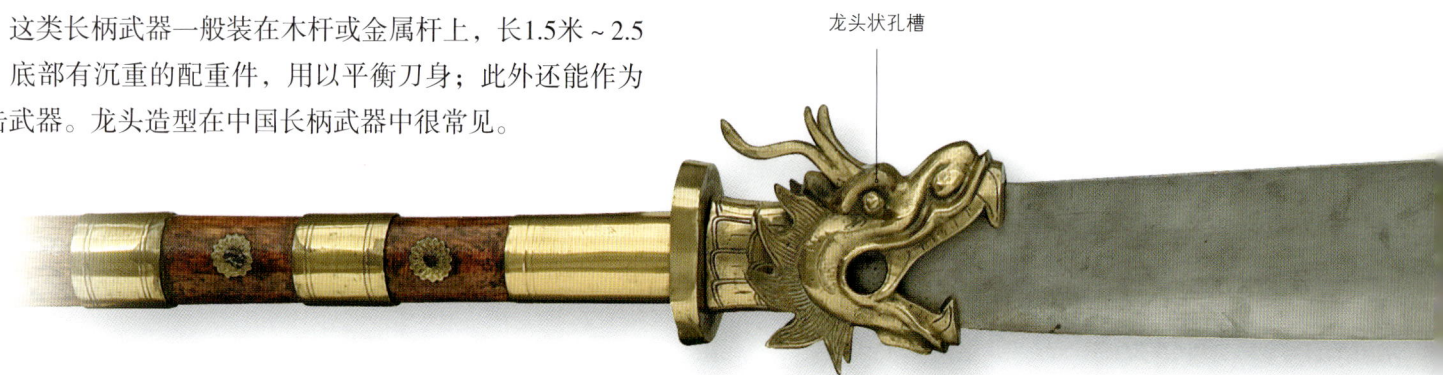

龙头状孔槽

中国戟，约1850年

这是一种复合武器，用途多样。戟头有缝衣针状的矛尖，可以轻易刺穿铠甲。矛头基部有两个向下倾斜的突起（倒钩），可以勾住敌人的锋刃。矛头下面还有另一个较宽的双刃用于格挡。

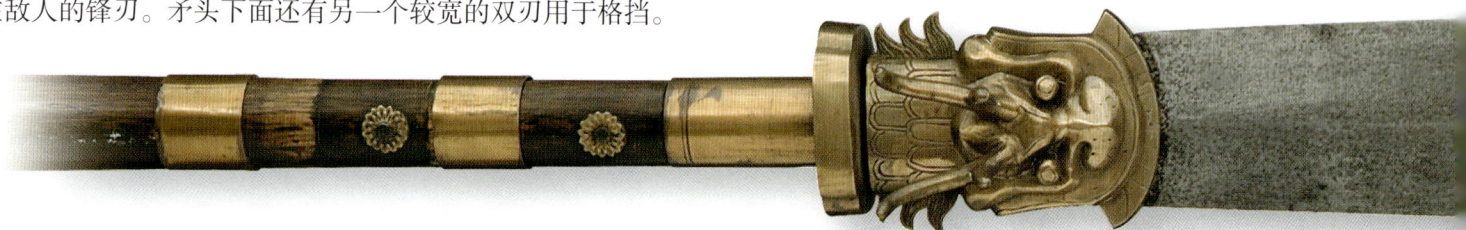

戟身较宽，双刃

中国偃月刀，约1840年

　　"偃月刀"的"偃月"意为"横卧形的半弦月"；更常见的名字是"关刀"。[1]造型类似欧洲单刀戟（fauchard），刀身沉重、单刃，末端有造型夸张的弯曲。刀背有锯齿、凹口，用于挂住敌人的刀刃。这把偃月刀适于横扫切，攻击敌人下盘。

年代：约1840年
来源：中国
长度：251.4厘米

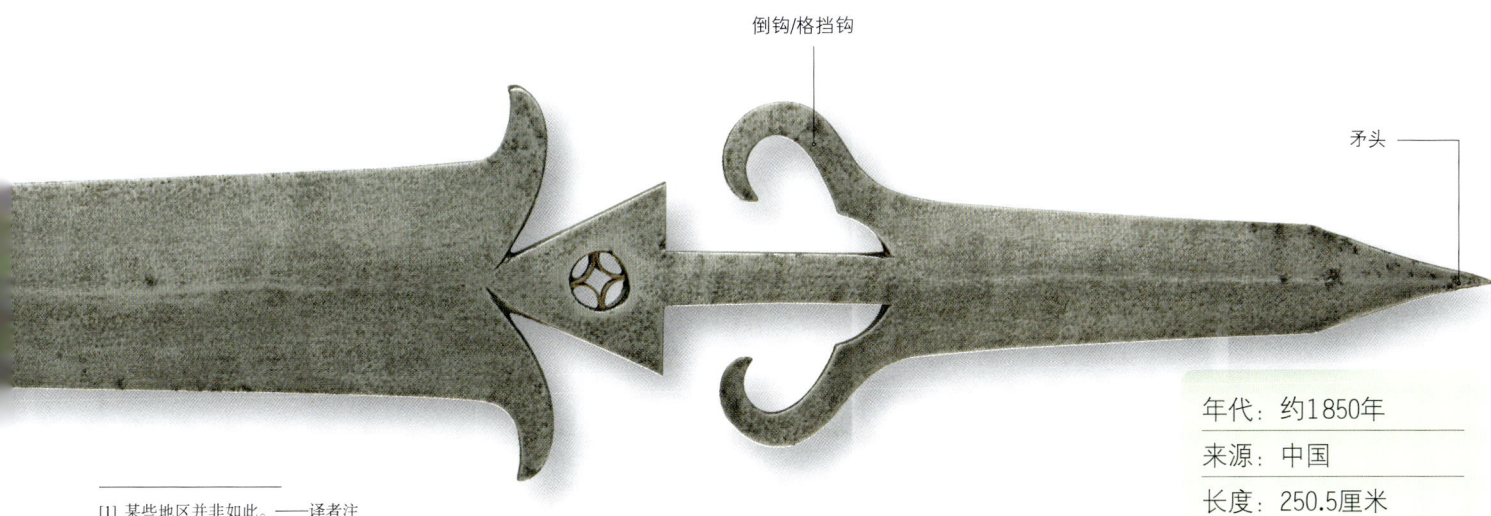

龙头状孔槽

刀尖用于突刺

倒钩可挂住敌人刀身

年代：约1850年
来源：中国
长度：252.5厘米

倒钩/格挡钩

矛头

年代：约1850年
来源：中国
长度：250.5厘米

[1] 某些地区并非如此。——译者注

孔槽

年代：约1850年

来源：中国

长度：256.8厘米

中国戟，约1850年

这把戟的孔槽与刃部都很长，用来阻隔敌人，不让敌人靠近。矛头双刃，呈"火焰形"，又称蛇形；矛头下面是新月形的劈砍刃，可用于劈砍或格挡。

孔槽

中日甲午战争（直译：第一次中日战争）

1894—1895年的中日甲午战争，清军仍使用各种长柄武器，日军则选用更加西式的刀剑。战争显示日本在军事、科技上比中国占优，上升到能够同西方列强角逐的地位，不再受西方辖制。[1]

▶ 中日甲午战争战场局部情况。清军使用长柄武器

[1] 之后的日俄战争中，日本因取胜而野心更加膨胀，最终走上了军国主义道路。——译者注

双刃

戟身新月状

装饰性倒钩/格挡钩

矛头

斧头

年代：约1850年
来源：中国
长度：250厘米

中国戟，约1850年

这把戟的斧头为黄铜制成，很有特色，造型是蛇、鱼合体的怪兽。戟的主要战斗部分应当是矛头状锋刃，较长，双刃。斧头主要用于装饰，不用于实战。中国长柄武器，很多在长杆与锋刃连接的地方装有穗子（缨），做成红色，因为红色在中国文化中代表喜庆。[1]

[1] 红缨的作用还在于迷惑敌人，让敌人看不清矛头的具体位置。——译者注

非洲武器

　　非洲大陆刀剑，因地理与文化因素的不同而呈现诸多差异。北非曾在中世纪受到阿拉伯入侵，刀剑设计也受到很大影响。中非、西非的刀剑产量一般很小，因为当地铁匠一般只为同村的人铸剑。

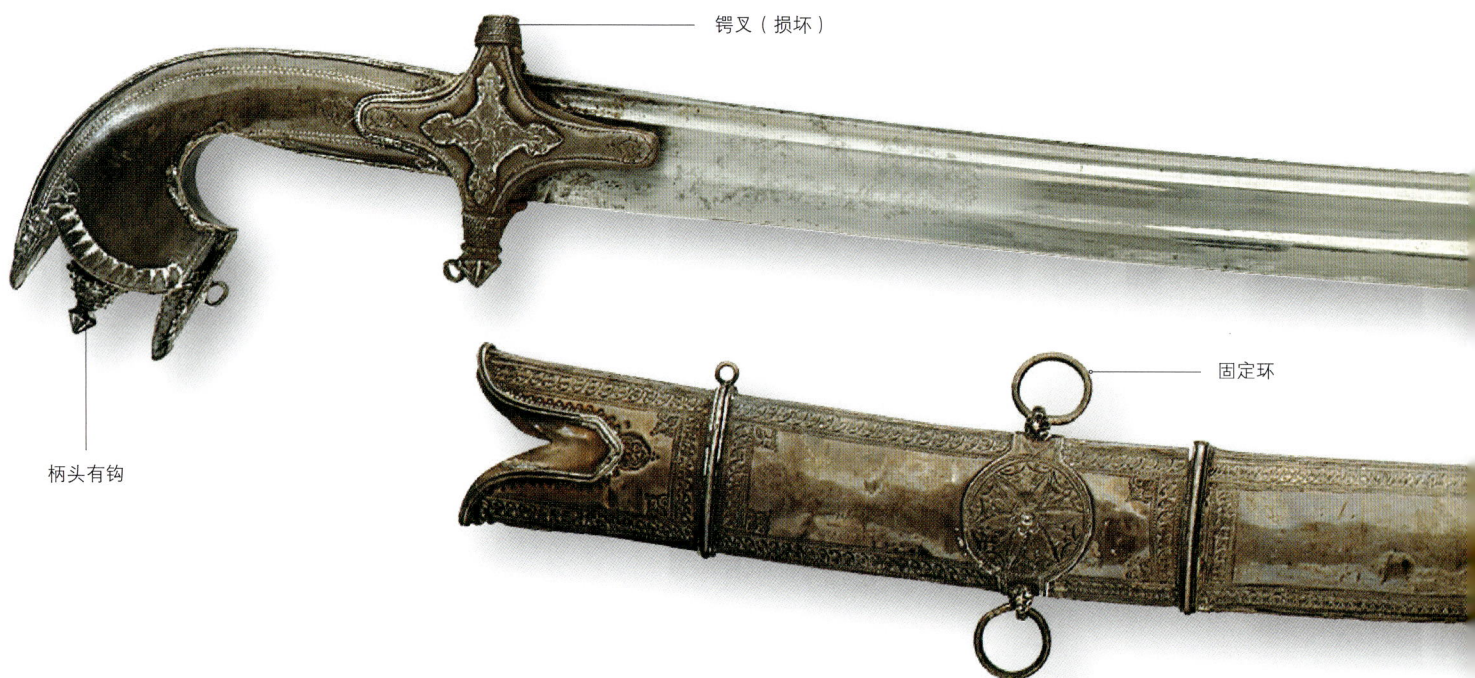

锷叉（损坏）

柄头有钩

固定环

苏丹长矛，约1850年

　　非洲长矛主要用来投掷。小规模战斗中首先投掷长矛，近战中只有在敌人受伤、可以轻易杀死的情况下才会用长矛。这把苏丹长矛，矛头树叶形，长杆铁制，铁杆还会装在一条更长的木杆上。

年代：	约1850年
来源：	苏丹
长度：	113.2厘米

握柄为木制核心，蒙皮

索马里军刀，约1850年

　　刀身较长，略弯，可能是骑兵使用。刀身形状类似欧洲拿破仑时期的骑兵军刀，特别是手斧状刀尖。这类武器属于两用型，既能作战，也能当作家用的工具、农具。

北非"赛义夫"阿拉伯弯刀（saif），约1800年

"赛义夫"是一种阿拉伯弯刀，刀身较宽，弯曲，柄头有钩。刀鞘上有一个宽带子，带子装有两个环，挂在身体前方。原来的弯刀可能有一个链状指节护手，现在已经丢失。

年代：	约1800年
来源：	北非
长度：	83.5厘米

刀身较宽

树叶形矛尖

年代：	约1850年
来源：	索马里
长度：	84.6厘米

刀身铁制

握柄蒙皮

背带

突尼斯短刀，约1850年

　　这把短刀质量极高，握柄内嵌黄铜，刀鞘也有黄铜底托。刀身似乎是欧洲制造，可能是欧洲西洋剑截短而成。北非与欧洲大陆的贸易持续了很多个世纪，必然有大量欧洲刀身被卖到北非。

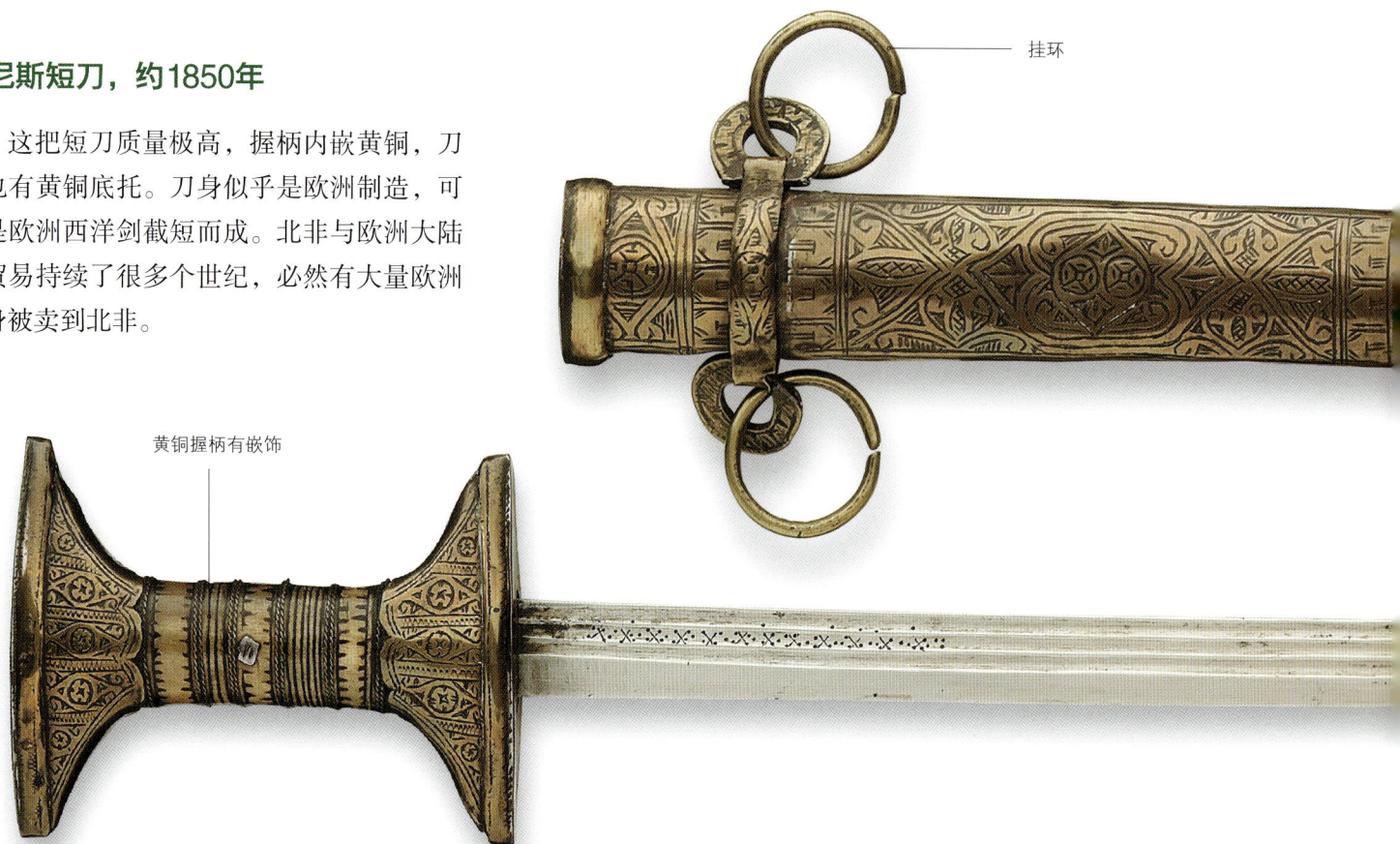

挂环

黄铜握柄有嵌饰

南非祖鲁矛（umKhonto），约1870年

　　祖鲁语"umKhonto[1]"是"长矛"之意。矛头呈树叶形，用柄舌固定在矛杆上。矛杆缠有绳索，防止破裂。这种长矛在当地语言中又名"assegai"，用于投掷；还有一些较短的铁制种类用于近战突刺。

[1] 原文拼写如此。译者不谙祖鲁语，也暂未查到为何要将中间字母K大写。搜索South African History Online网站发现的一个网页，竟然同时出现了首字母U大写和第二个字母M大写的矛盾情况。这里保持原状。——译者注

皮制刀鞘

肯尼亚短刀，约1850年

　　这把肯尼亚马塞族（Masai）短刀，造型类似短柄斧，刀身有明显的双刃，接近末端处膨大。应当主要用于劈砍而非突刺，如果需要还可以当成农具。刀鞘用较重的皮革缝在一起，还有皮制的挂带。

年代：	约1850年
来源：	肯尼亚
长度：	53.3厘米

黄铜鞘镖

刀尖锋利用于突刺

年代：	约1850年
来源：	突尼斯
长度：	70.4厘米

年代：	约1870年
来源：	南非
长度：	77厘米

锥形矛头

摩洛哥弗里沙细剑（flyssa），约1880年

剑尖针状

弗里沙细剑是北非卡拜尔人（Kabyles）的国剑，卡拜尔人是众多部落的一部分，众多部落共同组成了柏柏尔人（Berber）这个民族。弗里沙细剑剑身笔直，很长，剑尖是缝衣针状。很多剑的锋刃顶端（相当于"刀背"）有内嵌的黄铜装饰。柄头常做成兽头状。

年代：	约1880年
来源：	摩洛哥
长度：	101.3厘米

苏丹卡斯卡拉长剑（kaskara），约1880年

剑身扁平，双刃

十字护手笔直

苏丹卡斯卡拉长剑有时会与中世纪的十字军使用的长剑混淆，因为有十字护手，剑身较宽，有血槽，很像欧洲阔剑。有些剑身的大部分地方蚀刻有《古兰经》诗句。柄头加工成圆形，用皮条包裹。

年代：	约1880年
来源：	苏丹
长度：	106.4厘米

尼日利亚塔科巴长剑（takouba type），约1880年

剑身无血槽

皮制握柄

皮制剑鞘入口

压花皮革装饰

剑鞘末端膨大

剑穗

尼日利亚南部的豪萨人（Hausa）使用这种别具特色的长剑。剑身平脊，有笔直也有弯曲的。这件样品没有十字护手，但很多其他的塔科巴剑有十字护手，类似苏丹卡斯卡拉剑。另一个特色是剑鞘末端有树叶形凸起，纯属装饰。

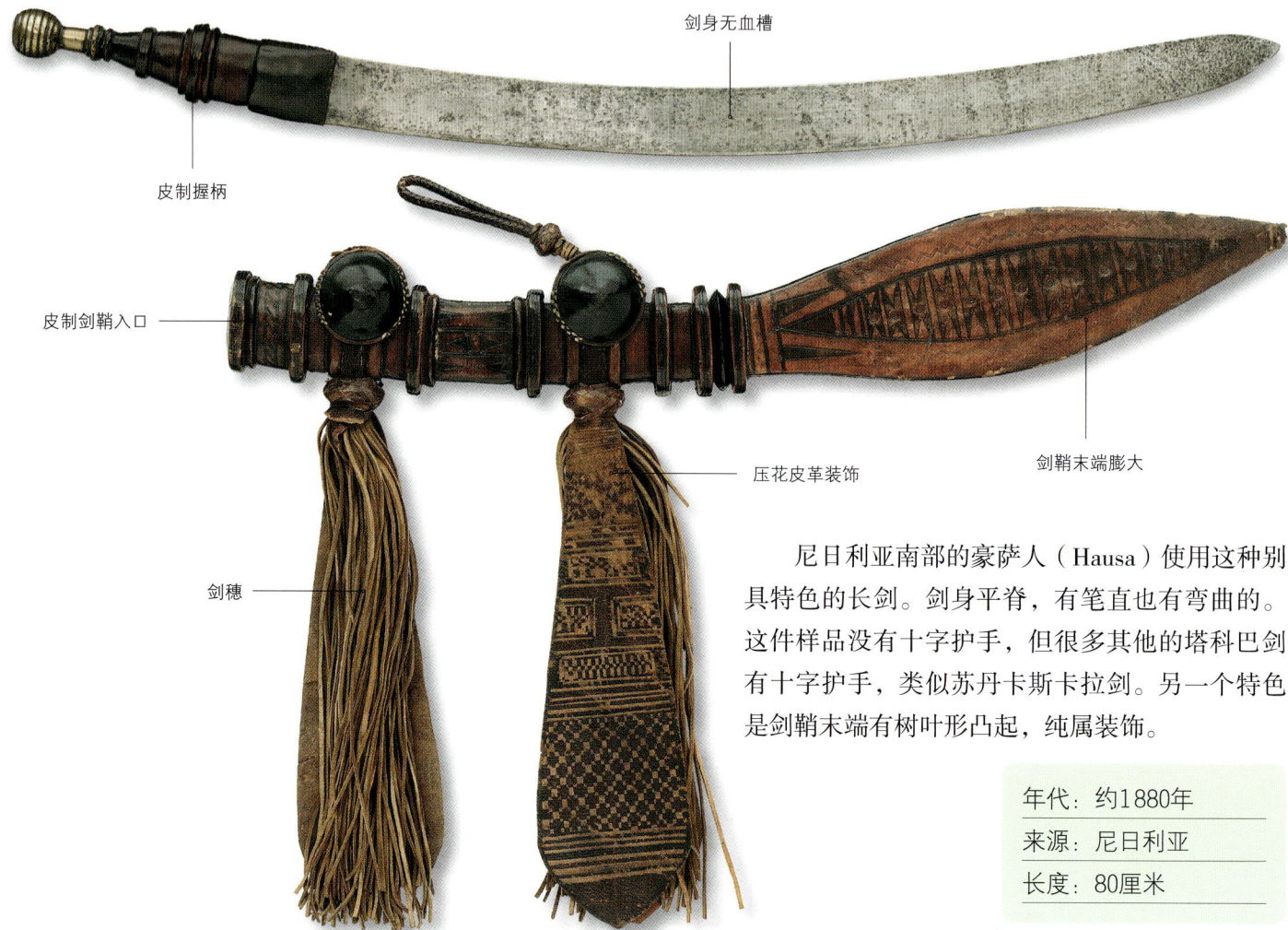

年代：	约1880年
来源：	尼日利亚
长度：	80厘米

肯尼亚马赛阔头短剑"塞姆"（seme），约1880年

马赛人（Masai）传统上的武器有长矛、短剑，偶尔还有盾牌。"塞姆"短剑在捕猎狮子的时候，被用作最后一搏的武器；如果长矛在战斗中丢失，也会使用短剑。

中央脊

年代：	约1880年
来源：	肯尼亚
长度：	32.6厘米

皮制剑鞘染成红色

扎伊尔短剑，约1880年

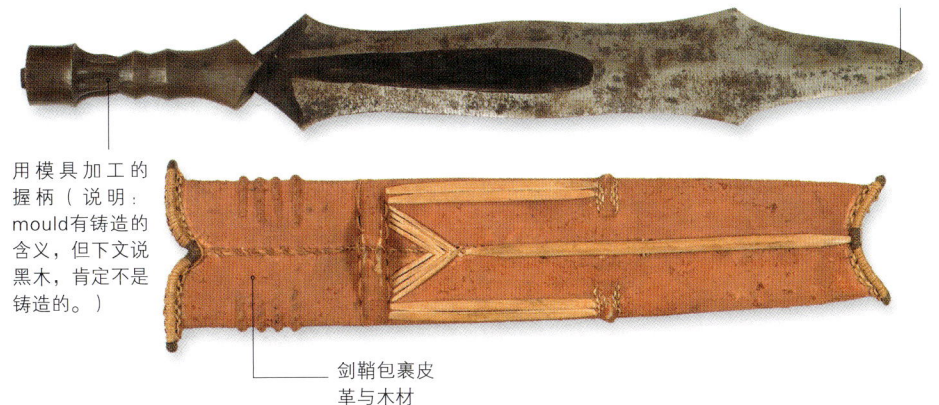

铁制剑刃

用模具加工的握柄（说明：mould有铸造的含义，但下文说黑木，肯定不是铸造的。）

剑鞘包裹皮革与木材

扎伊尔南部的萨拉姆巴苏人（Salampasu）曾经使用这种铁刃短剑。黑木握柄有雕刻，剑身中部缩窄。剑鞘木制，用生兽皮包裹，鞘口与鞘尖有藤条纤维提高强度。剑身双刃，尖端突出，用于突刺。

年代：	约1880年
来源：	扎伊尔
长度：	57.1厘米

苏丹卡斯卡拉长剑，约1890年

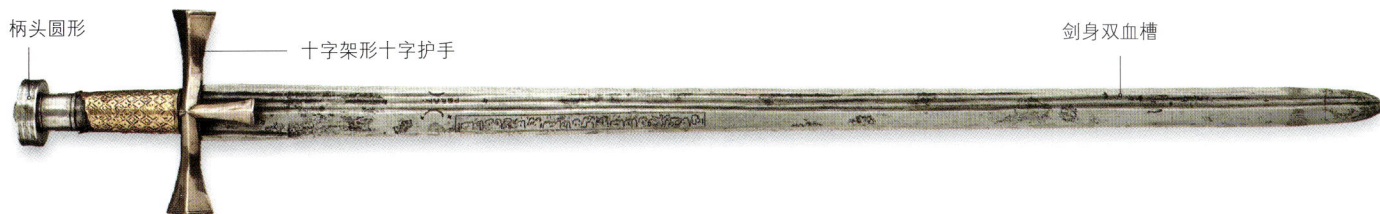

柄头圆形　十字架形十字护手　剑身双血槽

这把卡斯卡拉剑的主人是达尔富尔的阿里·第纳尔素丹（the Sultan Ali Dinar of Darfur），生前是政教合一的国家领导人"哈里发"（英语拼写khalifah或caliph），1916年与英军作战时身亡。[1] 这把剑的十字护手用金箔包裹，刀身有假造的欧洲制造者的标记，用于提高这把剑的价值。

年代：	约1890年
来源：	苏丹
长度：	99.5厘米

南非双剑，约1910年

人头状柄头

这套双剑很可能来自非洲南部，柄头为硬木制成，分别做成男人和女人的造型。剑身双刃，可能是本地铁匠打造的，柄头则是其他人雕刻的。

年代：	约1910年
来源：	南非
长度：	79.4厘米

[1] 这是一战时的达尔富尔战役，阿里加入同盟国进攻当地英军，同年被英国埃及联军击败，阿里本人也在之后战斗中被击毙。——译者注

斯里兰卡与印度武器

在英属印度时期（1858—1947年），英国文化对印度影响甚大，然而印度本地铸剑师仍会生产多种传统刀剑，与西方统治者的文化并无关系。战争中伊斯兰教、印度教、锡克教带来的文化，历经数百年的影响和同化，已经在印度深深扎根，刀剑形制也反映了这些基础文化。

兽头状柄头

剑身双刃

孔洞用于悬挂
仪式用的铃铛

钢制手柄，双手握持

斯里兰卡兽头刀/"喀斯坦"刀，约1750年

这把斯里兰卡兽头刀，柄头是典型的兽头造型，装有欧洲刀身，较短，略弯。很多兽头刀的刀身有荷属东印度公司（1602—1800年）标记。这是荷兰一家重要的贸易公司。

年代：	约1750年
来源：	斯里兰卡
长度：	66.7厘米

欧洲刀身

木制刀鞘有雕刻

印度礼剑，约1750年

这是一把南印度神庙礼仪用剑，生产于18世纪早期。刀身钢制，双刃，沿着刀身有一排小孔，用来悬挂铃铛，在宗教仪式上叮当作响。刀柄铁制，属于塔瓦弯刀式样。

年代：	约1750年
来源：	印度
长度：	80厘米

印度双手剑，约1750年

印度士兵用于实战的刀剑、长柄武器各式各样。这把双手剑完全钢制，剑身双刃，无血槽，尖端呈矛头状。推测很可能如战斧一般被背在背上。剑身类似坎达长剑，用装有铆钉的凸缘（或铰链）固定在手柄上。

年代：	约1750年
来源：	印度
长度：	150.2厘米

加强条

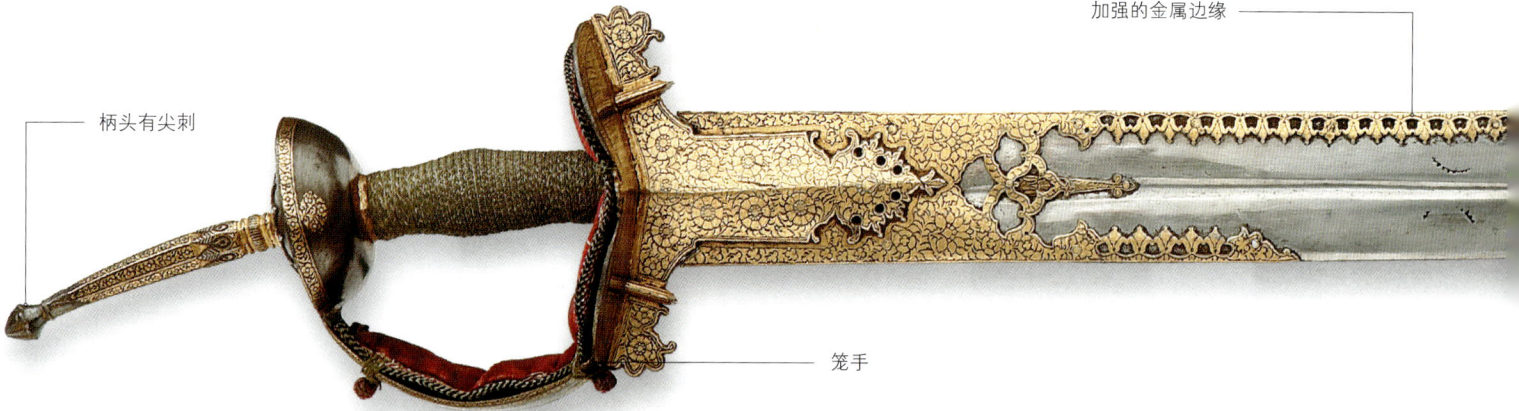

加强的金属边缘

柄头有尖刺

笼手

圆锥形柄头

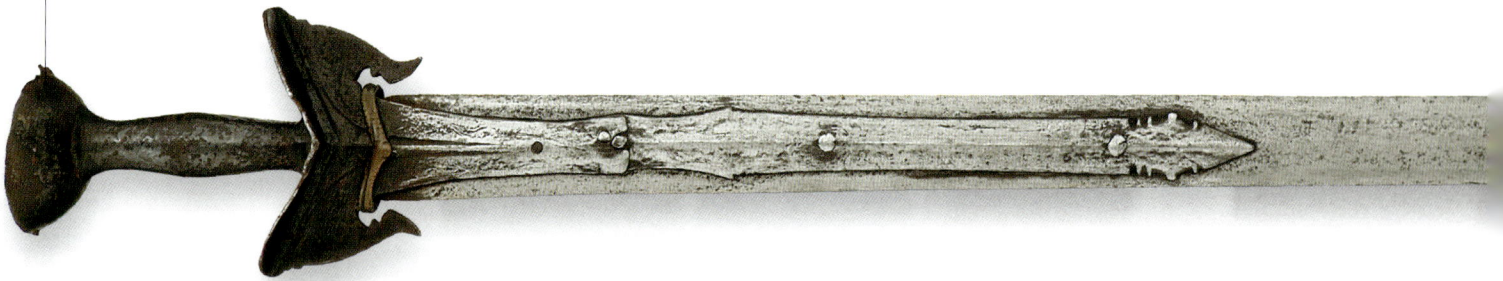

印度坎达长剑，约1790年

坎达长剑来自印度的马拉塔（Maratha）文化。马拉塔原为印度武士阶级，居住在今天印度西南部的马哈拉施特拉邦（原拼写Marahashtra有误，应为Maharashtra）。这件样品，剑身两侧都有多根附加的黄铜补强条来提高剑的强度。

年代：	约1790年
来源：	印度
长度：	108厘米

尖端圆形膨大

单刃用于劈砍

印度坎达长剑，约1790年

这把坎达长剑质量上乘，有典型的印度笼手。剑身笔直，背部（相当于"刀背"）有金属肋提高强度。柄头中央伸出一根弯曲的尖刺，可用来刺伤对手。剑柄和加强肋都覆盖镀金黄铜。

年代：	约1790年
来源：	印度
长度：	105.3厘米

印度坎达长剑，约1800年

坎达长剑的剑身一般笔直，有波纹，尖端附近膨胀。剑身相对较细且容易折弯，需要占剑身一部分的补强条来保持强度。柄头尖端突出尖刺，用于双手握持，但在长剑入鞘之后也能作为依靠物，让手放在上面。这把坎达长剑的护手形状不是很常见。很多坎达长剑的笼手上都有丝绒衬垫。长剑比较沉重，适合劈砍，不适合突刺。

年代：	约1800年
来源：	印度
长度：	91.5厘米

尖端圆形膨大

印度拳剑，约1800年

剑身笔直，双刃

这把拳剑装饰华丽，来自北印度，被送给了亚历山大·卡宁厄姆（Alexander Cunningham, 1814—1893年），孟加拉工兵局（the Bengal Engineers）军官，这位军官建立了印度考古研究所（the Indian Archaeological Survey）。这把剑是用手抓住金属手套里面的一根杆子而握持的。有些士兵双手各拿一把，如风车一般团团挥舞，攻击敌人。

年代：	约1800年
来源：	印度
长度：	133.5厘米

印度大弯刀（tegha），约1800年

刀身较宽，适合切削

手柄镀金

刀柄属于塔瓦弯刀类型，刀身很宽，双刃。印度西南的马拉塔人和拉杰普特人都使用这种大弯刀，他们在莫卧儿王朝之前统治印度大部地区。刀身很宽也很厚，所以很多可能用于斩首。

年代：	约1800年
来源：	印度
长度：	88.3厘米

印度塔瓦弯刀，约1800年

球形锷叉

刀身双刃，弯曲

圆盘状柄头

塔瓦英语拼写有talwar, talwaar, tulwar等。这种弯刀源于13世纪波斯（今伊朗）的"舍施尔"弯刀和土耳其的"基利杰"弯刀。刀身一般比波斯弯刀更宽，有明显的扁平碟状柄头。刀柄全金属，很多有精细的波纹镶嵌黄金装饰。

年代：	约1800年
来源：	印度
长度：	95.5厘米

印度塔瓦弯刀，约1800年

凹形锷叉

指节护手

刀身单刃用于劈砍

这把塔瓦弯刀大概是18世纪末、19世纪初的作品，全钢制。刀身弯曲，碟形柄头，还有一个指节护手，从柄头沿着曲线伸出。适合切削和突刺。

年代：	约1800年
来源：	印度
长度：	95.3厘米

印度的尼泊尔钩刀"柯拉"，约1800年

这是尼泊尔国刀，造型独特，刀身弯曲度很大，尖端展开。这把钩刀的尺寸较大，有时用于礼仪场合，但有些也用于斩首。

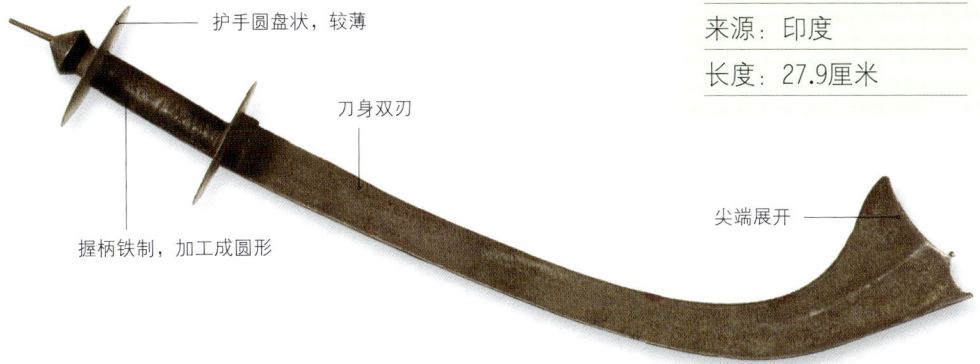

护手圆盘状，较薄

刀身双刃

握柄铁制，加工成圆形

尖端展开

年代：约1800年
来源：印度
长度：27.9厘米

莫卧儿宝刀，约1800年

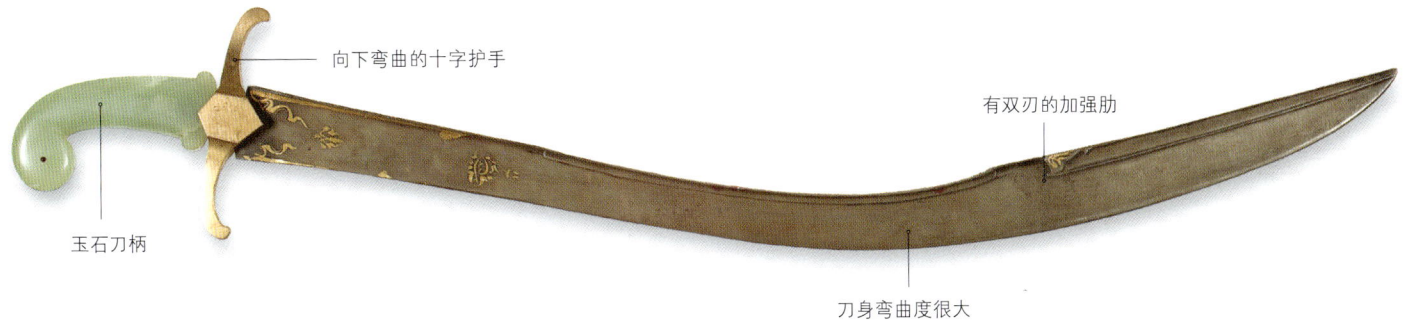

向下弯曲的十字护手

有双刃的加强肋

玉石刀柄

刀身弯曲度很大

莫卧儿王朝（1526—1857年）统治印度很大一部分地区，特别是北方地区，长达数百年；这把刀有明显的早期蒙古刀风格。刀柄为玉石制成，镶有红宝石。刀身尽头有典型加强肋，膨大，双刃。

年代：约1800年
来源：印度
长度：91厘米

印度"舍施尔"波斯弯刀，约1840年

十字护手有尖顶饰

公羊形的柄头

蓝色钢材

内嵌装饰

刀鞘的鞘镖

"舍施尔"是波斯（今伊朗）弯刀，完全用于劈砍，弯曲的刀尖不适合突刺。这把刀质量极高，柄头呈公羊头状，上了瓷釉；刀鞘装饰华丽。这一类刀的刀身基本无装饰，只有制造者的名字，还可能有年份。刀身均由波纹钢制成，这种钢经过多次锻造，表面呈现特殊花纹，十分昂贵。

年代：约1840年
来源：印度
长度：97.7厘米

印度长柄武器

　　欧洲长柄武器淘汰之后很久，印度仍在使用，一直到19世纪。主要武器是长矛，在步兵列阵中用于突刺，不用于投掷。18—19世纪的印度战争还使用三叉戟、大型战斧、狼牙棒等。

枪头尖刺状

格挡球，避免尖刺插入敌人过深

装饰性的圆球

印度冲锋骑枪，约1750年

印度步兵列阵的水平高于骑兵，但印度骑兵，特别是莫卧儿骑兵，使用冲锋骑枪或长矛的杀伤力仍然很大。木杆沉重，可以增加相当的冲量。

年代：约1750年
来源：印度
长度：38.8厘米（头部）

木杆沉重

印度长矛，约1800年

这把印度长矛更加类似欧洲长柄枪，功能也类似，在步兵列阵中用于突刺。矛头基部的大圆球可以防止刺入敌人体内太深而难以拔出。

年代：约1800年
来源：印度
长度：31.1厘米（头部）

木杆

印度长矛，约1800年

这把长矛矛头呈三棱锥形，非常锐利，刺穿印度士兵的轻甲应该相对容易。矛头用法兰接头固定在矛杆上。接头由白银制成，说明可能是礼仪使用的长矛，主人可能是皇家侍卫。印度骑兵也会使用这么长的矛，作用相当于冲锋骑枪。

年代：约1800年
来源：印度
长度：233.2厘米

矛头三棱锥形，双刃

黄铜孔槽

印度投枪，约1800年

　　投枪的枪杆很长，铁制，枪头有尖刺，呈缝衣针状。推测为骑兵使用，攻击方式很像传统的冲锋骑枪。印度军队的主力是步兵，但骑兵也经常上阵，这些长柄武器应当适合冲击列阵的步兵。

年代：约1800年
来源：印度
长度：228厘米

头部用于格挡敌人重击

斧刃磨快

长尖刺

印度长矛，约1800年

19世纪早期的印度步兵，对抗英军和其他欧洲军队，用的就是这种简单的武器。长矛在训练有素的滑膛枪手与炮兵之前当然是没用的，但如果印度士兵能够冲到敌人跟前，就能用很长的矛杆轻易刺穿欧洲人的军服，因为欧洲人不穿铠甲。

年代：	约1800年
来源：	印度
长度：	277.3厘米

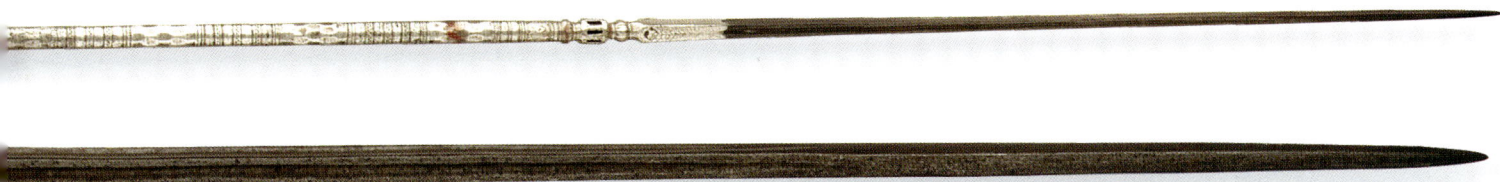

印度三叉戟，约1800年

三叉戟在印度教中占有显要地位，是湿婆神（Lord Shiva）即"司毁灭之神"（the Destroyer）爱用的武器。最大的用处可能是将骑兵拉下马来，两根尖刺可用于杀掉落马的敌人，也能勾住敌人的锋刃。

年代：	约1800年
来源：	印度
长度：	92.5厘米

三叉形的尖刺

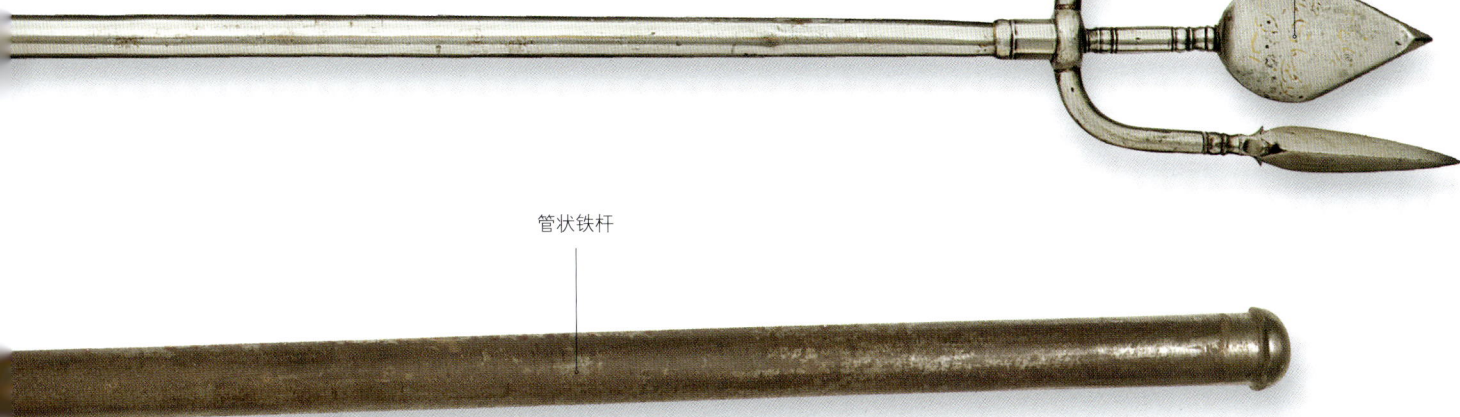

管状铁杆

印度战斧，约1800年

战斧是印度军队的制式武器，莫卧儿骑兵尤其常用。这把战斧的斧头可以轻易劈开盔甲和肉体。到19世纪中期，这些武器大部分已经变成礼仪用具，很多被放回了印度、穆斯林王宫的武器库。

年代：	约1800年
来源：	印度
长度：	170厘米

东南亚兵器

东南亚刀剑的种类非常繁杂，很多只在某些特定区域、文化中才会出现。有一种剑比较通用，就是马来波形短剑——"格里斯"剑，英文拼写kris或keris。这类短剑在其他地区似乎并无仿制品，剑身很有特色，手工铸造。缅甸刀、龙形短剑也有些类似传统日本刀。

马来亚长矛，约1800年

银制包头

钢制矛头

马来亚长矛传统上有两种矛头：木制、钢制。木制用于投掷，钢制用于突刺。质量最好的长矛形状优美，有嵌饰。这件样品的矛杆有雕刻，模仿竹竿。

年代：约1800年
来源：马来亚
长度：216.9厘米

菲律宾波形短剑（kris），约1850年

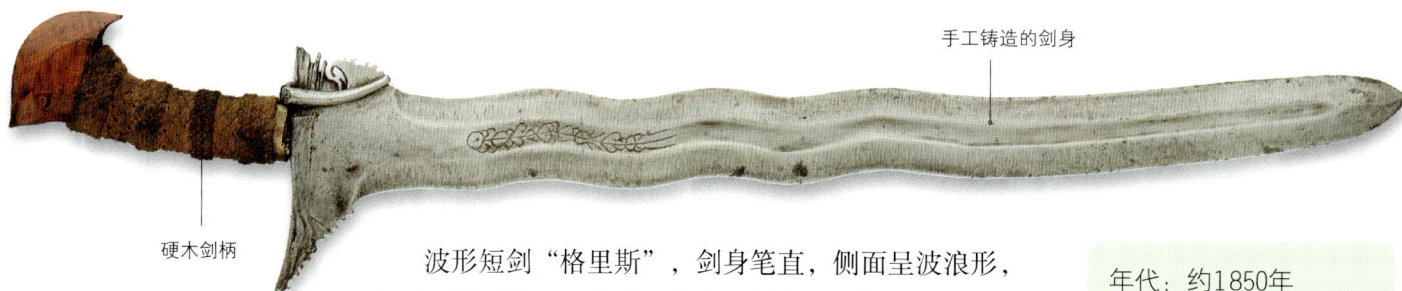

手工铸造的剑身

硬木剑柄

波形短剑"格里斯"，剑身笔直，侧面呈波浪形，表面粗糙不平。生产过程复杂而费力，是把很多种类的铁反复铸造并叠在一起。每一把短剑都有明显的花纹，各不相同，表面不打磨。

年代：约1850年
来源：菲律宾
长度：60厘米

缅甸刀（dha），约1850年

刀身略弯，有纹饰

黄铜刀柄

缅甸刀类似日本武士刀，但质量不如武士刀。刀身略弯、单刃，刀尖很窄。黄铜手柄被加工成圆柱形，没有护手。大多数配有木制刀鞘，有些刀鞘用银箔包裹，用于装饰。

年代：约1850年
来源：缅甸
长度：85.5厘米

马来猎头刀"曼道"（mandau），约1850年

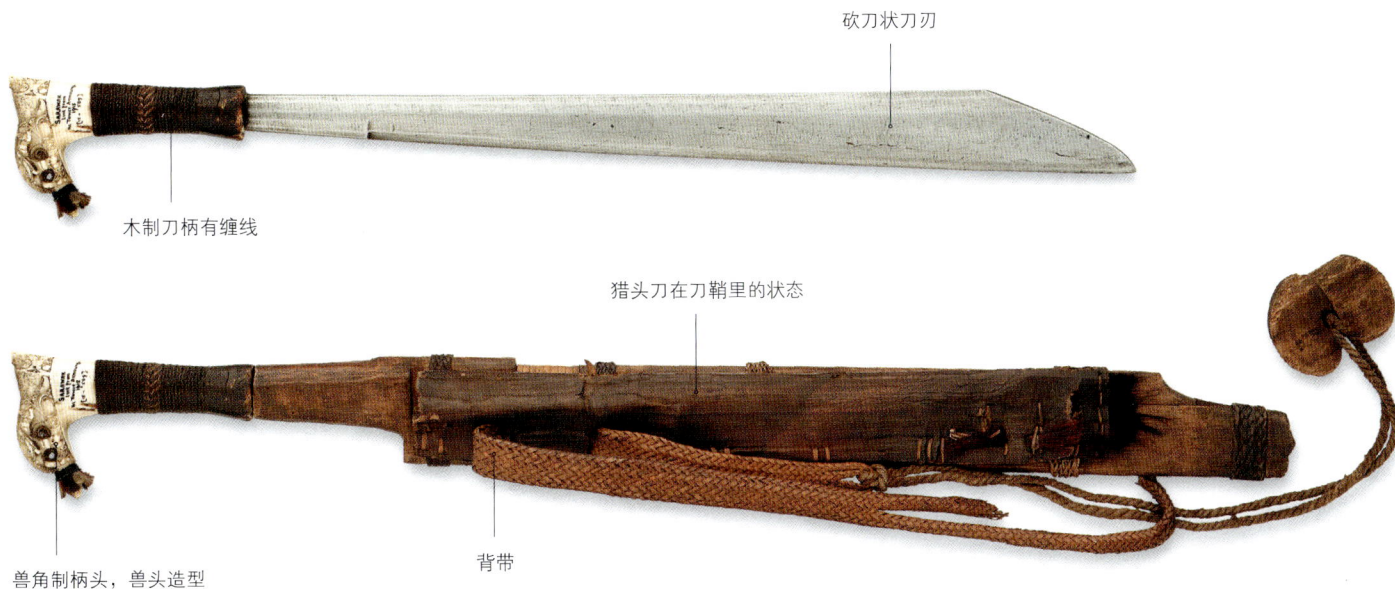

砍刀状刀刃

木制刀柄有缠线

猎头刀在刀鞘里的状态

兽角制柄头，兽头造型

背带

这把"迪雅克"（Dayak）猎头刀，柄头为兽头造型，由兽角制成，雕刻精美。握柄木制，刀身沉重，双刃。刀鞘由两块加工过的木板组成（一般是柚木），用藤条绑扎。柄头常有一簇人发作为装饰，据说是被杀死的敌人的头发。殖民时期，有很多这种猎头刀被带回了欧洲。

年代：	约1850年
来源：	马来亚
长度：	67厘米

马来猎头刀"曼道"，约1880年

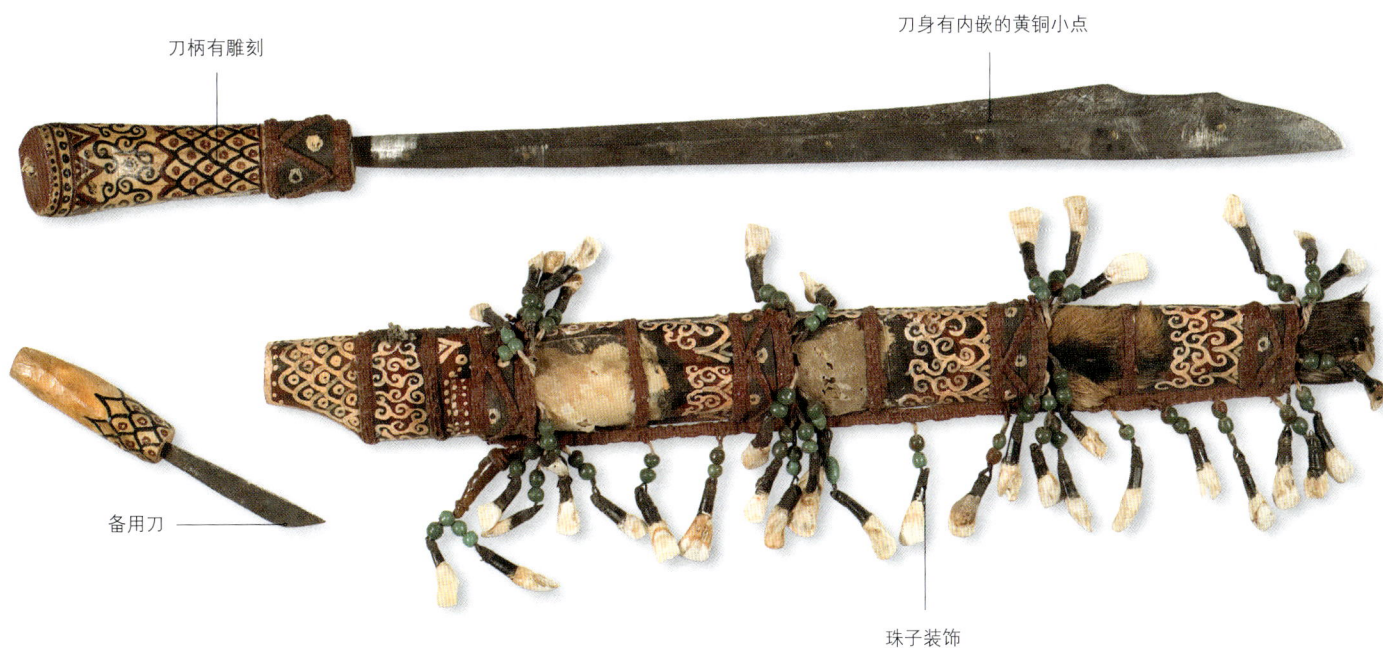

刀柄有雕刻

刀身有内嵌的黄铜小点

备用刀

珠子装饰

"曼道"是婆罗洲（今马来西亚）迪雅克诸民族使用的，刀身侧面独具特色，一面略微凸起，一面略微凹下。"迪雅克"人杀敌后要砍下首级，这把刀还配有一把备用小刀，据说是为了清理人头用的。"曼道"很可能用于劈砍。

年代：	约1880年
来源：	马来亚
长度：	27厘米

礼仪刀剑

　　早在中世纪开始，就有一种传统：赠人刀剑，奖励他作战勇猛或对元首、国家忠心服务。一般情况下，这种刀剑都有华丽的装饰，很多还有赠予的铭文。拿破仑战争期间，礼仪刀剑特别流行，尤其是在英国；英军常常给军官赠送名贵的军刀，奖励他们面对敌人时英勇无畏、发挥领导力而做出的贡献。

皇家波斯半月形刀，赠予叶卡捷琳娜二世，约1600年

锷叉有装饰

柄头饰有珠宝

刀鞘挂环

　　这把豪华的半月形刀，原本是波斯"沙赫"（国王）阿拔斯（Abbas the Great, Shah of Persia，1571—1629年）委托制造的，镶有1295颗钻石，50克拉红宝石，刀柄镶嵌一颗11克拉祖母绿。奥斯曼土耳其帝国将其赠予俄国女皇叶卡捷琳娜二世（1729—1796年）。

年代：约1600年
来源：波斯/伊朗
长度：100厘米

英国爱国基金军刀，赠予詹姆斯·鲍文，约1803年

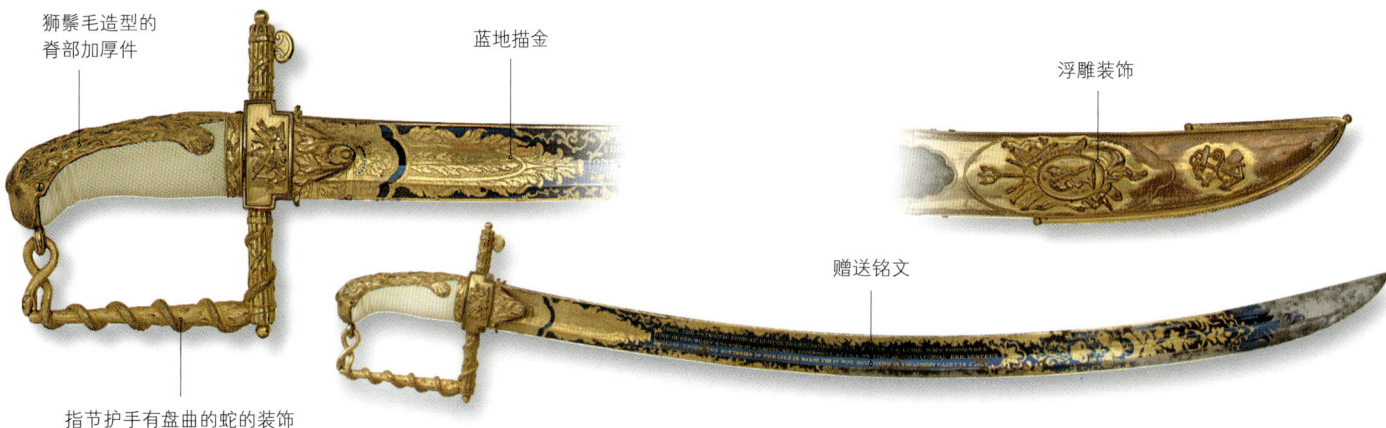

狮鬃毛造型的脊部加厚件

蓝地描金

浮雕装饰

赠送铭文

指节护手有盘曲的蛇的装饰

　　劳埃德爱国基金会（the Lloyds Patriotic Fund）是由伦敦金融家组成的机构，将这把军刀赠给了英国海军卢瓦尔号（HMS La Loire）舰长中尉詹姆斯·鲍文。卢瓦尔号曾与法国战舰——双桅横帆船大风号（Venteux）作战取胜。军刀刀柄和刀鞘底托都覆盖大量火法镀金材料（fire-gilt），刀身大部有蓝地描金装饰。

年代：约1803年
来源：英国
长度：89厘米

市政当局轻剑，赠予海军副司令柯林伍德勋爵，约1805年

柄头镶嵌珐琅

镶有珠宝的椭圆形装
饰板，有伦敦市纹章

赠送铭文

剑身三棱锥形

1805年的特拉法加战役，英军打败了西班牙、法国联合舰队。之后，英国金融机构委托制造了很多奢华的礼剑。这把轻剑赠予海军副司令柯林伍德勋爵（Vice Admiral Lord Collingwood），剑柄镀金，镶嵌珐琅饰板，周围环绕钻石。指节护手和卵圆形壳手有铭文。

年代：	约1805年
来源：	英格兰
长度：	101.6厘米

瑞典国王查理十四用剑，赠予布隆菲尔德勋爵，约1822年

年代：	约1822年
来源：	瑞典
长度：	不详

蚀刻的磨砂装饰

十字护手有刺孔

瑞典国王查理十四（Charles XIV, king of Sweden，1763—1844年）将这把剑赠予英国驻瑞典大使第一代布隆菲尔德勋爵（the 1st Lord Bloomfield）。设计很像法国拿破仑时期的风格，19世纪早期曾风靡欧洲。用切削钢制成的剑柄，十字护手与柄头有明显的刺孔。握柄由斑岩（porphyry）制成，这是一种水晶。剑身有蚀刻的磨砂装饰。推测在正式场合佩带。

新斯科舍法院礼剑，赠予芬威克·威廉姆斯爵士，1856年

年代：	约1855年
来源：	英格兰
长度：	89厘米

全金属握柄

蚀刻装饰

1855年，英、法、土耳其对抗俄国的克里米亚战争期间，加拿大军官威廉·芬威克·威廉姆斯爵士（Sir William Fenwick Williams）在卡尔斯（Kars）围城战期间指挥土耳其军抵抗俄军。威廉姆斯是加拿大新斯科舍省人，当地法院为表彰他的英勇而赠给他这把礼剑。剑柄是银制镀金，刻有树叶条状图案；锷叉尽头有兽头尖顶饰。刀身用酸蚀刻，有一系列图案：古典的瓮，交叉的剑，王冠与VR字样（代表维多利亚女王），飞翔的天使，还有武器战利品的形状。

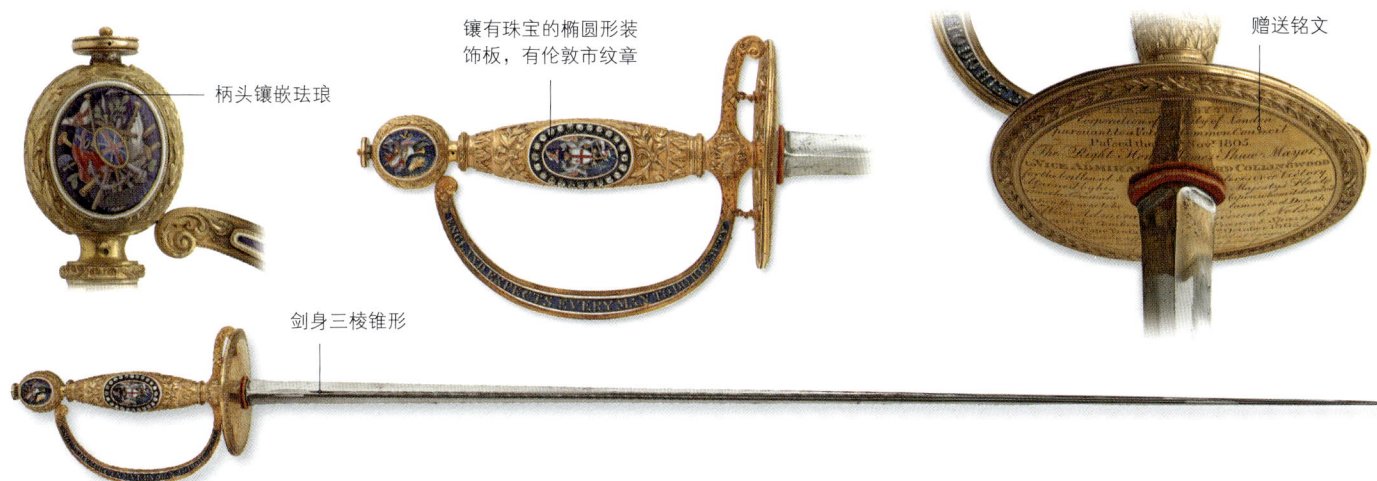

民间和团用刀剑

民间和团队刀剑生产的主要目的之一，是为了造出一把独具特色令人难以忘怀的宝贵刀剑，用于铭记历史，彰显一个组织或一支部队的精神。"团用剑"的剑柄和剑身上一般刻有该团的标志或荣誉。民间刀剑不是为了作战而是为了装饰，一般重量较轻，在礼仪场合携带。

马耳他骑士用剑和剑鞘，约1800年

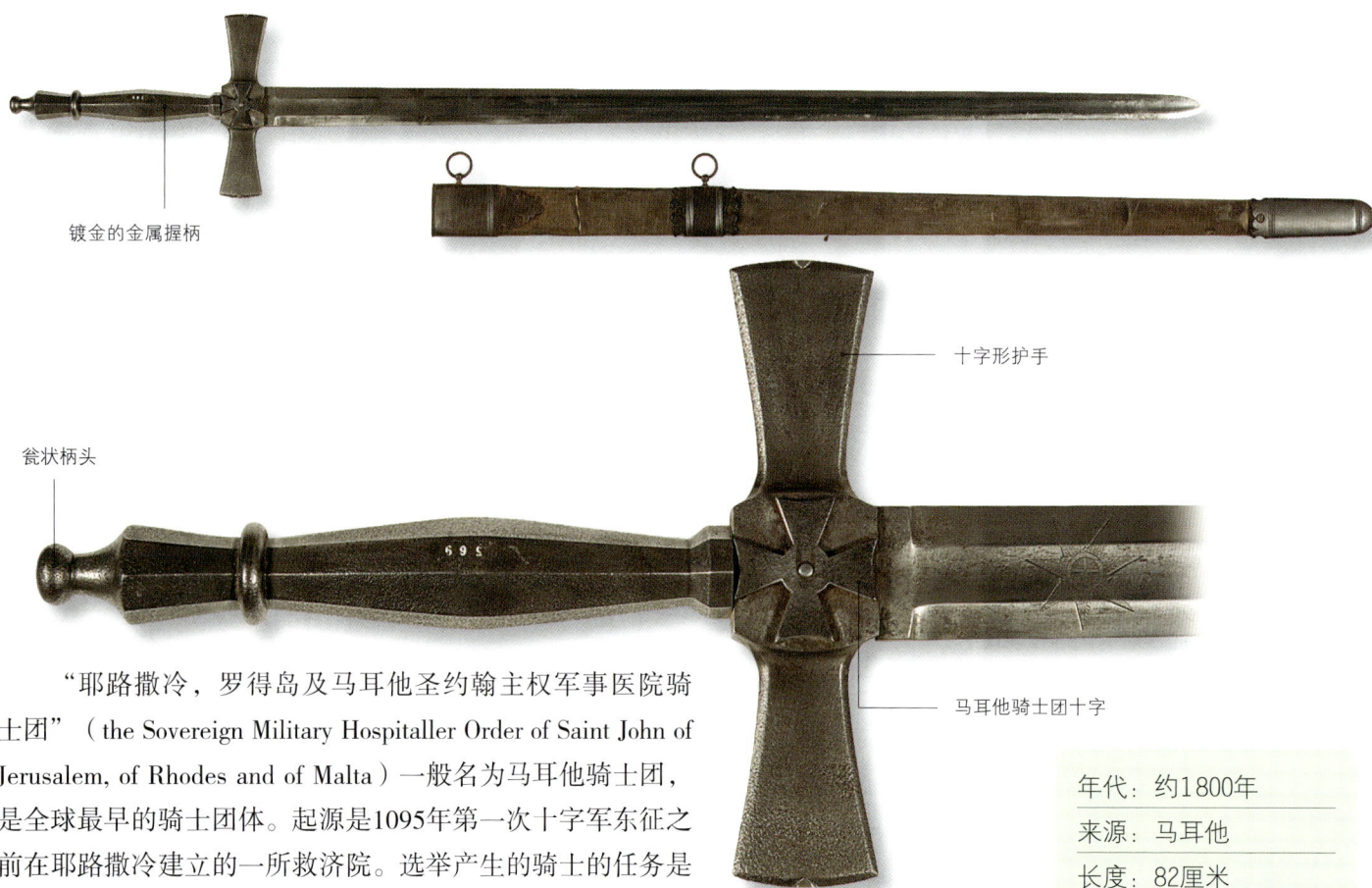

镀金的金属握柄

瓮状柄头

十字形护手

马耳他骑士团十字

"耶路撒冷，罗得岛及马耳他圣约翰主权军事医院骑士团"（the Sovereign Military Hospitaller Order of Saint John of Jerusalem, of Rhodes and of Malta）一般名为马耳他骑士团，是全球最早的骑士团体。起源是1095年第一次十字军东征之前在耶路撒冷建立的一所救济院。选举产生的骑士的任务是照顾贫民与病人，在仪式上会佩带这种礼剑。

年代：	约1800年
来源：	马耳他
长度：	82厘米

英国冷溪近卫团军官军刀，1854式

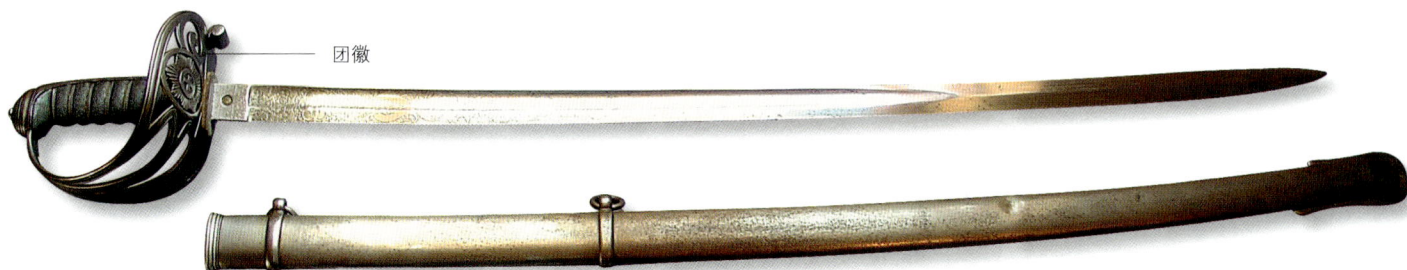

团徽

冷溪近卫步兵团（Coldstream Guards）是英国最早的正式团，1650年由奥利弗·克伦威尔（1599—1658年）建立。1854年发行了一种特殊的团剑，剑柄呈椭圆形，装饰板上有团徽。

年代：	1854年
来源：	英国
长度：	109厘米

英国边民团军官军刀，约1870年

手柄有龙形装饰

刀身单血槽

刀身有酸蚀刻

团徽

年代：	约1870年
来源：	英国
长度：	85厘米

这把剑很不寻常，主人是19世纪边民团（the Border Regiment）的步兵军官。团徽是一条龙，刀柄上印有团徽图案。用于礼仪场合，不用于实战。

苏格兰皇家弓箭手连队短剑，1910年

黄铜铸成的手柄

矛头状剑尖

剑鞘的鞘镖

剑鞘的鞘口

皇家弓箭手连队1676年成立，负责在英国君主来到苏格兰时担任君主的贴身护卫。这把短剑主人应该是军官级别以下的侍卫。剑柄为黄铜铸成，很重，剑身有酸蚀刻图案。这种设计是19世纪后期出现的，手柄和十字护手有明显的维多利亚时期哥特装饰风格。

年代：	1910年
来源：	苏格兰
长度：	56厘米

装饰剑

　　17世纪晚期，西洋剑衰落之后，装饰性的礼剑流行起来。此外，西洋剑衰落后，轻剑出现，更加助长了礼剑的风气。设计这些重量很轻的剑，目的不是为了实战，而是为了配合礼服，作为装饰。军官、外交官、政府官员都有权佩带一把，这些礼剑的设计也非常多样。

英格兰礼剑，约1790年

圆盘状护手

剑身三叶形

　　剑柄风格化，很像马修·博尔顿（Matthew Boulton，1728—1809年）的设计。博尔顿是铸剑师，也是工程师，英格兰伯明翰人，因与蒸汽机之父詹姆斯·瓦特（James Watt）合作而闻名。博尔顿早期建立了一家工厂，生产切削钢和白铁矿（仿钻石）的扣子、剑柄。[1]

年代：	约1790年
来源：	英格兰
长度：	97厘米

法国礼剑，约1800年

柄头圆形

钻石玻璃

剑身三叶形

　　这把礼剑代表了18世纪后期轻剑装饰的高峰。剑柄、护手、柄头全部被钻石玻璃（人造钻石）包裹。这把剑的主人社会地位应该很高，只在最隆重的场合才佩带此剑。

年代：	约1800年
来源：	法国
长度：	73.5厘米

---

[1] 白铁矿与黄铁矿是同质异形变体，黄铁矿在珠宝行业有时被当作钻石的仿品。——译者注

法国步兵军官礼剑，约1800年

埃及图案

镀金黄铜D形护手

三叶形（三棱锥）剑身

这礼剑的剑柄风格是典型的拿破仑式样。握柄内嵌黄铜埃及图案，显然是因拿破仑埃及战役（1798—1801年）而产生。拿破仑时期法军轻剑的柄头造型多样，有骑士头盔形、三叶形、瓮形、圆球形、狮头形。

年代：	约1800年
来源：	法国
长度：	92.5厘米

法国步兵军官礼剑，约1815年

珍珠母（某些贝壳有珍珠光泽的表面）

壳手的新古典主义装饰

剑身细长，有蓝地描金装饰痕迹

法兰西第一帝国（1804—1814年）礼剑，握柄由珍珠母制成，护手有华丽的新古典主义装饰：武器架、带有冠的头盔和涡卷形叶饰。柄头倾斜，是19世纪初流行的风格。虽是礼剑，但可能也用于实战。

年代：	约1815年
来源：	法国
长度：	95.5厘米

法国礼剑，约1820年

剑柄有装饰

剑身三角形，无装饰

法王路易十八（King Louis XVIII，1755—1824年）时期，后拿破仑时期的奢华之风在这把礼剑上体现得很明显，特别是镀金黄铜护手，有古典、奇幻主义的装饰。这把剑的主人应当是高级军官或者官员。壳手上有一些海洋怪兽，大概是海军用剑。

年代：	约1820年
来源：	法国
长度：	96厘米

英格兰宫廷佩剑，约1890年

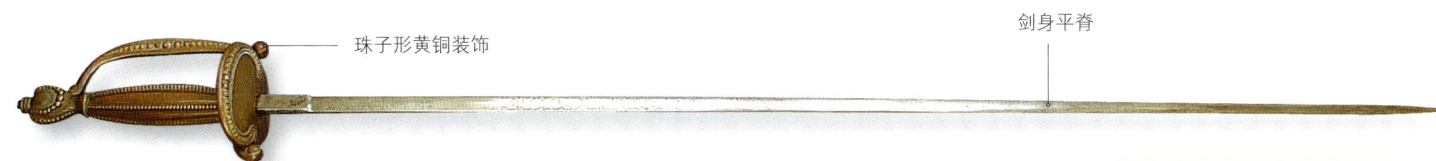

珠子形黄铜装饰

剑身平脊

英国的文职官员、武职军官朝见维多利亚女王时都会佩带轻剑。这件样品可能是文职官员佩带的，剑柄为黄铜铸成，有"小珠形"装饰。剑身一般为平脊，无装饰，有些蚀刻有王冠与花卉图案。

年代：	约1890年
来源：	英格兰
长度：	92.5厘米

一战、二战刀剑

19世纪，所有士兵的装备都少不了刀剑。但也是在19世纪，速射来复枪和手枪成了欧洲各国主力部队的主要武器，也进一步影响了其他地区；如此，战场上的刀剑就不合时宜了。1914年，第一次世界大战爆发，刀剑已成为很边缘的角色。到1939年，已经彻底变成装饰或礼仪工具，被收藏在军官的衣橱里面。

德国海军军官军刀，约1914年

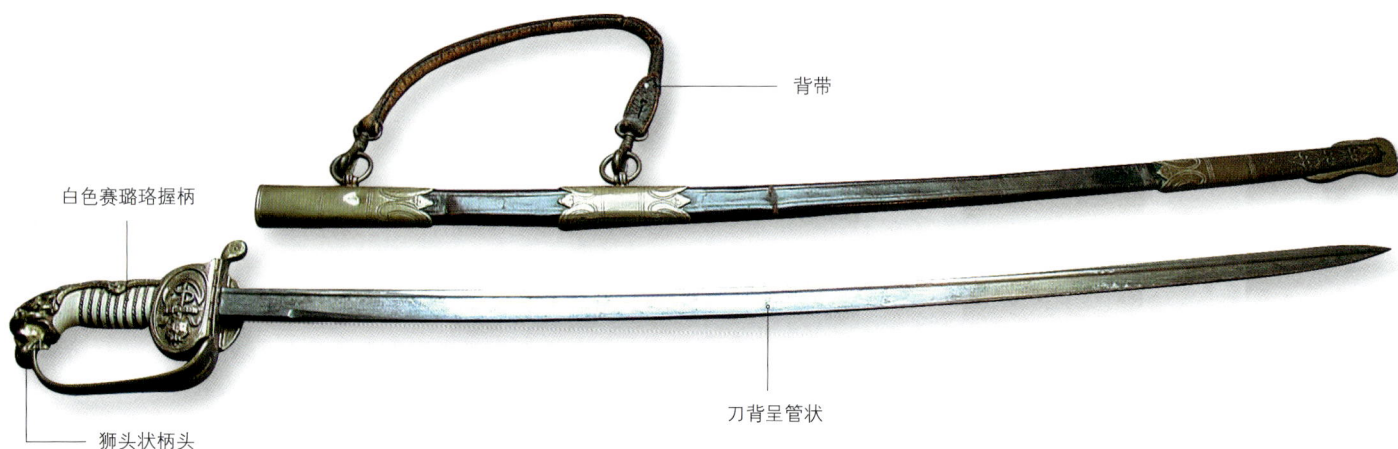

背带

白色赛璐珞握柄

刀背呈管状

狮头状柄头

德意志帝国海军军官军刀也遵守陆军传统，柄头做成狮头状，但护手设计不同于陆军。这把刀的护手有铰链，可弯折；握柄一般是象牙、骨制或仿象牙。刀身经常蚀刻有海军图案，如带有王冠的锚、战舰等。

年代：约1914年
来源：德国
长度：90厘米

土耳其步兵士官军刀，约1915年

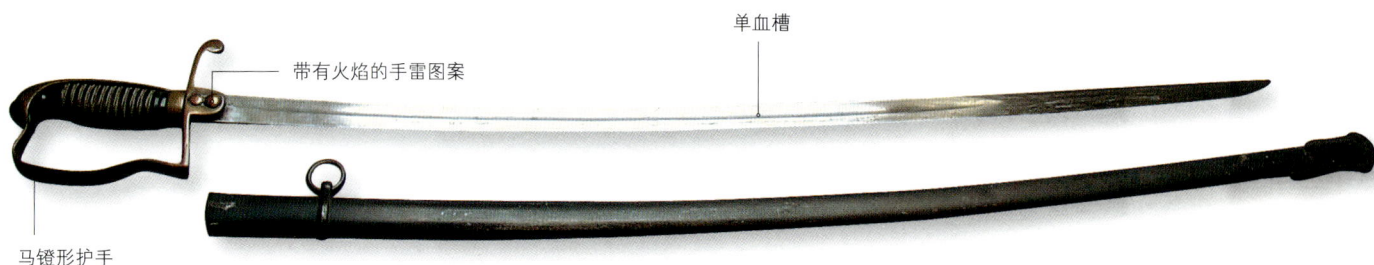

单血槽

带有火焰的手雷图案

马镫形护手

土耳其军刀一般模仿一战同盟国的军刀设计；同盟国也就是德国、奥匈帝国、奥斯曼帝国、保加利亚。很多奥斯曼军刀在德国生产。这把刀应该是中士级别的士官军刀，有带着火焰的手雷图案，说明属于掷弹兵或炮兵。刀鞘钢制，漆成黑色，有一个挂环。

年代：约1915年
来源：土耳其
长度：92.5厘米

德国陆军军官军刀，约1940年

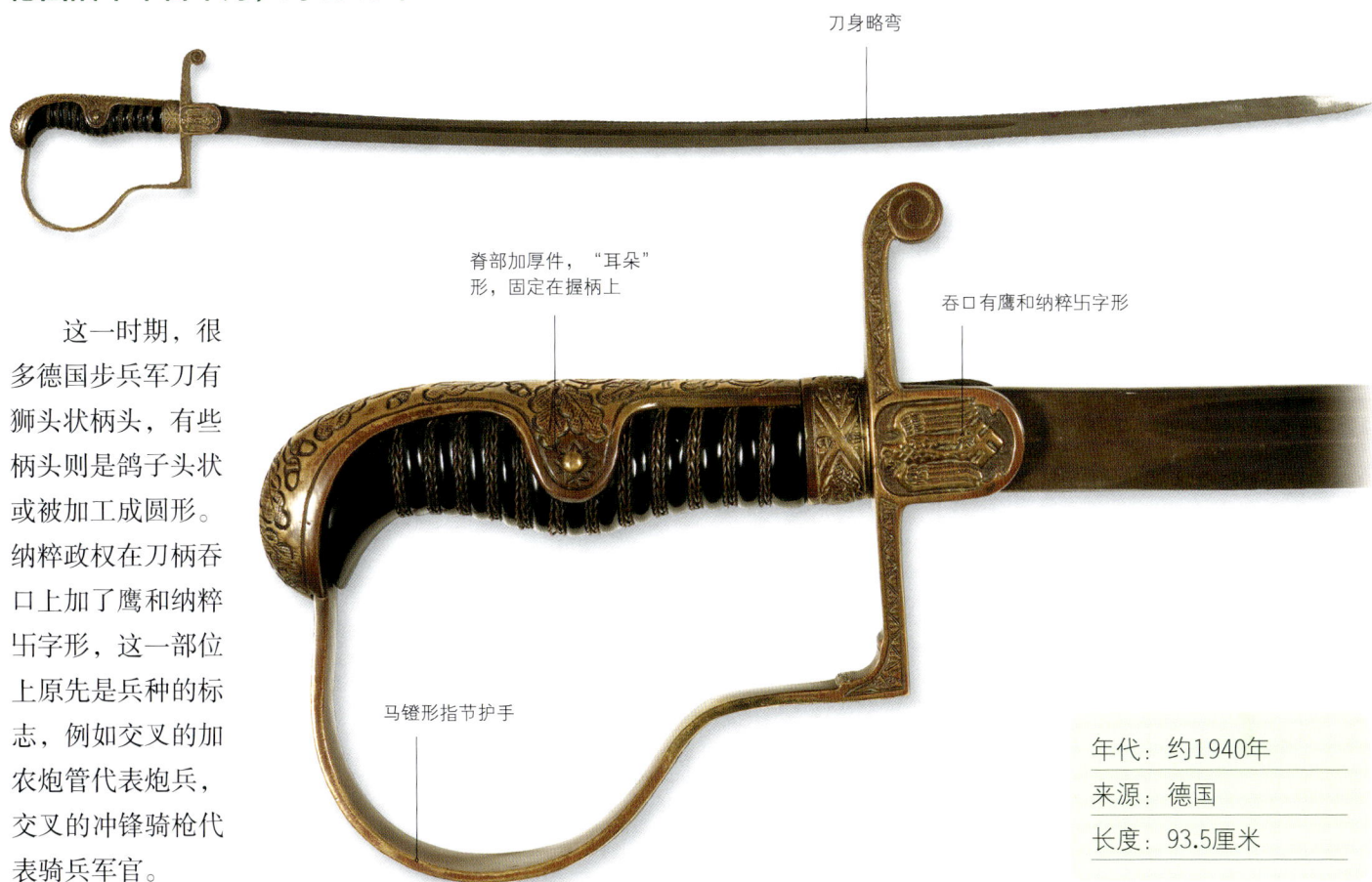

刀身略弯

脊部加厚件，"耳朵"形，固定在握柄上

吞口有鹰和纳粹卐字形

这一时期，很多德国步兵军刀有狮头状柄头，有些柄头则是鸽子头状或被加工成圆形。纳粹政权在刀柄吞口上加了鹰和纳粹卐字形，这一部位上原先是兵种的标志，例如交叉的加农炮管代表炮兵，交叉的冲锋骑枪代表骑兵军官。

马镫形指节护手

年代：	约1940年
来源：	德国
长度：	93.5厘米

德国空军军刀，约1941年

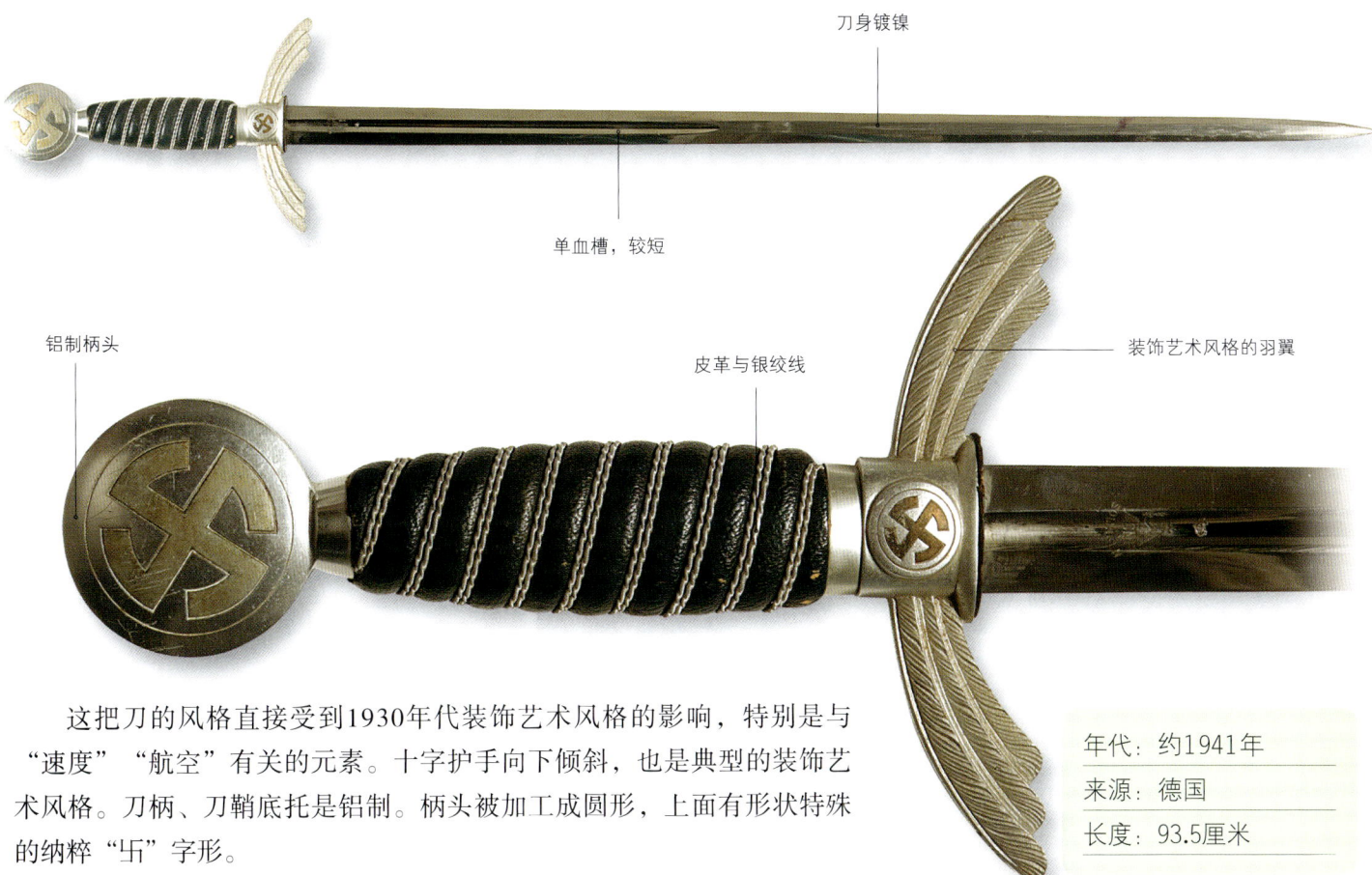

刀身镀镍

单血槽，较短

铝制柄头

皮革与银绞线

装饰艺术风格的羽翼

这把刀的风格直接受到1930年代装饰艺术风格的影响，特别是与"速度""航空"有关的元素。十字护手向下倾斜，也是典型的装饰艺术风格。刀柄、刀鞘底托是铝制。柄头被加工成圆形，上面有形状特殊的纳粹"卐"字形。

年代：	约1941年
来源：	德国
长度：	93.5厘米

徽记和装饰

刀剑和其他锋刃武器，自古以来就有各种徽记和装饰。罗马短剑上会用粗糙的手法刻上制造者的名字，维京人花纹焊接的阔剑上也有粗体文字；拿破仑军刀刀身有华丽的蓝地描金风格化装饰。可见，装饰与识别的需求一直非常重要。军刀的标记也是为了确保质量稳定，很多被打上了官方戳记，表示合格。要辨识千百年前的制造者标记一直很困难，很多制造者完全湮没在时间的迷雾当中。

德国骑士用剑，约1050年

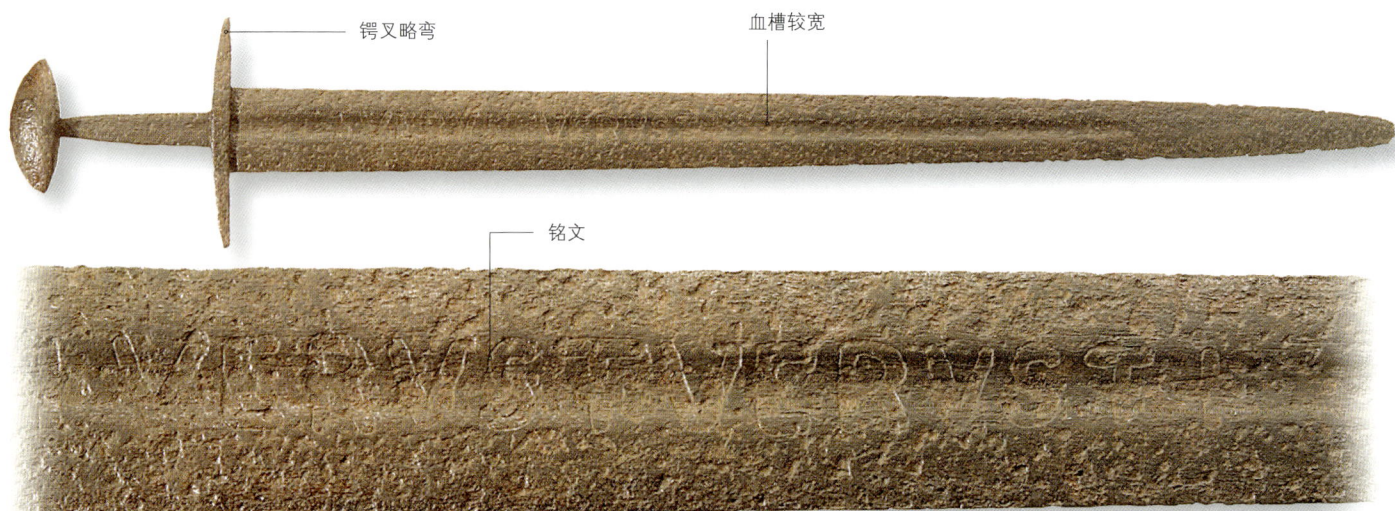

锷叉略弯　　　　　　　血槽较宽

铭文

典型骑士阔剑，单血槽，较宽。剑身一侧有残存的铭文：VERUSFVERUSF，含义不明，可能与制造者有关。锷叉横截面呈四方形，向下略弯，尽头有圆锥形尖顶饰。柄舌尽头是较大的蘑菇状柄头。

年代：	约1050年
来源：	德国
长度：	102.5厘米

德国骑士用剑，约1250—1300年

剑身双刃　　　　　矛头状剑尖

十字护手展开

剑身有矛头状尖头，劈砍和突刺都很适合。剑身较窄，使得重量减轻，骑士操作起来很灵活。剑身两侧各有一个粗糙标记，是一只奔跑的狼，说明在德国帕绍生产；这一地区很多铸剑师都用这个标记。

年代：	约1250—1300年
来源：	德国
长度：	112厘米

狼的标记

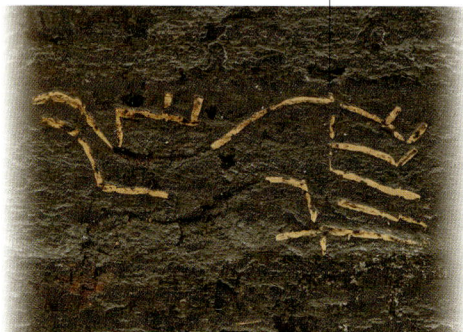

德国骑士用剑，约1300年

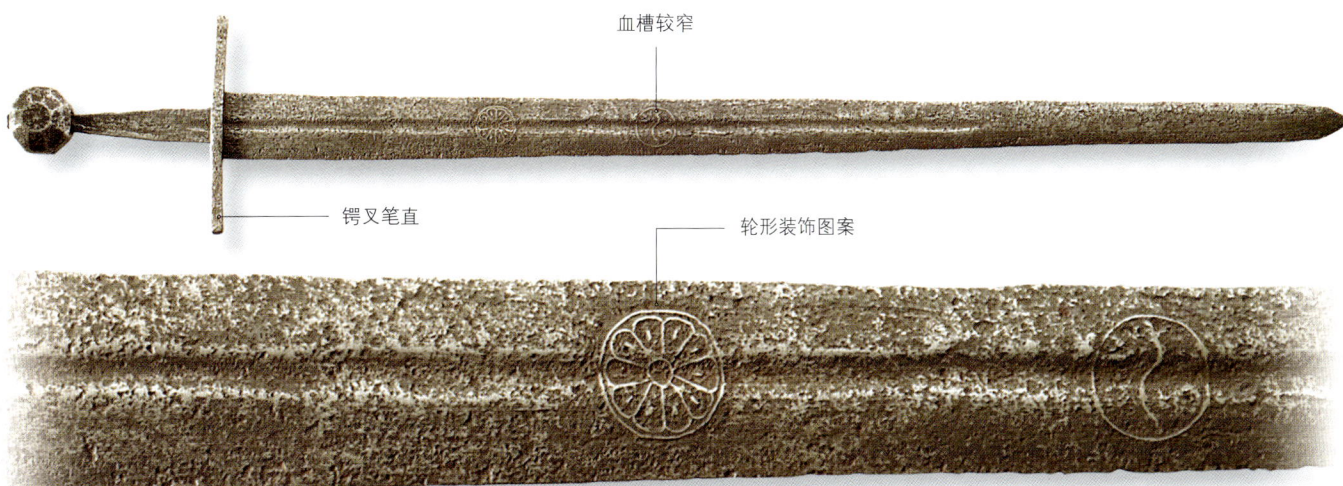

血槽较窄

锷叉笔直

轮形装饰图案

剑身较重，双刃，适合劈砍。骑士在马背上用起来应当威力很大。剑身有两个内嵌银饰，轮状，意义不明，可能是制造者的标记或者兵工厂的象征。

年代：	约1300年
来源：	德国
长度：	112厘米

法国/德国骑士用剑，约1450年

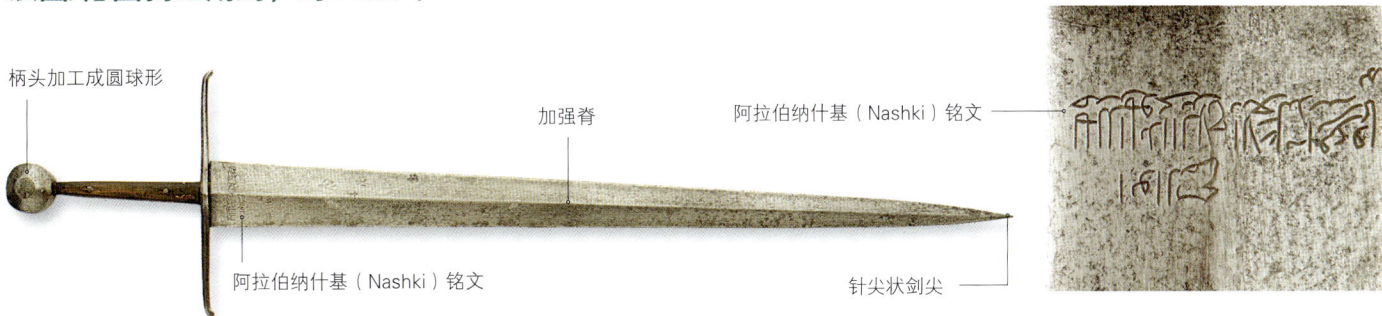

柄头加工成圆球形

加强脊

阿拉伯纳什基（Nashki）铭文

阿拉伯纳什基（Nashki）铭文

针尖状剑尖

这把欧洲剑是奥斯曼土耳其军队缴获的，保存在埃及亚历山大港（Alexandria）的政府兵工厂。剑身最强部位有阿拉伯纳什基铭文，详细说明剑的来源和新主人。

年代：	约1450年
来源：	法国/德国
长度：	117.2厘米

北欧戟，约1450年

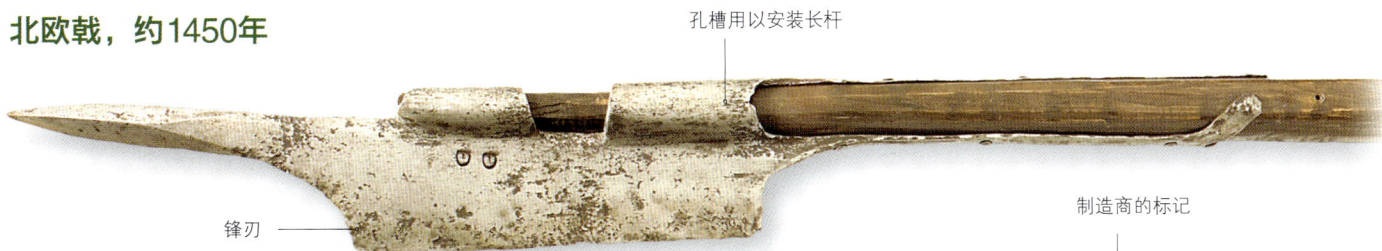

孔槽用以安装长杆

锋刃

制造商的标记

这支戟属于早期形态，刃部被深深印上两个制造者标记。估计来源于北欧，但也有些类似苏格兰洛哈伯战斧，这是苏格兰高地部落的制式步兵武器，直到1746年卡洛登战役（参见54页）。

年代：	约1450年
来源：	北欧
长度：	198厘米

德国一手半剑，约1520年

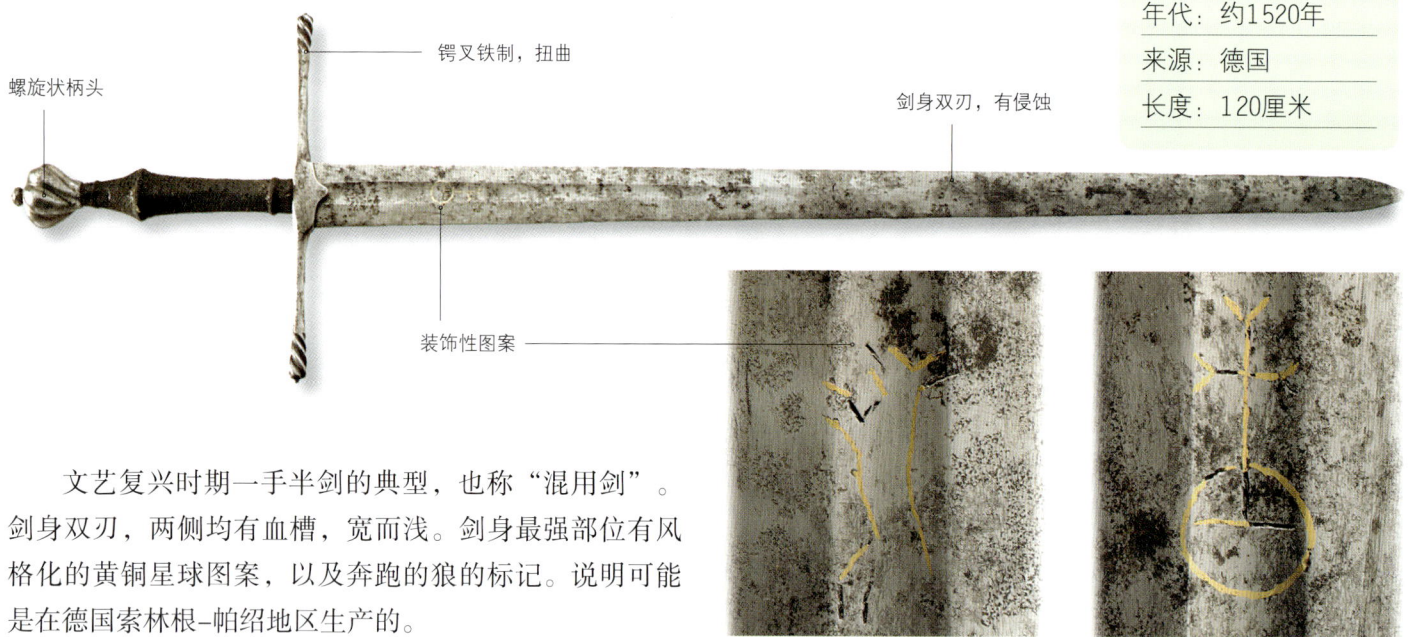

螺旋状柄头

锷叉铁制，扭曲

剑身双刃，有侵蚀

年代：	约1520年
来源：	德国
长度：	120厘米

装饰性图案

文艺复兴时期一手半剑的典型，也称"混用剑"。剑身双刃，两侧均有血槽，宽而浅。剑身最强部位有风格化的黄铜星球图案，以及奔跑的狼的标记。说明可能是在德国索林根–帕绍地区生产的。

德国戟，约1570年

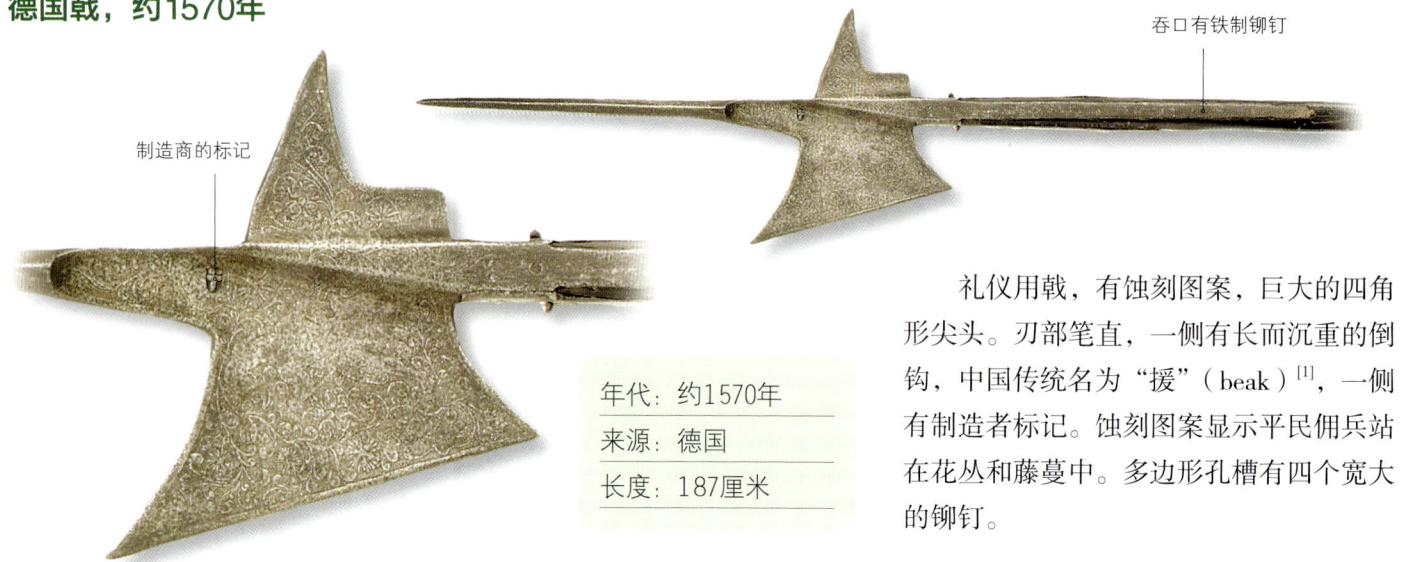

吞口有铁制铆钉

制造商的标记

年代：	约1570年
来源：	德国
长度：	187厘米

礼仪用戟，有蚀刻图案，巨大的四角形尖头。刃部笔直，一侧有长而沉重的倒钩，中国传统名为"援"（beak）[1]，一侧有制造者标记。蚀刻图案显示平民佣兵站在花丛和藤蔓中。多边形孔槽有四个宽大的铆钉。

德国西洋剑，约1600年

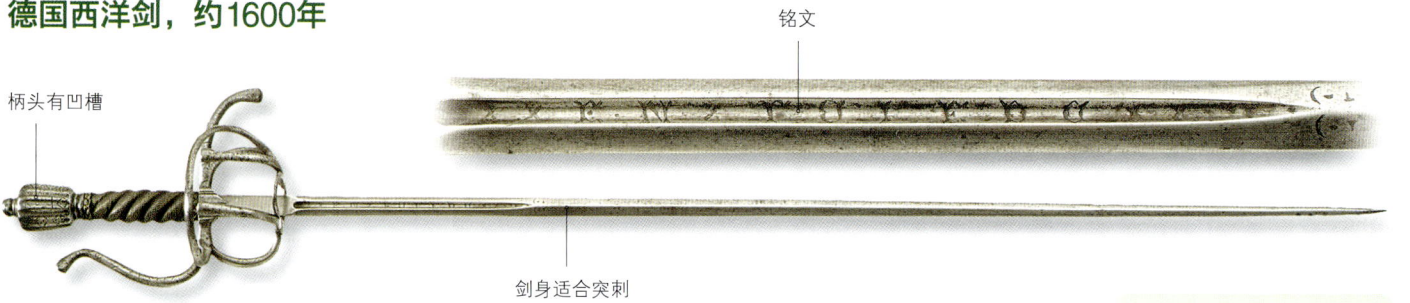

铭文

柄头有凹槽

剑身适合突刺

年代：	约1600年
来源：	德国
长度：	106.5厘米

西洋剑护手简单而实用，可能是德国制造。剑柄是德国的，剑身却是西班牙的，中央血槽内刻有"In Toledo"字样。西班牙中部的托莱多市（Toledo）制造剑身十分有名，质量上乘，出口全欧。

---

[1] beak英文直译"鸟喙"。中国也将使用援的攻击动作称为"啄击"。——译者注

荷兰"瓦隆"阔剑，约1660年

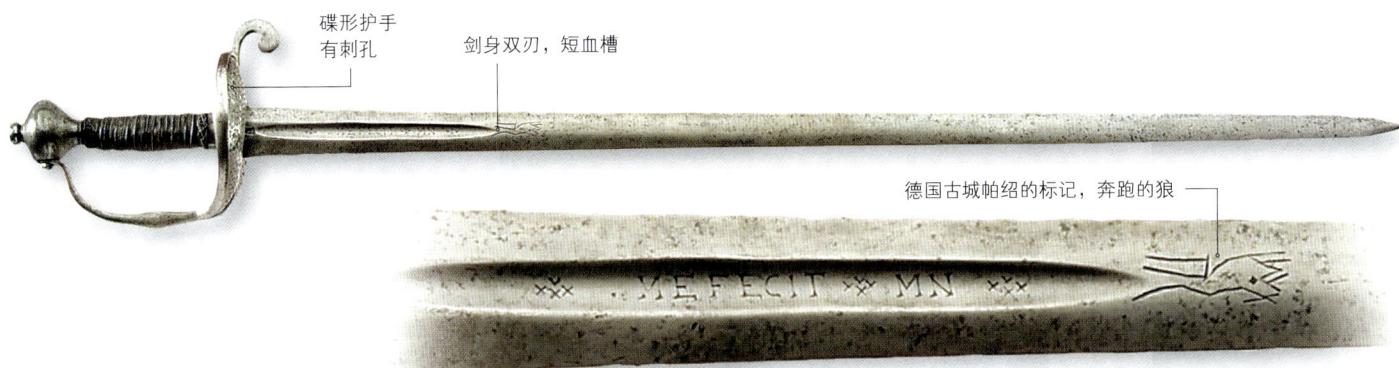

碟形护手
有刺孔

剑身双刃，短血槽

德国古城帕绍的标记，奔跑的狼

这类北欧阔剑通称"瓦隆"阔剑，源于荷兰。剑身有奔跑的狼的标志，代表德国帕绍；还有一个带有皇冠的字母P。剑身最强部位还有刻印的阿姆斯特丹市检查标记。剑柄铁制，心形双壳手，有刺孔。现在握柄上仍保留原始的铁绞线。

年代：	约1660年
来源：	荷兰
长度：	109厘米

德国阔剑，约1695年

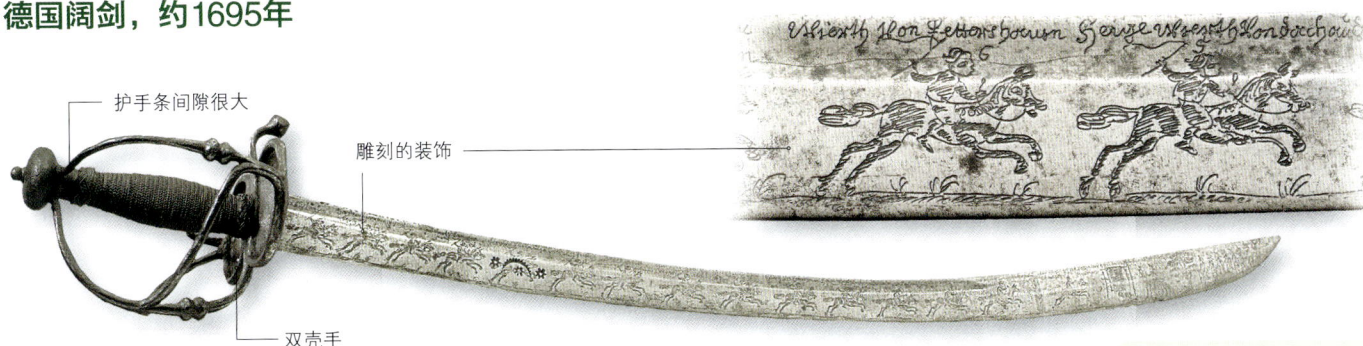

护手条间隙很大

雕刻的装饰

双壳手

剑身弯曲，图案很不寻常，是一场17世纪的赛马。骑手共有15名，每人均有编号，并附有自己的名字。剑身两侧均有新月标记，当时铸剑师常用这类标记。护手为开放式，护手条的间距很宽，可让剑士戴上较大的皮制军用骑兵手套再握住剑柄。

年代：	约1695年
来源：	德国
长度：	87厘米

波兰刺剑，约1700年

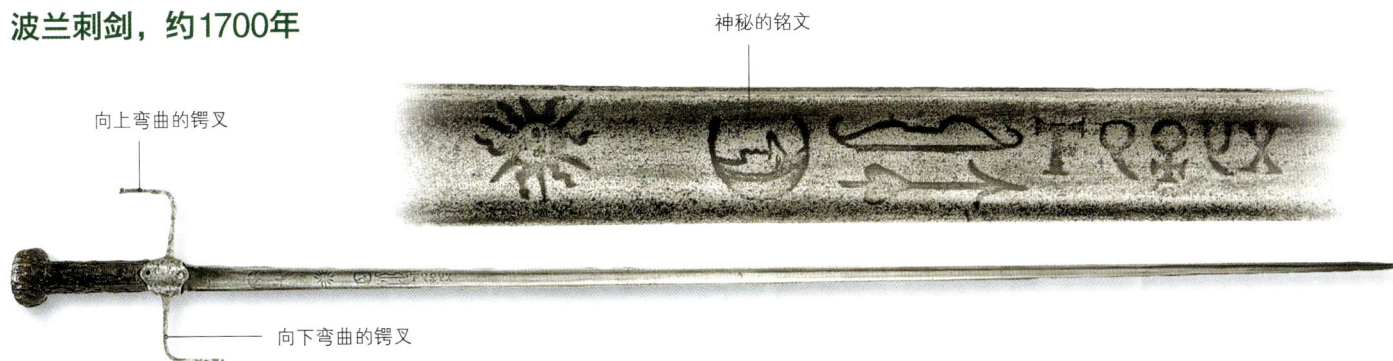

神秘的铭文

向上弯曲的锷叉

向下弯曲的锷叉

刺剑最早出现在16世纪，突刺效果很好。16—17世纪，奥地利、波兰的"胡萨尔"轻骑兵装备了刺剑。这件样品的剑身长而窄，蚀刻有日月、交叉军刀、弓箭、犹太神秘铭文。这些图案被人视为能给主人带来好运。

年代：	约1700年
来源：	波兰
长度：	158厘米

德国剑，约1700年

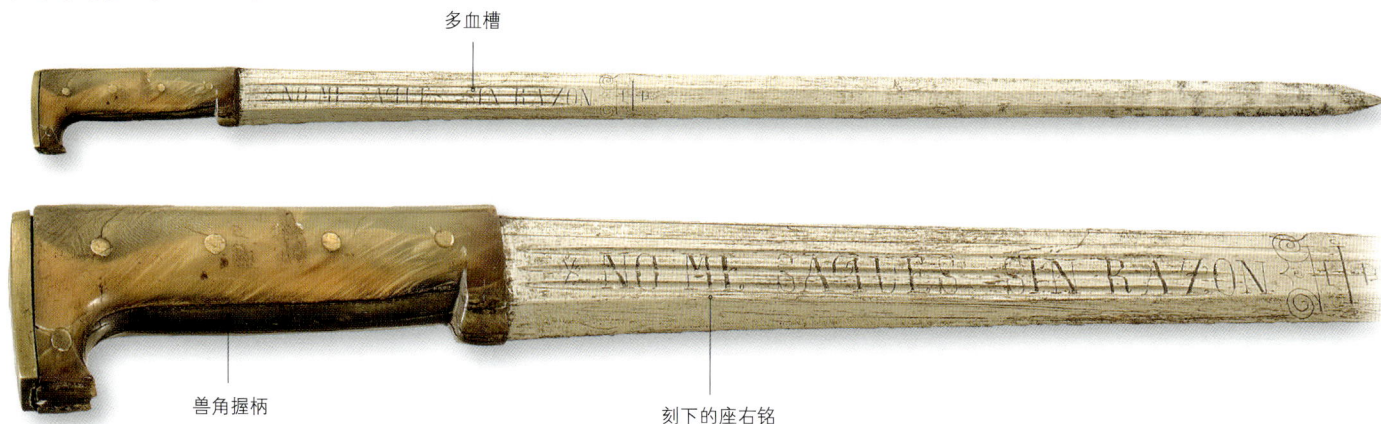

多血槽

兽角握柄

刻下的座右铭

剑身刻有铭文，是格言：NO ME SAQUES SIN RAZON—NO ME ENTRAINES SEN HONOR，直译为"无理由则不要将我拔出；无荣誉则不要将我入鞘"。18—19世纪很多欧洲刀剑都刻有类似铭文。

年代：	约1700年
来源：	德国
长度：	80.5厘米

威尼斯的斯拉夫阔剑，约1700年

制造商标记

笼子状的护手

这把威尼斯的斯拉夫阔剑十分精美，典型的笼手，柄头呈矛头状。只是剑身的一个制造商的标记无法识别。同时期很多标记都有这种无法识别的情况；因为兵工厂或铸剑师会使用很多复杂的符号表明身份，有些符号意义晦涩，年代又很久远，于是铸剑师的身份也就彻底无法查清了。

刻印

年代：	约1700年
来源：	威尼斯
长度：	107.5厘米

西班牙杯状护手西洋剑，约1700年

剑身刻有亚伯拉罕·斯塔姆（Abraham Stamm）的签名，斯塔姆是德国索林根著名铸剑家族成员之一。16世纪后期创业，作坊一直生产到1920年代。

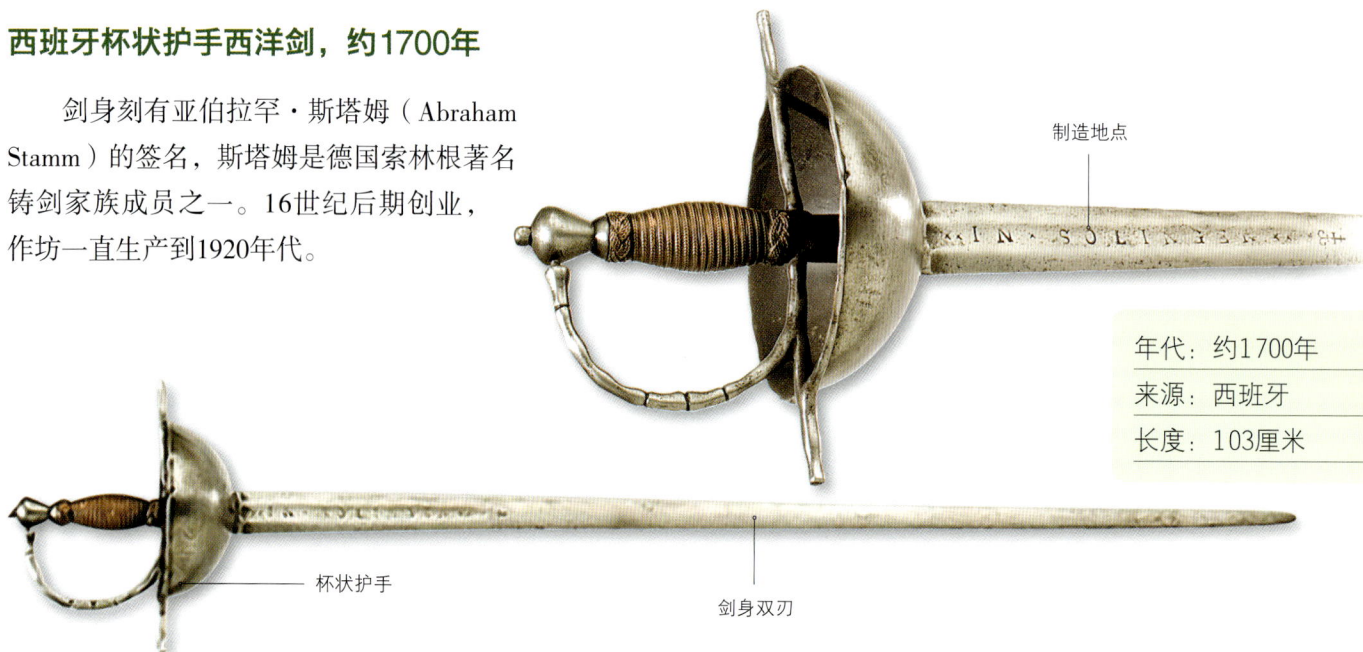

制造地点

年代：	约1700年
来源：	西班牙
长度：	103厘米

杯状护手

剑身双刃

德国猎刀，约1740年

这把猎刀质量很高，刀身略弯，双血槽，两侧均蚀刻有花卉、卷须状图案。握柄由鲸鱼齿制造，推测年代比刀身更早，约1660年；刻有猎狗与熊搏斗的造型，还有一只公山羊。柄头和开放式壳手是镀金黄铜制成。鲸鱼齿雕刻应当是象牙雕刻世家——毛赫尔（Maucher）家族的作品，17世纪后期在德国开业。

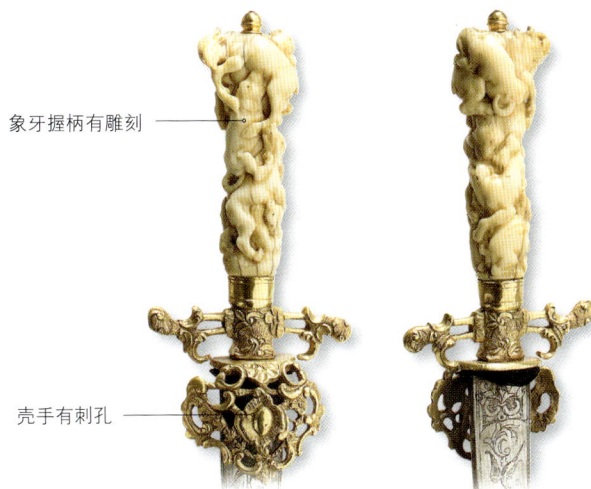

象牙握柄有雕刻

壳手有刺孔

年代：	约1740年
来源：	德国
长度：	78厘米

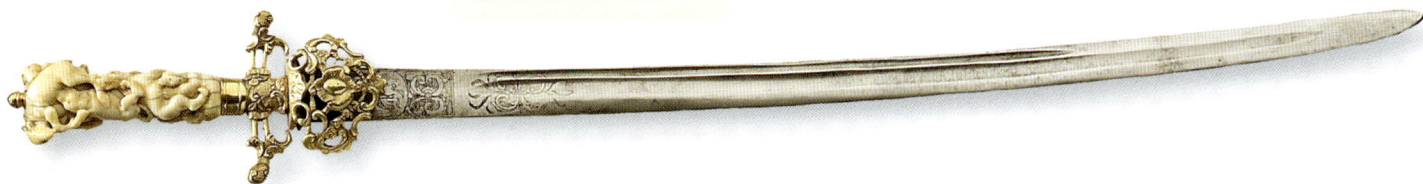

西班牙笼手西洋剑，1769年

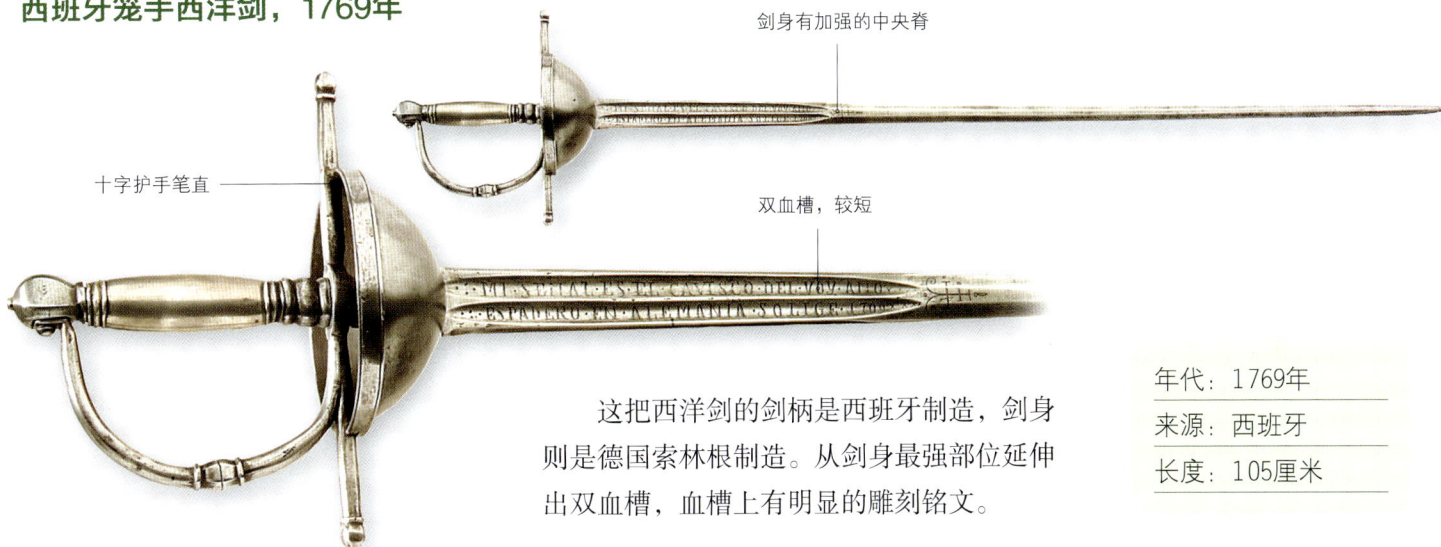

剑身有加强的中央脊

十字护手笔直

双血槽，较短

这把西洋剑的剑柄是西班牙制造，剑身则是德国索林根制造。从剑身最强部位延伸出双血槽，血槽上有明显的雕刻铭文。

年代：	1769年
来源：	西班牙
长度：	105厘米

西班牙阔剑，1774年

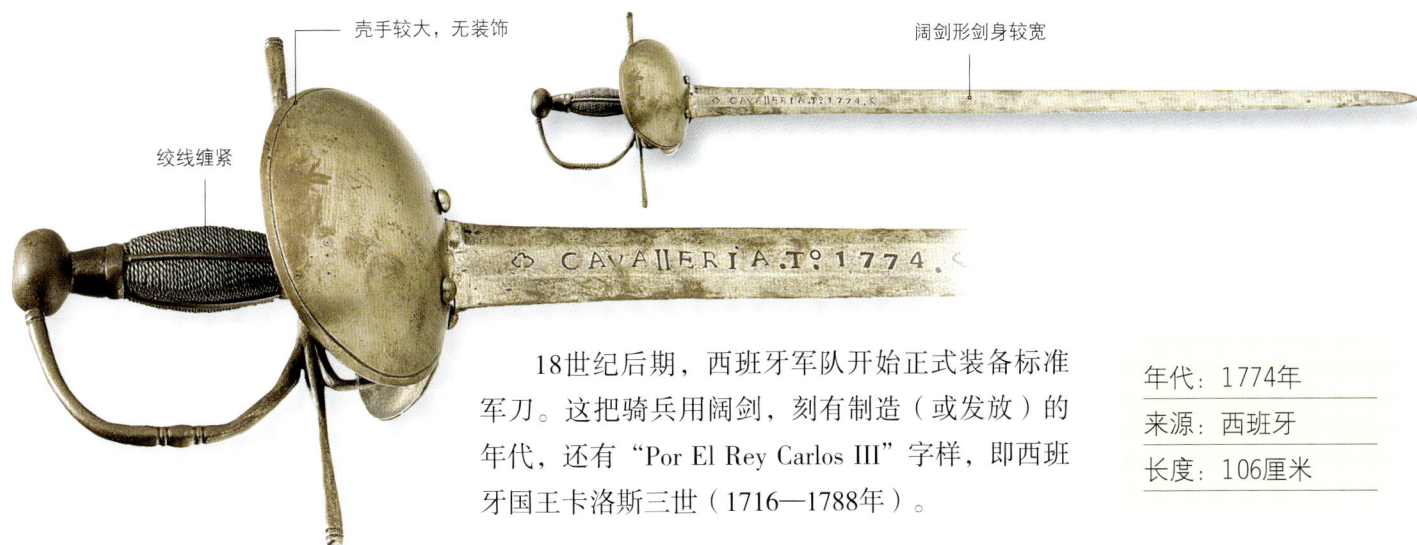

壳手较大，无装饰

阔剑形剑身较宽

绞线缠紧

18世纪后期，西班牙军队开始正式装备标准军刀。这把骑兵用阔剑，刻有制造（或发放）的年代，还有"Por El Rey Carlos III"字样，即西班牙国王卡洛斯三世（1716—1788年）。

年代：	1774年
来源：	西班牙
长度：	106厘米

术语表
GLOSSARY

▲ 意大利斯拉夫阔剑，约1730年

梭镖投射器（Atlatl） 一种狩猎工具，用人类手臂的杠杆作用，向移动目标快速投出燧石飞镖或矛头。

刀背（Back-edge） 单刃武器上没有磨锋利的那一面。

后挡板（Backpiece） 握柄后面与柄头相接处的金属板。

单刃刀（Backsword） 一种单刃阔剑，剑身有弯有直。

饰带（Baldric） 皮革或布制成的带子，挎在肩上，携带刀剑。

大砍刀（Bardiche） 中世纪和文艺复兴时期欧洲的长柄武器。

巴塞拉剑（Baselard） 中世纪晚期步兵装备的直刃短剑。

笼手（Basket hilt） 刀剑的大型护手，用一组互相连接的护手条把手包裹起来。

混用剑（Bastard sword） 又称"一手半剑"，剑身较长且笔直，15世纪出现。一手握剑柄，另一只手的手指也扶住剑柄。

负剑（Bearing swords） 大型双手阔剑，礼仪场合携带，用于强调个人、国家或机构的权威。

蛙形带钩（Belt frog） 用于固定剑鞘的皮革或布套子。

戈刀（Bill） 一种长柄武器，长杆末端有一些突出的尖刺，也叫倒钩。常见于16世纪的英格兰。

野猪剑（Boar sword） 14世纪出现。双刃剑，剑身硬化，尖端呈矛头状。用于抵抗冲来的野猪或其他大型兽类。

阔剑（Broadsword） 一种单刃剑，剑身宽阔笔直，17—18世纪流行。经常装有笼手。

小圆盾（Buckler） 佩在手腕上的小型盾牌，圆形，用来防御。与剑配套使用。13—17世纪常见于欧洲。

椭圆形装饰板（Cartouche） 椭圆形或卵圆形的空间，周围有漩涡形装饰，中间一般有铭文或图案。常见于刀剑的柄头、护手或剑身。

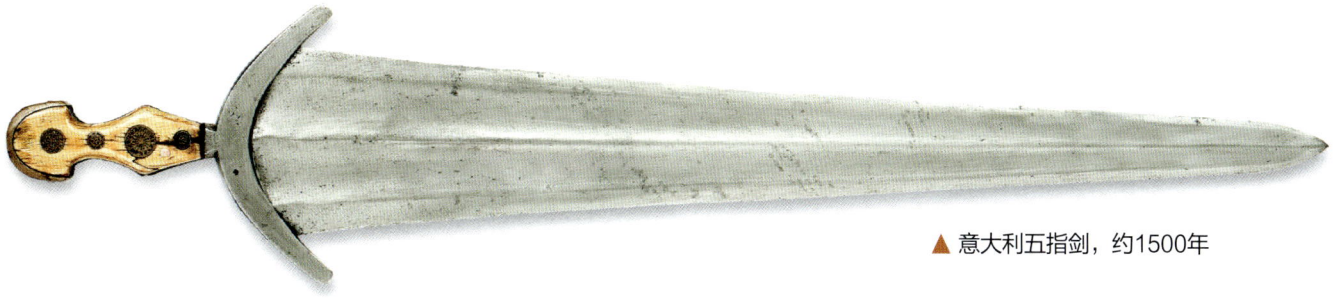

▲ 意大利五指剑，约1500年

▲ 德国阅兵剑，1570年

鞘镖（Chape）　剑鞘、刀鞘顶端，用于拖在地上的时候减少磨损。

五指剑（Cinquedea）　文艺复兴时期的意大利短剑，剑身很宽。名称意为剑身宽度相当于"五个手指"。

苏格兰阔刃大剑（Claymore）　15—17世纪苏格兰的双手剑，十分庞大。

背剪形刀尖（Clipped point）　一种刀身形制，尖端上翘，较短。

克里希马德式礼剑（Colichemarde）　17—18世纪的剑，剑身呈三棱锥形，剑身最强部位宽而长，以提高强度。

枪冠（Coronal）　冲锋骑枪尽头，王冠状的金属帽，有三个或以上的尖叉，用于在比武时挂住对手的盾牌。

十字护手（Cross guard）　剑柄底部伸展出的护手条，防止手滑，并保护剑士的手不被敌人劈砍伤到。

胸甲骑兵（Cuirassier）　17—19世纪的一种骑兵，佩带保护胸部、背部的铠甲以及头盔。装备火器和刀剑。

杯手（Cup hilt）　西洋剑的圆形护手，杯子形状，保护剑士的手。

水手用军刀（Cutlass）　一种短刀，刀身笔直或略弯，单刃。

刀匠（Cutler）　铸造刀剑或其他锋刃武器的人。

中国大刀（Dadao）　中国战刀，分量较重，刀身巨大，砍刀形；从农用刀发展而来。

日本大小对刀（Daisho）　一套日本刀，由武士刀和胁差组成。

阿萨姆方头剑（Dao）　印度东北部阿萨姆邦（Assam）那迦（Naga）诸民族用的直刃剑，剑身在尖端呈方形。

苏格兰短剑（Dirk）　苏格兰典型的小型匕首，相当于阔剑的备用剑，佩在腰带上。

多鲁长矛（Doru）　古希腊重装步兵的传统长矛，矛头较大，树叶形。

耳（Ear）　剑柄的脊部加厚件，用铆钉固定在握柄上。

击剑用重剑（Épée）　击剑运动的一对一比赛用剑。

刺剑（Estoc）　西洋剑的前身，目的是刺破板甲或砍断锁子甲的链环。剑身较长，三棱锥形，尖端沉重。

反曲刀（Falcata）　古凯尔特人用刀，类似尼泊尔廓尔喀弯刀，单刃。

剑刃戟（Glaive）　长柄武器，单刃，有时装有小型倒钩以把骑兵拉下马来。用于13—16世纪。

握柄（Grip）　剑柄的一部分，用手握住。一般用金属或皮革包裹，也可能金属与皮革皆有。

护手（Guard）　手柄底部起保护作用的金属板。

长柄（Haft）　斧、其他长柄武器的木杆或木柄。

欧洲戟（Halberd）　长柄武器，拥有砍刀形刃与长尖刺。

"刃纹"（Hamon）　日本刀剑用回火在刀身上制造出的花纹。

佩剑（Hanger）　较短的步兵军刀或猎刀，单刃，刀身有直有弯。

砍刀形刀尖（Hatchet point）　刀身尖端类似砍刀的造型。

刀柄/剑柄（Hilt）　刀剑的上部分，包括护手、握柄、柄舌、柄头。

古希腊重装步兵（Hoplites）　希腊重装步兵，从民兵发展而来。装备有长矛，在方阵中使用；此外还装备短剑。

猎刀（Hunting sword）　一种短刀，刀身有直有弯，有些刀背呈锯齿状。17世纪开始流行，打猎时用于将猎物肢解。

▼ 北欧长柄斧，约1500年

胡萨尔东欧轻骑兵（Hussar）　披有轻甲的骑兵，一般携带弯刀，是当时骑兵中的精锐，军服华丽，多有装饰。

投枪（Javelin）　较轻的矛，用来投掷。

中国剑（Jian）　中国锋刃武器，刃部笔直，双刃。

喀斯坦兽头刀（Kastane）　斯里兰卡国刀，刀身短而弯曲，柄头为兽头状。刀身一般产自欧洲。

日本武士刀（Katana）　日本的传统刀，刀身略弯，单刃。单手或双手握持。

德式斗剑（Katzbalger）　16—17世纪短刀，护手呈"8"字形。平民佣兵多用。

坎达长剑（Khanda）　印度马拉塔人的长剑，剑身宽阔，末端变宽。

埃及镰刀形剑"海佩施"（Khepesh）　古埃及弯刀，刀身弯曲度很大，单刃，法老喜爱的武器。

"基利杰"军刀（Kilij）　波斯半月形刀，刀头突出且伸展，形成加强肋。

克雷旺刀（Klewang）　印度尼西亚的传统单刃刀，砍刀型。

护指（Knuckle bow）　也叫指节护手，一般是一根细而弯曲的护手条，从剑柄延伸出来，保护持剑的手不被敌方刀剑砍伤。

古希腊双刃曲剑（Kopis）　古希腊短剑，剑身沉重，向前弯曲，用于劈砍。

圆月砍刀（Falchion）　一种短刀，刀身宽阔，略弯。中世纪和文艺复兴时期常见，弓箭手和步兵多用。

假刃（False edge）　一般见于较长的单刃刀身。刀身最后一部分被磨快，可以更轻易地刺穿对手并拔出。

包头（Ferrule）　剑柄底部的金属带，起保护作用，装在十字护手上面。

倒钩（Fluke）　长柄武器刃部的突出物。

弗里沙细剑（Flyssa）　剑身较重，用于刺穿锁子甲。是阿尔及利亚卡拜尔部落（the Kabyles）的传统剑，一直用到19世纪。

花剑（Foil）　现代击剑用剑，剑身呈长方形，钝头。

最强部位（Forte）　剑身强度最高的地方，接近剑柄。

法兰飞斧（Francisca axe）　日耳曼部落用的投掷斧，约公元300年出现。

血槽（Fuller）　剑身上笔直的浅槽，为减轻重量来提高强度。

附属品/多功能包（Garniture /trousse）　一组切割工具，有小刀、叉，配合猎刀使用。平时存放在猎刀刀鞘上的一个口袋里。

"格拉迪乌斯"罗马短剑（Gladius）　古罗马短剑，双刃，笔直。

"柯拉"尼泊尔钩刀（Kora）　尼泊尔国刀，北印度也使用。刀身较重，尖端张开。

"格里斯"马来波形短剑（Kris）　东南亚短剑或长匕首。剑身呈明显波浪形，由多种金属材料铸成，呈现波纹钢的样子。

冲锋骑枪（Lance）　一种很长的骑兵长矛，用于实战和比武大会。

吞口（Langets）　刀剑十字护手向下延伸的部分，配合剑鞘形状，保护刀剑本身。此外langet这个词还指长柄武器长杆上装有的长带。

洛哈伯钩斧（Lochaber axe）　苏格兰步兵长柄武器，17世纪出现。木杆上有沉重的斧刃，类似"巴迪什"大砍刀。

鞘口（Locket）　在剑身进入剑鞘之处安装的金属部件。

长剑（Longsword）　中世纪后期到文艺复兴前期的阔剑，有十字形护手，双手握持。

低地剑（Lowland sword）　16世纪苏格兰双手阔剑，类似苏格兰阔刃大剑。

左手剑（Main gauche）　左手匕首，与西洋剑配套使用。16世纪决斗时很流行。

马木留克军刀（Mameluke）　一种军刀，刀身弯曲，属于半月形刀。

"曼道"（Mandau）　婆罗洲迪雅克民族的国刀，一种短剑或短刀。

灵堂剑（Mortuary sword）　17世纪中期英格兰笼手阔剑。剑柄一般装饰有人脸图案。

▼ 英格兰灵堂剑，约1650年

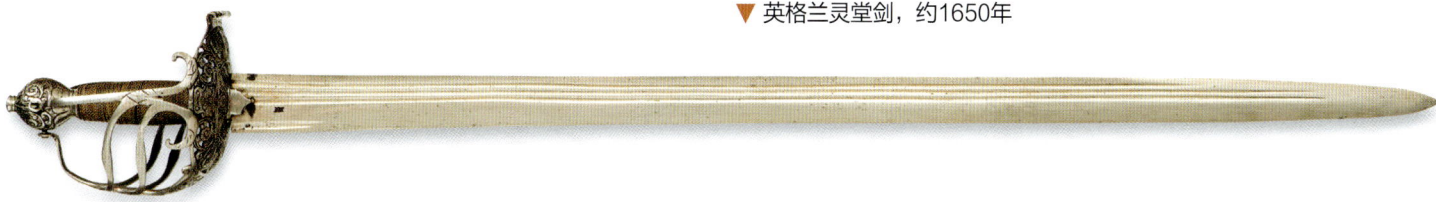

鲤口（Mouthpiece）　剑鞘顶端的金属部件，形状像嘴唇，起保护作用。

"長卷"（Nagamaki）　日本双手持用的长柄武器，刀刃类似武士刀。

尼姆查剑（Nimcha）　18世纪晚期之后的单手剑，主要用于摩洛哥。一般有向前伸展的锷叉和方形"带钩"的柄头。

"帕本海姆"式西洋剑（Pappenheimer）　17世纪军用西洋剑。以三十年战争期间德国的一位陆军元帅命名。

战戟（Partizan）　长柄武器，刃部宽阔，三棱锥形，基部有突出物。16世纪出现。

护食指圆环（Pas-d'âne）　轻剑上的风格化部件，有两个弯曲的锷叉，向下伸展到盘状护手。

拳剑（Pata）　印度剑，手柄覆盖金属手套。传统上由特种步兵使用，对抗装甲骑兵。

花纹焊接法（Pattern welding）　将数种不同的金属熔铸在一起并扭曲，在剑身表面形成特殊花纹。

长柄枪（Pike）　步兵长矛，矛头较小，装在木杆上。中世纪到17世纪流行。

罗马重标枪（Pilum）　古罗马重投枪，枪头一般呈三棱锥形。

管状刀身（Pipe-back blade）　刀身背面加工成圆形的管状结构，一般被认为能够提高强度。18世纪后期开始出现。

长柄武器（Polearm）　步兵用近战武器的统称，木杆上装有带着锋刃的头部。

战斧（Poleaxe）　步兵长柄武器，较短，相当于斧、锤或钉头的组合。中世纪常见。

柄头（Pommel）　剑柄尽头的金属配重，用于平衡刀剑的重量。有时旋入柄舌，确保刀剑组装在一起后十分坚固，没有松动或摇晃。

阿富汗"普尔瓦"弯刀（Pulwar）　阿富汗弯刀，单手持用。形制借鉴印度塔瓦弯刀很多，刀柄有两个短锷叉，转过来朝向刀身方向。

锷叉（Quillon）　剑柄十字护手尽头的尖顶饰，一般膨大。

西洋剑（Rapier）　16世纪中期到17世纪的突刺用剑，典型特征是剑身窄长。

剑根（Ricasso）　剑身接近护手的部分，方形且扁平。原本的设计目的是让一个手指勾住这里，增加握持稳定性。

弯刀（Sabre）　刃部弯曲的刀剑，骑兵和步兵均有使用。

"下绪"（Sageo）　一种带子，用于把日本武士刀的刀鞘挂在腰带上。

"赛义夫"阿拉伯弯刀（Saif）　阿拉伯语大致相当于"刀"，一般指刃部弯曲的刀。

"鞘"（Saya）　日本刀的刀鞘，用米存放刀身的工具。

盎格鲁-撒克逊格斗短刀（Scaramax）　盎格鲁撒克逊短剑（seax）的加长版，刀刃呈砍刀状。

斯拉夫阔剑（Schiavona）　文艺复兴时期的双刃阔剑，有笼手，结构复杂。16—18世纪达尔马提亚的雇佣兵使用。

半月形刀（Scimitar）　中东地区弯刀。

罗马长盾（Scutum）　罗马军团携带的大型盾牌，长方形，由木材和小牛皮制成；边缘和中心部件为铁制，较沉重。

撒克逊短剑（Seax）　盎格鲁-撒克逊短刀。

马赛阔头短剑"塞姆"（Seme）　东非马赛诸民族使用的短刀，传统上被用来捕猎狮子。木柄造型简朴，刀鞘覆盖生皮革，尖端有一枚钱币。

"切羽"（Seppa）　日本武士刀护手两边安装的垫圈。

"舍施尔"弯刀（Shamshir）　一种波斯弯刀。

壳手（Shell guard）　军刀上的护手，用来防御，形状类似贝壳。16世纪开始流行。

▼ 英国轻骑兵军刀，约1788年

▼ 缅甸刀，约1850年

"新军刀"（Shin-gunto） 日本刀，由武士用的太刀改造而来，1930年代出现，一般装有机械加工的刀身。

鞘镖（Shoe） 刀鞘末端用于保护的金属部件（英文又称Chape）。

埃塞俄比亚钩剑"肖特尔"（Shotel） 阿比西尼亚（今埃塞俄比亚）大型刀，形状类似镰刀；木柄造型简朴，没有护手，刀身弯曲度很大。

护手根部（Shoulder） 护手附近的刀刃，没有磨快，为了在剑士的手滑过护手时起到保护作用。

轻剑（Smallsword） 从西洋剑发展而来的一种单手剑，重量较轻，17世纪下半叶开始流行，经常用于礼仪场合，其设计主要适合突刺。

印度叶形钩刀（Sosun Pattah） 传统印度刀，刀身向前弯曲。

斯帕德隆军刀（剑）（Spadroon） 轻型步兵军刀，劈砍和突刺两用。18世纪中期欧洲开始使用。

罗马重剑（罗马长剑）（Spatha） 古罗马长剑，剑身笔直，双刃。

矛头状尖头（Spear point） 剑身磨快的尖端，类似矛头的形状。

阔针长矛（Spiculum） 古罗马用于投掷的长矛，也叫投枪。

半长柄枪（Spontoon） 17—18世纪的欧洲长柄武器，头部呈矛头状。主要为军官、士官使用，在战场上作为身份象征或用于召集军队。

马镫形护手（Stirrup-hilted） 刀柄的指节护手，类似马镫形状。18世纪后半叶开始广泛用于骑兵军刀，特别是在英国。

花式剑柄（Swept hilt） 直译"席卷式剑柄"。西洋剑的剑柄，由很多互相交织的护手条组成，"席卷"在手的周围。16世纪下半叶出现。

"太刀"（Tachi） 较长的日本武士刀，挂在肩上。

塔科巴长剑（Takouba） 撒哈拉地区的图阿雷格部族的传统剑。握柄一般为黄铜制成，因为族人传统上不愿触摸铁。剑身通常有三条或更多血槽，尖端呈圆形。

塔瓦弯刀（Talwar） 印度刀，刀身宽阔，有明显的碟形柄头。握柄一体成型，刀身横截面为菱形。

柄舌头（Tang button） 柄舌尽头，用锤子敲打穿过柄头尖端，露在外面，增加强度和稳定性。有一些通过螺纹拧进柄头，与柄舌相接。

"短刀"（Tanto） 日本匕首，横截面呈菱形。

塔吉圆盾（Targe） 古英语表示一种凹面盾，传统上作为苏格兰高地人阔剑的配套装备。整个17世纪，苏格兰都在使用这种盾。

三叶形（Trefoil） 三棱锥形（三角形）剑身，常用于轻剑。

"镡/锷"（Tsuba） 日本武士刀上的金属护手，可以是方形或圆形。

刺剑（Tuck） 法语名为estoc，长剑在中世纪晚期的改进型，尖端可提高强度，用于刺透板甲。

"胁差"（Wakizashi） 日本短刀，一般与武士刀配套携带。

花纹钢技术（Wootz） 印度加工技巧，用铁矿石、木炭、玻璃在刀身表面制成花纹。

土耳其细身钩刀"亚塔汉"（Yataghan） 奥斯曼（土耳其）军刀，刀身向前弯曲。

加强肋（Yelman） 波斯刀身的尖端，呈伸展状，劈砍时增加重量和冲力。用于波斯"基利杰"军刀。

西福斯短剑（Xiphon） 古希腊重装步兵短剑。剑身较大，呈树叶形，一般只在长矛丢失以后使用。

▼ 奥地利步兵军官军刀，1837年

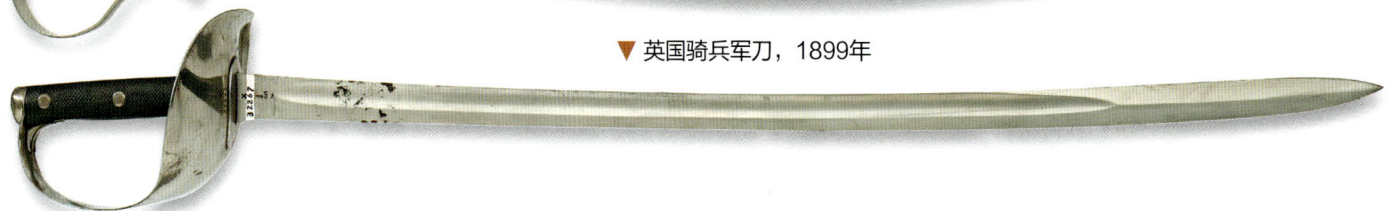

▼ 英国骑兵军刀，1899年